한강하구—평화, 생명, 공영의 물길

한강하구 평화, 생명, 공영의 물길

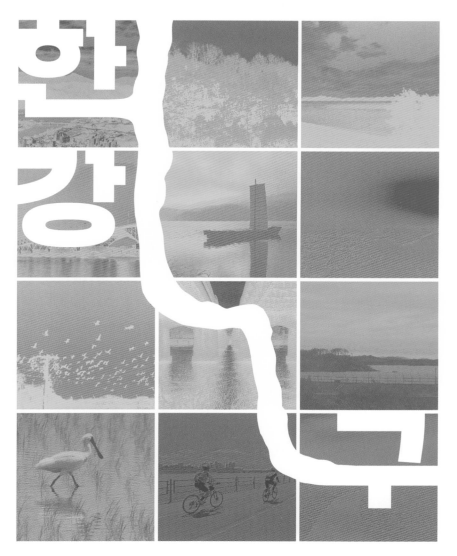

한국해양수산개발원 편

남정호 전우용 최중기 김주형 외 저 | 최영호 강대석 감수

푸른길

한강하구는 남측의 김포시와 강화도, 북측의 연안군과 개풍군 사이에 있습니다. 한강, 임진강, 예성강 세 개의 강이 만나 서해로 흘러가는 수역으로, 바다와 육지가 이어지는 수륙 교통의 요충지였습니다. 고구려, 백제, 신라가 자웅을 겨룰 때부터 이 지역은 한반도의 정치, 경제, 사회, 문화의 중심지였습니다. 한국전쟁으로 분단의 비극을 가슴에 안기 전까지 이 수역은 사람들의 삶을 믿음직스럽게 지탱했던 공간이었습니다. 사람들은 강을 따라 바다로 항해하기도 하고 강을 가로질러 자유롭게 왕래했고, 자연이 주는 산물과 혜택을 풍요롭게 누렸습니다.

비극의 장막이 한강하구에 드리워지며 인기척은 사라졌습니다. 물길을 마주하더라도 우리의 삶을 풍요롭게 만드는 터전이 되지 못했습니다. 2000년대 이후 남북관계가 좋을 때 육로와 해상으로 물자와 사람이 움직이는 왕래가 종종 있었지만, 한강하구는 소외되어 묵묵히 물길을 품은 채로 남았습니다. 비극이 낳은 아이러니일까요? 인간의 간섭을 허락하지 않았기에 한강하구 중립수역은 한반도에서 온전히 자연상태의 하구로 남았습니다. 남북한 갈등이 한강하구를 개발의 손길에서 벗어나게 했고 국제적으로 멸종위기의 생물이 서식하는 생태계의 보고가 되었습니다. 생물 종 다양성이 국제사회를 지배하는 담론으로 정착한 현실에서 남북한 갈등이 남겨 준 유산은 소중한 공동자산이 된 것입니다.

그간 두 번의 남북한 정상회담에서 한강하구가 의제로 등장했지만 남한과 북한이 이 수역을 어떻게 이용할 것인지 지혜를 발휘하지 못했습니다. '공동이용'이라는 추상적인 선언을 남한과 북한이 함께 발전할 튼튼한 토대로 전환하기 위한 현명함과 지혜가 모이지 않았습니다. 갈등과 긴장이 남긴 비극의 유산이지만 남한과 북한이 함께 번영할 평화와 생명이 담긴 '공동자산'으로 자각하지 못한 상태입니다. 맨눈으로 한강하구 너머의 여느 집 창문이 보일 정도로 물리적인 폭은 매우 좁습니다. 그러나 지난 70여 년간 누적된 갈등과 긴장은 심리적 폭을 확장시켜 '공동자산'으로 인식하는 것을 방해했기 때문일 것입니다. 그래서인지 그간 한강하구의 다양한 면모를 한눈에 살펴볼 책자를 찾기란 쉽지 않습니다.

한강하구에 스며 있는 역사, 사람의 삶, 구석구석 살아 있는 문화, 자연환경, 생태계, 지리와 지형, 바다와 하천, 법제도 등 여러 기관과 전문가들이 뜻을 모아 한강하구의 다양한 모습을 담은 총서를 기획한 배경입니다. 한국해양수산개발원에서 발간하는 아홉 번째 총서인 『한강하구―평화, 생명, 공영의 물길』은 한강하구의 다양한 색깔을 13개의 장으로 나누어 담았습니다. 여전히 한강하구에 대한 충분한 자료와 정보가 부족한 현실은 총서를 제작하는 과정에서 내내 아쉬움과 한계로 남았습니다. 그래도 이 총서의 출간이 한강하구의 가치를 온전히 보전하고, 남북한 공동번영의 주춧돌로 현명하게 활용하기 위한 작은 걸음이 되기를 기대합니다.

이 총서 발간의 의의를 충분히 공감하고 흔쾌히 저자로 동참해 주신 한국학중앙연구원 전우용 전 객원교수, 인하대학교 최중기 교수, 한국건설기술연구원 안홍규 박사, 인하대학교 우승범 교수, 경기씨그랜트센터 윤병일 부센터장, 한국해양수산개발원 임종서 박사와 진희권 박사, 한스자이델재단 최현아 박사, DMZ생태연구소 김승호 소장, 한국연안환경 생태연구소 유재원 대표, PGA생태연구소 한동욱 소장, 인천문화재단 김락기 단장, 강화도시민연대 김순래 위원장, 제주대학교 최지현 교수에게 깊은 감사의 말씀을 드립니다. 또한 통섭과 융합, 집단지성의 지적 교류를 위해 저자들의 글을 사려 깊게 살피며 감수하신 해군사관학교 최영호 명예교수와 부경대학교 강대석 교수께도 각별한 감사의 인사를 전합니다. 마지막으로 이 총서를 기획하고 총괄한 한국해양수산개발원 남정호 선임연구위원과 김주형 연구원의 노고에 감사드립니다.

평화의 한강은 더불어 흐르고, 생명의 한강은 활기차게 흐르고, 공영의 한강은 풍요롭게 멀리 흘러야 합니다. 따라서 한국해양수산개발원 총서 『한강하구―평화, 생명, 공영의 물길』 간행에 담긴 의지는 각별하다고 할 수 있습니다. 이제는 한강하구가 처한 '지금―여기'의 역사적, 시대적, 현실적 의미를 짚어 보고, 전 지구적 차원의 문제들과 어떻게 맞물려 있는지를 총체적으로 들여다볼 때가 되었습니다. 이 책이 남북한 공동의 미래를 환하게 밝혀 줄 한강하구로 여러분을 초대하는 마중물이 되기를 기원합니다.

2021년 9월
한국해양수산개발원 원장
장영태

• 차례 •

그림 차례

표 차례

제0장
한강하구, 갈등의 유산에서
남북 공동번영의 자산으로

남정호

한국해양수산개발원 해양연구본부장

1. 한강, 한강하구 그리고 중립수역

우리는 한강을 어떻게 인식하고 있을까, 한강에 대해 얼마나 알고 있을까, 한강과 한강하구는 다른 것인가, 한강하구에 관한 여러 주제를 다루기 전에 다른 사람들은 한강 또는 한강하구를 어떤 이미지로 형상화하고 있을까를 스스로 질문해 봤다. 개발 시대를 상징하는 '한강의 기적', 올림픽대로와 강변북로 사이에 놓인 '수변 공간', 한강을 조망하는 '아파트', '유람선', '카페' 등이 일반 시민들이 가장 쉽게 떠올리는 이미지일 것이다. 사람들의 이러한 인식은 한강에 대한 개인의 경험이 축적된 결과라고 생각한다. 한강 변의 수변 공간은 누구나 자유롭게 이용하고 즐길 수 있는 공원이다. 수변 공원에서 바라본, 밤을 밝히는 수많은 건물의 조명은 한강과 서울의 이미지로 굳어져 있다. 서울시에 있는 한강과 수변 공원에서 어디서나 이와 똑같은 풍경을 감상할 수 있을까? 하류를 따라 내려가면 서울 중심부의 수변 공간과 달리 아예 접근할 수 없는 구간도 있다. 건물들이 한강 변에서 멀리 떨어져 있어 한강을 직접 볼 수 없는 곳도 있다.

1) 서울의 한강, 김포·파주·고양의 한강

한강은 서울에만 있는 것일까? 많은 사람은 서울과 한강을 거의 동일시한다. 서울의 상징이 한강이고, 한강은 서울을 빼놓고 이야기할 수 없기 때문이다. 방송, 신문 등 언론 매체와 인터넷, SNS에 등장하는 사진과 영상은 대부분 수변 공원, 다리, 조명을 담고 있다. 한강과 서울을 담은 이런 사진과 영상이, 서울과 한강을 분리할 수 없는 동일체로 여기게 하는 감성의 원동력이 되지 않았을까 추측해 본다. 부정적으로 묘사하면 거대한 도시의 위력이 만들어 낸 상징조작일지도 모른다. 상징조작으로 만들어진 감성의 그릇에 이성의 물감을 조금만 섞어 보면, 우리는 매우 다양한 한강을 만날 수 있다. 한강 상류로 거슬러 올라가면 남한강과 북한강이 있다. 서울을 벗어난 한강 물길이 이끄는 대로 따라가다 보면 파주시, 고양시를 만나고, 김포시와 마주한다. 조금 더 멀리 가면 바다를 끼고 있는 강화군도 보인다.

김포의 한강과 서울의 한강은 많은 면에서 다르다. 비슷해 보이는 김포의 한강, 파주의 한강과 고양의 한강에도 차이가 있다. 큰 틀에서 보면 서울과 서울 하류의 한강 구간은 서울의 한강, 고양의 한강, 김포·파주의 한강 세 그룹으로 구분할 수 있다. 경제가 다르고 사회와 문화가 다르고 지역공동체가 경험했던 역사가 다르기 때문이다. 서울의 한강, 고양의 한강, 김포·파주 한강 사이의 다름은 사회, 경제, 정치, 역사뿐만 아니라 자연환경에서도 드러난다. 서울의 한강과 고양의 한강은 남한강과 북한강의 물, 합류 하천의 물이 지나가는 수로의 모습을 띠고 있다. 과거에는 이 물을 퍼 올려 경제 활동과 일상생활에 사용하였고, 심지어 식수로 사용하기도 했다. 민물이기 때문에 가능했던 일이다. 한편 서울 한강의 주변은 고밀도로 개발되어 일부 구간을 제외하고는 자연하천의 원형을 찾아보기 어렵다.

반면 김포와 파주의 한강은 남한강, 북한강으로 흘러든 물뿐만 아니라, 발원지가 북한에 있는 임진강 물도 품고 있다.[1] 임진강 물이 합류한 것으로 보면 한강으로 불릴 수 있고, 한강의 물이 합류한 것으로 보면 임진강으로도 부를 수 있지만 우리는 이를 한강으로 인식한다. 또한 이 지역의 한강 물은 서울 한강의 물과 화학 구성이 달라, 용수(농업용수, 산업용수, 식수)로 이용하는 데 한계가 있다. 한강, 임진강 합류 지점에서 물길을 따라 조금만 내려가면 바로 바다인 경기만이 있어, 서해 바닷물이 조석 현상 때문에 김포, 파주, 고양의 한강을 구간으로 들고 나기 때문이다. 서울의 한강이 '한강'이었다면, 김포, 고양, 파주의 한강은 하천의 입구 또는 바다의 입구라고 하는 '하구'다. 또한 남한과 북한의 오랜 긴장, 갈등으로 이 지역은 서울 한강과 달리 민간인의 출입을 제한하는 곳이 많다. 서울에서 배를 띄우더라도 이 지역으로 진입할 수 없다. 어업도 제한된 수역에서만 가능하다. 우리나라의 다른 하구와 달리 물리적인 변형이나 훼손이 거의 없다. 서해로 흘러드는 대부분의 하천이 방조제나 다른 구조물 때문에 바다와 단절된 것과 달리 한강하구는 강물과 바닷물이 자연스럽게 섞이고 바다와 생태적으로 잘 연결되어 있다.

2) 한강하구와 중립수역

한강하구는 김포, 파주, 고양에만 국한하지 않는다. 하구는 바다와 강이 만나 형성된 독특한 환경이다. 민물이나 바닷물과 다른 특성을 띠고 있는 기수(汽水) 환경이다. 민물과 바닷물이 섞이는 공간이니 염분도 낮다. 하구는 하천구역뿐만 아니라 바다도 포함할 수 있다. 넓게 보면 경기만의 대부분을 한강하구 범위에 포함할 수 있다. 따라서 강화군을 둘러싼 바닷물도 한강하구에 속한다. 서울시와 경기도, 인천시의 수역을 서울의 '한강'과 김포, 고양, 파주, 강화의 '한강하구'로 구분할 수도 있다. 민물, 바닷물, 기수의 차이를 개념적 또는 과학적으로 정의할 수 있지만, 우리나라에서 하구의 공간 범위를 규정한 법률은 없다. 한강하구의 공간 범위를 지도에 명확히 표시하는 것은 어렵지만 강화군의 바다, 김포시, 고양시, 파주시의 한강 수역, 서울시 일부 수역을 한강하구로 보면 무리가 없을 듯하다.

한편 위와 같이 포괄적으로 정의한 한강하구 공간 범위에서 일상적인 사회 경제 활동이 이루어지지 않고, 행정기관의 행정 행위가 미치지 않은 공간이 있다는 사실에 주목할 필요가 있다. 그 공간은 법 제도적 여건, 사회 경제 활동의 특성, 공동체가 겪은 역사와 자연환경에서 다른 공간과 뚜렷한 차이를 보인다. 한반도의 불행한 역사와 맞물린 정치·군사적 요소가 지난 70여 년 동안 이곳을 '금단의 공간'으로 만들었기 때문이다. 한국전쟁을 중단하기 위해 1953년에 맺은 「한국 군사 정전에 관한 협정」(정전협정)은 한강하구의 현재를 규정하는 모태가 되었다. 육상에는 남한과 북한의 경계를 명확히 확인할 수 있는 군사분계선을 정했다. 반면 한강하구의 일부 구간은 어느 누구의 통제도 받지 않지만 상호 합의 없이는 접근하거나 이용할 수 없는 공간이 되었다. 정전협정 제1조 제5호는 "한강하구의 수역으로서 그 한쪽 강안(江岸)이 일방 통제하에 있고 그 다른 한쪽 강안이 다른 일방의 통제하에 있는 곳은 쌍방의 민용선박의 항행에 이를 개방한다. 첨부한 지도에 표시한 부분의 한강하구의 항행규칙은 군사정전위원회가 이를 규정한다. 각방 민용선박이 항행함에 있어서 자기 측의 군사통제하에 있는 유지에 배를 대는 것은 제한받지 않는다"고 규정하고 있다.

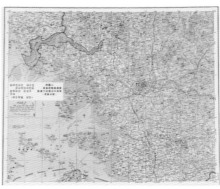

〈그림 0-1〉 정전협정상 한강하구 중립수역의 범위
출처: 대한민국역사박물관 소장 및 복사 제공

정전협정은 〈그림 0-1〉 지도에 있는 점선이 남한과 북한 간 수역 경계를 의미하는 것이 아님을 명확히하고 있어 사실상 한강하구에 지정한 중립수역 면(面) 자체가 시간이 흐르면서 경계로 굳어졌다. 한강하구 중립수역이 70년 넘게 남북한 어느 누구도 이용하거나 접근하지 못하여 현실적 경계로서 역할을 하고 있는 것이다. 중립수역은 강화군 서도면 말도에서 경기도 파주시 탄현면 만우리에 이르는 67km의 물길이다. 면적은 280km²로 알려져 있지만, 한국해양수산개발원이 2020년에 분석한 바에 따르면 312km²에 달한다(그림 0-2). 휴전 상태를 유지하기 위해 설정한 중립수역만을 놓고 보면 고양시는 '한강하구 중립수역'에 포함되어 있지 않다. 남한은 강화군, 김포시, 파주시가, 북한은 개풍군, 배천군, 연안군이 한강하구 중립수역을 품은 행정구역이다.

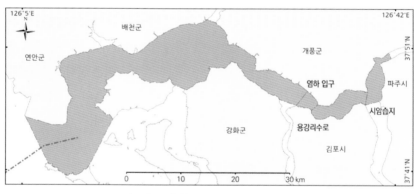

〈그림 0-2〉 한강하구 중립수역과 유역

출처: 임종서 외, 2020

한강하구-평화. 생명. 공영의 물길

2. 한강하구, 평화경제와 번영의 공동자산

1) 한강하구 중립수역, 남북관계에서 관심 의제로 전환

남한과 북한은 갈등과 긴장이라는 토대에서 때로는 극적인 합의를 도출하고, 인도적 교류에서 경제협력까지 다양한 형태로 관계개선을 위해 노력했다. 갈등과 긴장에서 완전히 벗어나지 못했지만 문제 해결에 필요한 협의를 진행하고 때로는 결실을 거두기도 했다. 7·4 남북공동성명(1972년), 남북 기본합의서 채택(1991년), 정상회담(2000, 2007, 2018년)은 복잡하게 얽힌 남북 관계를 개선하려는 의지가 반영된 결과물이다. 그간 남북한 정상회담, 고위급회담, 군사 분야 회담, 실무회담 등 다양한 차원의 협의가 있었지만, 한강하구 중립수역이 의제로 포함된 것은 2000년대 중반부터다. 그렇지만 남북관계에서 한강하구 중립수역은 여전히 중심의제로 다루어지지 않고 있다. 2001년부터 최근까지 중앙 일간지, 지방지, 방송에서 남북관계를 핵심어로 연관어 분석을 수행한 결과 한강하구 또는

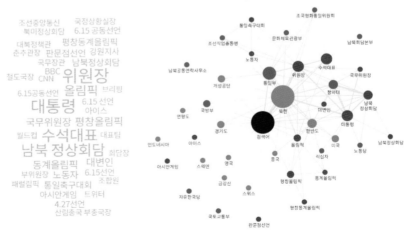

〈그림 0-3〉 남북관계 핵심어 연관어 분석(2001~2021년)
출처: 빅카인즈(분석일: 2021. 9. 25.)

한강하구 중립수역은 핵심 연관어가 아니었다. 한강하구가 남북관계에서 여전히 변방 의제인 것은 분명하지만 남북관계에서 관심 의제로서 지위는 유지할 것으로 전망된다.

2) 10·4 남북정상선언, 남북 공동자산으로서 한강하구 위상 설정

한강하구 중립수역이 지난 20년 동안 남북관계에서 중심 의제가 되지 못했지만, 적어도 2007년 이후부터 관심 의제가 된 것은 분명하다. 이는 중립수역에 대해 남북이 합의한 결과물이 2007년 '남북관계 발전과 평화번영을 위한 선언'(10·4 남북정상선언)에 반영되었기 때문이다. 이 선언문은 그간의 남북문제를 해결하고 한반도에 평화와 공동번영을 실현하기 위한 방안을 담고 있다. 주목할 점은 10·4 남북정상선언이 서해 북방한계선을 둘러싼 그간의 갈등과 비극적 사건의 재발 방지에 큰 비중을 두었다는 것이다. 이에 따라 남북접경수역에 평화와 공동번영을 위한 공동의 관심과 비전을 서해평화협력특별지대 설치로 의제화했고, 서해평화협력특별지대 구상 사업의 하나로 한강하구 공동이용을 선언문에 담았다. 이 선언문의 '한강하구'는 일반적 개념으로서 한강하구가 아닌 '한강하구 중립수역'을 의미한다. 따라서 '한강하구 공동이용'은, 한강하구를 활용하여 남한과 북한이 경제적 이익을 공유하고 평화체제를 구축해야 한다는 비전을 담았다고 할 수 있다.

한강하구를 남북이 공동으로 이용하는 방식은 매우 다양하지만, 당시에 다른 여러 사업보다 하천 바닥에 쌓여 있는 모래를 채취하여 건설자재로 활용하는 사업에 우선순위를 두었다. 모래를 채취할 경우 희귀생물, 멸종위기생물 등 보호 가치가 높은 생물의 서식지와 자연형 하구의 원형을 훼손할 가능성이 높아 이 사업에 반대하는 환경단체와 전문가의 우려도 있었다. 걱정과 우려는 충분히 고려해야 한다. 그럼에도 이 선언문은 한강하구를 남북한이 공동으로 활용할 수 있는 자산으로 인식하고 이를 공식문서에 반영했다는 점에서 가치와 의미가 있

한강하구–평화, 생명, 공영의 물길

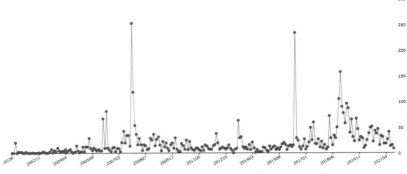

〈그림 0-4〉 한강하구 핵심어 빈도 분석(2001~2021년)

출처: 빅카인즈(분석일: 2021. 9. 25.)

다. 노출 정도가 낮기는 하지만 한강하구가 언론, 방송에서 꾸준하게 다루어지고 있고, 2007년 이후 노출 수준이 상대적으로 높은 수준에서 유지되고 있다는 점도 주목할 필요가 있다. 두 번의 정상선언 직후 높은 빈도로 언론에서 한강하구 관련 뉴스를 다루었다. 시간이 지나면서 노출 빈도가 줄어들었지만, 남북관계가 교착 상태에 빠진 2019년 이후에도 뉴스 노출 정도가 상대적으로 높게 유지되고 있다. 남북한 정상이 합의한 선언문을 통해 한강하구가 남북공동자산의 지위를 부여받았지만, 사회적으로는 미답지 또는 남북한 공동자산으로서 이미지를 확고히 하지 못한 현실은 아쉬운 대목이다.

3) 한강하구, DMZ와 서해접경해역에서 남북협력 촉진 잠재력

남한과 북한의 접경 공간은 비무장지대(DMZ, Demilitarized Zone)와 한강하구, 동·서해접경해역이다. 이 공간은 남한 사회 구성원이 일상생활을 영위하는 공간이 아니고, 한반도의 특수성 때문에 심리적 측면에서도 접근성이 낮다. 그래서인지 대부분의 사람은 이 세 공간의 성격이 동일한 것으로 인식하는 경향이 있다. 특히 비무장지대와 한강하구, 한강하구와 서해접경해역을 혼동하고 있는 것이 일반적이다. 한강하구를 비무장지대의 일부분 또는 북방한계선(NLL, Northern Limit Line)을 품은 서해접경해역의 어떤 공간으로 인식하기도 한다.

비무장지대는 정전협정에 따라 남한과 북한 사이의 경계가 명확하게 군사분계선으로 나누어져 있어, 남한과 북한의 관할 공간에 대한 이견이 없다. 반면 정전협정 체결 당시에는 하천 관할권 개념이 정립되지 않았고, 육상과 달리 하천 경계 구분의 실효성과 필요성이 낮았기 때문에 별도의 경계선을 설정하지 않은 것으로 보인다. 국가 간 해양경계획정에 관한 국제협약도 마련되지 않은 여건[2]에서 도서를 포함한 육상의 관할권 설정이 중요했기 때문에 정전협정에서 서해접경해역에 대한 남북한 경계선은 설정되지 않았다.[3]

비무장지대, 한강하구, 동서해접경해역의 세 공간은 남북한 협력사업을 추진하는 과정과 방식에서 차이가 있을 수 있다. 예를 들어, DMZ를 남북한 합의하에 공동관리할 때에는 남북 각 관할권 영역에 대한 독립적 사업 추진이 가능하다. 서해접경해역은 여전히 남북한 사이에 기준이 되는 해양경계에 대한 이견이 있어 공동어로사업과 같이 특정 공간을 공동으로 이용·관리하는 사업이나 직항로 개설사업 추진이 어려울 수밖에 없다. 반면 한강하구 중립수역은 자유항행이 보장되는 공유수역으로 남북한 간 경계에 관한 이견이 없고, 국가관할권을 배타적으로 행사할 수 없어 합의사항을 이행하는 것이 상대적으로 용이하다. 또한 한강하구 중립수역은 DMZ와 서해접경해역을 연결하는 연계공간으로 볼 수 있는데, DMZ와 서해접경해역에서 남북한 협력을 촉진하는 촉매 공간 역할을 할 수

〈표 0-1〉 남북한 접경공간과 특성

서해 접경해역	한강하구	DMZ	동해 접경해역
• 해상경계기준(NLL) 설정지역 • 협력사업 구체화 과정에서 남북한 간 이견 발생 가능성 높음	• 하천 및 해상 경계 없음 • 공유수역으로서 자유항행과 이용이 가능한 법적 지위	• 남북한 간 명확한 경계 설정(군사분계선) • 국가 관할 공간(토지)에 대한 소유권	• 해상경계 기준(NLL) 설정지역 • 경계에 대한 이견발생 가능성이 서해에 비해 낮음

출처: 남정호, 2021 일부 수정[5]

있다. 특히 경계가 없고 공유수역으로서 국제법적으로도 자유항행과 보전적 이용이 가능하여 다양한 형태의 연성협력4을 효과적으로 추진할 수 있다.

4) 갈등의 역설, 한반도 하구생태계의 보고(寶庫)가 된 중립수역

중립수역은 정전협정에 따라 자유항행이 가능한 곳이지만 남한과 북한, 유엔사령부 간 한강하구의 이용과 관리에 관한 구체적인 규정을 마련하지 못한 채 70여 년의 세월이 흘렀다. 군사적 방어와 우발적 충돌을 사전에 방지하기 위해 중립수역이 아닌 고양시의 한강 수역에 대한 접근도 제한되었다. 어로한계선이 그어져 있어 어민들의 어업활동도 제약을 받았다. 매립, 인공하안 설치, 모래 채취나 준설 같은 개발 행위와 달리 어업활동과 같은 보전적 이용 행위조차도 중립수역 근처에서 이루어지지 못하였다. 당연히 중립수역은 지난 70여 년 동안 인간의 간섭을 허락하지 않았기 때문에 자연 상태로 보존되었다. 남북한 간 군사적 대치상태, 긴장과 갈등이 빚어낸 모순이다.

중립수역에서 다양한 사회·경제 활동이 가능했다면 이 공간이 어떤 모습으로 변했을지 단정할 수 없지만 현재 남한의 하천과 하구, 특히 서해안의 하구 상태를 통해 그 모습을 어느 정도 미루어 짐작할 수 있다. 한반도 남측 서해안의 국가하천은 남쪽의 영산강, 만경강, 동진강, 금강이 있고, 지방하천과 연결되어 하구형태를 띤 만(灣)으로 천수만, 아산만이 있다. 대형 국가하천이든 지방하천이든 대형 또는 소형 만이든 서해안 대부분의 하구에는 방조제가 설치되어 있다. 과거 토지개발, 농업용수, 산업용수를 확보할 목적으로 하구의 일부 공간을 간척하거나 매립하는 과정에서 만들어졌다. 개발과정에서 토지를 얻을 수 있었고, 산업, 주거, 농업 목적으로 활용하면서 개발의 혜택을 누렸다. 그러나 인공구조물 설치로 해양생태계와 담수(하천) 생태계가 단절되었고, 그 결과 우리나라 서해에서 자연하구 생태계가 사라졌다. 북한의 상황도 별반 다르지 않다. 1980년대 추진했던 4대 자연개조 사업의 일환으로 대동강 갑문 설치를 비롯하여 해안

에서 갯벌의 간척과 매립이 진행되었다.[6]

반면 한강하구는 한반도의 독특하고 복잡한 정치군사적 환경 때문에 여전히 자연형 하구를 유지하고 있다. 하구의 규모도 한반도에서 가장 크다.[7] 한강하구 중립수역을 항행 또는 출입했던 사례도 지난 70여 년간 6건[8]에 불과할 정도로 하구생태계는 인간의 이용·개발 압력을 거의 받지 않았다. 인간의 간섭이 매우 작을 경우 자연생태계가 어떤 상태를 유지할 수 있는지 가장 쉽게 보여 줄 수 있는 지표로 수역 면적에서 연안습지(갯벌)가 차지하는 비율을 들 수 있다. 2010년대 한강하구 습지 면적은 105km²로 중립수역 면적(312km²)의 약 1/3을 차지하였는데,[9] 한반도 다른 어떤 하구에서도 습지면적이 차지하는 비율이 이처럼 높은 사례는 없다.[10] 그만큼 자연생태계 특히 해양과 하천을 포괄하는 수생태계 서식지가 잘 보존되었다는 것을 뜻한다. 생태계의 건강성에 영향을 주는 개발 압력이 거의 없이 자연형 하구를 유지하고 있기 때문에 이 수역과 연안에는 멸종위기종, 천연기념물 등 보호 가치가 높은 생물종이 많이 서식하고 있다.[11] 남한 전체 지정 천연기념물 조류종 중 63.8%, 멸종위기 야생생물 I급 종의 57.1%, II급 종의 55.1%가 한강하구에 출현[12]한다는 사실은 중립수역과 주변 연안지역이 한반도 자연생태계의 보고임을 확인할 수 있는 근거이다. 이를 한강하구에는 서해접경해역 및 연안을 따라 70여 개에 이르는 다양한 유형의 보호구역이 지정되어 있다.[13] 역설적이게도 남북한 정치군사적 긴장의 아픈 역사가 남겨준 한반도 자연유산(自然遺産)이다.

5) 지속가능한 평화경제 실현의 남북 공동자산

한강하구 생태계가 간직하고 있는 생물다양성, 원시성, 자연성은 한반도 수생태계와 연안생태계의 보고이자 미래 세대를 위한 자연자산으로서 가치가 크다. 국제사회가 인류의 지속가능한 발전의 토대로서 자연자본(natural capital)인 생태계와 생태계가 제공하는 혜택에 주목하기 시작한 것은 2000년대 초반이다.[14]

생태계가 제공하는 유형, 무형의 혜택은 식량, 자원과 같은 유형의 혜택부터 기후조절, 오염물질 정화, 생물다양성, 물순환, 관광과 여가, 영감, 심미적 가치 등 무형의 혜택까지 다양하다.[15] 생태계가 제공하는 혜택의 크기는 생태계의 건강성 수준과 밀접한 관련이 있다. 건강한 생태계일수록 인간이 얻는 혜택은 커진다. 한강하구 중립수역은 생물다양성이 높고 한반도에서 가장 건강한 상태를 유지하고 있는 대표적인 수생태계이다. 이를 체계적으로 관리할 경우 남한과 북한이 함께 혜택을 누릴 수 있는 공동자산이 될 수 있다.[16]

한강하구라는 공동자산은 보전뿐만 아니라 남북한 공동번영을 위한 평화경제 실현의 관점에서 적극적으로 관리할 필요가 있다. 지금까지 한강하구의 자원과 공간 이용은 전무하였다. 오랫동안 금단의 공간으로 남아 있던 터라 활용방안을 모색할 엄두도 내지 못했다. 중립수역 주변의 토지를 이용·개발하는 것은 말할 것도 없고 일반 시민의 접근조차 쉽게 허락되지 않았다. 분단의 역사가 오래되면서 누적·증폭된 군사적 긴장과 대립이 낳은 결과였다. 중립수역을 품은 강화군, 김포시, 파주시뿐만 아니라 인접한 고양시도 지역발전 구상을 마련할 때 중립수역 주변 토지는 제외하였다. 반쪽짜리 지역발전 계획이 될 가능성이 커서 지역사회 발전의 잠재력을 극대화하는 것은 한계가 있었다. 공동자산인 중립수역을 평화적으로 이용할 수 있는 정치·군사적 환경이 조성된다면 남한과 북한의 한강하구 연안지역이 함께 발전할 평화경제체제를 구축할 수 있다. 2018년 남북정상이 합의한 '서해경제평화특구'를 조성할 수 있는 정치적·사회적 토대가 될 수 있다. 2007년, 2018년 남북정상의 합의사항 중 해상경계 문제와 관련 있는 사업은 제대로 진행되지 못했다. 한강하구 중립수역은 경계를 둘러싼 쟁점이 부각될 가능성이 없어, 협력의 큰 방향만 정해지면 사업을 구체화하고 실행하는 것은 어렵지 않다.

한강하구 중립수역은 개성공단, 금강산과 달리 남한과 북한이 공유하는 공동자산이다. 이 공동자산을 남한과 북한의 발전과 번영에 기여하는 방향으로 관리·이용할 경우 평화경제, 공동번영의 상징성은 극대화될 수 있다. 2011~2021

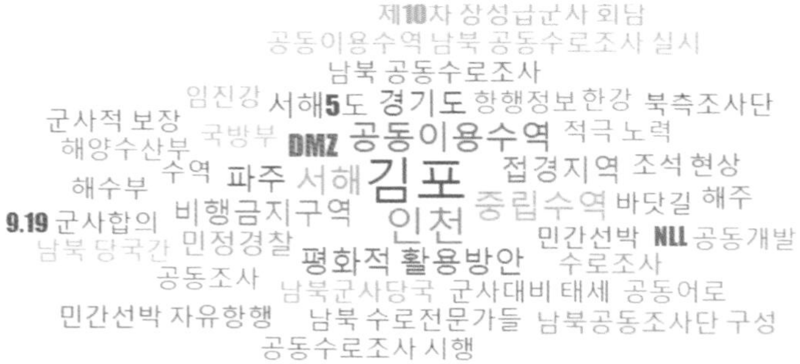

제10차 상성급군사 회남
공동이용수역 남북 공동수로조사 실시
남북 공동수로조사
임진강 서해5도 경기도 항행정보 한강 북측조사단
군사적 보장 국방부 DMZ 공동이용수역 적극 노력
해양수산부
해수부 수역 파주 서해 김포 접경지역 조석 현상
9.19 군사합의 비행금지구역 인천 중립수역 바닷길 해주
남북 당국간 민정경찰 평화적 활용방안 민간선박 NLL 공동개발
공동조사 남북군사당국 군사대비 태세 공동어로 수로조사
민간선박 자유항행 남북 수로전문가들 남북공동조사단 구성
공동수로조사 시행

〈그림 0-5〉한강하구 및 남북 관련 공통 연관어 분석결과(2011~2021년)
출처: 실시간현안분석서비스(RTIFS)[17]

년 기간 '한강하구'와 '남북'을 핵심어로, 뉴스, SNS(블로그, 트위터 등), 인터넷커뮤
니티를 분석한 결과 '공동이용'과 '평화적 활용'이 주요 연관어로 나타났다. 블로
그와 인터넷 커뮤니티를 포함한 분석에서 공동이용, 평화적 활용이 한강하구와
연관성이 높게 나타난 것은 한강하구가 남북 공동자산이자, 평화경제의 실질적
토대로 역할을 할 것이라는 사회전반의 기대를 반영한 것으로 해석할 수 있다.

3. 현명한 자산관리자로서 무엇을 할 것인가?

1) 공동자산 보고(寶庫) 조사

한강하구 중립수역은 금단의 공간이었다. 중립수역이 어떤 상태인지 어떤 자
산이 존재하는지 제대로 된 정보도 없다. 그 공간에 접근해야 우리가 이용하고
관리해야 할 자연자산의 특성을 파악할 수 있다. 불가피한 상황과 문제해결을
위해 5차례 일회성 항행을 한 것 외에 자연자산을 확인하기 위해 출입한 것은
2018년 11~12월 남북이 공동으로 조사선을 띄워 수로조사를 한 것이 유일하다.
이 조사는 4·27 판문점선언, 9·19 평양선언 합의사항을 이행한 것으로 최초의

남북한 공동조사라는 역사적 의미가 있다. 수로조사는 계절변화가 매우 큰 수로 환경을 반영해야 하고 수로 외에도 생태계, 환경, 기타 가용 자원에 대한 종합 조사가 필요하기 때문에 한강하구에 대한 추가 조사는 장기간 이루어져야 한다. 그러나 공동조사는 지속되지 못했다. 이용을 하려 해도 어느 수준으로 이용해야 한반도의 수생태계 보고가 지닌 가치를 최대한 유지하면서 한강하구가 제공하는 혜택을 가장 효과적으로 이용할 수 있는지 판단하는 데 필요한 기초자료가 전무하다 해도 과장은 아니다.

현명한 자산관리자라면 관리 책임이 있는 자산의 정확한 상태를 파악하는 것이 가장 먼저 해야 할 일이다. 남북한 정상선언의 합의사항이 이행되지는 못했지만, 적어도 한강하구 공동조사를 시도한 만큼 자산관리를 위한 첫걸음을 떼었다고 볼 수 있다. 남북한 군사당국도 이 공간이 정치군사적으로 민감한 공간이라는 것을 인지하고 있다. 2018년 군사분야합의서에서 '한강하구 공동이용을 위한 군사적 보장대책 마련'을 합의한 것은 군사적 민감성을 해소할 의지가 있음을 보여 준다. 비정치분야 합의사항인 만큼 남북한 공동조사를 위한 공동조사계획을 마련하는 것부터 시작해 볼 수 있다.[18]

2) 한강하구 지속가능발전목표(SDGs) 체계

2007년 정상선언과 남북한 총리의 10·4선언 이행 방안에서 한강하구 공동이용은 '모래채취'가 주요 관심 사안이었다. 당시 환경단체와 전문가들은 모래채취로 1950년대 이후 이용과 개발의 영향을 받지 않아 보전된 자연하구 생태계가 훼손될 것을 우려하여 무분별한 채취를 반대했다. 2018년 정상선언에서 모래채취와 같은 구체적인 사업 추진에 앞서 공동조사에 합의한 것은 현명한 관리의 관점에서 긍정적 변화라 할 수 있다.

한편 2015년 유엔총회는 인류의 지속가능발전을 실현하기 위해 2030년까지 달성해야 할 지구촌 공동체의 17개 분야 지속가능발전목표(SDGs, Sustainable

Development Goals)를 채택하였다. 국제기구와 유엔회원국은 SDGs를 달성하기 위한 국가 정책을 개발·시행하고 주기적으로 자발적 국가 보고서(VNR, Voluntary National Review)를 발간한다. 경제적 어려움 때문에 지속가능발전 의제에 관심이 적을 것으로 예상했던 북한도 2021년 6월 유엔(UN)에 VNR을 제출했다.[19] 이는 북한이 국제사회가 지향하고 있는 공동의 목표를 국가정책으로 수용함으로써 국제동향과 보조를 맞출 의향이 있는 것으로 해석할 수 있다. 따라서 보전과 이용의 조화가 핵심인 공간, 공유수역으로서 국제사회의 관심이 높은 공간, 남북한 공동의 관리공간이라는 중립수역의 특성을 감안할 때 한강하구 중립수역 지속가능발전목표체계 구축을 합의할 여건은 마련되어 있다. 남한과 북한의 자발적 국가 보고서와 별개로 한강하구 중립수역 SDG체계는 국제사회의 지지를 얻을 수 있는 남북공동사업으로서 잠재력이 크다. 이 SDG체계는 한강하구의 보전과 이용의 균형, 미래가치를 반영한 번영의 기본 틀의 역할을 할 수 있다.

3) 굿거버넌스(good governance)와 공동자산 전략적 활용 계획

한강하구 중립수역에 대한 이해관계자의 입장과 장래 이용 구상은 매우 다양하다. 자연하구의 보전을 위한 보호구역 지정, 어업 등 수산자원 이용, 모래채취, 민간선박 항행, 항만개발과 상업항로 개설, 관광, 다리 건설 등이 있다. 어떤 구상들은 상충하기도 하지만, 공존이 가능한 것들도 있다.[20] 이해당사자들은 지역주민, 정부(부처와 지방자치단체), 민간단체, 산업체, 학술·연구기관 등으로 다양하다. 이해당사자 집단마다 입장이나 이용구상이 다를 수 있고, 동일 집단 내에서도 구성원별로 의견 차이가 있을 수 있다. 남한과 북한의 입장도 다를 수 있어 합의에 이르기까지 시간이 많이 걸릴 수 있고, 갈등이 커질 수 있다. 합의에 이르는 사회적 비용과 시간을 최소화하는 것이 중요하다.

2010년대 중반부터 한강하구 중립수역의 이용에 관한 다양한 입장을 정리하고, 합리적인 이용방안을 마련하기 위한 거버넌스가 여러 형태로 운영되고 있다. 주도하는 기관도 다양하고, 역할과 위상도 다르다.[21] 이 거버넌스가 국제공유수역으로서 법적 위상과 남한과 북한의 공동자산이라는 한강하구의 독특한 성격을 제대로 담아 내기에는 한계가 있다.[22] 남한 내 한강하구의 보전 및 이용에 관한 이해관계자를 포괄하고, 생태계 보고의 보전과 합리적 이용을 가능하게 할 거버넌스 구성이 필요한 이유이다. 특정 이해관계자를 배제하지 않는 포용성, 미래가치를 제대로 반영할 수 있는 지혜와 현명함, 이익을 합리적으로 분배할 수 있는 공정함, 운영의 효율성과 효과성, 법에 의한 지배 등을 갖춘 굿 거버넌스(good governance)[23] 여러 쟁점을 가장 합리적으로 해결할 수 있다. 시간이 오래 걸리는 것처럼 보이지만 갈등을 가장 빠르고 효과적으로 관리할 수 있다.

한편 이 거버넌스는 남한과 북한의 통합거버넌스와 연계되어야 한다. 남북한 합의를 원만하게 이끌어 내고, 한강하구를 전략적으로 활용할 수 있는 방안을 구체화하는 것도 가능하기 때문이다. 한강하구 활용 방안을 단기간에 회수할 수 있는 이익만 고려해 마련할 경우 미래에 얻을 수 있는 혜택은 사라질 수 있다. 다양한 가치를 현재 세대뿐만 아니라 미래 세대까지 고려해 한강하구가 지닌 다양한 가치에 대한 '전략적' 활용계획이 필요한 이유이기도 하다.

4) 공동이용 이행 합의서와 독립행정기관

한강하구 중립수역의 보전과 평화적 공동이용을 위한 공동조사, 거버넌스, 전략적 활용계획은 법제도에 근거해야 집행을 담보할 수 있다. 합의가 구체적일수록 집행가능성은 높아진다. 합의내용이 남한과 북한의 법제도와 부합하거나 합의내용을 반영하여 법제도를 정비할 때 정치적 환경 변화의 영향을 적게 받는다. 구체성과 관련하여 한강하구의 평화적 공동이용의 범위, 공동이용을 위한 절차와 방법, 재원 부담, 관리체계 등을 담은 '한강하구 중립수역 공동이용규정'(가칭)은 평화적 공동이용의 가능성을 높이는 토대가 될 수 있다. '합의의 구체성'과 관련하여 이스라엘-요르단 간 사례는 시사하는 바가 크다. 「이스라엘-요르단 평화협정」(1994년)[24]에 아카바만 보전·이용·관리에 관한 사항이 명시되어 있지만, 실질적인 협력은 1996년에 「아카바/아일랏 특별협약」[25]을 체결하면서 진행되었다.[26] 북아일랜드(영국)와 아일랜드도 벨파스트 협정과 별개로 공유수역 관리를 위한 구체적인 합의를 조약 형태로 마련하여 실행력을 높였다. 남북한 정상선언에서 '한강하구의 공동이용'을 규정하고 있지만, 공동조사 외에 다른 협력사업 논의조차 이루어지지 않은 것은 정세변화도 있지만 공동이용에 관한 구체적인 합의사항이 없기 때문이다.

배타적 지배권한을 일방이 주장할 수 없는 공유수역, 공동자산인 한강하구 중립수역의 바람직한 관리방식은 무엇일까? 지형의 물리적 변경 또는 생태환경 훼손을 최소화하는 범위에서 통항에 관한 기본적인 요건과 절차만 정해도 항행에는 어려움이 없을 듯하다. 다만 보호구역 지정과 관리, 수산자원 이용(어업, 양식업), 자원 채취(모래 등), 상업항 개발(매립, 준설), 교통인프라 구축(도로, 다리 건설)은 지정, 인허가 또는 면허발급과 같은 행정처분을 필요로 한다. 행정처분 과정에서 공청회와 같은 이해관계자 의견수렴 절차도 거쳐야 한다. 공유재, 공동자산의 보전, 이용 및 개발에 관한 행정절차를 누가 담당할 것인가? 경계가 획정되지 않았고, 평화협정을 체결하더라도 경계가 획정될 가능성이 높지 않은 상황에서[27] 관리책임은 핵심 현안으로 부각될 것이다.

남한과 북한의 행정체계에 귀속되지 않는 독립행정기관을 설치하는 것이 한강하구 중립수역 관리체제에 대한 해법이 될 수 있다. 공유수역, 공동자산이라는 관리대상의 성격에 부합하고, 관리의 효율성과 이용의 효과성도 높일 수 있다. 독립행정기관은 특정 공간을 종합적으로 관리하기 위해 남한과 북한이 주축이 되어 구성하되, 필요할 경우 제3의 기관이 참여할 수도 있다.[28] 서해접경해역과 연계할 때 생태적, 경제적, 정치적 시너지가 크다고 판단하면 한강하구에서 서해접경해역을 아우르는 유기적 통합관리체제를 구성하는 것도 가능하다.

참고할 만한 경험이 아예 없는 것도 아니다. 개성공단에 대한 투자, 기업등록, 인허가, 토지이용, 출입통행을 전반적으로 관장하는 행정·지원기관인 '개성공

한강하구─평화. 생명. 공영의 물길

업지구관리위원회'는 북한의 「개성공업지구법」(2002년 11월 제정)에 따른 북한 내 법인이지만, 위원장은 남한 인사가 맡는다. 남한 통일부 등 8개 부처와 북한의 중앙특구개발총국, 한국토지주택공사, 현대아산이 협력체계를 갖추어 입주기업의 생산과 영업활동을 지원한다. 「북미 제네바 기본 합의서」(1994년)에 따라 1,000MW급 경수로 2기를 건설하기 위해 설립한 '한반도 에너지개발기구(KEDO)'의 집행이사회는 한국, 미국, 일본, EU 대표로 구성되었다.[29] 개성공업지구관리위원회와 KEDO집행이사회의 임무가 북한에서 이루어지는 사업을 대상으로 하고 있지만, 관리위원회와 집행이사회의 구성과 운영은 외형적으로는 독립적인 기구 형태를 띠었다. 아일랜드-북아일랜드 접경수역 사례는 유용한 함의를 제공한다. 영국(북아일랜드)과 아일랜드가 1998년에 맺은 「벨파스트 협정」과 「다자간합의(Multi Party Agreement) 구조 2에 관한 합의」를 토대로 6개의 「이행기관 설립에 관한 조약」[30] 체결했다. 이 조약을 두 국가가 이행하기 위해 북아일랜드는 「남북협력규범」[31], 아일랜드는 「아일랜드협정법」(1999)[32]을 제정했다. 이행기관 설립조약에 따라 접경수역의 공간 및 어업관리를 목적으로 한 로크[33] 에이전시(Loughs Agency)[34]를 설립해 포일만과 칼링포드만의 어업, 양식, 관광을 관리하고 있다.[35]

5) 국제 네트워킹과 Track 2 협력

　한반도의 문제해결 과정에서 국제사회는 다양한 방식으로 관여할 수 있다. 남한과 북한이 회원국으로 가입한 국제기구, 특정 현안에 대한 국가 간 협의체, 국제협력 프로그램, 외교관계에 있는 국가들은 지금까지 협조와 지원을 하거나, 일부 사안에 대해 견제와 감시를 했다. 남한과 북한이 한반도의 다양한 문제를 평화적으로 해결하거나 이와 관련해 진행한 남북한 간 회담, 협의, 합의에 대해 대체로 국제사회는 지지를 보낸다. 비정치적 이슈를 다루는 국제기구는 국가들보다 때로는 적극적으로 협력하고 지원하기도 한다. 한반도의 지정학적 특수성을 고려할 때 미국, 중국, 일본, 러시아의 지원과 협조도 남북관계를 진전시키는 데 중요한 요소이다. 한강하구 중립수역을 지속가능발전의 관점에서 남북한 공동번영의 자산으로 이용하는 과정에서 나타나게 될 많은 사안들이 국제기구와 관련이 있다. 유엔환경계획, 유엔개발계획, 유엔산업개발기구, 국제해사기구, 유네스코, 유네스코 정부간해양학위원회, 국제수로기구, 람사르협약 사무국, 생물다양성협약 사무국 등은 국제공유수역으로서 한강하구 중립수역의 평화적 이용에 기여할 여지가 큰 기구다.[36] 람사르 습지 지정,[37] 유네스코 자연유산 지정 등은 국제기구의 직접 관여가 필요하며, 등록 추진 과정에서 남북협력을 촉진할 수 있다. 공동조사, 역량강화와 같은 연성협력의 초기단계에서 유럽연합, 미국, 중국도 역할을 할 수 있다. 국제민간단체, 학술단체와 교류협력도 한강하구 중립수역을 널리 알리고, 현명한 이용에 필요한 지혜를 구하는 수단이 될 것이다. 국제사회가 지지하고 협조하는 여건을 만들고, 이행의 실효성을 높일 수 있는 국제사회와 긴밀한 협력관계를 유지하는 것은 한반도 평화체제 구축 후에도 유지해야 할 전략수단이다. 국제기구는 독립이행기관의 운영을 지원하거나 중요 주제에 대한 자문기능도 수행할 수 있다.

한편 정부 간 직접 대화와 협의가 부재한 상황에서 대화 촉매제로서 민간사회단체, 학술단체 간 소통이 당사국 간 대화를 이끌어내기도 한다. 또한 정부 간 합의가 있더라도 민감한 세부 주제에 관한 쟁점을 해소하는 우회통로로 민간사회분야, 학술분야가 역할을 할 수 있다. 이는 Track 2 절차(process) 또는 접근(approach)으로 불리는데, 기존의 전통적인 갈등문제를 해결하는 수단에 대한 대안적 해결책(ADR, Alternative Dispute Resolution)으로도 일컬어진다. 서해접경해역, 한강하구, DMZ와 같이 정부 당국자 간 합의에 앞서 전문가와 민간단체가 의제를 정하고, 필요성을 공유하는 작업을 거칠 경우 문제해결이 쉬울 수 있다.[38] 국제네트워킹과 Track 2는 상호보완적이므로 연계통합할 경우 상승효과를 낼 수도 있다.

4. 맺음말

미답지인 한강하구 중립수역에 거는 기대는 크다. 자연하구로서 생태계 보고를 보전해야 한다는 보전이익과 이용과 개발잠재력이 높아 경제번영의 기회로 활용할 수 있다는 개발이익에 거는 기대감이 얽혀 있다. 육상 비무장지대, 북방한계선이 있는 접경해역과 법적 지위와 속성, 남북협력의 조건이 다르다. 비극의 역사가 남긴 유산이지만 남북이 함께 이익을 누릴 수 있는 공동자산으로서 가치, 잠재력, 함께 일구는 평화경제의 상징성도 크다. 남한과 북한, 남한 내 지방자치단체, 산업체, 민간단체, 지역주민, 학술연구단체를 비롯하여 이해관계자도 다양하다. 유엔사령부 군사정전위원회도 빼놓을 수 없는 관계기관이다. 실행 가능한 협력사업을 발굴하는 과정에서 복잡한 이해관계를 조정하는 것도 큰 숙제다. '한강하구 공동이용'이라는 큰 방향을 남북정상이 합의했지만 공동이용의 구체적인 내용을 합의할 정도로 대화와 협력의 여건이 성숙된 것도 아니다.

공동자산으로서 남북이 이익을 함께 누릴 전망이 어두운 것만은 아니다. 2018년 남북 정상선언은 이전 시기 정상선언과 달리 선언의 구체성, 합의사항 이행의 실효성을 높여 남북관계 질적 변화의 토대가 되었다.[39] 남북관계 개선에 대한 기대감과 심리적 긴장 완화로 한강하구 연안도시 인구증가율은 전체 평균보다 높다. 한강하구 공동조사와 같은 연성협력은 정상회담 후 시행되었다. 서해접경 해역에서 적대적 군사행위를 중단하는 조치도 취해졌다. 언론, SNS, 인터넷커뮤니티의 빅데이터 분석 결과는 한강하구 중립수역에 대한 사회적 관심도 과거에 비해 높아졌음을 보여 준다. 정상회담과 같은 특정 이벤트 후 사람들의 관심에서 빠르게 멀어지지 않았고, 낮은 수준이지만 지속적으로 관심을 받고 있다. 지방자치단체도 한강하구의 보전과 평화적 이용, 지역발전 활용을 위한 정책개발에 적극적이다. 10여 년 전과 달리 한강하구의 공동이용에 대한 구상도 자원개발 중심에서 보전, 지속가능 발전으로 넓어졌다.

한강하구 중립수역은 남한과 북한의 공동자산으로서뿐만 아니라 평화와 생명, 공동번영의 상징으로 국제사회가 주목할 수 있다. 보전과 이용과정에서 국제사회가 관여할 여지도 커 국제사회가 남북관계 개선에 기여할 수 있다. 남북이 현명하게 잘 이용한다면 지구촌 공동유산으로 성장할 잠재력도 있다. 모범사례가 되어 지구촌 평화정착과 공동번영의 상징이 될 수 있다. 희망으로 가득 찬 장밋빛 미래는 아무런 노력 없이 우리 품 안으로 들어오지 않는다. 남한 내 다양한 이해관계자들의 기대가 균형과 조화를 이뤄야 한다. 남한과 북한의 이해를 합치시킬 묘안도 필요하다. 현재의 한강하구는 갈등의 역사가 남겨 준 유산이지만 미래 세대는 현재의 한강하구를 평화, 생명, 번영의 공동자산으로 기억할 것이다. 그래서 지혜가 필요하다. 책임 있는 지혜, 원칙을 갖춘 지혜, 다른 구상과 이해당사자를 품을 수 있는 포용적 지혜, 장애도 실패도 이겨내고 성공을 기다릴 수 있는 지혜. 공동자산의 관리자로서 우리가 갖춰야 할 덕목이다.

주

1. 북한강은 금강산에서 발원한 금강천이 강원도 철원군의 금성천과 합류하다 소양강과 춘천에서 만난다(https://hangang.seoul.go.kr/archives/947. 검색일: 2021. 7. 20).

2. 해양경계에 관한 최초의 국제협약인 '영해 및 접속수역에 관한 협약(제네바 협약)'은 1958년 채택되었다.

3. 1953년 체결된 정전협정은 서해접경해역의 북방한계선에 관한 내용을 포함하지 않았다. 협정체결 후 남북한 사이의 우발적 군사충돌을 방지할 목적으로 북방한계선을 설정하였다.

4. 항만 개발, 도로 또는 교량 건설과 같이 물리적 구조물을 설치하는 협력사업과 달리, 보전 및 이용개발 전략 마련, 계획수립, 인력양성, 역량강화, 현장조사와 같은 협력을 연성협력으로 정의할 수 있다.

5. 남정호, 2021, 한강하구 공동이용 법제도 정비방안, 인천광역시 한강하구 중립수역 평화 정착 활동 지원을 위한 조례 제정 토론회 자료집, 2021년 4월 16일 인천광역시의회 회의실.

6. 북한의 갯벌면적은 해안지역 간척매립으로 1980년대 1,975km^{2}에서 2010년대 1,411km^{2}로 크게 줄어들었다(Yim et al., 2018).

7. 한강하구를 거쳐 서해 경기만으로 유입하는 담수량은 연평균 189억 m^{2}로 알려져 있다(남정호 외, 2007, p.34).

8. 민간선박으로는 1990년 골재 채취를 목적으로 준설선 등 8척의 선박 항행, 1997년 유도에 고립된 황소 구출을 목적으로 고무보트 출입, 1999년 홍수로 떠내려가 좌초한 준설선을 예인하기 위해 출입한 사례, 2005년 한강하구에 전시 중이던 거북선의 통영시 이동을 위해 한강하구를 항행한 사례, 2016년 중국의 불법어업선박 퇴치를 위해 민정경찰을 투입한 사례, 2018년 남북정상선언 이행과 관련하여 한강하구 남북공동 수로조사 사례가 있다(https://brunch.co.kr/@yonghokye/200. 검색일: 2021. 9. 15.).

9. 임종서, 2021

10. 한강하구를 포함한 서해접경해역의 연안습지 면적은 한반도 전체 갯벌면적의 약 26%를 차지한다(남정호 외, 2007, p.72).

11. 저어새, 흰꼬리수리, 매, 검독수리, 재두루미, 개리, 솔개, 참매, 노랑부리백로, 흰물떼새, 각종 도요새 등 보호가치가 높은 40종의 조류가 출현하고 있다(유재원·한동욱, 2021).

12. 유재원·한동욱, 2021

13. 남정호 외, 2021, p. 79; 남정호 외, 2005, p.56

14. 2005년 새천년생태계평가 보고서가 발간된 이후 국제기구, 선진국을 비롯한 국제사회는 생태계가 제공하는 혜택을 유지하거나 증진하기 위한 정책과 방안을 개발, 시행하고 있다.

15. MEA, 2005, p.50

16. 전 지구 생태계가 제공하는 혜택을 화폐로 환산하면 세계총생산(GWP, Global World Product)의 4.5배라는 연구결과가 있다(Costanza et al., 2014). 육상과 해양을 종합한 국내 연구결과는 없으나 해양생태계의 혜택이 국내총생산의 최소 2% 이상이라는 연구가 있다(남정호·이윤정, 2010, p.19).

17. http://www.saltlux.com(분석일: 2021. 9. 25.)

18. 〈그림 0-5〉의 한강하구 연관어 분석에서 '조사'라는 용어가 여러 형태로 등장하고 있어 공동조사에 대한 국민의 관심이 높고, 필요성을 인지하고 있는 것으로 판단할 수 있다.

19. 해양과 하천에 대한 SDG 이행계획 중 SDG 14목표는 연안 및 담수생태계 보호구역 확장, 하천·해

양 오염 방지, 해양 및 수자원 보호와 육성, 관측·평가·측정시스템 구축, 연안통합관리 역량강화 등을 담고 있다(DPRK, 2021, p. 42-43).

20. 다양한 구상과 각 구상의 이행과 관련한 쟁점은 남정호 외(2018, pp.42-63)를 참고하기 바란다.

21. 강원·경기·인천 10개 지방자치단체로 구성된 '접경지역 시장·군수협의회', 인천시 주관 '한강하구 생태·환경 통합관리협의회', DMZ 주민협의회, DMZ 평화관광추진협의회, 한국DMZ학회, 「접경지역 지원 특별법」에 따른 '접경지역정책심의위원회'와 '접경지역발전협의회' 등이 있다.

22. DMZ 관련 기관은 한강하구를 명시적으로 포괄하고 있을지라도 육상 DMZ가 중심이며, 접경지역 관련 위원회와 발전협의회가 다루는 공간은 남한이 관할권을 갖는 공간에 초점을 맞추고 있다. 한강하구 생태환경통합관리협의회에는 경기도 이해관계자가 포함되어 있지 않고, 생태환경이 주된 관심 주제이다.

23. 굿거버넌스에 관한 기본적인 원칙은 유럽의회의 홈페이지를 참고하기 바란다(https://www.coe.int/en/web/good-governance/12-principles. 검색일: 2021. 8. 29.).

24. The Jordan-Israel Peace Treaty.

25. Agreement on Special Arrangements for Aqaba and Eilat.

26. 홍해해양평화공원에 관한 이스라엘-요르단 협약에 관한 사항은 남정호 외(2005, p.99-102)를 참고하기 바란다.

27. 하천이나 바다를 공유하는 두 국가가 경계를 획정하지 못할 경우 가항로(可航路)의 중앙선을 경계선으로 삼도록 한 국제법의 원칙으로 탈베크 원칙(Thalweg Principle)이 있다. 한강하구 중립수역은 수심이 낮고 폭이 좁은 구간이 많아 경계를 획정할 수도 있다. 이 경우 남한과 북한이 하안 또는 해안을 이용하거나 개발할 경우 다른 편의 하안, 해안에 영향을 줄 수 있어 그 절차가 매우 복잡해지고 이용범위도 축소되어 통합적으로 수역을 이용하는 것에 비해서 효율성과 효과성은 크게 낮아진다.

28. 유엔사령부도 검토대상이 될 수 있으나 "유엔사의 권한은 기본적으로 정전협정 이행 및 그 감독에 한정"된다는 의견도 있다(최지현·김주형, 2021).

29. https://nkinfo.unikorea.go.kr/nkp/term/viewKnwldgDicary.do?pageIndex=1&dicaryId=7 (검색일: 2021. 8. 27.).

30. The Agreement between the Government of the United Kingdom of Great Britain and Northern Ireland and the Government of Ireland establishing implementation bodies done at Dublin on the 8th day of March 1999.

31. The North/South Co-operation (Implementation Bodies) (NI) Order 1999.

32. Irish Agreement Act 1999.

33. 영어로 lough는 호수를 지칭하거나 바다·호수에서 육지로 들어가는 좁은 물줄기를 지칭하는 아일랜드어, 스코틀랜드 게일어인 로크(loch)가 기원이라고 한다. 맨어의 'lough', 콘월어의 'llwch'와 어원이 같다. 영어나 아일랜드 영어에서는 영어화된 단어인 lough가 지명에 쓰이나, 발음은 'Loch'와 같으며, 스코틀랜드 영어에서는 언제나 'Loch'로 쓰인다(https://ko.wikipedia.org/wiki/%EB%A1%9C%ED%81%AC_(%ED%98%B8%EC%88%98. 검색일: 2021. 8. 26.)

34. 북아일랜드-아일랜드의 Loughs Agency에 관한 자세한 사항은 최지현 외(2019, pp.75-99)를 참고하기 바란다.

35. 당초 북아일랜드와 아일랜드가 두 만에 대해 해양공간계획을 수립하고 해양공간을 종합적으로 관리하는 것도 이행사항에 포함되었다. 북아일랜드 내부의 정치적 이유로 계획 초안은 마련되었으나 승인절차가 중단되었다.

36. 북한은 국제기구 협력이 대외협력의 핵심을 차지하고 있다. 2002년에 대외경제협력 창구를 대외 경제협력위원회에서 국제기구협조총국으로 바꾼 것은 국제기구와 협력이 국제사회와 소통하는 유효한 통로라는 정세인식의 변화를 반영한 것으로 해석할 수 있다.

37. 북한은 2018년 람사르협약에 가입했고, 문덕과 라선지구는 람사르습지로 등록되었다.

38. 연안해양 지역 Track 2에 관한 사례는 Teff-Seker et al.(2020)을 참고하기 바란다.

39. 9·19 평양선언과 군사분야합의서는 접경공간에서 남북협력의 실질적 이행을 보장하기 위한 조치이다. 이전의 정상선언, 고위급회담, 실무회담에서는 군사적 보장조치가 선언적 수준에 머물렀거나 소극적 수준에 그쳤다.

참고문헌

남정호, 2021, '한강하구 공동이용 법제도 정비방안', "인천광역시 한강하구 중립수역 평화정 착활동 지원을 위한 조례 제정 토론회 자료집", 2021. 4. 16. 인천광역시의회 회의실.

남정호·이윤정, 2010, 『연안 공공이익 침해 방지를 위한 공유수면 관리체제 개선 방안』, 한국 해양수산개발원

남정호·이정삼·김찬호·이호림, 2018, 『서해평화수역 조성을 위한 정책방향 연구』, 한국해 양수산개발원.

남정호·육근형·이구성·김종덕, 2007, 『서해연안 해양평화공원 지정 및 관리 방안 연구 (III)』, 한국해양수산개발원.

남정호·장원근·신철오·최지연·육근형·최희정·이구성·이지선·이원갑, 2005, 『서해연안 해양평화공원 지정 및 관리 방안 연구(I)』, 한국해양수산개발원.

유재원·한동욱, 2021, 조류 생태계, 『한강하구 - 평화, 생명, 공영의 물길』, 한국해양수산개발 원 편, 푸른길 .

임종서, 2021, 한강하구 습지의 과거와 현재, 『한강하구 - 평화, 생명, 공영의 물길』, 한국해양 수산개발원 편, 푸른길.

임종서·김지윤·박재영·정세미·최수빈·남정호, 2020, 『서해접경해역-한강하구 자연환경 및 사회경제현황 기초연구』, 한국해양수산개발원.

『정전협정 Armistice Agreement』, 제1권 협정문본, 1953(대한민국역사박물관 소장품)

『정전협정 Armistice Agreement』, 제2권 지도, 1953(대한민국역사박물관 소장품)

최지현·김주형, 2021, 한강하구 관련 법적 이슈 및 남북협력, 『한강하구 - 평화, 생명, 공영의 물길』, 한국해양수산개발원 편, 푸른길.

최지현·남정호·박영길·김민·김주형, 2019, 『한반도 평화체제 수립 대비 접경수역 연구』, 한국해양수산개발원.

Costanza R., R de Groot, P. Sutton, S van der Ploeg, SJ Anderson, I Kubiszewski, S Farber, and RK Turner, 2014, Changes in the global value of ecosystem service, *Global Environmental Change* 26, pp.152-158.

Democratic People's Republic of Korea, 2021, *Voluntary National Review on the Implementation of the 2030 Agenda*.

Millennium Ecosystem Assessment, 2005, *Ecosystems and Human Well-being: Synthesis*. Island Press, Washington, DC.

Teff-Seker, Y. PC Mackelworth, TV Fernadez, J McManus, J Nam, AO Tuda, and D Holcer, 2020, Do Alternative Dispute Resolution (ADR) and Track Two Processes Support Transboundary Marine Conservation? Lessons From Six Case Studies of Maritime Disputes, *Front. Mar. Sci.* 7, pp.1-14.

Yim, JS. BO Kwon, J Nam, JH Hwang, KS Choi, and JS Khim, 2018, Analysis of forty years long changes in coastal land use and land cover of the Yellow Sea: The gains or losses in ecosystem services, *Environmental Pollution* 241, pp.74-78.

브런치, 2020, 정전협정 이후 한강하구 이용사례, https://brunch.co.kr/@yonghokye/200(검색일: 2021. 9. 15.).

빅카인즈 데이터 분석, https://www.bigkinds.or.kr.

서울특별시 한강사업본부, https://hangang.seoul.go.kr/archives/947(검색일: 2021. 7. 20.).

실시간현안분석서비스, http://datamixi.saltlux.com.

위키피디아, 로크(Lough) 기원, https://ko.wikipedia.org/wiki/%EB%A1%9C%ED%81%AC_(%ED%98%B8%EC%88%98(검색일: 2021. 8. 26.).

통일부 북한정보포털, 한반도 에너지개발기구(KEDO), https://nkinfo.unikorea.go.kr/nkp/term/viewKnwldgDicary.do?pageIndex=1&dicaryId=7(검색일: 2021. 8. 27.).

Council of Europe, 유럽의회 굿거버넌스 12가지 원칙, https://www.coe.int/en/web/good-governance/12-principles(검색일: 2021. 8. 29.).

한강하구-평화, 생명, 공영의 물길

제1장
한강과 황해가 만난 역사

전우용

전(前) 한국학중앙연구원 객원교수

1. 들어가는 글

강은 발원지에서 바다까지 면면히 흐르는 연속된 자연물인 동시에 육지에 난 길을 차단하는 단절의 자연물이다. 연속과 단절이라는 모순을 용해하는 것, 그것이 강의 본원적 힘이다. 인류의 이동이 시작된 이래 강은 주요 교통로였고, 인간 집단 사이의 갈등과 대립이 표출된 이래 강은 천연의 방어선이었다. 게다가 천체의 운행은 규칙적이나 강은 불규칙하게 흐른다. 마르기도 하고 범람하기도 하면서 자연계의 유기물과 무기물을 운반한다. 그런 점에서 강은 파괴의 자연물인 동시에 재생과 정화의 자연물이다.

강변이 인류 문명의 발상지가 된 것은 바로 이런 속성에 말미암은 것이다. 나일 문명, 유프라테스 티그리스 문명, 황하 문명, 인더스 갠지스 문명 등 인류 최초의 문명은 모두 강가에서 태어났다. 인류는 강의 범람으로 형성된 충적토를 이용하는 대가로 치수(治水)라는 고되고 위험한 노동을 감내해야 했다. 강은 인류에게 비옥한 농경지와 수산물을 선사했을 뿐 아니라 인간 생활의 부산물을 처리해 주었다. 또 거의 변하지 않는 육지와 더불어 영속과 불변, 수직과 수평이 공

한강하구-평화, 생명, 공영의 물길

존하는 미적 경관을 구성함으로써 인류에게 예술적 영감을 불어넣었다. 현대 국가의 수도들이 강변에 자리 잡은 것도 이 때문이다. 강과 접하지 않는 곳에는 도시가 만들어지기 어려웠다.

한강변도 인류사의 여명기부터 한반도 문명사의 중심지였다. 한강변 도처에는 구석기시대 이후 거주민의 생활 문화 실태와 문명사적 성취를 보여 주는 유적들이 산재(散在)한다. 한반도에서 국가들이 형성된 이후, 한강변은 국가 간 교류와 대립을 표상하는 대표적 장소였다. 연결과 차단이라는 강의 모순된 속성이, 국가 간 교류와 대립이라는 정치사적 현상으로 표현되었던 셈이다. 특히 한강의 하류부이자 하구(河口)에 인접한 현재의 서울은 백제와 조선, 대한민국의 수도로서 한반도 문명사 발전의 성과들을 집적하고 있다.

하구는 강과 바다가 만나는 곳이다. 강변에 집적한 하나의 문명 단위는 하구를 통해 다른 문명 단위와 교류한다. 평시에는 무역선들이 왕래하다가 전시에는 전함(戰艦)들로 가득 차는 것이 하구의 특색이다. 평화적 교류와 전쟁의 흔적들이 켜켜이 쌓인 한강하구는 한반도 역사의 전시장이다.

2. 선사시대의 한강하구

지질학에서는 지구의 지질시대를 시생대, 원생대, 고생대, 중생대, 신생대의 다섯으로 나눈다. 신생대는 다시 제3기와 제4기로 구분되며, 제4기는 홍적세와 충적세로 나뉜다. 홍적세는 지금부터 대략 200만 년 전, 충적세는 대략 1만 년 전에 시작했다. 인류는 신생대 제3기 말에 출현한 것으로 추정되며, 구석기는 홍적세 전 기간에 걸쳐 제작되었다. 따라서 홍적세는 구석기시대와 동의어로 쓰이기도 한다. 홍적세 기간에 네 차례의 큰 빙하기와 그 사이에 세 차례의 간빙기가 있었던 것으로 추정되는데, 간빙기에는 빙하(氷河)가 후퇴해 지구 평균 기온이 상승했다.

한반도에서 구석기시대 유물이 처음 발견된 것은 1933년의 일이었다. 함북 동관진 철도공사 현장에서 여러 종류의 포유류 화석과 구석기류가 발견되었는데, 한반도의 역사가 일본 열도의 역사보다 길다는 사실이 알려지는 것을 원치 않은 일본인 학자들은 이 유적을 깊이 연구하지 않았다. 한국에서 구석기시대사 연구가 본격화한 것은 북한의 함북 웅기군 굴포리, 남한의 충남 공주군 석장리 등지에서 구석기 유물이 속속 발굴된 1960년대 이후였다.

한강 유역에서 구석기시대 유물이 발견된 곳은 서울의 암사동, 역삼동, 가락동과 여주의 탄현리, 가평의 청평리, 양주의 검터, 두촌, 마전, 마재, 양평의 양근리, 고명리, 송학리, 양덕리, 매탄 등지로 한강 중류 또는 북한강 유역에 해당한다. 한강하구부에서는 구석기 유물이 발견되지 않았으나, 한강과 합류하는 임진강의 제1지류인 한탄강변에서는 1978년에 구석기 유물이 발견되었다. 구석기시대 사람들이 사냥감을 찾아 계속 이동했던 점을 고려하면, 한강하구부에서도 구석기시대 유물이 발견될 가능성은 상존한다.

홍적세 말기에 아시아 대륙을 덮었던 빙하는 대략 35,000년 전쯤부터 북극 쪽으로 이동하기 시작했고, 대략 10,000년 전부터는 지구의 기온이 상승하여 현재와 비슷한 상태가 되었다. 이 시기를 후빙기라고 하는데, 이 시기에 한반도에서

〈그림 1-1〉 2013년 4월 19일부터 22일까지 통현-고포 간 도로확장 포장 공사 구간에서
발굴된 구석기 유물들
출처: 한국선사문화연구원

는 낙엽 활엽수와 침엽 활엽수의 혼합림이 발달했고 서해안의 해수면은 현재보다 7m쯤 낮았던 것으로 추정된다. 한강 임진강 예성강이 황해로 흘러 들어가는 강화만 일대의 섬들은 육지에 이어졌거나 쉽게 왕래할 수 있는 상태였을 것이다. 한강 유역의 신석기 문화는 이같은 지리적 환경에서 형성, 발전했다.

구석기시대와 신석기시대를 구분하는 일차적 기준은 석기 형태와 제법(祭法)이지만, 신석기시대의 문화적 특색을 규정하는 것은 토기이다. 인류가 토기를 제작하여 사용한 것은 저장과 보관의 필요를 느꼈기 때문이다. 이는 곧 '잉여'의 산출이 가능했음을 의미한다. 잉여의 생산은 분배의 문제를 야기했고, 분배를 둘러싼 인간 사이의 대립과 갈등은 계급 분화와 정치체(政治體) 형성으로 이어졌다. 인류의 역사는 잉여의 생산과 보관으로 인해 새로운 단계로 이행했다. 우리나라의 신석기시대 편년도 즐문토기(櫛文土器)를 기준으로 한다.

인류사적으로는 신석기시대 후기에 농경이 시작되었지만, 한반도에서 즐문토기를 사용했던 사람들이 농경을 했다는 직접적 증거는 없다. 다만 여러 곳에서 정착 주거지가 발견되었기 때문에, 수렵과 채집을 중심으로 하면서도 농경에 준하는 정착생활의 기반을 마련했던 것으로는 보인다.

현재까지 한반도에서 발견된 신석기시대 유적은 140여 개에 달하는데, 그중 대다수가 강변과 해안지대에 분포한다. 이는 한반도 신석기 문화가 주로 어로(漁撈)를 배경으로 형성되었음을 의미한다. 한반도의 신석기시대를 대표하는 토기가 물고기 뼈를 형상화한 즐문토기인 것도 이 때문일 것이다. 한강하구 인근에서는 경기도 시흥군 오이도, 인천광역시 강화군 초지리, 경기도 여주시 백석리, 경기도 파주시 덕은리, 다율리, 봉일천리, 경기도 고양시 고봉동, 가좌동, 지축동 등지에서 즐문토기가 출토되었다. 강화 삼거리에서는 주거지로 추정되는 유구가, 오이도와 시도(矢島, 화살섬)에서는 패총이 발견되었다. 한강하구 일대는 어족이 풍부한 데다가 수심이 얕고 조수간만의 차가 커서 어로와 패류 채집 활동이 활발했을 것으로 추정된다.

한반도에서 농경은 신석기시대 말기 일부 지역에서 시작된 것으로 보인다. 황해도 봉산군 지탑리에서는 탄화곡물이, 평안남도 온천군 궁산리에서는 석제 농기구가 출토된 바 있고, 서울 암사동에서도 괭이와 보습이 출토되었다. 농경과 더불어 방직(紡織)도 시작되었다. 한반도의 신석기시대 지층 여러 곳에서 방추차(紡錘車)가 출토되었고, 궁산리 유적에서는 마사(麻絲)도 발견되었다. 옷감을 짜고 옷을 만드는 행위는 측량과 계산, 바름과 뒤틀림 등과 관련한 지적 활동을 자극했을 것이다.

큰강의 하류부 연안에는 대개 충적평야가 발달하여 농경에 적합한 지대를 이룬다. 인류는 농경을 통해 보관과 저장, 계획과 예측, 계산과 분배 등에 관한 개념을 형성했고, 이 개념들을 현실에 구현하는 활동들을 통해 문명을 이뤘다. 이런 지역에는 인구가 밀집하고 마을이 발달한다. 마을은 곧 사람들의 조직이며, 조직들 사이의 교류 과정에서 정치체가 형성된다.[1] 인류에게 농경의 시작은 곧 문명의 시작이었다. 인류문명의 발상지들에 모두 강의 이름이 붙은 것은 결코 우연이 아니다.

〈그림 1-2〉 2018년 4월 10일 개장한 오이도 선사유적공원

출처: 시흥오이도박물관&선사유적공원 홈페이지

한반도의 지형은 동쪽이 높고 서쪽이 낮다. 두만강과 낙동강을 제외한 큰 하천은 모두 동에서 서로 흐르며, 강이 바다와 만나는 지점 주변에 평야지대가 펼쳐진다. 한강이 서해와 만나는 지점 주변, 지금의 김포와 파주, 강화도 일대도 농경을 기초로 하는 고대 문명 형성의 적지(適地)였다. 특히 벼농사가 시작된 이래 김포평야는 한반도의 대표적 벼 생산지대로서 많은 인구를 부양했다. 벼농사 지역은 토질이 비옥한 대신 저습하기 때문에 택지(宅地)로는 부적합하다. 이들 지역에서 주택은 대개 산기슭 고지대에 자리 잡고 평지는 경지로 이용된다. 그 때문에 마을은 집촌(集村)의 형태를 취하며, 주민들 사이의 협업 관계가 발달한다. 상대적으로 높은 인구 밀도, 주거지와 생산지의 분리, 밀집된 주거 공간, 주민들 사이의 일상적 소통 등은 도시 형성을 위한 토대를 이룬다.

청동기시대 농경을 기초로 형성된 선사 취락 유적지는 한반도 곳곳에서 발견되는데, 평안남도의 대동강 하류와 광량만 일대, 한강의 중하류 및 경기만 일대, 낙동강 하류 및 부산만 일대, 영산강 중하류에서 천수만에 이르는 지역에 특히 많다. 청동기시대 한강하구는 민무늬토기 지대에 해당한다. 한반도 동북지방에서는 민무늬토기, 구멍무늬토기, 붉은간토기가, 서북지방에서는 팽이토기가 제작되었다. 청동기시대 한강하구는 한반도 북부의 토기 문화를 융합하여 남부 지방에 전달하는 구실을 했다.[2] 한강하구 인근의 고양시 원당에서는 동모(銅鉾) 거푸집이, 강화도에서는 여러 개의 고인돌이 발견되었다.

한반도의 청동기시대 무덤은 고인돌, 석관묘, 적석총, 옹관묘, 석곽묘 등으로 그 구조와 형태가 다양하지만, 고인돌은 그 분포와 숫자에서 독보적 지위를 점하고 있다. 고인돌은 함경북도를 제외한 한반도 전 지역에서 발견되며, 중국의 랴오닝성, 산둥성, 저장성 등지에도 분포한다. 일본에서는 한반도와 가까운 규슈 일대가 고인돌의 분포지이다. 이로 미루어 고인돌을 축조한 청동기시대 사람들의 이동 경로를 유추할 수 있다. 고인돌은 초석의 높이에 따라 탁자식과 바둑판식으로 구분하는데, 한강하구 일대는 탁자식 고인돌 분포지이다. 고인돌이 축조된 시대에는 한반도 전역에서 조, 기장, 수수 등의 잡곡 농사가, 일부 지역에서

〈그림 1-3〉 강화 고인돌
출처: 인천광역시

는 벼농사가 이루어졌다. 고인돌에서는 민무늬토기, 구멍무늬토기, 골아가리토기, 붉은간토기, 마제석검, 석촉(石鏃), 반달칼, 환상석부(環狀石斧), 다두석부(多頭石斧), 곡옥(曲玉) 등이 출토되었다.

청동기시대가 '도시혁명'의 시대이기도 했다는 세계사적 보편성과 고인돌을 만들기 위해서는 많은 사람의 공동 노동이 필요했다는 사실로부터 유추해 보면, 고인돌 유적을 남긴 사람들도 위계적 사회 관계를 구성하고 초기 도시를 건설했을 것이다. 이들 도시를 중심으로 하는 여러 소국들이 마한, 진한 등의 정치체를 구성했을 것으로 추정된다. 하지만 기록과 유물을 통해 확인할 수 있는 한강변 최초의 도시는 백제가 건설한 위례성이다.

3. 삼국·통일신라 시대의 한강하구

『삼국사기(三國史記)』와『삼국유사(三國遺事)』에 따르면 백제는 고구려에서 남하한 유이민들이 세운 국가이다. 비류 집단으로 알려진 무리는 지금의 인천에 해당하는 미추홀에, 온조 집단으로 알려진 다른 한 무리는 지금의 서울 한강 이남에 해당하는 위례(慰禮)에 각각 정착했다. 위례란 목책(木柵)이라는 뜻으로 순

우리말 '우리' 또는 '울타리'에 해당한다. 위례는 곧 '성(城)'이라는 뜻이다. 성은 고대와 중세 도시의 기본 구성요소이자 도시 그 자체였으니, 『삼국사기』 등의 기록은 고구려 땅에 살던 사람들 중 일부가 남하하여 한강 유역에 도시국가를 건설했던 사정을 드러낸다. 온조 집단은 비류 집단을 흡수하고 한강 유역의 다른 소국(小國)들을 정복, 통합하면서 백제국으로 성장했다.[3] 백제는 제8대 고이왕(古爾王) 27년(260)에 이르러 관제를 정비하고 법령을 반포함으로써 고대 영역국가의 기틀을 세웠다.

백제가 백성들에게 벼농사를 짓도록 했다는 기록은 다루왕 6년(33) 조부터 나온다. 한강하구의 김포평야는 지금도 한반도의 대표적 답작(畓作) 지대인 바, 벼는 다른 작물에 비해 지력 소모가 적으면서도 수확량이 많다. 벼는 밀, 옥수수와 더불어 세계 3대 작물의 하나지만, 벼농사 지대는 다른 작물 생산지대에 비해 인구밀도가 압도적으로 높다. 고대 국가에서는 인력(人力)이 곧 국력이었기 때문에, 벼의 큰 인구 부양력은 초기 백제의 급속한 발전을 뒷받침했다. 한강 유역의 여러 소국을 병합한 백제는 한사군(漢四郡)의 잔여 세력과 말갈, 가야 등을 공략하면서 영토를 확장했다. 4세기 근초고왕 대에는 북으로 고구려와, 동으로 신라와 국경을 맞대고 바다 건너 중국 남조 및 왜와도 긴밀한 관계를 맺었다. 백제는 근구수왕(재위 375~384) 때 중국의 요서군을 빼앗아 지배하기도 했다. 백제가 황해를 건너 동아시아 국제무대에서 활약할 수 있었던 데에는 한강하구의 역할이 컸다. 백제 수도 위례성의 위치에 대해서는 학설이 분분하나, 한강변에 있었다는 것은 거의 분명하다. 한강하구는 백제 해상활동의 거점이었고, 주변에서는 선박 건조도 활발했을 것이다.

한강하구를 발판으로 중국 동북 지역과 왜의 일부 지역까지 지배력을 확장한 백제는 고구려와 자주 충돌할 수밖에 없었다. 371년 근초고왕이 이끄는 백제군은 평양성까지 진격했고, 이 전투에서 고구려 고국원왕이 전사했다. 그로부터 20년 뒤인 391년에는 고구려 광개토왕이 한강하구의 관미성(현재의 파주 오두산성)을 점령하여 백제와 중국 사이의 연결로를 끊었다. 475년에는 고구려 장수왕

〈그림 1-4〉 풍납동 토성 복원 모형
출처: 한성백제박물관

이 백제의 수도를 함락하고, 개로왕을 살해했다.[4] 이로써 한강하구를 포함한 한강 유역 일대는 고구려의 영토가 되었다. 한강 상류인 충주에 세워진 중원고구려비도 장수왕 남정(南征) 직후의 것으로 추정된다. 고구려는 한강 이북을 북한산군, 한강 이남을 한산군으로 편제하고 중심 도시로 남평양을 설치했다.[5] 현재의 서울 지방은 백제에 이어 고구려 때도 정치 중심지 구실을 했던 셈이다.

고구려는 이후 70여 년간 한강 유역을 지배하면서 여러 군사기지를 건설했다. 현재 한강변에는 풍납토성, 몽촌토성, 아차산성, 남한산성, 삼성리토성, 대모산토성, 수석리토성, 양천고성 등 삼국시대부터 통일신라시대에 걸쳐 축조된 성터들이 산재(散在)한다. 아차산에는 고구려군이 쌓은 보루(堡壘)가 여럿 남아 있다. 행주산성도 삼국시대 성터에 다시 쌓은 것이라는 견해가 있다. 이는 삼국시대에 한강이 전략적 요충지였음을 입증한다. 고구려가 한강유역을 점령한 이후, 이 일대의 지배권을 둘러싸고 삼국은 여러 차례 치열한 전투를 벌였다.

6세기 중엽, 백제 성왕(재위 523~554)은 도읍을 사비(현재의 충남 부여)로 옮기고 국호를 남부여로 바꾸었으며, 한강 유역을 수복하기 위해 신라와 동맹을 맺었다. 551년, 백제군은 신라군과 함께 고구려를 공격했다. 이때 한강 상류의 10군은 신라가, 하류의 6군은 백제가 각각 차지했다. 그러나 2년 뒤, 신라 진흥왕은 백제가 확보했던 한강하구 일대를 다시 빼앗아 신주(新州)를 설치했다. 한강 유역을 정복한 진흥왕은 북한산 비봉에 올라 순수비를 세우게 했다. 신주는 557년 북한산주로, 568년 남천주로 바뀌었다가 604년 다시 북한산주가 되었다. 발원지부터 하구에 이르기까지 한강 유역 전체를 확보한 신라는 바다 건너 당과 동맹을 맺고, '삼한일통(三韓一統)'을 위한 대대적 전쟁을 준비했다. 나당연합군은 660년 백제 사비성을, 668년에 고구려 평양성을 각각 점령했다. 한강하구에 대한 지배권은 삼국쟁패의 향방을 갈랐으며, 삼국통일의 기반이 되었다.

백제와 고구려가 멸망한 후, 신라와 당은 영토 획정 문제를 두고 다시 대립했다. 672년 황해도에서 나당 간 전투가 벌어진 뒤, 신라는 곳곳에 성을 쌓아 당의 침략에 대비했다. 신라군과 당군의 전투는 주로 한강 연선을 따라 벌어졌는데, 파주시 적성면의 칠중성도 주요 격전지였다. 나당 전쟁의 향방을 가른 전투는 연천군 청산면 대전리에 있던 매소성에서 벌어졌다. 신라는 삼국을 통일한 후 당나라의 주군(州郡) 제도를 본받아 전국을 9주로 나누고 5개의 소경(小京)을 두었다. 한강 중하류 지역은 한주, 상류 지역은 삭주가 되었는데, 그 치소(治所)는 각각 현재의 광주(廣州)와 춘천에 해당한다. 또 현재의 충주와 원주는 각각 중원경(中原京)과 북원경(北原京)이 되었다.

4. 고려시대의 한강하구와 조운

1) 고려의 지방제도와 한강 유역

신라 하대에 이르러 중앙귀족들 사이의 권력투쟁이 심화함에 따라 국가의 지방 통제력은 서서히 약해졌다. 경주에서 멀리 떨어진 변경 지대에서는 독자적인 무력 기반을 확보하고 인신과 토지에 대한 지배권을 행사하면서 중앙정부의 통제를 거부하는 자들이 나타나기 시작했다. 중앙의 권력투쟁에서 밀려난 귀족, 군 지휘관, 촌주(村主), 초적(草賊) 우두머리 등 다양한 출신 배경을 가진 이들은 스스로 성주, 장군 등으로 칭하면서 중앙정부의 통제를 거부하고 일정 지역을 실질적으로 지배했다. 이들을 호족(豪族)이라 한다. 난립한 호족들 사이의 경쟁 과정에서 두각을 나타낸 자가 궁예와 견훤이었다. 이들은 신라로부터 자립을 선포하고 각각 나라 이름을 후고구려(태봉, 마진), 후백제로 정했다. 한강 유역은 후고구려가 지배하는 영역이었다. 후삼국 정립으로 인한 잦은 전쟁과 혼란은 궁예를 몰아내고 왕위에 올라 국호를 고려로 바꾼 왕건이 수습했다.

918년 고려왕조가 개창된 이후에도 한동안 각지의 호족들은 강력한 자치권을 유지했다. 고려왕조가 새로운 지방 제도를 마련한 것은 제6대 왕인 성종 2년(983)의 일이었다. 이때 양주, 광주, 충주, 청주, 공주, 진주, 상주, 전주, 나주, 승주, 해주, 황주의 12목을 설치했는데, 한강 유역은 양주와 광주 관할이었다. 이어 995년에는 전국을 관내, 중원, 하남, 강남, 해양, 신남, 영동, 산남, 삭방, 패서의 10도로 나누고 그 아래에 580여 개의 주군을 두었다. 한강 본류 유역과 하구는 관내도, 남한강 유역은 중원도, 북한강 유역은 삭방도 소속이었다. 그러나 호족들이 지배하는 지역을 지방 행정기구로 편제하는 일이 순조로울 수는 없었다. 현종 9년(1018)에는 다시 각 지방을 네 곳의 도호부와 8곳의 목으로 재편했다. 8목은 광주, 충주, 청주, 진주, 상주, 전주, 나주, 황주였다. 도호부는 신라의 소경과 유사한 지방 행정 중심 기구로서 군사적 요충지에 설치되었다. 또 개성부를 폐지하고 대신 정주 등 3현을 관장하는 개성현령을 두어 송림 등 7현을 관할하는 장단현령과 함께 상서도성(尙書都省)에 예속시켰다. 개성현과 장단현을 합해 경기(京畿)라 했다. 이에 따라 한강하구는 경기 직할이 되었고, 현재의 부평 지역에는 안남도호부(安南都護府)가 설치되었다. 문종 16년(1062) 개성현이 폐지되고 개성부가 부활했으며, 한강하구도 다시 개성부 직할이 되었다.

문종 21년(1067)에는 양주를 남경으로 승격하고 행정관으로 유수(留守)를 두었다.[6] 남경은 얼마 후 다시 양주의 일부로 격하되었다가 숙종(1095~1105) 때 천도론이 대두하면서 남경으로 재승격했고, 새 도읍 후보지로 부상했다. 숙종 대 천도론이 대두한 것은 숙종의 즉위 과정에서 치열한 왕위 다툼이 있었던 데다가, 유난히 천재지변이 잦았기 때문이다. 당대인들은 이를 국운이 쇠한 때문이라고 인식했고, 풍수설을 신봉한 사람들은 나라를 중흥(中興)하기 위해 천도가 필요하다고 보았다.

당시 천도론을 소상히 피력한 이는 위위승동정(衛尉丞同正) 김위제(金謂磾)였다. 그는 『도선기(道詵記)』, 『도선답산가(道詵踏山歌)』, 『삼각산명당기(三角山明堂記)』, 『신지비사(神誌秘詞)』 등의 내용에 자기 견해를 덧붙여 삼각산 남쪽과 목멱 사이의 평지에 남경을 두자고 주장했다. 그는 송악을 중경, 평양을 서경, 목멱양(한양)을 남경으로 삼아 3~6월은 남경에, 7~10월은 서경에, 11~2월은 중경에 행행(行幸)하여 주류(駐留)하면 36국이 와서 조공하고 나라가 태평할 것이라고 했다.[7] 이 건의를 받아들인 숙종은 1101년(숙종 6) 남경개창도감(南京開創都監)을 설치하고 한양 부근에서 적당한 곳을 찾아 새 도시를 건설하도록 했다. 남경개창도감은 한강변, 북한산 주변, 백악 아래 등 여러 곳을 살펴본 후 현재의 경복궁 부근을 중심으로 도성 건설에 착수, 2년 8개월 만에 완공했다.

당시 남경의 권역은 동서로는 낙산에서 안산까지, 남북으로는 백악에서 용산까지로 조선시대 한성부보다 그 규모가 컸다. 공역이 끝나자 숙종은 9년(1104년) 8월 중신을 거느리고 남경에 행차하여 10여 일간 머물다가 개경으로 돌아갔다. 남경에는 유수관(留守官)을 두어 주변 지역의 행정을 총괄하게 했는데, 당시 남경의 관할 지역은 현재의 서울과 경기도 서부지역 전체에 해당했다. 한강하구도 남경 유수의 관할이었다. 이후 남경은 충렬왕(재위 1274~1308) 말기까지 약 200년간 경기지역 행정 중심지이자 왕의 행행지로 존속했다.

남경은 1308년(충렬왕 34) 다시 한양부로 격하되었다. 이해에 두 번째로 즉위한 충선왕은 지방 세력을 억제하여 왕권을 강화할 목적으로 대대적인 관제 개편을 단행했는데, 남경 폐지는 그 일환이었다. 이로써 한양부는 경기 서부지역과 한강하구 일대의 행정 중심지라는 지위를 잃고 일개 부(府)가 되었다. 한양이 새 수도의 입지로 다시 주목받은 것은 공민왕(재위 1352~1374)이 즉위한 뒤였다. 공민왕은 원과 유착하여 왕권을 잠식했던 권문세가를 제거하는 한편, 원의 간섭하에 변경된 관제와 군제를 개혁했다. 이에 따라 한양부는 다시 남경이 되었다.

그런데 개혁에 반대하는 부원 세력(附元勢力)이 반란을 일으키는 등 정치적 혼란이 계속되자 1356년(공민왕 5) 왕은 다시 남경 천도를 계획했다. 이듬해 봄까지 궁궐을 중수(重修)하고 성곽을 쌓는 등 천도 준비가 진척되었으나 개경에 뿌리내린 관료층의 반발로 인해 결국 실현되지 못했다. 공민왕의 뒤를 이어 즉위한 우왕도 남경 천도를 시도했다. 1382년(우왕 8) 9월, 왕은 남경으로 이어(移御)해 6개월가량 머문 뒤 개경으로 환도했다. 우왕은 1387년(13)에 다시 남경 천도를 시도했다. 그는 먼저 기로회의(耆老會議)를 소집하여 천도를 논의하고 이어 개경의 방리군(坊里軍)을 차출하여 중흥산성을 대대적으로 수축하기 시작했다. 그러나 공사가 진행되는 도중 이성계가 위화도에서 회군하여 정권을 장악함에 따라 이 계획 역시 수포로 돌아갔다.

고려의 마지막 왕인 공양왕도 남경 천도로 왕조 멸망의 위기를 극복하려 했다. 1390년(공양왕 2) 9월, 왕은 문하평리(門下評理) 배극렴(裵克廉)으로 하여금 남경 궁궐을 수리케 하고 9월에 이어(移御)했다. 하지만 그 직후 남경에서 호환(虎患)으로 사람이 죽는 사건이 발생하고, 뒤이어 이성계를 옹립하여 새 왕조를 세우려는 움직임이 포착되는 등 정정(政情)이 불안해지자 6개월 만에 개경으로 돌아갔다.[8] 고려 역대 왕의 남경 천도 시도는 모두 수포로 돌아갔지만, 한강을 낀 한양이 수도로 최적지라는 생각은 사회 전반에 널리 퍼져나갔다. 한양의 장점은 무엇보다도 한강 수로에 있었으며, 한강하구는 그 물길의 종점이었다.

국가의 형성과 존립에서 가장 중요한 것이 인신과 토지에 대한 지배권이다. 지방 행정기구의 핵심 기능은 관할 지역의 인신을 징발하고 조세를 수납해서 중앙에 보내는 것이다. 일본 나라의 정창원(正倉院)에서 발견된 「신라장적」은 고대

한강하구-평화, 생명, 공영의 물길

국가가 인신과 토지, 가축과 작물을 얼마나 세밀하게 관리했는지 보여 준다. 국가는 이 '관리대장'을 토대로 인신을 징발하고 조세를 수취했다. 나말여초(羅末麗初)의 호족들은 자기가 지배력을 행사하는 지역의 인신과 조세를 임의로 징발, 수취함으로써 국가를 해체했다. 후삼국을 통일하고 새로 수립된 고려왕조의 중심 과제는 인신과 토지에 대한 지배권을 중앙정부로 일원화하는 일이었다. 하지만 지방 각처의 호족들은 왕조 권력의 통제 시도에 순순히 따르지 않았다. 군사를 대동하고 파견된 지방 행정기구 수장들이 호족들에게 복종을 요구했으나, 의례적 복종과 조세 상납은 다른 문제였다. 고려왕조가 안정적으로 조세를 수취하기 위해서는 정치·군사적 문제뿐 아니라 기술적 문제도 해결해야 했다. 남해안이나 동해안 가까운 곳에서 수도 개경(開京)까지 조세를 운반하는 일은 결코 쉽지 않았다. 육로를 이용하면 운반 노동력이 많이 필요한 데다가 시간이 많이 걸렸고, 초적(草賊)의 공격을 받을 수도 있었다. 수로 이용은 소요 노동력과 운송 시간 면에서 장점이 있었던 반면, 침몰 위험이라는 단점이 있었다. 장단점을 따져 보면 그래도 수로를 이용하는 편이 나았다. 고려왕조는 조세를 수로로 징수한다는 방침을 정하고 국초부터 조운 항로와 조창(漕倉)을 지정, 정비했다. 조창은 조세곡을 일차 수납해 두었다가 세곡선(稅穀船)에 옮겨 싣기 위한 일시적 저장고였다.

고려의 조창은 13개였으며, 한강변에는 현재의 충주에 덕흥창, 원주에 흥원창이 설치되었다. 조창마다 적재량 200석 규모의 선박 20여 척이 배치되어 추수 이후 세곡 운송을 담당했다.[9] 삼남 지방 각 조창에서 출발한 조선(漕船)은 서해안을 따라 항해하여 한강하구를 거쳐 예성강에 이르렀다. 한강 상류의 충주와 원주에서 출발한 조선은 한강 물길을 따라 강화도 앞에 이른 후 북상하여 역시 예성강에 도달했다. 고려시대에도 한강은 가장 중요한 조운로(漕運路)였다.

넓게 보자면 고려의 수도 개경도 한강하구 권역이라고 할 수 있다. 한강 유역에 기반을 두었던 호족들은 고려 건국 후 중앙의 문벌귀족이 되었으며, 그중 일부는 여러 정치적 격변을 겪은 뒤인 고려 말에도 권문세족으로 권세를 누렸다.

고려 전기의 문벌귀족으로는 광주(廣州)에 기반을 두었던 왕규(王規), 긍주(현재의 시흥) 호족의 후손인 강감찬(姜邯贊), 인천 지방의 유력 호족 가문 출신인 이자겸(李資謙), 파평(현재의 파주)을 본관으로 삼은 윤관(尹瓘) 등이 있고, 고려 말의 세족으로는 한양 조씨, 파평 윤씨, 행주 기씨, 서원 염씨, 한양 한씨, 양주 송씨, 금천 강씨, 공암 허씨, 김포 정씨, 강화 위씨 등이 있다.[10]

2) 강도 시대의 한강하구

고종 18년(1231), 몽골군이 고려를 침략했다. 이후 몽골군은 고종 46년(1258)까지 6차례나 침입했다. 고종 19년(1232) 고려 조정은 물길에 익숙하지 않은 몽골군의 공격을 피하기 위해 강화로 도읍을 옮겼다. 강화에 행궁(行宮)과 임시 관청을 지었고, 전국 각지와 연락망을 새로 구축했다. 고종 21년(1234)에는 내시 이백전(李白全)을 남경에 보내 어의(御衣)를 봉안케 했다.[11] 양주 땅에 궁궐을 짓고 이어하면 국업이 800년 연장될 수 있다는 도참설(圖讖說)에 따른 것이다. 이듬해에는 태조의 신어(神御)를 남경 신궐에 이안(移安)했다. 몽골 침입으로 인해 남경의 지위는 크게 높아졌고, 남경과 강화를 잇는 한강 수로의 중요성도 배가되었다.

비록 강화를 수도로 삼을 정도로 어려운 상태였지만, 국가 운영을 위해서는 조세 수취가 필수적이었다. 다행히 해로를 통한 조운에는 큰 차질이 없었으나, 수시로 몽골군의 말발굽에 짓밟혔던 내륙 지방의 조세를 운반하는 데에는 난관이 적지 않았다. 고려 조정은 한강 연변의 진도(津渡)를 정비함으로써 충주 가흥창과 원주 흥원창을 기점으로 하는 세곡 운송이 차질 없이 진행되도록 했다. 이로 인해 한강의 수로 기능은 한층 늘어났으며, 한강하구의 전략적·경제적 중요성도 높아졌다.

고종 47년(1259), 고려는 몽골에 항복했고 이듬해 왕위에 오른 원종은 개경 환도를 추진했다. 그러나 무신들은 몽골의 약속을 믿을 수 없다며 환도에 반대했다. 고려 조정이 개경으로 환도한 것은 원종 10년(1270)의 일이었다. 개경 환도

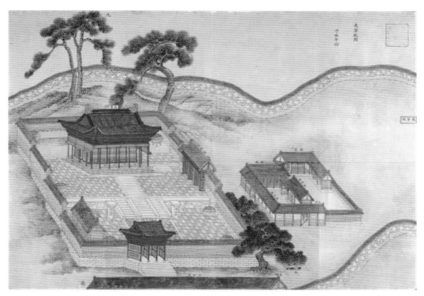

〈그림 1-5〉 강화부궁전도(1881년경 제작)

출처: 국립중앙도서관

이후 조운도 강도(江都) 시대 이전으로 복원되었으나, 14세기 중반 공민왕 대에
는 왜구의 침입으로 인해 중단되었다. 일본 대마도, 규슈, 시코쿠 등지를 근거
지로 한 왜구는 1350년경부터 고려 전역에 침입하여 노략질을 일삼았다. 그들
은 삼남의 해안지대는 물론, 개경에 가까운 강화, 교동, 옹진 등지까지 침입해 들
어왔다. 고려 해안 전체가 왜구의 활동 무대였기 때문에, 해상 조운은 전면 두절
되었다. 다만 한강 수로를 이용한 강운의 위험성은 상대적으로 덜 했을 것이다.
『고려사』 등 조선시대 사서(史書)들은 왜구의 침입으로 인해 조운이 모두 막혔다
고 기록했지만, 한강 수로를 통한 조운은 명맥을 이었을 것으로 보인다. 조선왕
조 개창 후 수도를 한양으로 정하는 과정에서도, 조운로는 가장 중요한 고려 대
상이었다.

5. 조선시대의 한강하구

1) 조선왕조 개창과 한양 천도

1392년 공양왕을 폐위하고 새 왕조를 개창한 이성계와 그 일파는 곧바로 천도 문제에 매달렸다. 천도의 이유는 많고도 분명했다. 그들은 왕조의 흥망성쇠가 왕도의 지기에 좌우된다는 풍수지리설에서 자유롭지 못했고, 400여 년간 개경에 뿌리내리고 자기들끼리 강고한 인적관계를 형성한 구 왕조의 신민을 안심하고 믿을 수도 없었다. 고려 역대 왕의 능묘(陵墓)와 신위(神位)를 모신 공간에 새 왕조의 조상을 함께 모시는 것도 생각할 수 없는 일이었다. 역성혁명(易姓革命)의 명분을 밝히기 위해서라도 새 왕조 개창자들의 이상을 드러낼 수 있는 새로운 도읍지를 만들 필요가 있었다.

그런데 새로 조선왕조의 신하가 된 사람들은 모두가 본래 고려왕조의 신하였다. 그들 모두가 개경에 재산과 친분을 쌓아 두고 있었다. 그들에게 천도는 자신들이 개경 땅에 쌓아 놓은 인적 물적 재산을 내버리는 것과 다름없었다. 새 왕조가 섰으니 마땅히 도읍을 옮겨야 한다는 주장이 나오자마자, 여러 갈래의 반대론이 제기되었다.[12] 어떤 이들은 왕조가 바뀌자마자 새 도성을 조영하면 인력과 물력의 소모가 커서 백성들이 원망할 것이라고 주장했다. 또 다른 이들은 개경이 400여 년간 도읍으로 유지될 수 있었던 것은 이만한 길지(吉地)가 없기 때문이며, 전 왕조에서도 여러 차례 한양 천도를 시도했으나 그 결과가 좋지 않았다고 주장했다. 하지만 이성계는 "자고로 역성수명(易姓受命)의 군주는 반드시 도읍을 옮겼다"며 천도를 강행할 뜻을 굽히지 않고 끝내 관철했다.

천도 방침이 결정되자 곧바로 후보지를 찾는 작업이 시작되었다. 백악 밑, 안산 아래, 왕십리 등 한양 일원과 임진강 변의 광실원(현재의 연천군 남면), 신경(현재의 장단군 백계산), 도라산, 공주 계룡산, 전라도 진동현(현재의 진산) 등 여러 곳이 후보지로 떠올랐다.[13] 계룡산 아래에서는 일시 신도(新都) 건설 공사가 진행되었으나, 한양보다 나은 곳을 찾을 수 없었다. 한양은 풍수지리설로 보아 명당일 뿐 아니라, 국토의 중앙부에 있어 행정력을 남북 변방에 고루 미칠 수 있으며, 삼면이 험준한 산으로 둘러싸인 데다가 남쪽으로 큰 강이 흘러 방어에도 유리했다. 특히 조운(漕運) 문제가 결정적이었다. 태조가 계룡산 기슭의 신도 건설 공사를 중단하고 한양 천도를 최종 결정한 이유는 순전히 조운 때문이었다.[14]

고려 말 왜구의 침략으로 인해 중단되었던 조운은 공양왕 2년(1390)에 재개되었다. 이해에 정몽주의 건의에 따라 좌우 두 개의 수참(水站)을 두고 조운을 관리하게 했다. 충주의 좌수참은 남도의 세곡을, 배천의 우수참은 해서의 세곡을 각각 관장했다. 조선 태조 4년에는 용산에서 충주에 이르는 구간에 7곳의 수로전운소(水路轉運所)를 설치하고 완호별감(完護別監)을 배치했다.

한편 태종은 지방제도를 전면 개편하여 전국을 8개의 도로 구분하고, 그 아래에 한성부를 포함한 6개의 부, 5개의 대도호부와 70여 개의 도호부, 70여 개의 군, 130여 개의 현을 두었다. 이 지방제도의 골격은 조선시대 내내 유지되었을뿐 아니라, 현재의 도 체제로 이어졌다. 군현(郡縣) 단위에서 수납한 조세곡 중일부는 각 지방관청의 운영비로 이송되었고, 나머지는 일단 가까운 조창에 적치(積置)했다가 서울로 조운하였다. 물론 국가 체제가 현물경제를 기초로 했기 때문에, 군영(軍營)과 일부 관청은 토지를 직접 소유하고 소작료를 징수하여 운영

〈그림 1-6〉 경강부임진도(19세기 초 제작)
출처: 규장각 한국학연구원

비로 사용했다. 전국에서 수확된 곡물 중 농가의 소비분, 군영과 역원(驛院) 등 지방 관청 소비분, 지방 지주의 자가(自家) 소비분을 제외한 나머지, 즉 조세곡과 서울 거주 지주에게 납부하는 소작료는 모두 수로를 통해 서울로 옮겨졌다. 국가 조세곡을 운반하는 조운과 지주의 소작미를 운반하는 일반 선운은 모두 한강을 이용했다. 그중 충청도 내륙 지방과 경상도 북부, 강원도 일대에서 산출된 곡식은 한강 상류 수로를 이용했고, 나머지는 모두 서해안 해로와 한강하구를 통해 서울로 들어왔다.

2) 경강과 조강(祖江)

조선왕조가 한양을 도읍으로 정함에 따라 한강은 도성의 외수(外水)이자 국가 재정 운영을 위한 핵심 물류 통로가 되었다. 한강의 지리를 상세히 조사하는 것은 국가 운영을 위해 필수적이었다. 이 작업의 결과는 『세종실록』「지리지」에 기록되었다. 내용은 아래와 같다.

한강(漢江)은 그 근원이 강원도 오대산(五臺山)으로부터 나와 영월군(寧越郡) 서쪽에 이르러 여러 내를 합하여 가근동진(加斤同津)이 되고, 충청도 충주(忠州)의 연천(淵遷)을 지나서 한결같이 서쪽으로 흘러 여흥(驪興)을 지나 여강(驪江)이 되고, 천녕(川寧)에서 이포(梨浦)가 되며, 양근(楊根)에서 대탄(大灘)이 되고, 또 사포(蛇浦)와 용진(龍津)이 되었으며, (한 줄기는) 인제현(麟蹄縣)의 이포소(伊布所)로부터 나와 춘천(春川)에 이르러 소양강(昭陽江)이 되고, 남쪽으로 흘러 가평현(加平縣) 동쪽에서 안판탄(按板灘)이 되고, 양근(楊根) 북쪽에서 입석진(立石津)이 되며, 또 (양근) 남쪽에서 용진도(龍津渡)가 되고, 사포(蛇浦)로 들어가서 두 물이 합하여 흘러 광주(廣州) 경계에 이르러서 도미진(渡迷津)이 되고, (다음에) 광나루[廣津]가 되었으며, 서울 남쪽에 이르러 한강도(漢江渡)가 되고, 서쪽에서 노도진(露渡津)이 되며, 서쪽에서 용산강(龍山江)이 되었는데, 경상·충청·강원도 및 경기 상류

(上流)에서 배로 실어 온 곡식이 모두 이곳을 거치어 서울에 다다른다. 강물이 도성 남쪽을 지나 금천(衿川) 북쪽에 이르러 양화도(楊花渡)가 되고, 양천(陽川) 북쪽에서 공암진(孔岩津)이 되며, 교하(交河) 서쪽 오도성(烏島城)에 이르러 임진강(臨津江)과 합하고, 통진(通津) 북쪽에 이르러 조강(祖江)이 되며, 포구곶이[浦口串]에 이르러서 나뉘어 둘이 되었으니, 하나는 곧장 서쪽으로 흘러 강화부 북쪽을 지나 하원도(河源渡)가 되고, 교동현(喬桐縣) 북쪽 인석진(寅石津)에 이르러 바다로 들어가니, 황해도에서 배로 실어 온 곡식이 (모두) 이곳을 거치어 서울에 다다른다. 하나는 남쪽으로 흘러 강화부 동쪽 갑곶진(甲串津)을 지나서 바다로 들어가니, 전라·충청도에서 배로 실어 온 곡식이 모두 이곳을 거치어 서울에 다다른다. 임진강(臨津江)은 그 근원이 함길도(咸吉道) 안변(安邊)의 임내(任內)인 영풍현(永豊縣) 방장동(防墻洞)으로부터 와서 이천(伊川)·안협(安峽)·삭녕(朔寧) 경계를 지나 연천(漣川)에 이르러, 물이 비로소 커져서 징파도(澄波渡)가 되고, 마전(麻田)을 지나 적성(積城)에 이르러 이포진(梨浦津)이 되며, 장단(長湍)에서 두지진(豆只津)이 되고, 임진현 동쪽에 이르러 임진도(臨津渡)가 되며, 서쪽으로 흘러 (임진현) 동남쪽에 이르러서 덕진(德津)이 되고, 남쪽으로 흘러 교하현 서쪽에 이르러서 낙하도(洛河渡)가 되며, 봉황바위[鳳凰岩]를 지나 오도성(烏島城)에 이르러 한강과 합쳐져 바다로 들어간다.[15]

한강 본류 중 한양 남쪽 구간은 경강(京江)이라 했고, 한강이 임진강과 합류하는 교하(交河) 하류부터는 조강(祖江)이라 했다. 조강은 전라·충청도의 세곡을 서울로 운반하기 위해 반드시 거쳐야 하는 길목이었다. 바닷길로 강화에 도착한 세곡선들은 통진에서부터 한강을 소항(遡航)하여 서강, 마포, 용산 등지의 강항(江港)에 이르렀는데, 이 뱃길은 한반도에서 가장 긴 내륙수로였다.[16] 황해는 조수간만의 차가 매우 커서 조운선의 운행도 그 영향을 받았다. 조선시대에는 바닷길로 강화 앞바다까지 와서 조강을 거쳐 경강에 이르는 배들을 강하선(江下船), 충주와 원주에서 출발하여 강의 흐름을 따라 경강에 이르는 배들을 강상선(江上船)이라고 했다.[17] 바람의 힘을 많이 이용해야 했던 강하선은 돛이 두 개였고, 주로 노의 힘을 빌렸던 강상선은 돛이 하나였다. 강하선의 경우 큰배에는 600석 내지 1,000석의 세곡을 실었다. 이 정도 무게의 짐을 싣고 평시에 한강을 소항(遡航)하는 것은 쉬운 일이 아니었다. 큰 배들은 강화 앞바다에 정박하여 만조(滿潮)가 되기를 기다렸다가 밀물이 들이닥칠 때 닻을 올리고 역류하는 바닷물의 힘을 이용하여 소항했다. 만조 시 바닷물의 힘이 다하는 지점이 용산과 마포였다. 이 때문에 강하선은 조강에서 마포까지만 운행했고, 강상선은 강하선의 운행 구간을 침범하지 않았다.

한양이 대도시가 되고 한강에 조운선과 상선(商船)의 왕래가 빈번해짐에 따라 강변의 진도(津渡)도 정비되었다. 조선후기에는 경강(京江) 상류로부터 조강(祖

〈그림 1-7〉 겸재 정선의 금성평사(錦城平沙).
1740년 작. 현재의 난지도 주변 모습이다. 돛이 두 개인 강하선(江下船)들이 떠 있다.
출처: 간송미술관

江)까지 도미진(度迷津), 광진(廣津), 송파진(松坡鎭), 삼전도(三田渡), 신천진(新川津), 독도진(纛島津), 입석포(立石浦), 두모포(豆毛浦), 한강도(漢江渡), 서빙고진(西氷庫津), 동작진(銅雀津), 흑석진(黑石津), 노량도(露梁渡), 용산진(龍山津), 마포진(麻浦津), 서강진(西江津), 율도진(栗島津), 양화도(楊花渡), 공암진(孔巖津), 행주진(幸州津), 조강진(祖江津) 등 20여 개의 나루터가 있었다. 중요한 나루터에는 도승(渡丞)을 두고 관선(官船)을 배치하여 도강(渡江)하는 사람들을 기찰(譏察)하게 했다. 한양 권역을 벗어난 한강하구에는 도강 인원이 적었던 만큼 나루터도 발달하지 않았다.

한편 한강도, 양화도, 송파진의 3개 나루터 주변에는 군영(軍營)을 설치하고 진장(鎭將)과 병사들을 배치했다. 한강 북변의 이 삼진(三鎭)은 남쪽의 노량진과 개성 남쪽의 임진도(臨津渡)와 함께 서울을 경비하는 5대 요지였다.

3) 경강상업과 한강하구

서울 인구가 10만 명 내외이던 조선 초기에는 매년 20만 석 정도의 쌀이 도성으로 반입되었다. 성내 인구가 25만, 성저십리 인구가 10만 정도로 늘어난 18~19세기에는 도성으로 반입되는 쌀이 100만 석 정도였다. 이 중 30% 정도는 강상선으로, 나머지 70%는 강하선으로 운반되었다. 조세곡뿐 아니라 서울의 양반 관료들이 지방 장토에서 징수한 소작미 운송도 한강 수로를 이용했다. 한강변에는 용산의 군자창, 마포의 풍저창과 광흥창 등 대규모 국영 창고뿐 아니라 민간 상인들이 운영하는 중소 규모의 창고와 여각들이 즐비했다. 군자창 세곡은 군량미로, 광흥창 세곡은 관료의 녹봉으로, 풍저창 세곡은 왕실 비용으로 각각 충당했으나,[18] 일부는 창고 앞에서 상품으로 거래되었다. 운송 도중 빗물이나 바닷물이 들어간 쌀이나 묵은 쌀은 싼값으로 상인들에게 팔아넘기는 편이 나았기 때문이다. 쌀 이외에 공물(貢物)로 징수하는 각 지방의 특산물도 한강변에 적치(積置)되었고, 일부는 창고 앞에서 판매되었다. 상인들은 한강변의 관사영(官私

營) 창고 앞에서 매입한 상품을 지방으로 가져가 판매했다. 하자가 있어 싸게 매입한 곡식도, 흉황(凶荒)을 겪는 지방에 가져가면 비싸게 팔 수 있었다. 한강변의 상품 거래는 임진왜란과 병자호란을 거친 17세기 이후 급속히 확대되었다.

　40년 사이에 한반도 전역을 휩쓴 두 차례의 대규모 전쟁 때문에 인구는 격감하였고 토지는 황폐화했다. 중세 국가에서 인구와 토지는 바로 '국력(國力)' 자체였다. 인구를 회복하고 농지를 다시 개간하는 것은 미룰 수 없는 국가적 과제였다. 사망률을 줄이기 위해 의서(醫書) 편찬과 언해본(諺解本) 발간, 보급이 활발히 이루어졌고, 각 지방에서는 재지(在地) 지주들이 수리 시설 확충, 농사 기술 개선 작업 등을 주도했다. 이앙법(移秧法) 등 새로운 농법의 확산은 노동력을 절감하는 한편 수전(水田) 이모작을 가능케 하여 노동생산성과 토지생산성을 모두 끌어올렸다. 그런데 이런 생산성 향상은 토지와 노동력 사이에 형성된 오래된 균형을 깨뜨렸고, 그 결과 '잉여 노동력'과 '잉여 생산물'이 늘어났다. 인적(人的)인 측면에서나 물적인 측면에서나 상품 거래가 활발해질 조건이 성숙했다.

　공물(貢物) 수취제도의 모순도 상품 거래를 촉진했다. 조선왕조는 개국 직후부터 공물 제도의 정비에 힘을 기울여 세종 대에는 지역 별로 부담해야 할 공물의 종류와 수량을 확정했다. 그런데 기후풍토의 변화나 남획(濫獲)으로 인해 배정된 공물을 자체적으로 조달하지 못하는 지역들이 나타났다. 이에 일부 농촌 지역 사이에 특산물 거래가 시작되었는데, 이 거래를 성사시키는 것은 상인들의 몫이었다. 지방관이나 유력자들은 상인들과 결탁하여 자체적으로 특산물을 조달, 상납할 수 있는 지역에서조차 현물 납부를 방해하고 상인들의 손을 거쳐 상납하도록 했다. 왕조 정부는 처음 이 방납(防納)을 모리배들 때문에 발생한 '폐단'이라 여겨 시정하려 했으나, 이윽고 공물 제도 자체에 모순이 있음을 깨닫고 현상을 추인하는 방향으로 움직였다. 임진왜란 직후 공물을 현물로 납부할 수 없는 일부 지역에서 미곡(米穀)과 포(布)로 대납(代納)할 수 있게 한 '대동법(大同法)'이 시행되었다. 이 법의 시행 지역은 17세기 내내 조금씩 확대되어 1708년에 이르러서야 조선 전역을 포괄하게 되었다. 대동법은 공물(貢物)을 사실상 전세(田稅)에 통합한 것으로서, 이제 중앙 정부와 지방 관아는 농민들에게 징수한 대동미와 대동포로 필요한 물자를 구입해 사용해야 했다. 이 교환을 담당한 상인들이 '공인(貢人)'이었는데, 이들의 활동 무대는 전국에 걸쳐 있었다.[19]

농촌 지역 간 물자 교환이 늘어나고 국가의 공물 수취 방법이 바뀌자 내륙 교통의 요충지와 해안 포구들에 새로운 교환 장소들이 생겨났다. 내륙의 장시(場市)는 15세기 말에 처음 출현했는데, 처음에는 흉황으로 인해 굶주린 농민들이 행상들에게 가재도구 등을 팔고 곡식을 구하는 형태의 비정기시였으나, 16세기 말에는 정기시(定期市), 즉 5일장으로 발전하였고, 그 수도 계속 늘어갔다. 장시가 계속 늘어나자 인근 지역의 장시들끼리 개시일(開市日)을 조정하여 5일장 체제를 갖추어 갔다. 장시 내, 그리고 장시와 장시 사이의 교환은 전업(專業) 상인인 보부상(褓負商)들이 담당했다. 해안에 가까운 지역의 물자가 일차 집산하는

〈그림 1-8〉 조선시대의 객줏집. 『기산풍속도첩』 중 「넉넉한 객주」
출처: 독일 함부르크민족학박물관

포구(浦口)들에서도 상거래가 본격화했으며, 선상(船商)들에게 숙박과 화물 보관 등의 용역(用役)을 제공하는 객주(客主)들이 거래를 중개했다. 내륙의 장시와 해안 포구에서 거래된 상품 중 상당량은 서울로 운반되었다. 관청과 궁방, 대가(大家)가 몰려 있는 서울이 전국 최대의 소비처였기 때문이다. 서울에서 판로를 찾지 못한 상품은 다시 다른 지방으로 옮겨졌다. 이렇게 서울은 전국 화물의 최종 집산지이자 분배지가 되었다.[20]

지방 장시와 포구에서 서울로 향하는 수륙 교통의 요충지에는 대규모 장시들이 생겨났다. 전주, 안성, 광주(廣州), 강경포 등지가 상업 지역이 되었고, 특히 서울 한강변은 전국 화물이 모여드는 도매상업 지대로 발전했다. 조세 상납이나 상품 거래차 상경한 선상(船商)과 보부상들에게 숙식을 제공하고 그들의 화물을 보관해 주던 객주는 점차 위탁매매업, 대금업 등으로 활동 영역을 넓혀갔고, 나아가서는 채무 관계 등을 매개로 상인들에 대한 독점적 지배권을 확보했다. 이렇게 특정 지역에서 오는 화물, 또는 특정 물품에 대한 독점적 지배권을 장악한 민간 객주들이 사상도고(私商都賈)였다. 경강의 객주들은 지방에서 올라오는 화물을 배 단위, 또는 행상대(行商隊) 단위로 매점하여 쌓아 두고 공인(貢人)들이나 다른 민간 상인인 중도아(中都兒)들에게 팔았다. 경강을 통해 유입하는 상품이 늘어남에 따라 과거에는 한적한 어촌 마을이던 곳도 시장이 되었다. 조선 초기 경강은 일반적으로 한강, 용산강, 서강의 '삼강(三江)'으로 구분되었으나, 18세기 중엽에는 여기에 마포와 망원정을 더하여 오강(五江)이 되었고, 19세기 말부터는 다시 두모포, 서빙고, 뚝섬을 더한 팔강으로 불렸다. 한강변 전체가 상업 공간이 됨으로써 조선 후기에는 '오강민(五江民)'이라 하면 곧 상인을 의미하게 되었다.

한강하구의 조강진(祖江津)과 갑곶진(甲串津)은 경강변처럼 융성하지는 않았으나, 인근 농촌을 배후지로 삼아 소금, 어물, 젓갈류 등을 거래하는 시장이 되었다. 고종 3년(1866) 병인양요를 겪은 뒤에는 조강진과 갑곶진의 상품 거래에 부과한 세금을 진무영(鎭撫營)에서 주관했다.[21]

6. 개항과 한강하구

1) 열강의 침략과 한강하구

중국 중심의 동아시아 세계 질서 속에 안주해 있던 조선은 19세기 후반부터 서구 제국과 접촉하기 시작했다. 18세기말부터 19세기초에 걸쳐 시민혁명과 산업혁명을 차례로 완료한 서구 제국은 19세기 중반부터 상품시장, 식량·원료의 공급지를 찾아 동아시아 침략을 본격화했다. 1840년의 아편전쟁과 1842년의 남경조약, 1853년 페리의 일본 원정과 1854년 미일화친조약의 체결은 동아시아 세계를 서구 중심의 제국주의 세계체제에 강제로 편입한 사건이었다.

서구 열강의 동아시아 진출·침략이 가속화하는 상황에서 조선 연안에도 서양 선박이 출몰하기 시작했다. 당시 제국주의 열강은 중국에 일차적 관심을 기울이고 있었고, 대개는 조선이 중국의 일부라는 잘못된 정보를 가지고 있었기 때문에 조선을 독립적인 침탈 대상으로 인식하지 않았다. 따라서 순조~철종 년간 조선 연안에 출몰한 서양 선박들은 식수나 음식을 요구하는 데 그치는 경우가 대부분이었고, 직접 통상을 요구하는 일은 드물었다. 조선 정부와 지방관리들도 통상요구는 단호히 거절했지만, 연안에 출몰한 서양 선박을 표류민에 준해 후대함으로써 직접적인 마찰을 피했다.

조선 정부에 통상을 요구한 것은 미국의 제너럴셔먼(General Sherman)호가 처음이었다. 1866년 초여름, 대동강하구에 모습을 드러낸 제너럴셔먼호는 통상을 요구하다 거절당하자 대동강을 따라 내륙으로 들어오면서 약탈을 자행했다. 미국의 페리가 일본을 개항할 때 사용했던 무력시위를 반복한 셈이지만, 결국 평양 주민과 관병들의 공격을 받아 침몰당하고 승선인원은 전원 사망하고 말았다. 제너럴셔먼호가 한강이 아니라 대동강을 택한 것은 당시 조선에 대한 미국의 정보가 극히 불충분했음을 보여 준다. 그러나 조선에 관해 상세한 정보를 입수한 이후부터 열강의 조선 침투는 한강에 집중되었다.

한강하구에 서양 선박이 처음 출현한 것은 제너럴셔먼호 사건 직후였다. 1866년 1월, 대대적인 천주교 박해(병인사옥)로 베르뇌 주교, 다블뤼 신부 등 프랑스인 9명과 수천 명의 조선인 천주교도들이 처형당하는 사건이 발생했다. 그해 5월 26일, 조선에서 탈출한 리델 신부는 중국 톈진에 있던 프랑스 극동함대 사령관 로즈에게 이 소식을 알렸다. 로즈는 즉시 베이징에 있던 프랑스 대리공사 벨로네와 파리의 해군성에 통보하면서 보복의 의무를 강조했다. 벨로네 공사는 6월 2일 청국 총리아문의 공친왕(恭親王)에게 문서를 보내 조선에 대한 청국의 종주권을 부인하고 조선에 선전포고했다. 청국이 조정 의사를 표했지만, 프랑스 정부는 그를 묵살하고 조선 원정(遠征)의 총지휘권을 로즈 제독에게 부여했다. 로즈는 그해 8월 10일 3척의 군함을 조선에 파견했다.

조선 연안에 도달한 3척의 함선 중 암초에 걸려 더 이상 운항할 수 없게 된 1척을 제외한 나머지 2척은 바로 한강 어구로 들어섰다. 이들 군함은 16일 통진부를 거쳐 다음날 양천현 염창(현 강서구 염창동)에 머물고 18일에는 하중리까지 소항(遡航)했다. 수로를 측량하여 본격적인 서울 침공을 준비하기 위해서였다. 프랑스 함선들은 그들의 진격을 저지하는 조선 선박들에게 포격한 후 일단 조선 영해를 벗어나 중국으로 귀환했다. 한강 수로 정탐 결과를 분석한 로즈는 함대를 서울에 직접 파견하기보다는 강화도를 점령하여 서울을 고립시키는 쪽이 더 효과적이라는 판단을 내렸다.

다음달 6일(양력 10월 14일) 군함 7척에 600명의 해병대로 구성된 프랑스 함대는 강화부 갑곶진에 상륙했고, 이틀 후 강화부를 점령했다. 뒤이어 통진부, 영종진, 덕진진, 광성진이 차례로 프랑스군에게 넘어갔다. 프랑스군은 애초의 계획대로 한강을 봉쇄하여 서울을 고립시키고자 했다. 그러나 조선측은 일부러 양화진에 많은 선박을 가라앉혀 프랑스군대의 서울 진공을 저지하는 작전을 구사했다. 양측의 작전 모두 장기전을 전제로 한 것이었지만, 적당한 보급선을 갖지 못한 프랑스군의 장기전 전략에는 근본적 한계가 있었다. 결국 한 달여의 봉쇄에도 별다른 성과를 얻지 못하고 오히려 조선군의 기습공격으로 수십 명의 사상자를 낸 프랑스군은 강화성의 숱한 문화재를 약탈하고는 10월 13일 강화도에서 철수했다. 하지만 이를 계기로 한강의 전략적 중요성이 열강에 널리 알려졌다. 한강은 중세적 무기와 전술 앞에서는 천연의 해자(垓字)요 천혜의 방어선이었지만, 근대적 전술과 무기 앞에서는 오히려 유리한 군사적 침투로였다.

1871년 미국의 조선 침공은 1866년의 제너럴셔먼호 격침에서 발단했다. 제너럴셔먼호의 행방을 탐색하던 미국은 중국 당국자를 통해 그 배가 대동강에 침몰했다는 사실을 확인했다. 베이징 주재 미국대사 벌린게임은 본국에 조선 원정을 제안했으나, 국무장관 슈어드는 이를 묵살했다. 벌린게임은 다시 미국 아시아 함대 사령관 벨 제독에게 제너럴셔먼호 사건 진상 조사를 위해 전함을 파견하라고 요청했고, 벨은 그 임무를 전함 와추세트호의 함장 슈펠트에게 맡겼다. 슈펠트는 1866년 12월 황해도 장연에 도착하여 셔먼호 생존자가 있으면 송환해 줄 것을 부탁하는 '정중한' 서한을 남기고 회항했다.

사정이 바뀐 것은 미국에 그랜트 정부가 들어선 이후였다. 새로운 정권의 피쉬

〈그림 1-9〉 신미양요 당시 광성보에서 전사한 조선 병사들
출처: 공보처 홍보국 사진담당관, 1871

국무장관은 조선과 통상조약을 체결하기로 결정했다. 미국은 이를 위해 페리의 일본 원정 방식을 채용했다. 1871년 4월 미국 아시아 함대가 조선 해안에 정박했고, 조선 정부는 이들을 접대하기 위해 3명의 관헌을 기함 콜로라도(Colorado) 호에 파견했다. 그러나 미군은 미국 특사와 대등한 특사의 파견, 미국 선박의 연안측량 허용 등을 요구했다. 다음날부터 미국은 일방적으로 강화해역에 대한 측량을 시작했다. 조선군 수비대가 포격하자 미군은 바로 무력 보복에 나서 광성진을 점령했지만, 조선측의 회답이 없자 10여 일 후 조선 해역을 떠났다.[22]

프랑스와 미국의 침략은 조선 사회 전반에 커다란 영향을 끼쳤다. 전쟁 중에 강화해협이 봉쇄됨으로써 조운(漕運)이 두절되어 서울의 물가가 폭등하고 민심이 소란해진 것은 오히려 사소한 문제였다. 두 차례의 전쟁은 조선 후기 이래 조선 지식층 내부에 잠류하고 있던 개국론을 일시 침묵시켰다. 양이(洋夷)에 대한 적개심이 사회 전반에 만연했고, 개국에 대해 상대적으로 전향적이었던 대원군으로 하여금 강력한 쇄국의지를 천명하지 않을 수 없도록 했다. 또한 열강의 침략 이후 조선 정부는 해방과 수도권 방어를 강화하지 않을 수 없었다. 조선 정부는 일차적으로 강화도 군사를 증강, 재편했고, 한강하구와 인천 주변의 군사력도 강화했다.

2) 개항과 한강하구

1853년 미국의 함포외교에 굴복하여 개항한 일본은 뒤이어 영국, 프랑스, 독일 등 서구 열강과 차례로 불평등 조약을 맺으면서 이른바 '불평등 조약 체제'에 편입되었다. 일본의 경우 이미 16세기 초부터 포르투갈, 네덜란드 등 서양 국가들과 접촉했기 때문에 개항의 충격은 상대적으로 덜했지만, 굴욕적 조약을 체결한 막부(幕府)에 대한 반발은 격렬했다. 막부에 대한 각 번(藩)의 저항은 막부를 타도하고 천황제 절대주의 국가를 수립하여 메이지유신을 단행하는 데까지 나아갔다.

서양 세력의 침투에 대한 동양 3국의 초기 반응은 대체로 유사했다. 양이를 물리쳐 국권과 군권(君權)을 수호해야 한다는 논리는 동아시아 지식인들에게는 의심의 여지가 없었다. 그러나 열강과 교섭하면서, 열강의 침략을 막기 위해서라도 열강에게 배워야 한다는 논리도 확산했다. 강렬한 배외(拜外)의식에 사로잡혀 있던 일본인들이 곧 열강을 모방하여 아시아 침략을 시도한 것도 이러한 사상 동향의 귀결이었다.

일본 정부 및 사회 일각에서 정한론(征韓論)이 대두한 것은 메이지유신 직후인 1860년대 말부터였다. 당시 조선 정부는 일본이 천황 명의로 보낸 국서(國書)에 비례(非禮)의 문구가 들어 있음을 들어 접수를 거부했고, 일본 사신의 입국을 여러 차례 거절했다. 그러자 일본 내에서는 조선의 무례를 응징해야 한다는 여론이 높아갔다. 폐번치현(廢藩置縣)·지조개정(地租改正) 등의 개혁조치로 인해 특권을 잃은 봉건귀족과 무사층의 불만을 외부로 돌릴 필요성, 또 열강보다 먼저 조선에서 기득권익을 확보할 필요성 등에 대한 인식이 이 주장을 뒷받침했다. 그러나 정한론자의 우두머리격이었던 사이고 다카모리(西鄕隆盛)가 실각하면서 1860년대 말의 조선침략론은 일시 잠복했다.

일본이 조선 침략 구상을 다시 수립하고 실천에 옮기게 된 데는 미국 등 열강의 '양해' 또는 '권유'가 있었던 점과 조선 내에서 대원군이 실각하고 개국론이 다시 고개를 들기 시작한 점이 아울러 작용했다. 1875년 초, 조선이 국서 수교를 재차 거부하자 일본은 열강을 본따 함포외교 수단을 채택하기로 결정했다. 이해 4월 일본은 3척의 군함을 부산에 파견하여 무력시위를 벌였다. 8월에는 다시 운요호를 강화해협에 보내 조선 포대에 포격을 가하고 영종도에 육전대를 상륙시켜 살육과 약탈을 자행했다. 운요호가 귀환한 뒤 일본은 조선측의 선제공격을 빌미로 조선을 '문책'하고 나아가 불평등조약을 체결할 계획을 세웠다.

1875년 12월, 일본은 육군중장 겸 참의 구로다 기요타카(黑田淸隆)를 전권변리대사로, 이노우에 가오루(井上馨)를 부사(副使)로 하는 30명 규모의 사절단과 800명의 혼성여단 병력을 8척의 군함, 2척의 수송선에 태워 부산항에 입항시켰다.

부산항에서 한차례 무력시위를 벌인 일본 함대는 서해안을 따라 북상하여 강화도에 무단 상륙한 후 문호개방을 요구했다. 조선 정부는 이듬해 1월 5일, 어영대장 신헌(申櫶)을 접견대신으로 삼고 도총부 부총관 윤자승(尹滋承)을 부관으로 임명하여 교섭에 나섰다. 1월 17일부터 시작된 양측의 회담은 4차에 걸쳐 진행되었고, 그 결과 조일수호조규(일명 '강화도조약')가 체결되었다.

강화도조약을 통해 조선은 일본을 매개로 자본주의 세계체제에 강제 편입되었다. 이 조약에서 규정한 조계(租界)설정권, 영사재판권, 무관세 무역, 해안측량권 등은 불평등조약의 전형이었다. 이 조약의 체결은 일본과 조선이 서로 다른 역사적 경로를 걷는 결정적 계기가 되었다. 강화도 조약과 동조약 부록, 통상장정의 체결에 따라 개항장에는 '거류지 무역기구'가 만들어졌다. 일본 상인들은 원칙상 개항장 내 일본인 거류지 사방 10리 안에서만 자유로이 왕래하면서 상업 활동을 할 수 있었다. 따라서 일본 상인은 수입 상품을 판매하기 위해서든 수출 상품을 매집하기 위해서든, 한인(韓人) 객주의 손을 거치지 않을 수 없었다. 개항과 동시에 '개항장 객주'라는 새로운 존재가 출현한 것은 이 때문이었다.[23] 개항은 주로 국내 유통망에 기반하여 성장한 객주들에게는 일종의 기회였다. 많은 객주가 개항장으로 이주하여 거류지 무역에 참여했다. 인천에서 일본인과 거래

〈그림 1-10〉 강화부 진무영 연무당에서 열린 조일수호조규

한강하구−평화, 생명, 공영의 물길

관계를 맺은 '개항장 객주'의 다수는 한강변에서 성장한 '경강(京江) 객주' 출신이었다. 경강 객주들이 인천에 진출했다는 것은 그만큼 '서울-한강'의 경제적 지위가 약화되었음을 의미한다. 전국 물화의 최종 수집지는 서울이 아니라 개항장이 되었고, 물화의 유통 경로는 내륙 각지↔개항장↔일본 및 제 외국으로 확대되었다. 조선은 개항장 무역을 통해 자본주의 세계체제의 일부가 되었다.

강화도조약은 조선이 중국과 별개의 나라라는 사실을 대외적으로 선언한 것과 마찬가지였다. 중화체제(中華體制), 즉 중국 중심의 동아시아 세계체제는 급속히 붕괴하기 시작했다. 중국이 열강에 굴복한 상황에서 조선 정부는 독자적으로 국권을 지킬 방도를 찾아야 했다. 조선 정부로서는 현실적 위협에 대한 '현실적 대응책'을 마련하지 않을 수 없었다. 1880년을 전후해 조선 정부는 개혁 담당 관서와 신식 군대 설치, 신문 발행, 관영 제조장 설립 등의 '개혁사업'을 본격화했다. 하지만 개혁에는 언제나 반발이 따르는 법이다. 게다가 개혁에 필요한 재원의 조달과 분배에서 균형을 잡기도 어려웠다. 1882년, 서울의 군인과 하층민들이 정부의 개혁사업 전반에 반대하는 폭동을 일으켰다(임오군란).

임오군란이 발발하자 당시 중국에 있던 어윤중(魚允中)과 김윤식(金允植)은 개화정책의 좌절을 우려하여 청국(淸國)에 개입을 요청하는 한편, 국내의 민씨 척족(戚族)과도 연락을 취했다. 청국도 이 기회에 조선에 대한 명목상의 종주권을 실질적 종주권으로 전환시킬 필요를 느꼈다. 조선의 내란을 진압한다는 명목으로 서울에 진주한 청국 군대는 군란 주모자들을 체포·처형하는 한편, 대원군을 납치해 톈진으로 압송했다. 대규모 청군이 서울에 주둔한 상황에서 양국 간에 '상민수륙무역장정(商民水陸貿易章程)'이 체결되었다. 이 장정(章程)은 조선을 청(淸)의 실질적 속방으로 만들었을 뿐 아니라, 일본 및 서구 열강의 '공동 속방(屬邦)'과 같은 위치로 전락시켰다.

장정 체결로 청국 상인은 한성과 양화진에서 상점을 열 권리를 얻었다. 일본도 임오군란 과정에서 입은 피해를 '문책'하는 차원에서 제물포조약(1882)을 체결하여 1883년부터 양화진을 개방하도록 했으며, 거류지 통행 거리를 100리로 확대함으로써 일본 상인이 서울에 침투할 수 있는 계기를 만들었다. 한강이 열강에 전면 개방된 것이다. 청국은 조선속방화 정책을 본격화하는 한편 조선에 열강과 통상관계를 확대하라고 권유했다. 일본이 조선에서 독점적 지위를 구축하지 못하도록 하기 위해서였다. 조선 정부는 이에 응하여 1882년부터 미국, 영국, 독일, 프랑스, 러시아 등과 차례로 통상조약을 맺었다.

서울과 양화진의 개시(開市)로 인해 한강의 역할은 한층 증대되었다. 경강상업은 바로 외국 무역과 연계되었고, 경강 상인 중에는 외국 물화를 취급하면서 거부를 축적하는 자들도 나타났다. 한강의 선운업(船運業)도 급속히 성장했다. 제물포가 국제 무역항으로 발달하자, 제물포–한강하구–마포, 용산으로 이어지는 한강수로에 기선을 투입하려는 움직임이 나타났다. 1884년에 조선 정부는 미국 상인과 합작으로 기선회사(汽船會社)를 설립할 계획을 세웠으나 결실을 맺지 못했다. 같은 해 김정구(金鼎九), 강기환(姜基桓), 김기두(金箕斗) 등이 영국인과 합작하여 윤선상회사(輪船商會社)를 설립했지만, 배는 구입하지 못했다. 1885년 경강상인들이 대흥회사(大興會社)를 설립하여 미국 기선 대등리호(大登利號)를 구입, 마포와 국내 각 포구를 연결하는 연안 운송업을 개시했다. 국내 선사(船社)의 기선이 한강하구를 왕래하게 된 것이다.

1886년부터는 세곡(稅穀)도 기선으로 운반되었다. 전국 해운사무를 전담하는 기관으로 설립된 전운국(轉運局)은 이해 해룡호(海龍號), 다음 해 광제호(廣濟號), 1892년에 현익호(顯益號) 등 200~500t급 기선을 차례로 구입하여 세곡 운송에 투입했다. 그런데 세곡 운송을 독점한 전운국 기선은 1년에 절반 가까운 기간 동안 운항을 중단하는 반면, 민간 상인과 선운업자들은 세곡 운송에서 배제되는 불합리한 상황이 빚어졌다. 이러한 문제를 해결하기 위해 관독상판형(官督商辦型) 회사로 설립된 것이 이운사(利運社)였다. 조선 정부가 청국에서 도입한 차관 20만 량으로 1892년 12월에 설립한 이운사는 세곡 운송을 주업무로 하면서 일반 화물과 여객 수송도 병행했다. 이운사는 인계받은 전운국 기선 외에 따로 독일 기선 조주부호(潮州府號)를 구입하고 상하이 조선소에서 한양호(漢陽號)

한강하구–평화, 생명, 공영의 물길

를 건조했다. 또 일본에서 30t급의 소형 선박 경운호(慶運號), 광리호(廣利號), 광제호(廣濟號), 전운호(轉運號)와 풍범선(風帆船) 15척을 구입하여 연안과 한강을 잇는 선운(船運)에 투입했다. 1888년에는 조희연(趙羲淵)이 삼산회사를 설립하고 용산호(16t), 삼호호(13t) 두 척의 기선을 구입하여 마포-인천 간 항로에 투입했다.[24] 외국인들도 한강에 기선을 투입했다. 1883년 청국 상인들이 기선회사를 설립, 경인 간 수송에 나선 것을 필두로 1889년부터는 독일계 세창양행(世昌洋行), 미국계 타운선(他雲仙)양행, 중국인 동순태(同順泰) 등이 모두 독자적인 한강 수운업을 경영했다. 이들 기선은 모두 한강하구를 드나들었다.

한강하구에서는 범선 왕래도 늘어났다. 개항 이후 전국 물산의 집산지라는 위상은 크게 약해졌지만, 그래도 서울은 여전히 전국 최대의 소비지였다. 1887년에는 경강상인들이 선상회사(船商會社)를 설립하여 풍범선을 구입, 한강에 투입했고, 지방 상인들도 개량된 풍범선을 구입하여 서울과 각 개항장 사이를 왕래했다. 한강을 지나는 선박이 늘어남에 따라 마포에는 세관이 설치되어 인천을 거치지 않고 한강을 통해 서울에 들어온 화물에 과세했다. 청국 역시 1892년 마포에 경사국(警査局)을 설치하여 자국 선박의 불법행위를 단속했다. 한강의 경제적 기능이 강해짐에 따라 한강 도강 인구도 늘어났다. 1902년에는 한강변의 나

〈그림 1-11〉 1887년 전운국에서 도입한 기선 창룡호

룻배를 전면적으로 통제하고 도선(渡船) 운임을 통일할 목적으로 도진회사(渡津會社)가 만들어지기도 했다. 서울 개시 이후 한강철교가 완공될 때까지, 한강 수운(水運)은 그 절정기를 맞은 셈이다.

3) 철도 부설과 한강하구

1894~1896년 사이 동학농민운동과 갑오개혁, 청일전쟁, 을미사변, 아관파천 등 잇따른 정치적 격변을 겪은 뒤, 1897년 고종은 나라 이름을 대한(大韓), 연호를 광무(光武)로 하는 제국(帝國)을 선포했다. 더불어 열강으로부터 '근대 문명국가'의 자격을 인정받기 위한 문물 도입 사업도 본격화했다. 철도와 전차 부설, 전등·전화 가설, 기업과 교육기관 설립, 서울 도시개조 등 여러 영역에 걸쳐 근대화 사업이 급속히 추진되었다.[25] 이들 중 한강에 큰 영향을 미친 것은 철도 부설과 서울 도시개조였다. 대한제국 선포 전인 1896년 3월, 조선 정부는 경인철도 부설권을 미국인 모스(Morse)에게 부여했다. 경인철도 기공식은 1897년 3월 인천 우각리에서 거행되었다. 그러나 모스는 1897년 12월 자금 부족을 이유로 일본인들이 만든 경인철도인수조합에 부설권을 양도했다. 일본인들은 경인철도인수조합을 경인철도합자회사로 개편하고 공사를 서둘러 1899년 9월 18일에 제

〈그림 1-12〉 경인철도 기공식

물포-노량진 간 철도를 완공했다. 한강철교는 1900년 7월 5일에 준공되었다.

경인철도와 한강 교량 준공으로 한강에는 혁명적인 변화가 일어났다. 한강의 수상 운송 중심으로 편제되어 있던 전국적 유통망은 철도를 이용한 육상 운송 중심으로 재편되기 시작했다. 1905년 경부·경의철도 개통 이후 한강 선운업(船運業)은 철도 운송을 보조하는 예속적 지위로 전락해 갔다. 강운이 쇠퇴함에 따라 한강변 각 포구에서 성장했던 경강 객주들도 위기에 처했다. 서울로 들어오는 화물의 집산지는 더 이상 경강 포구가 아니었다. 경강 객주 상당수가 철도운송에 부수되는 소운송업으로 전업했다. 한강의 쇠락은 곧 한국 상인들의 쇠락이었으며, 철도운송의 발전은 일본 상인들의 발전이었다.

7. 일제 강점기의 한강하구

1) 한강 수로와 인도교

일본은 한국을 식민지로 만든 직후부터 한국 경제를 일본 경제에 종속시키기 위한 정책을 강력히 추진했다. 토지조사사업을 통해 지세 징수의 기반을 확고히 하는 한편, 일본 소비자의 요구에 맞추어 한국산 쌀 품종을 '개량'했다. 또 조선회사령을 제정하여 모든 가용 자본의 투자 방향을 일제의 침략 의도에 부합하도록 통제했다. 일제가 식민지 산업 전반을 강력히 통제함으로써 한국의 전통적 유통구조는 파괴되었고 국내 시장의 자립성은 여지없이 붕괴하였다. 서울은 경성부(京城府)가 되는 순간부터 전국 규모의 유통경제를 조율하는 중심지의 지위를 잃었다. 경성역은 경의·경부철도의 통과 지점으로서 서울 주민만을 대상으로 하는 소비물자의 수입통로에 불과했다. 한강 역시 인천과 서울을 매개하는 유통로라는 의미만 부여받았다. 물론 서울은 여전히 전국 최대의 도시였고 수십만 경성 인구가 소비하는 물화의 상당 부분이 한강을 거쳤지만, 한강은 더 이상 서울의 존립에 사활적 의미를 지닌 유통로가 아니었다. 일제 식민지 시기 내내 한강 수운은 발전하기보다는 퇴보했고, 한강변 주민 역시 성장하기보다는 몰락했다. 일제 강점기 전반적으로 인구가 증가하는 상황에서도, 한강하구에서 도시로 성장한 지역은 단 한 곳도 없었다. 한강하구의 김포가 읍으로 승격한 것은 1979년의 일이었다.[26]

　일제는 식민지 조선 경제를 일본 경제와 직결시키고 대륙 침략에 필요한 철도와 간선 도로망을 확충, 정비하는 데는 열심이었지만, 한강 수로를 정비하고 활용하는 일에는 무관심했다. 천혜의 수로였던 한강은 식민지 시기 내내 교통로로서는 방치된 채 남아 있었다. 새우젓이나 굴비, 북어 등 전통적인 조선인의 수요가 남아 있어서 마포 나루에는 새우젓배가 끊임없이 드나들었지만, 한강변 나루터의 성세를 유지할 수 있었던 포구는 거의 사라졌다. 반면 영등포가 공장지대로 변모하고 트럭 운송이 개시됨에 따라 한강을 교통의 장애물로 인식하는 태도가 확산했다. 1916년 4월, 한강에 인도교(人道敎)를 부설하는 공사가 시작되어 이듬해 10월에 완료되었다. 이때 만들어진 인도교는 구 철교를 개축할 때 철거했던 낡은 자재들을 사용했기 때문에 중앙 차도의 폭 4.5m, 좌우 보도의 폭이 1.6m에 불과했다. 당시만 해도 한강 남북을 왕래하는 차량은 그리 많지 않아 큰 불편은 없었지만, 1930년대 이후 일본 군국주의가 대륙침략을 위한 군수공업화 정책을 강행하면서 사정은 크게 달라졌다. 영등포 일대가 군수산업단지로 급부상했고, 노량진이 영등포와 서울을 잇는 거점으로 성장했다. 트럭을 이용한 대량 수송도 일반화했다. 이에 일제는 1934년 8월 새로운 한강 인도교 공사에 착수하여 1936년 10월 23일에 완공했다. 새 인도교는 처음부터 차량 통행을 위주로 만들어진 것으로 길이 1,005m, 폭 19m 99cm였다. 새 인도교 착공과 때를 같이 하여 한강 동부에도 광진교가 건설되었다. 자동차 운송을 위한 교량 건설은 수운 의존도를 줄임으로써 강운과 관련된 한강하구의 마을들을 쇠락의 길로 몰아갔다.

2) 을축대홍수와 한강 개수

일본은 식민지 조선을 대륙침략의 교두보로, 그리고 식량 원료의 공급처이자 상품수출지로 만들었고, 식민지 교통망도 그에 적합하게 편제했다. 일본 식민 당국에 중요했던 것은 군산, 목포, 진남포 등 내륙 평야지대의 곡물을 수집하는 주요 항구와 일본 대도시를 잇는 정기항로가 첫 번째였고, 부산–서울–신의주로 이어지는 종관철도가 두 번째였다. 그들은 식민지 조선 내부의 교통망에는 기본적으로 무신경했다. 식민지 내부의 교통로는 주요 자원 산지와 대일 반출지 간 연계만 확보되면 그만이라는 식이었다. 따라서 한반도에서 자생적으로 발전했던 유통 경로는 방치되거나 폐기되었다. 한강 수로도 마찬가지였다. 일본 식민 당국은 한국을 강점한 이래 한강 수로와 나루터를 정비하는 일에는 전혀 관심을 기울이지 않았다. 그러나 1925년 여름의 전무후무한 대홍수로 인해 일제 식민당국은 한강에 대한 기존 태도를 바꾸지 않을 수 없었다.

1925년 7월 9일부터 11일까지 3일간, 뒤이어 같은 달 15일 밤부터 19일까지 5일간, 서울 일원에는 두 차례의 집중호우가 쏟아졌다. 이 기간의 강수량은 무려 753mm에 달했다.[27] 이렇다 할 수해 방지시설이나 대책이 없던 시절이라 피해는 상상을 초월할 정도였다. 이때의 홍수로 현재의 이촌동, 뚝섬, 잠실, 신천, 풍납동 지역 대부분의 마을이 흔적도 없이 사라졌다. 용산, 마포, 영등포 등은 인구밀집지역이었기 때문에 주택 침수 피해가 극심했다. 총독부는 익사자 404명, 피해액 4625만 원에 달하는 것으로 집계했다.

조선인의 피해에 둔감했던 일제 당국으로서도 한강의 홍수에 대비한 종합적이고 근본적인 대책을 마련하지 않을 수 없었다. 일제는 다음 해인 1926년부터 본격적인 한강개수계획을 수립, 추진했다. 물론 그 이전에도 한강을 부분적으로 개수한 사례는 있었다. 1910년대에는 이촌동, 여의도, 불의도, 노량진, 영등포 등지에 제방을 수축했고, 서울–인천 간 운하개착계획을 수립하기도 했다. 특히 일본 군대와 철도관사, 조달상인이 다수 거주했던 용산에는 수해예방을 위한 위

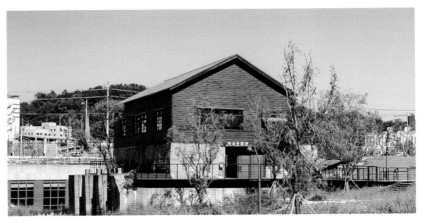

〈그림 1-13〉 1926년에 준공된 (구)양천 수리조합 배수펌프장.
을축대홍수 이후 한강 개수사업의 일환으로 만들어져 김포평야 일대에 농업용수를 공급했다. 등
록문화재 제363호

출처: 서울식물원 홈페이지

원회를 구성하도록 하고 욱천(旭川) 제방축조사업을 진행했다. 그러나 을축대홍
수로 이때 만들어진 제방조차 완전히 붕괴함으로써 더 종합적이고 전면적인 개
수사업이 불가피해졌다.

　일제의 한강개수계획은 일차적으로 홍수피해를 예방하는 데 주안점을 두었지
만, 향후 예상되는 교통수요의 증가에 대비하여 한강 수로의 활용도를 높이려는
의도도 있었다. 나아가 한강하구 농촌지대의 수리(水利)를 개선하여 식량 생산을
늘리려는 것도 목표 중 하나였다. 한강 개수계획은 다음의 다섯 가지 사업을 중
심으로 추진되었다. 첫째, 양수리부터 임진강 합류점에 이르는 구간의 강폭 확
장, 둘째, 뚝섬 부근에서 김포 부근까지 하상(河床)의 토석 굴착, 셋째, 뚝섬·용
산·마포·영등포 부근 및 강변의 평야지대에 방수제(防水堤) 축조, 넷째, 송파 부
근 호안의 복구·신설과 수리 공사, 다섯째, 안양천을 비롯한 한강 지천 수로의
직선화. 이들 사업은 1926년부터 1934년까지 9년간 980만 원의 예산으로 실시
될 예정이었다.[28]

　조선총독부는 한강 개수 사업 지구를 뚝섬 및 장안평지구, 신구(新舊) 용산지

구, 마포지구, 영등포지구, 양동(兩東)지구, 양천지구, 부평지구, 김포지구의 8개로 구분하여 구체적인 시행계획을 수립했다. 그러나 980만 원의 예산으로 예정된 모든 사업을 수행하는 것은 처음부터 불가능했다. 하상 준설과 수로 직선화작업은 시늉에 그쳤고, 실제 사업은 농민들을 동원하여 제방을 수축하고 일부 강안에 호안공사를 하는 정도에 그쳤다. 뚝섬과 장안평 일대에는 총연장 5,710m의 제방을 축조하되 이 중 2,778m에는 호안공사를 병행했다. 마포 부근에는 한강으로 직류(直流)할 수 있는 암거형(暗渠型) 하천을 새로 만들고 유수지를 설치했다. 영등포 지역에는 총연장 9,618m의 제방을 축조했고, 한강하구의 양동, 양천, 부평, 김포 지역에는 농장 방수공사의 일환으로 제방을 축조했다. 다만 일본인의 집단 거주지였던 용산 일대의 공사는 비교적 충실히 진행되었다. 용산지역에는 침수방지를 위해 제방을 확장하거나 신축하고 수문을 설치했으며, 유수지와 배수펌프를 만들었다. 한강 개수사업을 통해 홍수 위험은 지역에 따라 상당히 줄어들었지만, 이는 재원 분배의 차별성, 사업의 단기성과 졸속성 등의 문제를 안고 있었다. 나아가 도시 개발에 대한 종합적 고려 없이 수방(水防) 대책 차원에서만 추진됨으로써 이후 도시 서울의 발전에 중대한 장애를 안겨 주었다.

8. 해방 이후의 한강하구

1) 해방 직후의 한강하구

8·15 해방은 한국 사회 전반에 혁명적 변화를 초래했지만, 서울은 그 어느 곳보다도 격심한 변화를 겪었다. 서울은 조선시대 500년간 수도였을 뿐 아니라 일제 식민 통치의 수부(首府)였기 때문에, 미군이 군정을 실시한 후에도 자연스럽게 남한 행정의 중심지가 되었다. 따라서 모든 정치적 행위는 서울을 중심으로 이루어졌으며, 숱한 정치 결사들도 서울에 자리 잡았다.

해방 직후 서울을 변화시킨 핵심 동인은 인구 이동이었다. 8·15 당시 서울 거주 일본인은 158,710명이었고 서울 주둔 일본군은 34,281명이었다. 이들 20만 명 가까운 일본인 인구가 해방 후 1년 사이에 서울을 떠났으나, 새로 유입한 인구는 이보다 훨씬 많았다. 1944년 5월 1일 시점에서 서울의 총인구는 947,630명이었는데 이 중 일본인을 제외한 인구는 788,920명이었다. 그러나 1949년 5월의 서울 인구수는 1,446,019명으로 1944년에 비해 50만 여 명, 조선인 인구만으로 한정한다면 두 배 가까이 증가했다. 서울 인구가 이처럼 급증한 것은 주로 사회적 요인 때문이었다. 만주와 일본에 있던 동포들과 징용으로 동남아시아에 끌려갔던 사람들이 속속 귀국했고, 그들 중 지방에 연고가 없거나 연고가 있더라도 마땅한 생계방도를 찾을 수 없던 사람들이 서울로 몰려들었다. 서울시민들은 자발적으로 전재동포원호회(戰災同胞援護會) 등을 구성하여 이들을 지원했으나 역부족이었다.[29] 여기에 1946년부터는 정치적 이유로 월남한 38선 이북 주민들이 추가되었다. 또 해방 직후 신설된 여러 대학이 모두 서울에 있었기 때문에 교육기회를 노리고 이주해 온 지방의 부유층도 적지 않았다. 더욱이 서울에서 빠져나간 일본인들은 모두 서울의 '상류층'이자 '권력층'이었다. 고위 관료, 고급 경영자들이 빠져나간 자리를 노리고 많은 사람이 출세길을 찾아 몰려들었다. 서울은 순식간에 모든 것이 부족한 과포화 상태의 도시로 변모했다.

무엇보다도 심각한 것은 주택난이었다. 식민지 말기에 이미 서울의 주택난은 심각한 수준이었다. 영등포, 용산 등지가 군수산업 지대로 바뀌었고, 그 일대 공장에 고용된 노동자의 수가 크게 늘었다. 이들의 주택 문제를 해결하기 위해 주택영단을 만들어 집을 짓게 했지만, 전시하의 심각한 자금난·자재난으로 인해 사업 진행은 지지부진했다. 해방 직후 한동안은 일본인들이 비워 두고 떠난 주택들을 이용할 수 있었으나 그조차도 곧 포화상태가 되었다. 일본인 주택은 대개 한국인 주택보다 규모가 크고 시설도 우수했다. 이들 주택을 대여섯 가구가 마구잡이로 점거하여 아귀다툼을 벌이는 일이 예사로 벌어졌다. 그러나 방 한 칸이나마 일본인 주택을 차지할 수 있었던 사람들은 그나마 처지가 나았다. 한발 뒤늦게 서울에 들어온 사람들은 판자로 얼기설기 엮은 '판잣집'을 짓고 살아야 했다. 일제하의 토막을 대신하여 판잣집 시대가 열린 것이다.

일본 자본과 기술이 빠져나간 공백도 심각했다. 특히 산업과 교통부문의 공백은 시민의 일상적 불안을 가중시켰다. 서울 인구가 급증하고 거주지가 외곽으로 확대되는 상황에서도 서울의 교통수단은 오히려 줄어들었다. 철도와 전차 모두 기술자·동력·부품의 부족에 시달렸다. 교통수단의 부족은 서울의 식량난을 한층 심각하게 만들었다. 미군정은 서울에 진주한 직후 전시 미곡통제를 해제하고 자유거래제를 시행했으나, 이는 인구 폭증과 인플레이션을 고려하지 않은 무모한 조치였다. 서울 인구 증가 속도는 예상치를 훨씬 뛰어넘었고, 통화량은 걷잡을 수 없이 팽창했다. 조선총독부는 패전 직전 일본인들의 귀환자금, 총독부가 발행한 각종 채권의 상환금 등을 충당하기 위해 조선은행권을 남발했고, 남발된 화폐는 고스란히 한국민의 부담으로 남았다. 여기에 상인들의 농간이 더해져 서울의 식량난은 가히 살인적 수준이 되었다. 미군정은 이듬해 실수를 자인하고 다시 미곡 통제를 시작했지만, 이미 서울의 식량문제는 국내적으로는 해결 불능의 상태에 빠진 후였다.

산업시설의 파괴도 서울 시민의 생활을 곤고하게 한 주요인이었다. 해방 직전 한국 내 전체 산업자본의 90% 이상이 일본인 소유였고, 고급 기술자는 거의 전부 일본인이었다. 일본인 자본과 일본인 기술자가 빠져나가면서 거의 모든 산업시설이 가동 불능 상태에 빠졌다. 해방 직후 노동자 자주관리 운동 등으로 산업시설을 재가동하려는 시도가 있었고, 또 식료품 가공업 등 일부 분야에서 한국인 기업이 성장하기는 했지만 미군정의 '귀속재산' 처리가 지연되면서 산업생산은 쉽사리 회복되지 못했다. 귀속재산 불하를 둘러싸고 숱한 부정과 추태가 연출되었으며, 값비싼 기계류가 고철덩어리로 팔려나가는 일이 비일비재했다. 민족분단도 서울 산업에 치명적인 타격을 주었다. 분단은 남북한 간 산업 연계를 완전히 차단했다. 원료난, 시장난, 동력난이 한꺼번에 밀어닥쳤다. 산업이 마비되면서 일자리도 줄어들었다. 서울살이는 하루하루가 그야말로 전시와 다름없는 비상 상태의 삶이었다.

　인구 급증, 생산 위축, 교통운수체계 마비 등 해방 직후 서울 생활을 규정한 여러 부정적 요인은 한강에도 영향을 미쳤다. 사람들의 마음속에는 독립국가를 향한 희망이 가득 차 있었겠지만, 경제적으로는 오히려 퇴보하는 양상이 지배적이었다. 도심 한복판에 승합마차가 재등장한 것과 마찬가지로 강을 건너는 데 나룻배를 이용하는 일이 잦아졌다. 식민지 시기 무역거래의 압도적 비중을 점했던 대일 무역이 차단되자 국내 물자의 유통은 영세한 수준에서나마 일시 활발해졌다. 마포 나루가 예전의 성세를 되찾는 듯 보였으며, 낡은 범선을 이용한 물화 유통도 늘어났다. 공식적인 무역거래가 크게 위축된 상태에서 밀수가 성행했다. 해방 직후 한때 부산을 중심으로 진행되던 대 중국 및 홍콩·마카오 무역은 인천으로 무대를 옮겼다. 미군정은 인천항에 들어온 중국 정크선의 밀수행위를 감시·단속하는 데 신경을 곤두세웠지만, 밀수 행위를 근절할 수는 없었다. 중국 정크선 중에는 한강하구로 거슬러 올라와 마포에서 밀수품을 내려 놓는 배도 있었다. 한강하구에서 상류의 충주, 원주로 이어지는 수로에도 많은 배가 다녔다.[30] 그러나 한강의 '부활'은 일시적이었다. 한국전쟁은 신생 대한민국 수도 서울의 젖줄 한강이 지니고 있던 잠재적 가능성을 소멸시켰을 뿐 아니라 그 현실적 기능마저도 마비시키고 말았다.

2) 한국전쟁과 한강하구

　1950년 6월 25일, 북한군의 전격 남침으로 시작된 한국전쟁은 우리 민족사상 유례를 찾기 어려운 일대 비극이었다. 전쟁은 남북한 양측에 엄청난 인적·물적 피해를 안겼을 뿐 아니라, 휴전 이후에도 남북한 주민들의 마음속에서 계속되어 양쪽의 역사를 파행으로 몰아갔다. 전쟁이 남긴 정신적 피해는 서로 간 적대감을 증폭시켰고, 남북한 양쪽에 불필요한 역량 소모와 사상적 불구성을 천형(天刑)처럼 안겨 주었다.

6월 25일 새벽 38선을 넘은 북한군은 매우 빠른 속도로 남진하여 사흘 뒤인 6월 28일에는 서울을 점령했다. 국군이 북진 중이라는 정부 발표를 믿었던 시민들은 포성이 가까이에서 들려온 뒤에야 부랴부랴 피난길에 나섰다. 그러나 군은 아무런 예고도 없이 6월 28일 새벽 2시 30분, 한강 인도교와 한강철교를 폭파해 버렸다. 한강 인도교가 폭파된 지 1시간 30분 뒤인 새벽 4시에는 광진교마저 폭파되었다. 피난길이 끊긴 사실을 안 시민들은 나룻배라도 타려고 발을 동동 굴렀으나 강 남안의 사공들이 강 북안으로 돌아올 이유는 없었다. 상당수 시민이 피난을 포기하고 서울에 잔류하여 수복되기까지 석 달간 심한 고초를 겪었고, 수복 이후에는 적 치하에 남았다는 이유로 또다시 고통을 겪었다. 교량 폭파로 인해 한강 이북에 있던 6개 사단과 이를 지원하던 부대들마저 퇴로를 차단당했다. 이들 병력은 분산된 채 피난민 틈에 섞여 삼삼오오 한강을 건넜지만 44,000여 명이 철수 도중 실종했다. 국군 제7사단의 경우 한강 이남으로 건너온 병력은 500여 명에 불과했다. 전쟁 발발 직전 96,000여 명이던 국군 병력은 한강교 폭파 이후 25,000여 명으로 줄었다.

서울을 점령한 북한군은 6월 30일에 한강 도하를 시작했다. 북한군은 6월 29일 밤 여의도와 흑석동, 반포리로 은밀히 침투하여 도하 거점을 확보한 뒤, 주공부대가 도하를 시작했다. 그러나 이들의 도하 작전은 강 남안(南岸)에 배치된 국군의 완강한 저항을 받았고, 한강 남안은 치열한 격전지로 변했다. 전투가 특히 치열했던 곳은 노량진 정수장이 있던 수도(水道)고지와 영등포 입구인 여의도였다. 국군의 한강 방어선이 붕괴한 것은 7월 2일의 일이었다.

북한군의 남침과 국군의 교량 폭파로 수난을 당한 한강은 9월 28일 서울 수복을 전후하여 또 한차례 몸살을 앓았다. 1950년 9월 15일, 인천상륙작전에 성공한 유엔군과 국군은 곧바로 수도 서울 탈환작전에 나섰다. 9월 20일 미 제7사단은 영등포를 점령했고, 같은 무렵 미 해병 제1연대는 여의도에 한강 도하를 위한 거점을 확보했다. 이보다 앞서 9월 19일 미 해병 제5연대가 행주산성 부근에서 도하를 시도했으나 실패했고, 다음날에야 행주산성을 점령하는 데 성공했다.

북한군이 행주산성에서 서울 서쪽으로 진격하는 미군을 막는 데 주력하는 동안, 미 해병 제1연대는 9월 24일에 마포나루로 도하하여 마포-용산 일대로 진출했다. 9월 25일에는 미 제7사단 주력과 국군 제17연대가 신사리-서빙고 나루로 도하했다. 이로써 유엔군과 국군의 주력은 한강을 완전히 장악했다. 이후 사흘 간의 전투는 서울 시가전이었다.

서울은 수복되었지만, 그 기간 역시 길지 못했다. 압록강안까지 진격했던 유엔군과 국군은 그해 11월, 중국군의 전면 개입으로 다시 후퇴하지 않을 수 없었다. 1951년 1월 1일, 중국군은 신정(新正) 공세를 개시하여 한강하구 일대를 점령하고 서울을 위협했다. 1월 1일에는 임진강-38도선 방어선이 무너졌으며, 1월 3일에는 유엔사령부가 서울 방어선을 포기하기로 결정했다. 1월 4일, '사상최대의 집단피난'이라 일컬어지는 1·4후퇴가 시작되었다. 서울 수복 후 급히 만들었던 한강 부교와 한강 가교는 엄청난 피난행렬을 수용하느라 몸살을 앓았고, 피난이 완료되자 다시 폭파되었다.

북위 37도선까지 후퇴한 유엔군과 국군은 전열을 재정비하여 1월 25일부터 재반격을 시도했으나 성공하지 못하고 다시 3월 14일부터 서울 탈환작전을 개시했다. 당시 중국군과 북한군은 남산-인왕산-안산 일대에 방어진지를 구축했을 뿐, 서울 시내에는 부대를 거의 배치하지 못한 상태였다. 이러한 상황을 탐지한 국군 제1사단 선발대가 3월 15일 여의도-마포나루로 도하하여 서울 시내에 교두보를 구축했으며, 16일에는 사단 주력부대가 같은 방면으로 도하하여 서울을 완전 탈환했다. 유엔군과 국군이 서울을 탈환한 이후 전선(戰線)은 한강하구와 임진강 유역으로 이동했다. 1953년 휴전협정 체결 때까지 전황은 교착상태에서 벗어나지 못했고, 끝내 한강하구는 휴전선 접경지대가 되었다. 남한은 한강 수로 전체를 지켜냈으나, 군사상 이유로 인해 한강하구의 선박 왕래를 금지했다. 식민지 시기에 이미 청평과 화천에 발전용 댐이 만들어져 강 상류와 하류 간 물길이 단절된 데다가 한강 하류와 바닷길까지 막혀 한강의 수로 기능은 사라졌다. 한강 뱃길은 고작 강 남안과 북안을 연결하는 나룻배 길만 남았지만, 그마저

한강하구-평화. 생명. 공영의 물길

도 1970년대 한강 교량의 시대가 열리면서 완전히 소멸했다. 한강에서 사람 태운 배를 다시 볼 수 있게 된 것은 1980년대 유람선이 운항을 시작한 뒤였다. 한편 조선후기 이래 최대 인삼 생산지이던 개성은 북한 땅이 되었다. 개성 인삼을 대체할 새 인삼 재배지로 각광을 받은 곳이 한강하구의 김포와 강화 일대였다.[31]

3) 한강 개발과 한강하구

한국전쟁 휴전 이후 10여 년간, 국가 재원의 대부분은 전쟁 피해 복구에 들어갔다. 한강 인도교조차 1957년에야 복구될 정도였으니, 한강 개발이나 관리에 재원을 투입할 여유가 있을 리 없었다. 중앙정부와 서울시가 한강 개발에 관심을 보이기 시작한 것은 1961년 5·16 쿠데타 이후였다. 5·16 쿠데타 직후 부정축재 혐의로 체포된 박흥식은 국가재건최고회의로부터 수도 서울 인구 증가에 대비한 주택건설계획을 구상하여 제출하라는 과제를 받고 풀려났다. 그는 그 직후 미국, 유럽, 일본을 돌며 신도시 건설에 필요한 차관도입 협정을 맺고 1963년 1월 서울시에 '남서울 도시계획사업 인가신청서'를 제출했다. 그와 거의 동시에 남서울(강남)을 포함하는 대규모 시역(市域) 확대가 이루어졌다. 박흥식의 남서울 계획은 2410만 평의 땅에 11년간 270억 원을 들여 32만~48만 명의 인구를 수용할 수 있도록 한다는 것이었다. 그러나 이 계획은 성사되지 못했고, 대신 서울시가 남서울을 독자 개발한다는 방침이 정해졌다.

1967년 3월 17일, 한강 개발의 효시라 할 수 있는 강변1로(한강대교-영등포 간) 공사가 시작되어 9월 23일에 개통되었다. 이 도로는 예상치 못했던 부산물을 낳았다. 제방을 강쪽으로 내어 쌓은 결과 2만 4000평에 달하는 땅이 생겼다. 그 땅을 택지로 분양해 공사 재원을 마련하는 방안이 현실성을 갖게 되었고, 한강변과 여의도에 제방을 쌓아 120만 평의 택지를 조성한다는 '한강건설 3개년계획'이 수립되었다. 1967년 12월 27일 여의도 윤중제 공사 기공식이 거행되었으며 다음 해 2월 1일에는 한강건설사업소가 설치되었다. 2월 10일에는 밤섬이 폭파되었고, 그다음 날부터 높이 16m, 너비 21m, 총길이 7.6km의 윤중제 공사가 시작되었다. 5월 31일에 윤중제 공사가 마무리되어 여의도는 80만 평의 택지로 탈바꿈했다. 마포와 여의도를 잇는 서울대교는 1968년 2월 29일에 착공되어 1970년 5월 16일에 완공되었다. 이보다 앞서 1965년에는 김포공항과 도심부를 잇기 위해 제2한강교(현 양화대교)가 건설되었다.

여의도 윤중제 공사와 때를 같이 하여 900만 평에 달하는 영동지구 구획정리 사업도 시작되었다. 영동지구 개발은 경부고속도로 건설과 밀접한 관련이 있었다. 정부는 이 사업을 통해 고속도로 건설에 필요한 재원을 확보하려 했다. 고속도로 건설과 함께 제3한강교(한남대교) 공사가 진행되어 1969년 12월에 완공되었다. 영동지구 개발에 뒤이어 잠실 지구 개발이 시작되었다. 1971년 2월 1일 건설부로부터 잠실 공유수면(公有水面) 매립허가를 받은 서울시는 동년 2월 17일 공사에 착수하여 공유지 83만 평과 사유지 22만 평, 도합 105만 평을 매립하는 대공사를 시작, 1974년 6월 19일에 준공했다.

〈그림 1-14〉 신곡수중보
출처: 김승호 DMZ 생태연구소 소장 제공

한강하구-평화, 생명, 공영의 물길

여의도, 영동, 잠실이 잇따라 개발되면서 1930년대 후반 이래 영등포와 노량 진 등 한강 남서부 일대에 머물러 있던 시가지가 남동쪽으로 급속히 확대되었 다. 한강 남동부의 신시가지는 격자형의 넓은 가로망, 잘 정비된 필지에 고층 아 파트가 가득 들어찬 새로운 도시경관을 만들어 내면서 강북의 중산층 인구를 유 인했다. 여기에 정부의 적극적인 인구분산책이 가세해 강남은 중산층과 상류층 밀집지대로 변했다. 강남이 인구 밀집 지대로 변모하자 한강 남안과 북안을 잇 는 교량 건설이 시급한 과제로 떠올랐다. 1969년 한남대교, 1970년 마포대교, 1972년 잠실대교, 1974년 영동대교, 1976년 천호대교, 1979년 성수대교, 1980 년 성산대교, 1981년 원효대교, 1982년 반포대교, 1984년 동작대교가 속속 건설 되었다.

1967년 한강 개발이 시작되어 1970년대 말 잠실 지구 개발이 일단락될 때까지 한강변은 무서운 속도로 변화했다. 강변도로가 만들어지면서 시가지(市街地)와 강변은 완전히 차단되었다. 강변도로를 만들면서 쌓은 제방 안쪽에 대규모 택지 가 조성되었고 이들 택지에는 예외 없이 고층 아파트가 들어섰다. 한강은 이후 1988년 서울 올림픽 대회를 앞두고 '한강종합개발사업'이 추진될 때까지 20년 가까이, 시민에게서 멀어진 공간이 되었다. 한강변의 수려한 경관은 사라져 버 렸고, 배를 타고 한강을 건너는 일도 옛 이야깃거리가 되었다.

한강 자체가 관심거리가 된 것은 일차적으로는 홍수 예방과 관련한 치수 차원 에서였고, 그다음으로는 상수원이거나 하수 처리 공간으로서, 또는 생활 쓰레기 문제와 관련한 수질 차원에서였다. 1970년대에도 홍수는 한강변 주민들에게 심 각한 근심거리였다. 수질오염도 갈수록 심각해졌다. 1977년 서울시는 청계천 하 수처리장을 지었지만, 그것으로 수질오염을 막기에는 역부족이었다. 게다가 같 은 해에 한강 하류의 난지도가 서울 쓰레기 매립지로 지정됨으로써 그 하류 구 간의 오염은 더 심해졌다.

한편 한강하구에서는 1960년대부터 농업 근대화를 위한 대단위 종합개발이 진행되었다. 1961년에는 고양농지개량조합이 3,738.9ha의 토지를 대상으로 관개 사업을 시행했고,[32] 1975년에는 파주, 고양의 2개 군, 11개 면, 60개 리에 걸친 81,116ha의 임진지구에서 '농업종합개발사업'이 시작되었다. 정부가 강남 개발과 별도로 한강 개발 계획을 수립한 것은 1965년 9월의 '수자원종합개발 10개년계획'이 최초였다. 1967년에는 한국수자원개발공사가 설립되어 '4대강 유역 종합개발계획'을 수립했다. 이 계획은 1972년 제1차 국토종합개발계획의 기초 자료가 되었다. 그런데 이들 계획의 주안점은 모두 산업화를 뒷받침하기 위한 용수 공급 확대, 관개시설 확충과 산림 녹화, 홍수 예방과 수질 오염 방지 등에 있었고, 한강의 수로 기능을 회복하는 문제는 관심밖이었다.

한강의 수로 기능을 부분적으로나마 회복하려는 시도는 1988년 서울 올림픽 대회를 앞두고 서울시 주도로 시행한 '한강종합개발계획'에서 이루어졌다. 이 계획은 한강변 고수부지를 시민공원으로 만들고 잠실에서 행주대교 부근까지 유람선을 운항하며, 한강의 수상 스포츠를 활성화하는 것을 골자로 삼았다. 하지만 한강을 통한 북한 특수부대의 침투, 테러를 막는다는 명목으로 신곡에 수중

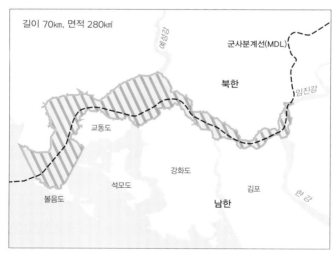

〈그림 1-15〉 한강하구 남북 공동이용 수역
출처: 대한민국 정책브리핑

한강하구―평화, 생명, 공영의 물길

보를 설치해 한강하구와 본류를 차단하는 결과를 빚기도 했다. 잠실과 신곡의 수중보로 인해 한강 본류는 인공 호수처럼 되었고, 한강하구에는 환경적·생태적 변화가 일어났다. 한강 본류와 하구를 잇는 수로의 회복도 불가능하게 되었다. 게다가 2011년 완공된 경인아라뱃길은 옛 수로 회복의 필요성에 대한 사회적 인식도 저하시켰다.

9. 맺음말

한강하구는 역사적으로 한반도 문명의 중심지인 서울과 외부 세계를 잇는 물길의 출입구였다. 강은 식수원, 산업용수 공급처, 군사적 방어선, 어업 현장, 승경지 및 위락지 등 복합적인 기능을 담당하며 인류의 삶을 뒷받침해 온 자연물이다. 이 중에서도 특히 수로 기능은 문명의 형성과 교류에서 결정적인 역할을 담당했다. 그러나 현재의 한강은 수로 기능은 물론 사실상 자연물이라는 지위까지 잃었다. 한국전쟁으로 인해 한강하구는 배가 다니지 못하는 곳으로 변했으며, 신곡수중보는 한강하구부와 상류부 사이의 연결을 차단했다. 수중보 때문에 강바닥에 쌓인 토사가 바다로 흘러가지 못해 하구의 자연 정화 기능이 파괴되었다. 강과 바다는 본래 서로 교류하는 자연물이지만, 현재의 한강에서 바다와 교류하는 권역은 하구부뿐이다. 이런 상태가 오래 지속되면서 하구부에는 독특한 생태계가 만들어졌다.

현재의 한강을 '불구의 강'으로 만든 것은 전쟁과 정치이다. 한강하구부를 통과하는 수운을 차단하고 한강 본류와 하구부 사이의 수로를 차단한 것은 일차적으로 전쟁 및 전쟁에 대한 공포감이었다. 불구로 만든 원인을 제거해야 불구성을 극복할 수 있다. 한강하구를 자연으로 되돌리고 한강 수운을 회복하기 위해서는 전쟁의 위험부터 사라져야 한다.

주

1. 루이스 멈포드 저, 김영기 역, 1990, 『역사 속의 도시』 명보문화사, pp.15−16.

2. 이백규, 1974, 「경기도 무문토기 마제석기 − 토기 편년을 중심으로」, 『고고학』 3.

3. 서울특별시사편찬위원회, 1985, 『한강사』, p.284.

4. 『삼국사기』, 「백제본기」, 개로왕 21년조.

5. 서울특별시사편찬위원회, 1985, 『한강사』, p.149.

6. 『고려사』, 「지」, 양광도 남경유수관조.

7. 『고려사』, 「열전」, 김위제전.

8. 전우용, 2017, 『한양도성』, 서울연구원, pp.26−28.

9. 서울특별시사편찬위원회, 1985, 『한강사』, p.150.

10. 서울특별시사편찬위원회, 1985, 『한강사』, p.364.

11. 『고려사』, 「세가」, 고종 21년 7월.

12. 『태조실록』, 권2, 2년 2월 병자.

13. 서울특별시사편찬위원회, 1978, 『서울육백년사』 2, pp.517−518.

14. 『신증동국여지승람』, 권18.

15. 『세종실록』, 「지리지」.

16. 오홍철, 1983, 「범선 항해시대의 제경해로」, 『사학논총』 1983. p.123.

17. 고동환, 1998, 『조선후기 서울 상업발달사 연구』, 지식산업사, pp.17−18.

18. 『태조실록』, 권1, 원년 9월 임인조.

19. 이정철, 2010, 『대동법: 조선 최고의 개혁: 백성은 먹는 것을 하늘로 삼는다』, 역사비평사.

20. 조선 후기 서울 상업의 발달 배경과 경위에 대해서는 고동환, 1998, 『조선후기 서울 상업발달사 연구』, 지식산업사 참조.

21. 『고종실록』, 권3. 3년 11월 기미조.

22. 서울특별시사편찬위원회, 2001, 『한강의 어제와 오늘』, pp.123−125.

23. 전우용, 2011, 『한국 회사의 탄생』, 서울대학교 출판문화원, pp.92−93.

24. 전우용, 2012. 「1902년 황제어극 40년 망륙순 칭경예식과 황도 정비 −대한제국의 '황도' 구상에 담긴 만국공법적 제국과 동양적 제국의 이중 표상」, 『향토서울』, 81. pp.123−125.

25. 전우용, 2012, 앞의 책, pp.57−59.

26. 서울특별시사편찬위원회, 1985, 『한강사』, pp.152−155.

27. 박철하, 1999, 「1925년 서울지역 수해 이재민 구제활동과 수해 대책」, 『서울학연구』 13.

28. 서울특별시사편찬위원회, 1985, 『한강사』, pp.499−500.

29. 전우용, 2011, 『현대인의 탄생』, 이순, pp.20−21.

30. 서울특별시사편찬위원회, 1985, 『한강사』, p.30.

31. 안진균, 1982, 「인삼재배지역에 관한 지리학적 연구」, 『지리환경』 창간호. p.76.

32. 서울특별시사편찬위원회, 1985, 『한강사』, p.90.

참고문헌

고동환, 1998,『조선후기 서울 상업발달사 연구』, 지식산업사.

박철하, 1999,「1925년 서울지역 수해 이재민 구제활동과 수해 대책」,『서울학연구』13.

서울특별시사편찬위원회, 1978,『서울육백년사』, 서울특별시사편찬위원회.

서울특별시사편찬위원회, 1985,『한강사』, 서울특별시사편찬위원회.

서울특별시사편찬위원회, 2001,『한강의 어제와 오늘』, 서울특별시사편찬위원회.

LEWIS MUMFORD 著, 金榮記 譯, 1990,『歷史 속의 都市』明寶文化社.

안진균, 1982,「인삼재배지역에 관한 지리학적 연구」,『지리환경』창간호.

오홍철, 1983,「帆船 航海時代의 濟京海路」,『史學論叢』

이백규, 1974,「경기도 무문토기 마제석기 −토기 편년을 중심으로」, 고고학 3.

이정철, 2010,『대동법: 조선 최고의 개혁: 백성은 먹는 것을 하늘로 삼는다』, 역사비평사.

전우용, 2011,『한국 회사의 탄생』, 서울대학교 출판문화원.

전우용, 2011,『현대인의 탄생』, 이순.

전우용, 2012,「1902년 皇帝御極 40년 望六旬 稱慶禮式과 皇都 정비 −대한제국의 '皇都' 구상에 담긴 만국공법적 제국과 동양적 제국의 이중 表象」,『향토서울』81.

전우용, 2017,『한양도성』, 서울연구원.

『고려사』

『삼국사기』

『新增東國輿地勝覽』

『조선왕조실록』

대한민국 정책브리핑 https://www.korea.kr/news/visualNewsView.do?newsId=148856
335

제2장
한강하구 습지의 모습과 관리

안홍규

한국건설기술연구원·수자원하천연구본부

1. 들어가는 글

하구언은 바닷물의 역류를 막아서 주변 농경지에 민물을 공급하기 위해 조성된 것이다. 한강은 4대강 중 유일하게 이러한 인공 구조물이 없는 자연하구를 유지하고 있다. 민물과 바닷물이 자유롭게 드나들어 생태계의 보고인 기수역이 넓게 발달하였다.

한강하구부는 대한민국의 수도인 서울과 인접하여 있고, 고양시, 파주시, 김포시의 도시개발에 따른 개발압력이 높은 지역이다. 또한 자유로와 같은 자동차 전용도로 때문에 쉽게 접근할 수 없고, 군사시설 보호구역이어서 민간인 출입을 통제한다.

한강하구습지는 멸종위기 야생동물이 서식하고 하구 특유의 생태 특성을 잘 간직하고 있어 환경부 습지보호구역으로 지정되어 있다. 저어새, 재두루미 등과 같은 멸종위기종들의 중요한 도래지로 인정받아 2021년 5월에 람사르 습지로 등록되었다.

이렇듯 다양한 모습과 기능을 지닌 한강하구 습지가 어떻게 생겨났고, 또한 어

한강하구−평화, 생명, 공영의 물길

떻게 변해 왔는지, 그리고 이러한 습지를 잘 보전하려면 어떻게 관리해야 할지 이야기하고자 한다.

2. 한강하구의 지형 변화

1) 하천의 지형형성 과정

하천(河川)은 연중 대부분 지표수가 흐르는 크고 작은 물길과 물을 통칭하며, 큰 물길인 강을 의미하는 하(河)와 강(江)보다는 작은 물이 흘러가는 천(川)의 합성어이다. 홍수는 자연적 교란이 다양한 형태의 하천지형을 형성하는데, 그중에 사주(모래톱이나 하중도)는 상류에서 공급된 유사에 의해서 만들어지기도 하고 때로는 홍수 때 사라지는 등 생성과 소멸 과정을 반복한다. 사주의 형성과정은 매우 복잡하지만 가장 중요한 요소는 홍수이다.

하천 유수는 하천 고유의 유로와 범람원을 형성함과 동시에 하상과 하안에 미지형을 만든다. 미지형 형성 초기과정은 워시 로드(wash load)로 불리는 세립토사가 각 하천에 유입하면서 시작한다. 워시 로드는 하상재료보다 훨씬 미세한 입자로 항상 부유 상태에서 토사 발생지역에서 직접 하천으로 유입하며, 유송량은 하도의 국소적 수리량(소류력 등)이 아니라 주로 유량에 따라 결정된다(woo, 1986; wikipedia, 2021).

워시 로드 퇴적물은 점착성이 있으며 하반식생의 번성과 관계하여 퇴적물의 침식력을 높이는데, 이것이 지형변화에 중요한 역할을 한다. 워시 로드의 농도는 하반미지형의 성장 속도에 커다란 영향을 미치고 식생의 수몰과 관계없이 식생이 워시 로드를 퇴적시키는 효과가 있다는 것이 보고된 바 있다(Tsujimoto, 1996). 따라서 식생이 없으면 퇴적하지 않는 워시 로드가 식생의 감세(減勢)효과 때문에 식생이 번성한 영역에 쌓여 하천 미지형이 형성되는 초기 과정이 시작된다.

또한 미지형의 확대과정에 식생활착이 커다란 영향을 미치고 있다는 것이 널리 알려져 있다. 일단 홍수 때 공급된 토사가 퇴적되고 물이 빠진 후에 드러나는 모래톱에 식물이 정착한다. 식물이 정착하고 난 후에 그곳이 침식되지 않는 규모의 또 다른 교란이 발생되면 사주는 점차 성장하고 식생대가 형성된다.

이처럼 하천에서는 미지형의 형성에 따라 식생의 형태가 달리 나타나며 식생 군집은 가늘고 긴 띠 모양의 대상(帶狀) 분포를 보인다. 따라서 하천에서 매우 복잡한 구조로 형성되는 이러한 지형이 하천 생물의 삶의 터전으로 이용하는 서식처가 된다.

2) 옛 지도 속 한강하구 모습

지금의 한강하구 모습을 이해하기 위해서는 과거에는 어떤 모습을 하고 있었는지 살펴볼 필요가 있다. 지금 모습과는 사뭇 다르게 표현되지만 한강하구를 담고 있는 조선시대 지도는 「경기도부충청도지도」, 「동역도」, 「조선팔도지도」, 「대동여지도」, 「동여도」 등이 있다. 이들 지도와 현재 지도를 비교해 보면 지형의 개략적 형태를 파악할 수 있는데 유동성 있는 모래톱이나 사주의 규모나 위치에 차이가 있다.

현재 모습과 유사하고 정밀하게 제작된 초기 지도는 1900년대에 들어서 일제가 군사목적으로 만든 「조선오만분일지형도」이다. 이 지도는 정식 삼각측량을 바탕으로 제작한 1:50,000 지형도로, 다른 지형도나 그 이전에 만들어진 지도보다 매우 상세한 지형을 보여 주고 있다.

특히, 임진강과 한강이 합류한 후 바다로 향하는 하구 구간에서 당시에 형성된 모래톱의 모습을 그대로 보여 주고 있다. 북쪽의 예성강 하류쪽에 위치한 유도의 모습도 명확하다. 당시 김포 시암리습지는 옴폭하게 들어간 형태였으나, 이후 하중도가 측면으로 붙으면서 시암리습지가 만들어진 듯하다. 산남습지가 있

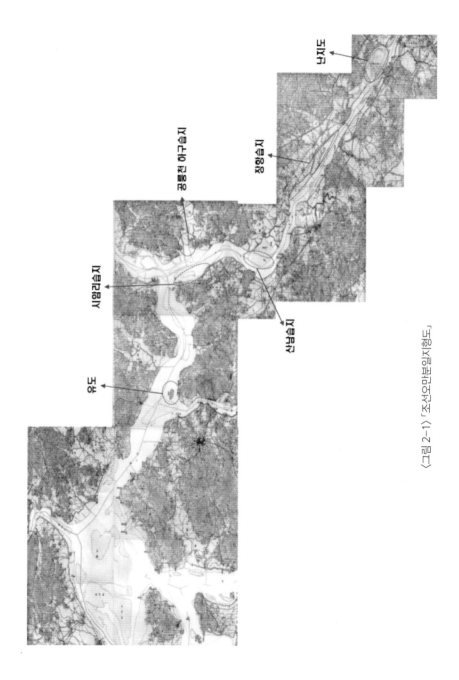

난지도

콩릉천 하구습지

장항습지

산남습지

시암리습지

유도

〈그림 2-1〉「조선오만분일지형도」

는 곳은 주변이 드넓은 농경지로 표시되어 있는데, 이곳은 장월평천과 한강이 합류하는 곳으로 지금은 파주출판단지가 들어서 있다. 또한 신곡수중보 좌안에 있는 백마도역시 뚜렷하게 확인할 수 있는데 오유도(梧柳島)로 표기하였다. 당시 장항습지 모습을 보면, 상류부 신평리쪽은 작은 모래톱이 군데군데 있고, 그 반대편인 지금의 김포 쪽에도 모래톱이 드넓게 분포하였다.

이렇게 폭넓게 분포하던 사주는 한강종합개발 이후 하도 직강화, 제방축조, 하상준설, 신곡수중보와 잠실수중보 건설 등 사람의 손길이 가해지면서부터 본래 모습과는 많이 달라졌다.

3. 한강하구 습지의 형성과 성장과정

1) 장항습지의 사주발달

한강하구에 장항습지가 형성되기 시작한 것은 한강종합개발이 시작되고 신곡수중보가 건설된 이후부터로 추정된다. 아직까지 왜 장항습지가 형성되고 어떻게 크게 발달했는지 뚜렷한 원인을 찾지 못하였지만 하천흐름과 조석현상이 복합적으로 작용해 생성된 것임에는 분명하다.

장항습지는 한강하구 방향을 기준으로 한강 우안에 가늘고 길게 형성된 사주다. 종단길이는 약 7.5km(신곡수중보~일산대교)이며, 폭은 최장 약 500m, 최단 약 60m 정도이다. 사주 중앙부에 있는 약 410,000m²의 농경지가 장항습지 총면적(약 2.17km²)의 약 18%를 차지하고 있다.

신곡수중보가 건설되기 이전인 1985년과 수중보가 건설된 후인 1995년, 2000년, 2006년, 2011년, 2016년, 2018년의 항공사진을 이용해 경년별 사주 면적 및 사주의 식생 증감 상황을 분석해 보니 약 35년 사이에 사주 면적이 약 11.7배 넓어졌다.

특히 신곡수중보에서 장항 IC 구간은 1985년부터 2018년 사이에 사주 면적이 약 7.6배 이상 증가했으며, 장항 IC에서 이산포 IC 구간은 약 20배 확대되었다. 신곡수중보에서 장항 IC 사이 구간보다 장항 IC에서 이산포 IC 사이 구간의 사주 면적 증가율이 높았으며 전체적으로 신곡수중보가 설치된 1986년 이후 장항 습지가 급격히 넓어졌다는 것을 알 수 있다.

특히, 2016년도부터 사주 면적이 갑자기 증가해 2018년에는 3.774km²에 이르렀는데, 2015년과 2016년에 발생한 가뭄과 관련이 있는 것으로 추정된다. 습지면적 변화 원인을 더 과학적으로 분석하기 위해 지속적인 연구가 필요하다.

장항습지가 언제까지 넓어질지 예측하기는 힘들다. 그러나 분명한 것은 좌안과 우안의 제방으로 막힌 공간에서 사주의 성장은 한계가 있다는 점이다. 언젠

〈표 2-1〉 경년별 사주의 면적 변화

(단위: km²)

	1985	1995	2000	2006	2008	2009	2010	2011	2013	2015	2016	2018
신곡수중보 -장항 IC	0.216	0.753	0.787	0.887	1.060	1.060	1.060	1.190	1.090	1.090	1.729	1.645
장항IC -이산포IC	0.106	-	0.935	1.077	1.280	1.340	1.351	1.351	1.310	1.320	1.928	2.129
총계	0.322	0.753	1.722	1.964	2.340	2.400	2.411	2.541	2.400	2.410	3.657	3.774

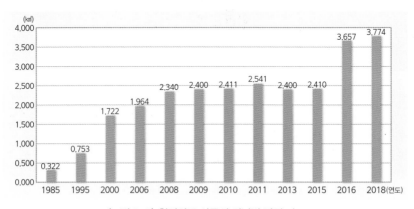

〈그림 2-2〉 한강하구 사주의 경년별 면적 비교

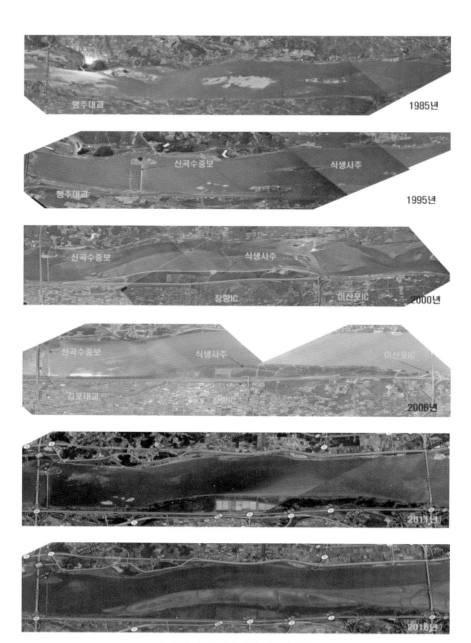

행주대교   1985년

신곡수중보   식생사주

행주대교   1995년

신곡수중보   식생사주

장항IC   이산포IC   2000년

신곡수중보   식생사주   이산포IC

김포대교   2006년

2011년

2016년

〈그림 2-3〉 장항습지의 경년별 변화

가 성장은 멈출 것이고 상류부에서 외부 교란이 발생하면 사주는 소멸할 수도 있다.

다만 현재 장항습지는 확대되고 있고, 퇴적된 토사 상부에 식물이 정착해 토양을 단단하게 만들고 지속적인 토사 퇴적을 유도하고 있다. 따라서 대규모 교란이 발생하지 않는다면 수림화 단계를 거쳐 육지로 바뀌고 습지는 사라질 것으로 보인다.

2) 장항습지의 식생분포 특성

이렇게 형성된 사주가 마냥 모래톱으로 남아 있을 수 있을까? 아니면 우리의 예상을 뛰어넘어 식물들로 채워질 것인가? 여러 의문이 들지 않을 수 없다. 실제로 사주가 형성되고 난 후 홍수와 같은 지속적인 교란이 일어나지 않는다면 사주에는 상류에서 흘러온 종자가 발아해 식물이 자라기 시작하는데, 이러한 식물을 선구식물(pioneer plant)이라고 한다. 선구식물은 다른 식물이 정착할 수 있는 기반을 만드는 역할을 수행하고 쇠퇴한다.

그러면, 장항습지에서 식물이 자라고 있는 면적은 얼마나 되며, 어떤 종류의 식물이 주로 서식하고 있을까? 1985년 사주가 형성되기 이전의 것을 제외하고 1995년, 2000년, 2006년의 항공사진을 이용해 장항습지의 전체 식생 면적을 산출하고 사주 면적 대비 식생 면적 비율을 계산하면 〈표 2-2〉와 같다. 즉 사주 면적이 넓을수록 식생 면적도 증가하며 2006년까지 전체 사주 면적 대비 식생 면적은 약 53%였다(안홍규, 2012).

2015년 이후 항공사진을 보면, 사주가 더 넓어졌고 식생이 차지하는 면적 또한 증가했다. 그러나 사주부의 표고가 낮은 곳에 식물(초본)이 정착하고 있기 때문에 홍수 교란이 몇 차례 더 일어날 때까지 계속된 관찰이 필요하다.

식물이 없던 하천에 식물이 많아지면 하천생태계가 회복했다는 착각에 빠지기 쉽다. 하천 변에 식생이 많다고 반드시 좋은 것은 아니다. 크고 작은 홍수 발

〈표 2-2〉 장항습지의 경년별 사주면적 대비 식생면적 증가폭

(단위: km²)

구간	1985년		1995년		2006년	
	사주면적	식생면적	사주면적	식생면적	사주면적	식생면적
신곡수중보 – 장항 IC	0.216	0	0.753	0.252	0.887	0.444
장항 IC –이산포 IC	0.106	0	–	–	1.077	0.595
총계	0.322	0	0.753	0.252	1.964	1.039

출처: 안홍규, 2012

생 시 수변 식생 때문에 상류부에서 공급된 토사가 퇴적하고, 유속이 느려지며, 홍수위가 상승해 강물이 범람할 수 있다.

또한 본래 식물이 많지 않던 하천에 서식하는 고유 생물들은 하천에서 발생하는 주기적 교란 현상인 홍수에 적응한 종들이다. 이러한 환경특성이 달라지면 이 생물들은 새로운 조건에 적합한 다른 생물과 경쟁에서 밀린다. 기존 서식환경이 식물이 가득한 하천으로 바뀌면 경쟁에서 도태하거나 서식지를 떠날 수밖에 없어 군집구조가 달라진다.

따라서 습지가 제공하는 다양한 혜택을 사람들이 계속 누리면서도 인간과 습지생물이 더불어 살아가기 위해서는 습지를 이루는 사주를 올바르게 유지하고 관리하는 것이 매우 중요하다. 한강하구 습지로서 독특한 특성을 유지하고 있는 장항습지를 어떻게 체계적으로 유지, 관리할 것인지는 우리 모두가 앞으로 풀어야 할 중요한 과제이다.

장항습지에는 어떤 식물 군락이 얼마나 많이 있으며, 앞으로 어떻게 바뀔까 하는 의문이 생긴다. 장항습지에는 선버들, 갈대, 줄 군락이 가장 넓은 면적을 차지하고 있다. 장항습지의 식생활착 면적을 살펴보면 신곡수중보 장항 IC 구간의 버드나무 군락은 2006년에 1995년 대비 약 20배 증가하였으며, 갈대 군락은 약 3.9배 감소하였다. 이러한 군락 면적 변화는 전체 식생 사주 면적이 감소한 탓도 있지만 갈대 군락이 줄어들고 그 자리에 선버들 군락이 들어섰기 때문인 것으로 보인다. 신곡수중보에서 장항IC 구간에서는 전체 사주면적이 소폭 증가함에 따

라 갈대 군락은 일시적으로 감소했다가 서서히 증가하고 있는 데 반해 버드나무 군락은 지속적으로 증가하고 있다. 이는 원래 초본군락이 있던 곳에 버드나무와 같은 목본군락이 서서히 증가하는 수림화가 진행되고 있다는 것을 의미한다.

반면 장항습지의 장항 IC에서 이산포 IC 구간에서 버드나무 군락은 2000년도 대비 식생활착 면적이 1.5배로 증가하였으며, 갈대 군락의 면적은 약 9배 넓어졌다. 수제부에 형성된 줄 군락은 다음 세대 식생으로 천이, 사주 확장, 하도 육지화 및 수림화 진행으로 이어질 가능성이 있는 것으로 보인다(안홍규, 2012).

2015년에 새로이 형성된 사주는 이제 막 초본식물이 정착하였으나 식생이 목본으로 천이하기까지는 홍수에 의한 교란이 발생하지 않아야 한다. 또한 일정 규모 이상의 교란에도 견딜 수 있는 정도의 수목으로 성장해 수림화 및 육지화가 진행하려면 상당한 시간이 걸릴 것이다. 다만 지형 변화 및 생태 특성 변화가 식생 구조와 면적에 새로운 변화를 초래할 수 있기 때문에 주의 깊게 관찰하면서 필요 시 시의적절한 관리 방안도 수립해야 할 것이다.

3) 장항습지 식생 분포역의 물리적 특성

하천식생은 다른 곳의 식생과 달리 수리적 영향을 크게 받기 때문에 하천 종방향으로 가늘고 긴 띠 모양의 군락 형태를 취하는 것이 특징이다. 이러한 형태의 식생 분포에 지배적인 영향을 미치는 요인은 토사 공급으로 형성된 토양 및 토성 같은 물리적 특성이다. 특히 장항습지는 조위 영향도 받지만 상대적으로 하천 영향도 크게 받고 있는데, 홍수 시 상류에서 유입한 토사의 퇴적은 하천 영향을 뚜렷하게 보여 준다.

각 토층의 대표 토양 입경을 살펴보면 장항습지의 경우 토양 단면 4의 대표 입경은 0.35mm, 토양 단면 3의 대표 입경은 0.5mm로 입경이 더 큰 토양이 위쪽에 나타나는 역전 현상을 관찰할 수 있다. 반면 산남습지에서 시행한 토층분석에서는 장항습지와 달리 이러한 토층 역전현상이 나타나지 않았다. 이러한 토층

구조의 차이를 볼 때 장항습지는 하천 영향을 크게 받지만 산남습지는 하천 영향보다는 조석의 영향을 더 크게 받고 있는 구간이다.

한강하구에 많이 출현하는 식물이 자라는 지형의 물리적 특성은 다음과 같다. 줄은 한강하구 사주 수변부에 가장 가까운 곳에 군락을 이루고 있기 때문에 조석 영향을 크게 받는다. 줄 군락지의 토양은 90% 이상이 0.075mm 체를 통과하는 실트로 구성되어 있고 지하수위는 지표면에서 약 70cm 아래에 있다.

갈대 군락은 하천 횡단상 줄 군락과 선버들 군락의 중간지점에 있으며, 만조나 사리 때 영향을 받는다. 토양은 80% 이상이 0.075mm의 체를 통과하는 실트와 모래질로 이루어져 있고 지하수위는 줄 군락과 마찬가지로 지표면 아래 약 70cm에 있다.

선버들 군락은 한강하구 사주 수변부에서 제방쪽으로 약 50m 들어온 곳에서 시작하며 군락의 폭은 약 150m이다. 조위 영향을 크게 받지 않는 곳에 있으며,

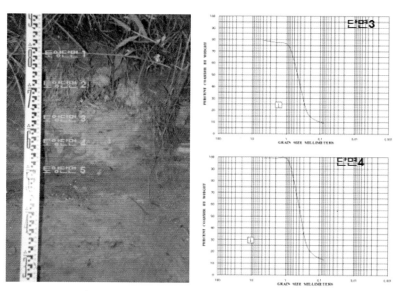

〈그림 2-4〉 장항습지의 토층단면도 및 토양입경 비교

출처: 안홍규, 2012

토양은 70% 이상이 0.075mm의 체를 통과하는 실트로 구성되어 있다. 지하수 위는 지표면 아래 약 75cm 이상 깊이에 있는 것으로 판단되며 줄 군락과 비교하여 상대적으로 건조한 지역에 군락이 형성되어 있다(안홍규, 2012).

4. 습지의 육역화 원인과 과정

1) 하천 육역화의 정의 및 과정

하천 육역화란 본래 습지라고 할 수 있는 하천이, 습지라고 할 수 없을 정도로 육지가 된다는 것을 의미한다. 본래 하천은 홍수와 같은 외력이 항시 교란을 일으키기 때문에 식물이 안정적으로 성장할 수 없는 공간이다. 따라서 하천생태계에서는 일반적 생태천이의 최종 단계인 극상단계가 나타날 수 없다.

하천에서는 상류 유역에서 공급된 다양한 형태의 토사가 퇴적한 곳에 식물종자가 정착(선구식물)하여 서로 경쟁하면서 식생이 성장한다. 이렇게 성장한 식물은 일정 기간 교란이 발생하지 않으면 초본에서 목본으로 식생천이가 이루어진다. 천이가 일어나면 식물이 정착한 공간이 건조해지고, 초본에서 목본으로 수림화(floodplain forestation)가 진행하고 더 이상 습지라고 할 수 없는 육역

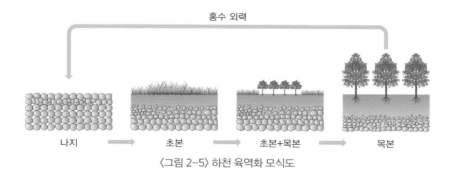

〈그림 2-5〉 하천 육역화 모식도

화/육지화(land forming, river Aggradation)가 일어난다.

하천에서 수림화 및 육역화가 어느 정도 진행하면 홍수 시 강물 유속이 느려지고 수위가 상승하며, 다량의 토사가 쌓이기 때문에 치수 관리 측면에서는 수림화 및 육역화가 바람직하지 않다.

2) 하천 육역화의 발생원인

일반적으로 하천 육역화는 여러 환경적 요인이 복합적으로 작용해 나타나지만 육역화 원인을 크게 지형적 요인과 수리적 요인으로 구분할 수 있다.

먼저 지형적 요인으로 하천 유역에서 하천으로 유입하는 토사량을 들 수 있다. 하천 유역에서 이루어지는 산림벌채나 대규모 공사 때문에 발생한 다량의 토사가 하천으로 유입하는 경우에 육역화가 진행할 수 있다.

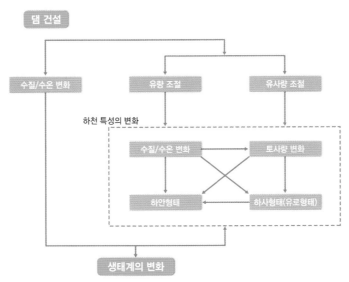

〈그림 2-6〉 댐 하류하천의 환경변화

출처: 안홍규, 2004

수리적인 요인으로는 물이나 토사 흐름의 교란을 들 수 있다. 물 흐름을 차단하거나 인위적 조절을 통해 일정 유량만 방류할 경우나 주하도 상류부에 횡단구조물을 설치하여 토사공급을 차단하고 불규칙한 교란이 일어날 경우에도 육역화가 발생한다(안홍규, 2004).

이 외에도 생태적 요인으로 하천복원 시 과도한 수목식재 때문에 토사 퇴적이 나타나고 그 결과 육역화가 발생할 수도 있는데, 다른 요인과 비교하여 단기간에 진행하는 특징을 보인다(阿河一穂, 2012).

그러나 대부분 하천 습지에서 육역화는 수십년에의 장기간에 걸친 영향이 축적해 나타나는 현상이다. 수림화 단계에 이르면 하천 흐름을 저해하고 토사퇴적을 유도하기 시작하여 홍수에 영향을 미치기 때문에 하천관리 측면에서 지속적인 관리가 필요하다.

5. 습지복원 사례

1) 일본 다마천

다마천(多摩川)은 하천 정비 후 약 30년 동안 하천습지 구간에 토사가 퇴적하고 지나치게 많은 식물이 자라면서 육역화가 진행되었다. 이로 인해 이 지역의 홍수위가 상승하고, 본래 다마천에 서식하던 고유종인 개쑥부쟁이와 곤충(가와밧타, カワバッタ)이 사라지는 등 하천생태계가 변화했다.

이에 하천정비사업의 일환으로 하천재생사업을 추진하였으며, 습지 재생과 더불어 토착생물을 복원하고 다양한 생물서식공간을 조성하였다.

특히, 물 흐름을 분석하여 수목 및 표토를 일부 제거하였으며, 습지내부로 물이 원활하게 유입할 수 있도록 물길을 조성하였다.

〈그림 2-7〉 일본 다마천의 수림화 현상

〈그림 2-8〉 수림화가 진행된 다마천에서 육역화 방지를 위한 표토 제거 모습

출처: 橫田潤一郎·柏木才助·阿部充, 2012

한강하구-평화, 생명, 공영의 물길

2) 일본 기타가와

기타가와(北川)는 일본 시가현 북서부와 후쿠이현 남부를 유역으로 하는 하천이다. 2004년 10월 20일에 발생한 대홍수 피해를 복구하기 위한 재해복구사업의 일환으로 하천재생사업을 추진하였다. 하천습지의 육역화가 2004년 홍수의 원인 가운데 하나로 밝혀져 육역화가 진행한 곳을 습지로 복원하였다.

습지복원방향은 통수능력을 확보하기 위해 육역화된 사주부 식생 일부 제거, 과다하게 퇴적된 부분 준설, 사주부 표층 제거 및 샛강(물길) 조성과 같은 사업을 시행하였다.

수변 식생의 부분 벌채

육역화되어 수림화된 사주부의 부분 준설

〈그림 2-9〉 육역화 방지를 위한 계획도

출처: 国交省九州地整延岡河川国道事務所, 宮崎県延岡土木事務所, 2004; 한국건설기술연구원, 2009

3) 일본 센죠가하라 습지

센죠가하라(戰場ヶ原) 습지는 일본을 완전 통일한 도쿠가와 이에야스(德川家康)의 무덤인 동조궁(東照宮)이 있는 도치기현(栃木県) 닛코(日光)국립공원에 있다. 면적이 약 400ha인 이 습지는 1934년 닛코국립공원이 지정된 이후 많은 관광객이 즐겨 찾는 명소이기도 하다.

이렇게 관광객이 즐겨 찾게 되면서 닛코 온천관광단지가 개발되었고 국도 120

호선이 건설되었다. 그 이후 센죠가하라 습지에서는 습지식물이 줄어들었고 상대적으로 목본이 늘어나면서 습지 모습이 달라졌다.

습지 변화의 가장 큰 원인은 습지 유지에 가장 중요한 수문 조건의 변화였는데, 도로가 습지를 관통하면서 습지 상류부에서 원활하게 유입했던 물 흐름이 부분적으로 차단되었다.

도로로 차단되었던 물 흐름을 회복하기 위해 매립형 측구를 설치하여 습지내부로 자연 우수가 원활하게 유입할 수 있도록 하고, 횡단도로 하부에 다양한 물길 관로를 별도로 조성하였다. 또한 상류부에 투수성 사방댐을 조성하여 과도한 토사 유입을 차단하는 조치를 시행하였다.

그러나 이러한 물리적인 방법으로 해결하지 못한 문제는 방문객이 급증하면서 사람들이 밟는 압력 때문에 습지 내부에 식물이 자라지 못하는 공간이 발생

〈그림 2-10〉 육역화 방지를 위한 표토 제거 모습

〈그림 2-11〉 도로 조성에 따른 습지 육역화의 모습

한강하구-평화, 생명, 공영의 물길

하는 것이었다. 이를 해결하기 위하여 방문객이 습지 내부로 들어갈 수 없도록 침입방지 울타리를 설치하였으며, 정해진 경로만 따라서 이동할 수 있도록 산책로를 조성하였다.

4) 일본 구시로 습지

일본 홋카이도 구시로(釧路)시에 위치한 구시로 습지는 일본 최대의 습지로, 1980년에 일본의 첫 람사르습지로 등록되었다. 습지 면적은 약 15,580ha에 이를 정도로 넓고 공간적 가치를 인정받아 1987년에 국립공원으로 지정받았다.

그러나 구시로 습지를 관통하는 구시로강을 치수목적으로 직강화했고 하천 주변 토지를 농경지 및 택지로 개발하면서 습지 면적이 줄어들었다.

또한 하천 상류 유역의 삼림벌채에 따른 유수거동 변화, 토사와 영양염류 유입 때문에 습지가 더 건조한 상태로 바뀌었으며, 자연적인 식생 천이에서는 볼 수 없는 속도로 오리나무와 같은 목본이 급속하게 증가하였다. 이에 따라 습지가 제기능과 역할을 할 수 없는 상황에 이르렀다. 이에 자연과 인간이 공생하는 사회구축을 위하여 구시로 습지 자연재생사업이 추진되었다.

구시로 습지의 육역화 진행상황을 보면, 1947년 조사에서는 전체 습지 면적은 245.8km²이었으며, 그중 오리나무가 침입하여 육역화가 진행하고 있는 면적이 21.0km²이었다. 그러나 가장 최근에 이루어진 2013년 조사에서는 전체 습지 면적이 175.7km²로 1947년과 비교하여 약 30% 정도 줄어든 반면, 오리나무가 차지하고 있는 면적은 81.6km²로 약 4배 증가하였다.

구시로 습지의 훼손, 즉 육역화 현상을 진단하고 원인을 제대로 파악하려면 습지생태계의 구조와 기능뿐만 아니라 습지 외부의 환경적, 사회경제적 조건까지 종합적으로 살펴볼 필요가 있다. 이는 습지 상태에 영향을 미치는 요인은 습지 습지생태계를 구성하는 다양한 무생물 및 생물 요소 사이의 상호작용 뿐만 아니라 습지를 둘러싼 외부 환경의 변화도 아주 중요하기 때문이다.

〈표 2-3〉 구시로 습지와 오리나무의 경년별 분포면적 변화

조사 연도	1947	1977	1996	2004	2013
오리나무 군락 면적(km²)	21.0	29.4	71.3	81.4	81.6
갈대·사초 군락 면적(km²)	224.8	195.9	123.0	94.3	94.1
전체 습지 면적(km²)	245.8	225.3	194.3	175.7	175.7
습지 면적 대비 오리나무 군락 면적 비율(%)	8.54	13.04	36.70	46.33	46.44

출처: 北海道開発局, 2008; http://www.kushiro-shitsugen-np.jp/hogo/saisei/

〈그림 2-12〉 구시로 습지와 오리나무의 분포 면적 변화
출처: 北海道開発局, 2008; 釧路湿原国立公園連絡協議会 홈페이지

구시로 습지 훼손의 원인으로 습지 주변의 땅을 농지나 택지로 개발하는 등 주변 토지이용 변화, 개발 지역의 과도한 삼림 벌채, 하천습지 물 순환에 필수적인 역할을 하는 하천을 홍수방지 목적으로 직강화한 하천치수사업을 제시하였다. 이러한 원인들이 습지에 직접적인 변화를 초래하였는데 습지 내부의 관수 빈도 감소, 지하수위 저하, 토사 및 영양염류 유입으로 인하여 습지 건조화가 진행되었고 그 결과 오리나무가 침입하였다. 즉 반복적이며 장기간에 걸쳐 진행된 변화가 쌓여 수림화 및 육역화가 진행한 결과 구시로 습지가 훼손되었다. 〈그림 2-12〉는 구시로 습지의 훼손 과정과 생태적, 사회경제적 영향을 요약해 제시하고 있다.

이러한 원인 분석을 바탕으로 훼손된 구시로 습지를 복원하기 위하여 습지관리부서를 중심으로 다음과 같은 습지복원방향을 설정하고 관련 사업을 시행하였다.

먼저 습지 내부의 지하수위와 지하수위 변동을 면밀히 조사 분석하였으며, 결과에 근거해 주변 농경지를 하천부지로 편입하여 습지를 넓혔다. 그러나 매입한 농경지는 매립 때문에 지형이 높았고, 습지에 비해 지하수위가 높아 건조화 구간

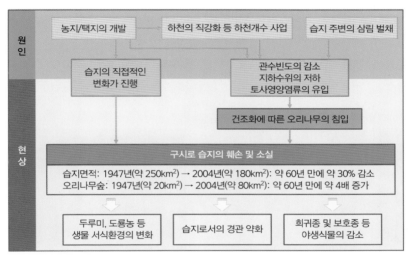

〈그림 2-13〉 구시로 습지의 훼손 메커니즘

출처: 北海道開発局, 2008

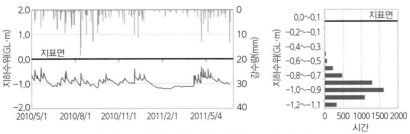

〈그림 2-14〉 지하수위와 지하수위 변동분포 변화

출처: 北海道開発局, 2012

이 있었기 때문에 표토를 제거하여 지하수위를 높이고 관수빈도를 증가시켰다.

　그다음으로 이미 건조화한 습지 내부에 물길을 조성하여 물 순환이 가능하도록 만들어 습지의 지하수위를 높이고 자연 습지식생의 변화를 유도하였다. 또한

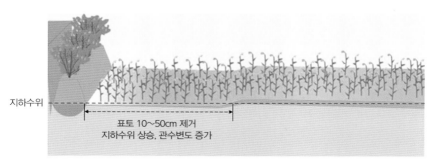

〈그림 2-15〉 표토 제거에 의한 지하수위의 상승

출처: 北海道開発局, 2012

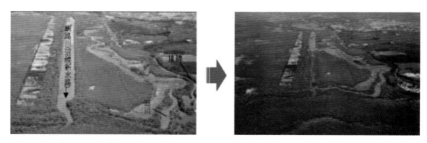

〈그림 2-16〉 직강하도의 구하도 사행화로 습지 내 유량공급 및 수위 조절

출처: 北海道開発局, 2012

〈그림 2-17〉 건조화된 습지 내부에 물길 조성으로 지하수위 상승

출처: 北海道開発局, 2012

한강하구—평화, 생명, 공영의 물길

하천사업으로 직강화된 하천을 구하도를 활용하여 사행하천으로 유도함으로써 습지 내부로 물 유입이 원활히 일어나고 지하수위가 상승하도록 만들었다. 이와 더불어 습지 내부로 토사가 유입하는 것을 방지하기 위하여 습지 유입부에 토사 조절지를 조성하여 토사 유입량을 최소화했다.

선행 사례에서 볼 수 있듯이 습지를 제대로 복원하기 위해서는 물 순환의 회복이 가장 중요한 요소이다. 습지로 물이 제때 적절히 유입해야만 습지로 유지될 수 있으며, 습지 고유의 구조와 특성을 간직한 생태계를 지속할 수 있다.

5) 인도네시아 이탄습지 복원

이탄습지(peatland)는 시기적으로 수천~수만 년 동안 썩지 않은 식물 사체들이 층을 이루어 형성된 습지를 말한다. 이렇게 썩지 않은 식물사체들이 석탄과 같은 형태의 가연매체로 쌓여 있는 곳이어서 이탄지(泥炭地)라고도 불린다. 실제로 유럽의 많은 지역에서는 이탄을 캐서 연료로 사용했고, 습지에서 물을 빼고 농경지로 이용하기도 하였다.

이탄습지는 북유럽, 시베리아, 캐나다와 미국 중북부, 그리고 국토 전체가 저지대라고 할 수 있는 인도네시아와 같은 동남아 국가에 많이 분포하며, 울산 무제치늪과 같이 우리나라에서도 나타나는 독특한 형태의 습지이다.

이러한 이탄습지가 세간의 관심을 모으기 시작한 것은 2016년 인도네시아 수마트라섬 잠비주 로드랑 지역에서 발생한 대규모 삼림화재 때문이었다. 이 화재로 인한 연무가 인접국인 싱가포르와 말레이시아에 스모그 피해를 일으켜 국제적인 문제가 되었다.

2016년 화재가 발생한 이탄습지를 국제기금을 활용하여 복원하기 위한 사업이 진행되었다. 전 세계 습지 전문가들이 기초조사를 실시하였고, 그 결과를 바탕으로 습지를 복원하기 위한 방향이 제시되었다.

가장 핵심이 되는 내용은 화재로 훼손된 이탄지를 다시 습한 땅으로 만드

〈그림 2-18〉 중부 깔리만딴 이탄습지의 화재 모습

출처: 그린피스(2015. 10. 27.)

〈그림 2-19〉 인도네시아 이탄습지의 복원 모습

출처: iStock

한강하구-평화. 생명. 공영의 물길

는 것(Re-wetting)이다. 이를 위해 이미 조성되어 있는 수로에 수중보(Canal Blocking)를 설치하는 방안을 추진하였는데, 습지 주변의 기름야자나무 재배 때문에 내려간 습지 수위를 높여 습지 내부로 수분을 공급하고 유지하는 것이 목적이었다. 이렇게 복원한 습지에 실시간 지하수위 관측 시스템을 설치해 지속적으로 관리하였다. 이탄습지 복원 사례에서도 습지 복원의 핵심은 습지의 물 순환 회복이라는 것을 다시 확인할 수 있다.

또한 화재로 소실된 습지의 약 1,000ha 면적에 자생식물을 다시 심어 습지를 복원하고, 향후에도 습지의 지속적 관리를 위하여 지역활성화를 위한 다양한 프로그램을 도입하고 있다.

6. 한강하구 습지의 보전 및 복원 방안

한강하구의 현재 모습은 오랜 세월에 걸쳐 다양한 외부 요인과 하구생태계를 구성하는 요소들이 상호작용해 만들어낸 결과이다. 물론 외부 요인에는 한강하구에 기대어 살아 온 사람들의 활동도 포함된다. 수중보나 교각이 없던 옛날에는 한강변에 펄이나 모래사장이 분포하고 있어 사람들이 하천 변에서 수영도 할수 있었고, 밀물과 썰물 때에 맞추어 배가 드나들었다. 수중보가 건설되고, 하천 정비사업을 통해 수변에 제방이 들어서고 도로가 만들어지면서 자연스런 수변의 모습은 단조로운 모습으로 많이 변화하였다.

한강하구는 다른 대규모 하천과 달리 하구언이 없기 때문에 우리나라에서 자연 하구의 모습을 아직까지 지니고 있는 유일한 곳이라 할 수 있다. 그러므로 하구 생태계의 역동적인 모습을 있는 그대로 받아들이고, 현재의 습지 생태계가 더 이상 훼손되지 않고, 하구 습지로서 그 기능을 잘 유지할 수 있도록 도와주는 것이 한강하구 습지 보전 및 복원의 우선 원칙이라고 생각된다.

이를 위해서 하구 습지가 한강하구 생태계의 중요한 구성요소 가운데 하나이고, 하구생태계의 다른 요소뿐만 아니라 하구 및 습지를 둘러싼 더 넓은 지역의 영향을 받는다는 것을 이해할 필요가 있다. 하구습지 관리의 기본 방향은 습지가 자연의 힘에 의하여 유지되도록 하며, 인간은 최소한의 간섭으로 최대의 효과를 가져올 수 있도록 하는 것이 바람직하다. 이것이 올바르게 습지를 지키는 방법이며, 자연과 인간이 공생하며 살아갈 수 있는 현명한 길이다.

1) 한강하구 습지의 생태적 복원 방향

한강하구에서 산남습지 북쪽 구간이나 시암리습지, 유도와 같이 사람의 출입이 없고 오랜 세월 자연적으로 형성되어 하구습지의 원래 모습을 잘 유지하는 곳은 현재의 상태를 잘 보전하는 것이 무엇보다 중요하다. 반면 장항습지와 같이 형성 역사가 짧으나 현재 생물서식처로서 중요한 역할을 하고 있는 하구 습지의 경우, 최소한의 노력을 통해 하구 습지 원래 기능을 회복하고 지키는 방향으로 복원을 진행하는 것이 효과적일 것이다. 이를 통해 한강하구 습지를 찾는 생물들에게는 안전한 서식처를, 인간에게는 인간과 자연이 공존할 수 있는 좋은 생태교육장의 본보기가 될 수 있을 것이다.

이러한 한강하구 습지의 보전 및 복원을 결정하기 위해서는 많은 사항을 고려할 수 있다. 이들 가운데 하구 습지의 보전과 복원을 위해 살펴야 할 기본 사항들 중에 중요한 점들은 다음과 같다.

(1) 하천지형 형성과정을 고려한 습지/식생사주 복원

생물서식처인 습지 특히 식생사주의 복원에 대한 이해가 필요하다. 하구는 기본적으로 강물과 바닷물의 작용에 의해 역동적으로 구성되는 곳이다. 그러므로 이에 대한 형성과 소멸을 이해할 필요가 있다.

하구 하천의 지형이 어떻게 형성되고 소멸되는지 이해하지 못하면 조성해 놓은 곳이 유실되거나 매립되는 경우가 많다. 이러한 하천지형의 형성과정은 하천

〈그림 2-20〉 홍수의 영향을 받고 있는 장항습지의 모습

의 지형 및 수리 특성을 이해하지 못하면 파악하기 어렵기 때문에 전문가의 도움이 필요하다. 한강하구에 알맞게 개발된 수리수문모델을 활용하여 홍수와 조석의 변화에 따른 지형변화를 먼저 객관적으로 관찰하고 분석해야 한다.

또한 하천과 사주부에 하도습지를 조성할 경우, 이곳은 홍수에 의한 퇴적이 항상 일어나는 곳임을 이해하고, 퇴적억제, 수질오염저감, 외래종 유입억제, 하도습지의 지속적인 관리와 같은 기술을 복합적으로 적용해야 한다.

(2) 하천 스스로가 사주를 만들어 갈 수 있도록 유도

하천의 수리적 측면을 고려하여 사주형성 과정을 이해하고 미래의 사주상을 고려하여 사주를 복원하고자 하는 장소에 토사가 퇴적할 수 있도록 유도하는 기술을 적용할 필요가 있다. 인위적으로 조성한 사주나 과도한 퇴적은 사주의 육역화 및 수림화를 초래하므로 퇴적과 침식이 균형을 이루는 환경을 조성하고 유지할 수 있는 기술이 필요하다.

〈그림 2-21〉 습지 식생대의 모습

(3) 생물 서식처로서 기능하는 하천식생을 고려한 습지/사주 복원

하천식생은 한번 정착하면 이동하지 못하기 때문에 환경조건이 맞으면, 생존하고 그렇지 않으면 사라진다. 또한 하천이라고 해서 모두 똑같은 기반조건을 가지고 있는 것이 아니므로, 식재를 하여야 하는 곳의 면밀한 입지조건(토양성분, 지하수위, 토양함수량, 물로부터 거리와 높이 등)을 조사 분석한 후에 식재함으로써 고사율을 낮추고 하천생태계에 부차적으로 도움을 주도록 하여야 한다.

(4) 복원 목표종을 대상으로 한 습지/사주 복원

하천환경 복원의 목표 중 생태계 다양성에 영향을 미치는 종(희소종, 감소종, 멸종위기종 등)을 우선 복원하여야 한다. 외국에서도 목표 생물종을 먼저 선정한 다음 이 생물종에 적합한 하도 서식처를 조성하고 있다. 복원 목표 생물종을 선정하고 복원 기준에 따라 목표 생물종의 서식처로서 습지와 사주를 조성해야 한다.

오리와 같은 조류를 대상으로 하여 사주를 복원할 경우, 오리류는 식생이 자라지 않는 모래톱과 같은 곳을 선호하므로 무식생 사주 복원이 필요하며, 간단하게 토사가 퇴적할 수 있도록 유도하는 기술을 적용해야 한다.

고라니와 같은 포유류를 위해 사주를 복원할 경우, 고라니는 줄이나 갈대와 같은 고경초본을 먹이로 하고 그곳에 잠자리를 틀며, 시야가 막힌 숲을 피난처로 이용하므로 이를 감안한 식생도입을 통한 유도기술 적용이 필요하다.

(5) 습지/사주의 공간적 복원

하구 습지는 보전적 측면에서 하천의 공간을 어떻게 활용할 것인지를 고려한 복원 방안과 하천공간에 대한 종합적인 활용계획 수립이 필요하며, 이를 통하여 체계적인 관리가 이루어지도록 해야 한다.

하구 습지의 복원 범위는 물이 흐르는 하도(河道)와 더불어 저수부와 고수부를 모두 포함하여야 하며, 넓은 의미로는 제방을 넘어 존재하는 모든 홍수터를 서식처 복원의 대상으로 고려해야 한다.

또한 본래 하천이 범람하고 자유자재로 굽이쳤던 홍수터를 복원하는 것이 바람직하며, 습지/사주를 복원할 때도 이러한 홍수터와 연관된 공간적 복원도 필요하다.

아직 남아 있는 한강의 예전 물길(구하도)을 복원하고, 주변 저류지를 연결하여 홍수터로 확보하고, 다양한 형태의 하도습지를 조성하며, 하도 내 독립된 하중도를 조성하는 등 하천의 종횡적 복원, 공간적 복원이 필요하다.

2) 한강하구 습지의 물리적 복원 방향

한강하구 습지에는 다양한 형태의 습지가 있으며, 이들 습지의 유형을 고려하여 개방형 하도습지, 갯골, 물골 등을 확대 조성하는 것이 필요하다.

개방형 하도습지는 습지와 하천이 연결되도록 조성하여 만조와 간조시 물이 들고날 수 있어야 한다. 폐쇄형 하도습지는 겨울철 철새의 쉼터 역할을 할 수 있도록 하천지형을 고려하여 제방 측면부에 독립 웅덩이를 조성하여 만조 시에만 물이 유입하도록 해야 한다.

물골은 만조 시 하천 본류 생물들이 이동할 수 있는 이동통로이므로 지속적인 통로를 확보하기 위하여 자연소재를 이용한 복원이 필요하다.

앞서 거론한 바와 같이 습지 복원의 가장 중요한 요소는 물 순환이다. 따라서 한강하구 습지의 물리적 복원 기본방향은 하구습지에 물이 제대로 공급될 수 있도록 구조를 설계해야 한다. 이렇게 할 때만 습지복원 사업이 성공할 수 있다.

한강 장항습지를 대상으로 하구습지를 복원할 경우 고려하여야 할 사항은 다음과 같다.

(1) 물길내기

현재 장항습지는 조간대 상부 식생대의 건조화가 진행하고 있는 것으로 나타났다. 건조화가 계속된다면 하구습지에 사는 기수역 식물의 서식 공간이 계속 줄어들 수밖에 없으며, 기수역 하구습지 기능도 잃을 수 있다. 그러므로 습지의 기본 조건인 물이 항상 드나들 수 있고 머금을 수 있는 환경을 마련해 주는 것이 습지 복원의 기본 방향이다.

장항습지에는 장항 IC 구간에 형성된 농경지에 물을 대기 위하여 만든 폐쇄형 습지와 물을 배수하기 위하여 조성한 배수물골이 다수 분포하고 있다. 이와 함께 어민들이 장어와 참게를 잡기 위해 파놓은 수많은 십자형 습지와 또 다른 폐쇄형 습지도 많이 있다. 이를 이용한다면 최소의 노력으로 하구 습지 고유의 기능을 회복할 수 있을 것이다.

기존 수로인 배수물골을 서로 연결해 점점 육역화가 진행하고 있는 장항습지에 생명의 물길을 연결해 습지 기능의 회복을 촉진할 필요가 있다. 이러한 물길내기는 평상시에는 상류에서 하류방향으로 물이 흘러가도록 하고 만조 시에는 물이 역류하여 들어올 수 있는 구조가 바람직하다.

그러나 인위적으로 파놓은 습지가 너무나 많기 때문에 이들을 모두 연결하는 것은 새로운 인공수로를 만들어야 한다는 점에서 비효율적이다. 또한 이러한 구조는 토사가 쌓일 가능성을 배제할 수 없다. 그러므로 수리수문 분석을 통하여 자연스런 물길을 유도할 수 있고, 서식처를 활용할 생물 종의 생태적 특성과 생활사를 고려하여 적지를 선정하는 것이 매우 중요하다. 또한 습지복원 후 유지관리까지 고려한 관리방안을 마련할 필요도 있다.

〈그림 2-22〉 개방형 하도습지와 물골의 모습

〈그림 2-23〉 십자형 습지의 모습

(2) 둠벙 살리기

장항습지에는 농경지에 물을 대기 위하여 조성해 놓은 둠벙과 농수로, 그리고 하천 직각방향으로 조성해 놓은 배수물골이 다수 있다. 둠벙은 폐쇄형 습지로 그대로 활용할 수 있다. 기존 수로는 만조 시 물이 쉽게 역류하여 들어올 수 있는 구조로 조성하는 것이 필요하며, 이때 장항습지 우안측에 인위적으로 조성된 십자형 수로 주변의 환경을 최대한 보전하는 것이 필요하다.

이렇게 조성된 수로와 둠벙을 연결하면, 수로는 만조 시 한강에서 습지로 들어온 치어 혹은 유영 능력이 약한 어류의 이동을 돕고, 둠벙은 물이 빠진 간조와 건조기에도 견뎌내고 생활할 수 있는 서식처 역할을 할 수 있다.

〈그림 2-24〉 농업용 둠벙의 모습

7. 맺음말

서쪽으로는 DMZ, 동쪽으로는 서울과 맞닿아 있으며 서울에서 차로 1시간 이내의 거리에 있는 한강하구는 1,000만 서울시민뿐만 아니라 한국을 찾는 관광객들에게도 큰 호기심을 불러일으킬 수 있는 장소이다.

이용과 보전 측면에서 본다면, 한강하구는 이러한 수요를 충족하면서도 자연을 그대로 머금은 생태계로 유지될 수 있는 잠재력이 높은 곳이다.

그러나 분명한 것은 한강하구 습지가 잠깐 방문하는 인간보다는 삶의 터전으로 삼고 있는 생물들이 주인이 되는 곳으로 만들어야 한다는 것이다.

이를 위해 습지와 인접한 도로변에는 물억새와 같은 식물을 심어 습지와 도로를 분리함으로써 생물의 서식환경을 만들고, 생태관광을 위하여 이곳을 찾는 사람들은 좀 더 높은 곳에서 철새를 비롯한 다양한 생물을 관찰할 수 있도록 해야 한다. 어찌 보면 한강하구를 생태관광이나 생태교육의 장소로 이용하는 것도 한 강하구 습지를 제대로 보전하고 관리하여 생물과 더불어 살 수 있는 한 방법일 수 있다.

　최근 들어 한강하구 주변지역을 대상으로 한 개발계획 때문에 한강하구 습지 가 개발의 위협 아래 놓여 있지만 아직까지는 습지로서 제 기능을 잘 유지하고 있다. 앞으로도 한강하구 습지가 최소한 지금과 같은 모습으로 우리 곁에 남아 있기를 원한다면, 보전과 이용이 최적의 균형을 유지할 수 있는 관리체계를 도 입하고 하구습지 생태계의 특성을 고려한 복원 전략과 사업을 추진해야 할 것 이다.

참고문헌

안홍규, 2004, 『생태공학』, 청문각.

안홍규·김시내·정상준·이동준·이삼희, 2012, 「한강 하구 습지복원을 위한 장항습지의 사주 지형변화 및 식생정착」, 『한국습지학회지』 14(2), pp.277-288.

한국바이오시스템·인천대학교·한국건설기술연구원, 2011, 『한강 하구, 습지 그리고 생명이야기』, 한국바이오시스템(주).

国交省九州地整延岡河川国道事務所宮崎県延岡土木事務所, 2004, 『北川流域の概要 北川の総合研究』, 国交省九州地整延岡河川国道事務所.

北海道開発局, 2008, 『釧路河川水系河川整備計画』, 北海道開発局.

北海道開発局, 2012, 『釧路湿原自然再生事業−幌呂地区湿原再生実施計画』, 北海道開発局.

阿河一穂·道奥康治·神田佳一·魚谷拓矢, 2012, 「河道の経年変化から見た樹林化の要因分析と持続的な河川管理のための方策」, 『日本土木学会論文集』, 68(4), pp.745-750.

横田潤一郎·柏木才助·阿部充, 2012, 「道内樹木群の総合的評価に関する研究 −多摩川を事例として−」, 『リバーフロント研究所報告』 23.

Woo, Hyoseop S., Julien, Pierre Y., Richardson, Everett V., 1986, "Washload and Fine Sediment Load", *Journal of Hydraulic Engineering* 112(6), pp.541-545.

David S. Biedenharn, 2006, "Wash load/bed material load concept in regional sediment management", *Proceedings of the Eighth Federal Interagency Sedimentation Conference*.

http://www.kushiro-shitsugen-np.jp/hogo/saisei(검색일: 2021. 4. 10.).

https://en.wikipedia.org/wiki/Wash_load(검색일: 2021. 4. 10.).

제3장
수리 수문·조석

우승범 · 윤병일

인하대학교 교수 · 경기씨그랜트센터 부센터장

1. 들어가는 글

우리나라 서해 중부에 위치한 한강하구는 국내 주요 4개 하구역 중에서 하굿둑과 같은 인공구조물에 의한 영향을 가장 적게 받는 자연형 하구이다. 한강하구의 많은 부분이 남북한의 접경지역에 위치하며, 국내 다른 하구에 비해 보존 상태가 매우 양호하다. 이러한 측면에서 한강하구는 사회경제적, 과학적 중요성이 매우 높고 향후 지속적인 변화가 예상되는 지역이므로 체계적인 자료 축적과 보전 노력이 필요한 곳이다.

한강하구는 서해의 조석과 한강, 임진강, 예성강의 담수가 만나는 전이지역으로 인천항의 상류 지역인 강화도, 석모도 및 김포 북쪽 수역을 포함한다(그림 3-1). 수도권을 관통한 한강 본류는 임진강과 합류하여 서쪽으로 흐른다. 그런 다음 강화도 동쪽의 염하수로를 통하거나 강화도 북쪽 지역을 지나 예성강과 만난 뒤 석모수로와 교동수로를 통해 외해로 유출한다. 즉 한강하구는 강화도를 중심으로 동쪽의 염하수로와 서쪽의 석모수로, 교동수로를 통해 해수와 담수가 혼합되는 역동적인 환경이다.

한강하구는 계절별로 하천 유량과 이동되는 퇴적물량의 차이로 하천 주변을 중심으로 습지가 넓게 발달하였다. 또한 수심이 얕고 조차가 커서 강화도, 영종도, 석모도, 교동도, 볼음도 등의 도서를 중심으로 하구습지 및 조간대(갯벌)가 넓게 분포한다. 이러한 습지 및 조간대는 연안개발에 따른 해안선 변화로 인해 많은 영향을 받아 왔다.

한강하구의 해안선 길이는 북한지역을 제외하면 약 300km이다. 이 중 방파제, 방조제, 안벽, 해안도로 등의 인공해안은 200km, 자연 해안은 100km 정도

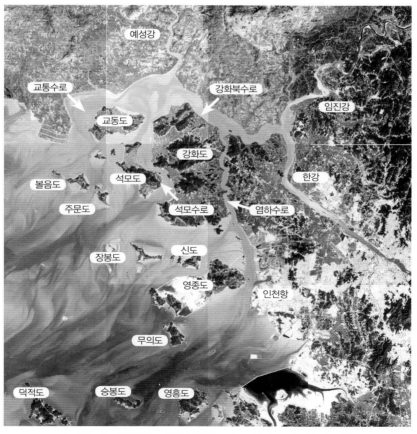

〈그림 3-1〉 한강하구 지역적 범위와 주요 도서, 수로 및 담수 유입원

이다. 현재 자연 해안선은 사람들이 접근하기 힘든 남북 접경지역과 도서 지역에 남아 있으며 대부분의 자연 해안은 연안 개발을 위한 해안 방조제 축조나 해안도로를 건설하면서 사라졌다.

하구의 가장 뚜렷한 특징은 해수와 담수가 섞이는 점이지대(기수역)로 조석·조류 현상과 해수·담수의 밀도 차이에 의한 성층 형성이 동시에 나타난다는 것이다. 주로 조석에 의한 해수면 높이 차이로 인해 발생하는 순압(barotropic) 흐름과 주로 담수 유입으로 인한 염분 농도(밀도) 차이로 인해 발생하는 경압(baroclinic) 흐름이 힘겨루기를 하며 하구의 물리적 변화를 일으킨다. 이러한 힘의 상호작용은 하구에서 해수 순환 및 물질이동을 결정하는 가장 중요한 요소이다.

따라서 하구의 특성을 파악하기 위해서는 조석, 조류의 변화와 담수 유입에 의한 염분 분포를 이해할 필요가 있다. 조석, 조류는 수괴(물 덩어리)의 수평 왕복운동을 일으켜 수층을 혼합하지만, 담수의 유입에 의한 성층 형성은 수층의 수직 혼합을 억제한다. 이 두 힘의 상대적 크기에 따라 하구 분류가 가능하고, 하구의 물성학적 특성과 하구 내 물질이동이 크게 달라진다.

이 장의 지리적 범위는 한강하구 중립 수역과 중립 수역에 인접한 지역을 포함하며, 수리 수문·조석의 영향이 유기적으로 연결되는 다양한 자연과학적 현상을 전반적으로 기술하고자 하였다(그림 3-1). 특히 조석과 담수가 상호작용하는 중립 수역(강화도 북쪽 해역)과 강화도 동쪽의 염하수로와 서쪽의 석모수로를 중심으로 조석·조류의 세기, 해수 유동과 염분 수송, 인위적 변화와 기후변화에 따른 해수면 영향 등을 개괄하고자 한다.

먼저 조석·조류의 세기가 주요 수로를 따라 어떻게 변화하는지 살펴봄으로써 외해로부터 오는 조석의 힘이 어떻게 한강하구에 영향을 미치는지 알 수 있다. 다음으로 담수와 조석의 상호작용에 따른 염분 수송과 수체적 변화의 연계성을 주요 수로에서 파악하고자 한다. 그리고 인위적 변화가 많이 발생한 이곳에서 해안선, 수심의 변화가 하구 흐름에 어떠한 영향을 미쳤는지 영종도 매립 전후를 예를 들어 살펴보고자 한다. 마지막으로 기후변화에 따른 해수면 변화 양상이 어떻게 나타나고 있는지 설명하고자 한다.

2. 한강하구 조석 및 조류

한강하구가 위치하는 서해 인천·경기만의 평균 수심은 40m 정도이고 조석(인천항 기준)은 연중 최대 9m의 조차[1]를 보인다. 한강하구의 조석 관측자료를 분석하면 대조(사리)[2]에 평균 7.9m, 소조(조금)[3]에 평균 3.5m의 차이를 보이는 대조차 하구 특징을 보인다.

외해에서 한강하구로 조석이 들어올 때 인천항 이후 강화도를 기준으로 염하수로(동쪽)와 석모수로(서쪽)로 전파된다. 석모수로를 지난 조석은 예성강과 만난 후에 강화도의 북쪽 수로를 지나 염하수로의 북쪽과 연결된다. 이후 하나의 수로를 따라서 상류로 전파되고 다시 북쪽의 임진강과 남쪽의 한강으로 나뉘어 두 방향으로 전파되는 복잡한 흐름을 보여 준다(윤병일·우승범, 2011). 조석이 빠져나갈 때는 들어올 때와 반대 방향으로 진행한다. 한강하구의 조석과 조류(조석에 의한 해수의 흐름)는 달과 태양의 인력에 의해서 하루에 2번 고조(만조)와 저조(간조), 밀물(창조)과 썰물(낙조)이 반복적으로 나타난다.

3개의 수로와 3개의 주요 하천이 만나는 한강하구 중립수역에서는 조석·조류 변형이 발생한다. 여기서 변형은 조석과 조류의 크기(높이)와 세기가 외해와 다르게 증가하거나 감소하는 것을 의미한다. 윤병일과 우승범(2011)에 의하면 조석의 크기가 최대로 나타나는 위치를 통해 하구 분류와 물리적 특징을 파악할 수 있다. 인천항에서 최대 9m에 이르는 조차는 상류로 진입하면서 작아지는데, 이는 주로 수심이 낮아지면서 해저 바닥에 의한 마찰 때문인 것으로 볼 수 있다.

이러한 효과로 한강하구 입구인 강화도의 강화대교, 염하수로와 강화 북쪽 수로가 만나는 월곳 인근에서는 조차가 5.5m로 줄고 한강 하류에 있는 신곡수중보에서 조차가 급격히 감소한다. 신곡수중보 상류로는 대조기 일부 기간에만 조

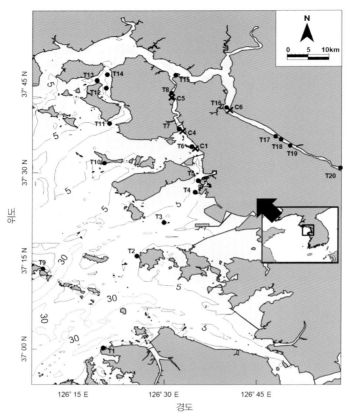

〈그림 3-2〉 한강하구 조석(T1~T20) 및 조류(C1, C4~C6) 관측정점

출처: 윤병일·우승범, 2015

석이 전파되며 조차는 0.4m 정도이다. 이러한 조석 변화와 수로별 특징을 관측 자료 분석을 통해서 알 수 있는데, 분석에 사용한 자료는 한강하구 지역의 조석 검조소와 연구 보고서(국립해양조사원, 2002; 인하대학교, 2003)로써 〈그림 3-2〉에 조석과 조류 관측정점을 상세하게 제시하였다.

조석과 마찬가지로 조류 세기 변화도 대조차 하구라는 특징으로 인해 위치별로 다르게 나타난다. 한강하구의 최대 유속은 2.0m/s 이상이며, 대조-소조 기간에 따라 유속 크기 변화가 크게 나타난다. 조류 세기는 지형적 특징과 큰 관련이 있는데, 조석이 하구 상류로 진입하면서 지형 변화로 인해 창조와 낙조의 유속 차이가 커지는 변형이 발생한다. 인천항 북쪽 지역은 대부분 낙조 유속의 크기가 우세한 낙조 우세의 특징을 보여 주며, 이러한 특징은 평균해면 상승과 담수에 의한 원인으로 나타난다(윤병일·우승범, 2012a).

주요 수로를 따라 전파되면서 나타나는 조석·조류의 변형 특성은 주요 분조[4]인 주태음 반일주조(M_2)와 배조 성분(M_4)의 변화를 살펴봄으로써 이해할 수 있다. 인천항 이후 염하수로를 따라서 상류로 진입하는 조석과 조류의 M_2분조 진폭변화를 보면, 조석 M_2분조의 진폭 감소율은 약 35%이고, 조류의 감소율은 약 20%이다. 조석 M_4분조의 진폭은 약 4배 정도 증가하고, 조류는 약 8배 증가한다. 이러한 증가, 감소율 차이로 인하여 조석보다는 조류의 왜곡 정도가 더 크게 되는데, 그렇다면 이러한 조석과 조류의 변형은 무엇 때문에 발생할까?

외해와 비교할 때 하구 지역 조석·조류의 가장 큰 특징은 조차가 수심과 비교할 때 무시할 수 없고 바다 마찰의 영향을 강하게 받는다는 것이다(Pugh, 1987). 예를 들어, 한강하구 인천항 부근의 평균 수심(30m)과 최대 조차(9m)의 비율[진폭(조차의 반)/수심]은 0.15이다. 일반적으로 이 비율이 0.1 이상이면 조석의 진폭 변형이 해저 바닥의 영향 등으로 인해 비선형적인 변화를 일으킨다고 알려져 있고, 하구 상류로 가면서 수심이 얕아지기 때문에 이 비율은 커진다. 외해 조석의 형태는 일정한 사인(sine) 곡선 모양을 띠지만, 하구로 진입하면서 바다 마찰과 같은 여러 비선형 효과 때문에 고조와 저조 또는 창조와 낙조의 유속, 지속 시간이 달라지는데 이를 조석·조류 변형(왜곡 현상)이라고 말한다.

조석의 주요 분조 크기를 보면 염하수로는 인천항 이후에 영종대교와 염하수로 남쪽 입구 사이에서 최대 진폭이 발생하지만(그림 3-3의 T7 정점), 석모수로의 경우는 북쪽 입구에서 나타난다(그림 3-4의 T14 정점). 이는 외해에서 전파되는 조석파가 염하수로와 석모수로를 지날 때 이동하는 속도가 달라지는 것을 의미하며 두 수로의 지형이 달라 발생하는 특징이다. 외해에서 하구로 진입하면서 조석의 크기가 증가하다가 급격히 감소하는 이유는 수로의 지형적 수렴(수로 폭 감소) 정도와 바닥 마찰 크기의 상대적 균형과 연관이 크다.

조석 변형을 가늠하는 또 다른 방법은 조석의 주요 천문조 중 하나인 M_2와 비선형 천해분조인 M_4의 진폭 비율과 위상 차이를 이용한 것으로써, 두 분조의 진

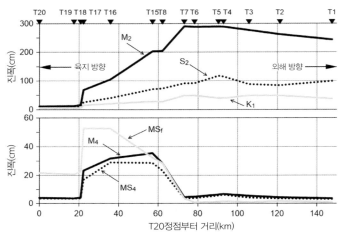

〈그림 3-3〉 염하수로 주요 분조의 진폭 변화

출처: 윤병일·우승범, 2015

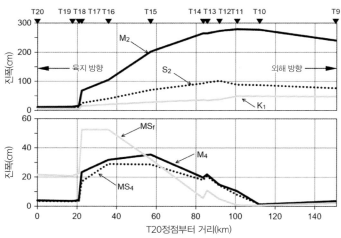

〈그림 3-4〉 석모수로 주요 분조의 진폭 변화

출처: 윤병일·우승범, 2015

폭 비율(M_4/M_2)이 클수록 천해분조에 의한 조석 비대칭(왜곡) 정도가 크고 상대 위상 차이($2M_2/M_4$)가 0~180° 사이면 창조우세, 180~360° 사이면 낙조우세로 정의한다(Aubrey and Speer, 1985).

M_2분조의 진폭은 외해에서 한강하구로 진입하면서 인천항 이후 최댓값을 보이다가 염하수로 남쪽 입구를 지나면서 바닥마찰 때문에 급격히 감소하고, 염하수로 북쪽 입구 이후에 다시 급격히 감소한다. 신곡수중보 전후 정점(T10)을 보면 수중보의 영향으로 M_2 진폭이 0.4m까지 줄어든다(그림 3-3). 천해분조인 M_4 분조는 상대적으로 외해 쪽에서는 미미한 값을 보이다가 염하수로 남쪽 입구에서 증가하기 시작하여 염하수로 북쪽 입구에서 최댓값을 보인다. 이후에 M_4분조의 진폭도 감소하는데 이는 M_2분조의 급격한 감소로 인해서 M_2에서 에너지 전이에 의한 M_4분조 생성 자체가 줄어들기 때문이다.

한강하구 주요 수로에 대해서 바닥 마찰과 지형학적 수렴 정도를 비교하여 하구 특징을 분류할 수 있다. 염하수로와 석모수로의 폭과 수심, 단면적을 이용하여 해석해를 적용한 결과 두 수로의 수렴과 마찰의 비율이 염하수로는 1:0.20, 석모수로는 1:0.05로 나타났다. 지형학적 수렴 정도는 염하수로가 석모수로에 비해 크지만 마찰 영향이 석모수로보다 염하수로에서 크기 때문에 염하수로의 진폭 감소가 더 크다. 그러므로 한강하구의 조석 진폭의 크기는 외해에서 상류로 진입하면서 점진적으로 증가를 하다가 특정 위치 이후에 진폭이 급격하게 감소하는 초동기(hyper synchronous) 하구 특징을 보이며, 이는 하구를 분류할 수 있는 주요한 특징 중의 하나이다.

조석 전파 특성과 변형 정도를 파악하는 방법 중에 마찰 영향으로 인해 발생하는 입사파와 반사파의 중첩 작용을 분석하여, 이를 진행파와 정상파의 관점으로 해석하는 것이 있다. 〈그림 3-5〉에 이러한 특성을 파악할 수 있는 이력현상 다이어그램(hysteresis diagram)을 제시하였다. 조석과 조류의 진폭 크기가 최대, 최소로 나타나는 점을 연결하여 만든 도형이 원 모양에 가까우면 조석파의 형태가 정상파에 가깝다는 것을 의미하고, 원이 아닌 변형된 형태로 나타나면 진행파의

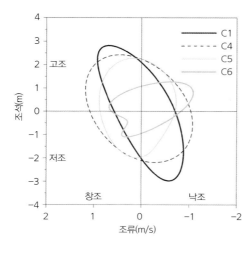

〈그림 3-5〉 조석-조류 이력현상 다이어그램

주: C1, C4~C6 위치는 그림 3-2 참고
출처: 윤병일·우승범, 2015

특성을 갖는 조석 변형이 나타난다는 것을 의미한다.

〈그림 3-5〉에 있는 인천항 조석-조류 이력현상 다이어그램을 분석해 보면, 이 지역의 조석파는 정상파와 진행파가 혼합된 형태를 보여 준다(윤병일·우승범, 2012a). 인천항(C1 정점)에서 진행파 형태를 보이는 조석파는 염하수로 남쪽 입구(C4 정점)에서 수로 끝부분(C5 정점)으로 가면서 정상파 형태로 변화한다. 그런데 특이하게도 한강 상류로 진입하면서 다시 진행파 형태로 나타나는데(C6 정점) 이는 강화도 북쪽수로에서 진입한 조석파의 영향인 것으로 추정된다. 조석 전파의 특징을 분석하여 하구 내의 오염물질, 퇴적물 이동 현상을 파악할 수 있으며, 이 특징을 하구 분류 기준으로 활용할 수 있다.

3. 한강하구 담수와 염분 특성

한강하구의 담수는 대부분 한강, 임진강, 예성강에서 유입하며 이 중 한강의 유입량이 65~70%를 차지한다. 여름철 장마 등의 영향으로 연간 담수 유입량의 70% 이상이 6~9월에 집중된다. 한강의 담수 유량은 연평균 약 408m³/s이고, 유

한강하구-평화, 생명, 공영의 물길

역면적비를 이용해 계산한 예성강, 임진강, 한강의 평균 유량 비율은 1:2:6 정도이다(Park et al., 2002). 계절 담수 유입량의 차이와 서해 조석 크기의 시간적 변화 때문에 하구 수층의 성층 정도가 시·공간적으로 다르다.

한강홍수통제소에서 제공하는 팔당댐 유량 자료를 보면 1974~2009년까지 36년 동안 일 유량 평균은 527m³/s이고 중간값은 234m³/s이다. 월별로 계산하면 2, 5, 8, 11월의 월평균 유량은 각각 165, 408, 1478, 205m³/s로써(윤병일·우승범, 2012b), 계절별로 담수 유입량의 차이가 확연하게 나타난다. 신곡수중보 상류 55km 지점에 있는 팔당댐은 감조 구간의 한계선인 잠실수중보(신곡수중보 상류 37km) 상류에 위치하므로 조석의 영향이 거의 없고, 한강 본류의 지천에서 유입하는 유량은 팔당댐 전체 유량의 10% 미만이다(윤병일·우승범, 2012b).

조석의 시간적 변화와 계절별 담수 유입량의 차이로 한강하구의 염분도 시공간적 변화를 보인다. 염분의 단위 psu는 해수 1kg에 들어 있는 총 염분의 g을 나타내는 값으로 일반적으로 해수의 전기전도도를 측정해 계산한다. 한강하구 강화도의 염분 분포를 보면 강화도 북쪽에는 변화 범위가 0.5~22.2psu이고, 강화도 남쪽에서는 4.0~30.8psu의 변화를 보인다(윤병일·우승범, 2012b). 한강하구 담수 유입량의 변화와 조석의 크기에 따라 차이가 있지만, 홍수기 담수의 영향 정도는 팔미도 해역까지 영향을 미친다. 한강 상류 방향의 염분 침입을 살펴보면 김포시 전류리에서 염분이 0~2psu 정도로 줄어들고 대부분 신곡수중보에서 차단된다.

국립수산과학원에서 제공하는 인천해역 및 한강하구 주변의 염분 자료(1997~2009년) 분기별(2, 5, 8, 11월) 표층과 저층 염분을 평균하면 가장 외해 정점(팔미도) 인근은 표·저층의 염분 차이가 1psu를 넘지 않는다. 상류로 갈수록 염분 차이가 증가하며 가장 상류 정점(염하수로 남쪽)에서는 표층과 저층 염분의 차이가 5psu 가량 나타난다. 염분의 수직 차이는 담수 유입량에 따라 달라지는데 2월에 가장 작고, 8월에 가장 크다.

한강종합개발사업 이전에 조사된 염분 자료에 의하면 노량진(신곡수중보 상류

16km) 및 행주대교(신곡수중보 인근)의 염분은 1966년 5월과 8월에 각각 15.8~
35.5psu 및 12.1~20.1psu의 범위를 보였다(김정균, 1972). 신곡수중보 건설 이후
관측된 자료를 보면 대조−소조 등 기간에 따라 차이가 있지만, 전류리~신곡수
중보 사이 구간에서 1.7psu 이하인 것(박경수, 2004)을 볼 때 신곡수중보 상류에
는 염분에 의한 영향이 크지 않을 것으로 판단된다.

주요 수로를 통해 유출입하는 염분의 공간 분포를 이용해 담수의 영향 범위
를 계산할 수 있는데, 이를 통해 한강하구의 공간적 범위를 가늠할 수 있다. 다른
외력 조건은 같은 상태에서 유량별 담수 영향 범위의 차이를 알아보기 위해 수
치모델을 사용하여 다양한 시나리오를 모의해 보았다. 담수 유량은 200, 1000,
2000, 3000, 6000, 10,000m³/s까지 차이를 두었고, 모의 결과를 이용해 그린 염
분 분포 지도에 등염분선(28psu)을 표시해 한강에서 유출하는 담수 유량별 영향
범위 차이를 파악해 보았다(그림 3−7).

유량이 200m³/s일 경우, 강화도 북부 수로를 통해 유출한 담수는 석모도 인
근 해역까지 도달하며, 염하수로를 통해 빠져나간 담수는 강화도와 영종도 사

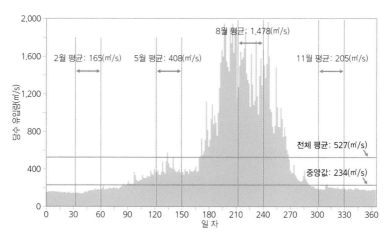

〈그림 3−6〉 1974~2009년 동안의 한강 일평균 유량

출처: 윤병일·우승범, 2012b

한강하구−평화, 생명, 공영의 물길

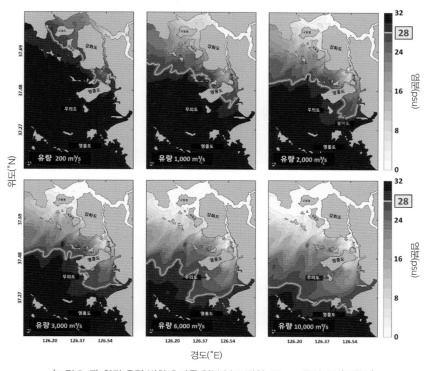

〈그림 3-7〉 한강 유량 변화에 따른 염분 분포 변화. 28psu 등염분선(주황색)

출처: 이혜민 외, 2012b

이 해역에 다다른다. 유량이 1,000m³/s 이상으로 증가하면, 강화도 북부 수로와 염하수로를 통해 유출한 담수는 강화도 남서부 해역에서 서로 만나며, 인천 북항 인근의 해역까지 담수가 영향을 미친다. 유량이 2,000m³/s이면 인천 남항까지, 3,000m³/s 이상으로 증가하면 무의도 인근 해역까지 담수가 영향을 미치는 것으로 나타났다. 비록 10,000m³/s의 극단적인 방류가 발생할 경우, 영향범위는 영흥도 인근 해역까지 확장되지만, 유량이 3,000m³/s의 경우에 비해 담수 영향 범위는 크게 차이 나지 않는다.

종합하면, 갈수기에 염하수로를 통해 유출하는 담수의 영향범위는 강화도 남부 및 영종도 북부 해역이지만, 홍수기에는 유량에 따라 담수 확산 범위가 달라지며, 최대 무의도 남부 및 영흥도 북부 해역까지 미칠 수 있다. 이 정도 범위를 한강하구의 공간 규모로 볼 수 있다.

4. 한강하구 체적 및 염분 수송

하구 및 연안에서 일어나는 오염물질 확산, 해양쓰레기 이동, 퇴적물 침식·퇴적 등을 이해하기 위해서는 물질순환을 파악해야 하며, 물질이동을 결정하는 중요한 요인 중 하나인 염분 수송에 대한 이해는 필수적이다(Bowen and Geyer, 2003). 염분 수송은 조석, 담수, 바람, 지형적 특성 등 다양한 외력의 상호작용 때문에 크기와 방향이 변화한다.

한강하구는 외력들의 시공간적 변화가 뚜렷하므로 염분 수송을 제대로 이해하기 위해서는 외력에 관한 종합적 연구가 필요하다. 최근 한강하구 염분의 시공간적 변화(윤병일·우승범, 2012b)와 수치모델을 이용한 물질이동 및 염분 수송에 관한 연구(Park et al., 2002; 이혜민 외, 2021)가 진행되었다. 이혜민 외(2021)는 고해상도 수치모델을 사용하여 홍수기와 갈수기의 해수 체적 및 염분 수송량을 한강하구 주요 단면에 대해서 제시하였다(표 3-1과 그림 3-8).

한강하구 주요 수로의 분기점인 강화도 북쪽 지역의 3개 단면과 강화도 남쪽과 영종도 인근의 3개 단면에 대해서 갈수기와 홍수기 30일 기간 동안 평균한 체적과 염분 수송량을 수치모델 모의를 통해서 파악하였다. 제시된 결과에서 음수는 외해 방향 유출(외해)을 의미하며, 양수는 하구 방향 유입을 나타낸다. 각 단면의 체적 수송량과 염분 수송량을 비교하여 물질순환(오염물질, 부유퇴적물 이동 등)의 이동 방향과 양을 추정할 수 있다.

수치모델 모의 결과를 〈표 3-1〉과 〈그림 3-8〉에 제시하였다. 갈수기에 강화도 북쪽에 있는 L1 단면의 체적 수송량은 −280.7m³/s이며, L2와 L3 단면에서는 각각 −241.3, −39.4m³/s이다. L1을 통해 유출한 체적의 85%는 L2 단면으

<표 3-1> 한강하구의 홍수기, 갈수기 단면별 체적 및 염분 수송량

기간	수송량	단면					
		L1	L2	L3	L4	L5	L6
갈수기	체적 수송량 (m³/s)	−280.7	−241.3	−39.4	−39.4	14.8	−54.2
	염분 수송량 (kg/s)	811.3	49.9	761.4	761.4	1575.2	−813.8
홍수기	체적 수송량 (m³/s)	−9628.5	−8033.6	−1594.9	−1594.9	−105.8	−1489.1
	염분 수송량 (m³/s)	−635.1	−323.6	−311.5	−311.5	3775.1	−4086.6

출처: 이혜민 외, 2021

로, 15%는 L3 단면으로 유출한다. 이는 박경 외(Park et al., 2002)가 제시한 단면별 체적 수송량 비율(각각 77%, 23%)과 유사한 값이다. 즉, 체적 수송량의 대부분은 L2(강화도 북쪽 지역)를 통해서 유출한다. 갈수기에 L4와 L5를 통해 각각 73%, 27%의 비율로 유입한 체적은 L6를 통해 모두 유출한다. 홍수기에는 L4로 유입한 체적은 L5와 L6를 통해 각각 7%, 93%가 유출한다. 이는 하구 상류에서 L4로 유입한 체적은 대부분 L6를 통해 유출함을 의미하며, 강화도 남쪽 지역에서는 L4와 L6 사이의 수로가 주요 수로임을 나타낸다(이혜민 외, 2021).

조간대가 넓게 발달한 강화도 남쪽과 영종도 북쪽 지역은 갈수기와 홍수기 구분 없이 상류 방향의 염분 수송이 강하게 나타난다(그림 3-8의 L5). 평균 염분이 가장 높은 가장 외해 지역(인천대교 인근)은 갈수기와 홍수기 구분 없이 외해 방향의 염 수송을 발생시키는 체적 순수송량이 크기 때문에 지속해서 염이 외해로 유출한다(그림 3-8의 L6). 갈수기와 홍수기 모두 외해에서 한강하구로 유입하는 염은 대부분 강화도-영종도 단면을 통과하며(그림 3-8의 L5), 인천대교 인근의 주요 수로를 통해서 외해로 유출한다(그림 3-8의 L6). 강화도 북쪽 지역의 염 수송은 갈수기에 한강 상류 방향으로 발생하며, 홍수기에 외해 방향으로 일어난다(그림

갈수기(2020. 4. 11.~2020. 5. 11.)	홍수기(2020. 7. 28.~2020. 8. 27.)
체적 수송량(m³/s)	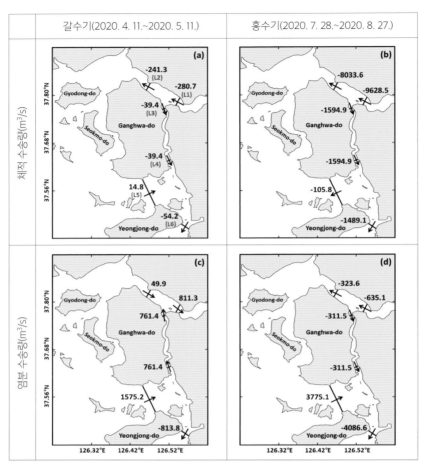

〈그림 3-8〉 한강하구의 홍수기, 갈수기 단면별 체적 및 염분 수송량

출처: 이혜민 외, 2021

3-8의 L1~L4).

이혜민 외(2021)의 연구를 종합하면, 한강하구에서는 조석의 크기변화(대조-소조)와 담수 유입 정도(갈수기-홍수기)의 상호작용으로 지역별(강화도 북쪽과 강화도 남쪽 지역)로 염분 수송량이 다르게 나타난다. 담수 유입량이 적은 갈수기에는 유속과 염분의 위상차에 의한 염분 수송량 때문에 한강 상류 방향 염분 수송이 우

세하며, 담수 유입량이 많은 홍수기에는 체적 수송량에 의한 염분 이류 수송 때문에 외해 방향 염분 수송이 우세하다.

기존 연구에서는 한강하구의 물질이동 양상을 파악하기 위해 잔차류 및 체적 수송량 분석을 수행했다. 하지만 이혜민 외(2021)의 연구에서 염분 수송량을 통해 파악한 물질이동 방향과 체적 순수송 유출입 방향은 기존 연구 결과와 다르게 제시되었다. 따라서 담수와 해수의 혼합이 활발한 해역에서 물질이동 특성을 파악하기 위해서는 잔차류 및 체적 수송량이 아닌 염분 수송 메커니즘을 정밀하게 분석해야 하며, 이를 위해 체계적이고 일관된 현장 모니터링이 지속될 필요가 있다.

5. 기후 및 인위적 변화에 의한 영향

강과 바다가 만나는 하구는 육상에서 접근하기 쉽고 다양한 경제활동이 집중되어 하구 주변 지역의 인구밀도는 아주 높은 편이다. 경제활동과 사람들의 삶을 뒷받침하기 위해 하구에서 항만 건설, 조간대 매립 등 연안 개발사업이 지속적으로 진행되었다. 고려시대부터 시작된 한강하구 매립 역사를 보면 1900년대까지 해안선 및 지형에 많은 변화가 있음을 확인할 수 있다(그림 3-9). 특히, 대규모 토목사업이 진행된 1970년대 이후 한강하구의 해안선 및 지형이 크게 달라졌으며, 이는 과거 위성 이미지를 통해서 확인할 수 있다(그림 3-10).

최근 한강하구 주변 해역의 개발 이력을 보면 1985년 이후 영종도와 북항 개발을 시작으로 개발사업이 급속도로 시행되었고, 향후 인천 신항 2단계 매립 등 지속적인 개발이 예상된다. 1990년대 영종도와 용유도 사이의 바다를 매립하여 건설된 인천국제공항이 물길을 차단해 이 해역의 해양물리 환경이 크게 변화하였다. 또한 시화조력발전소 건설로 인해서 유속이 변화했고, 아라뱃길 입구에 건설된 경인항의 경우 퇴적물이 계속 쌓이고 있다.

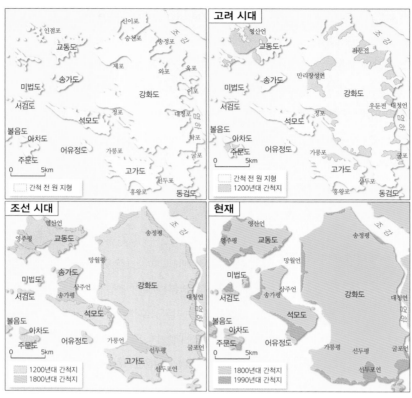

〈그림 3-9〉 고려시대 이후 한강하구 연안개발 역사(지배 세력에 의한 간척, 강화도)

출처: 최영준, 1999

　대규모 개발 전후 해양물리 환경의 변화를 파악하기 위해서는 개발 전후의 해양관측 조사자료가 필수이나 관측 누락 또는 관측자료 신뢰성 부족으로 관측을 이용한 직접 비교분석은 어려운 상황이다. 다만 일부 위성 자료를 기반으로 한강하구의 개발이 영종도를 중심으로 어떻게 진행되었는지 살펴보았다. 1992년부터 현재까지 인공위성 영상 자료를 보면 1992년 영종도와 용유도 사이에 있던 물길이 1995년 인체국제공항 건설을 위한 물막이 공사 완공 이후 1997년 완전히 차단된 것을 확인할 수 있다. 이후 2014년에는 영종도 북동쪽의 운겸도 매립, 인천 신항 및 송도개발이 진행되었다.

국립해양조사원이 발행한 1992년, 2020년 수치해도를 기반으로 만든 수심 지도를 보면 영종도 남단의 수심이 1992년에 비해 2020년에 더 얕은 것을 확인할 수 있으며(그림 3-11), 인천 신항 및 신국제여객부두 건설로 인한 변화도 확인할 수 있다. 이러한 변화는 해안선 및 지형 변화로 해수 유동이 바뀌고, 이로 인해 퇴적물 이동 양상이 달라져 나타난 변화로 추정되는데, 이러한 변화가 어떻게 구체적으로 발생했는지 수치모델을 이용해 분석하였다. 해안선 자료 및 수심 자료와 해당 기간의 외력 조건을 반영한 수치모델 모의를 통해서 개발 이전과 이후의 해수유동 변화를 비교하였다. 수치모델 구축 및 해수유동 시뮬레이션 결과는 인하대학교 해양예측연구실의 연구결과를 중심으로 기술하였다.

최강 창조와 낙조 시기의 유속을 보면 진입항로(주수로) 및 영종도 남쪽 조간

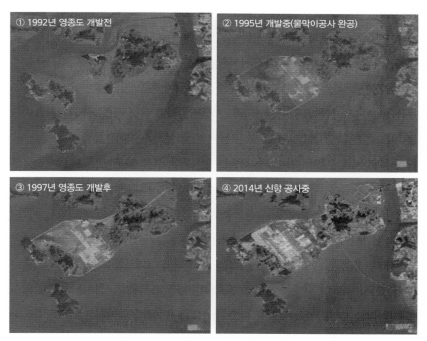

〈그림 3-10〉 영종도 매립 전후 해안선 변화

출처: 구글 이미지, 1992~2014년

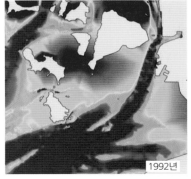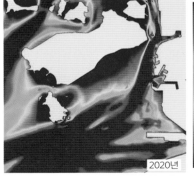

〈그림 3-11〉 1992년, 2020년 수심 비교

출처: 국립해양조사원 수치해도

대 지역에서 1992년(개발 이전)보다 현재(개발 이후) 최대 유속이 약 20% 정도 감소된 것으로 나타났다(그림 3-12와 그림 3-13). 또한 영종도 주변 동계 30일 동안의 유속 평균값을 이용해 매립 전후 잔차흐름의 변화를 비교하였는데, 잔차유속의 차이가 양의 값이면 매립 후 잔차유속이 증가한 것을 의미한다. 무의도 동쪽 및 서쪽의 잔차유속이 최대 0.2m/s 증가하고, 무의도와 소무의도 주변 잔차 유속은 0.15m/s 감소한다(그림 3-14). 영종도 남쪽 조간대 지역의 경우 매립 이후에 0.1m/s 증가하고, 주 수로에 가까워지면서 증가 폭이 감소하여 약 0.05m/s 정도 증가한다(그림 3-14). 최대유속과 잔차류의 차이가 이렇게 변화하였다는 것은 큰 해양환경변화가 매립으로 인해 발생하였음을 의미한다.

한강 하류에 있는 신곡수중보는 유람선 등의 운항 수심을 위한 수위 유지, 농업용수 공급 등의 이수 목적 및 염수침입 방지를 위해 1987년에 설치되었다(백경오·임동희, 2011). 신곡수중보의 높이는 2.7m(보 마루 표고 E.L. 2.4m + 월류고 0.3m)이기 때문에 외해에서 전파된 조석의 진폭이 2.7m 이상일 때만 조석이 신곡수중보를 월류하여 상류로 전파된다(장현도, 1989). 수중보의 높이 때문에 신곡수중보 상류의 조석 현상은 대조 시기에만 발생한다. 즉, 조차가 작다면 대부분 신곡수중보에서 차단되지만, 조차가 큰 기간이라면 신곡수중보 상류에 조석의 영향

매립 전   매립 후

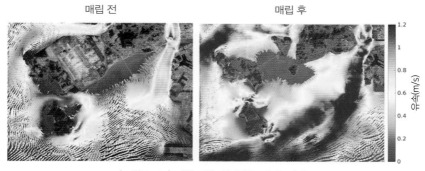

〈그림 3-12〉 매립 전후 최강 창조 유속 변화

매립 전   매립 후

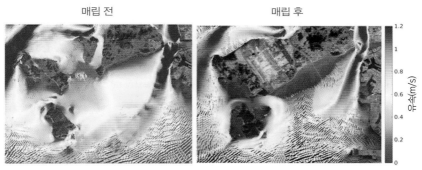

〈그림 3-13〉 매립 전후 최강 낙조 유속 변화

〈그림 3-14〉 매립 전후 잔차 유속의 차이

이 미친다. 이렇게 전파된 조석도 대부분 잠실 수중보(E.L. 6.2m)에서 차단된다(윤병일·우승범, 2012b).

행주대교에서 관측한 수위를 보면 신곡수중보 건설 전후에 조석 크기가 크게 차이 나는 것을 볼 수 있다(그림 3-15). 조석 주기가 비슷한 시기(1985년과 2008년) 수위를 보면 신곡수중보 건설 전인 1985년에는 대조와 소조 변화를 확인할 수 있지만, 2008년 소조기(6월 13일)의 조석 변화는 뚜렷하지 않고, 대조기(6월 5일)에 일부 조석의 증감만 나타난다. 또한 신곡수중보 건설로 약 1.9m 아래로 수위가 내려가지 않는 것을 볼 수 있다.

최근 지구 온난화로 인해 전 세계적으로 해수면 상승은 가속화되고 있다. 해수면 상승은 직접적으로 국토유실과 연안 침수 및 범람 위험을 고조시키는데, 그 중에서도 특히 인구가 밀집된 연안 대도시는 그 영향에 매우 취약한 실정이다(국립해양조사원, 2016). 이에 국립해양조사원은 통합적인 해수면 추세 자료를 확보하여 중·장기 해수면 변동률을 산정하였다(국립해양조사원, 2016). 이에 따르면 우리나라 전체 평균 해수면 상승률은 1960년 이후 2.66mm/yr로 동해안이 3.35mm/yr로 가장 크고, 남해안 3.02mm/yr, 서해안은 1.06mm/yr로 나타났다(그림 3-16).

한강하구 주변 주요 검조소의 연평균 해수면 변화를 분석해 보면 인천 및 평택(1999년 이후) 조위관측소와 안흥 조위관측소의 해수면은 경향성과 변동성이 유

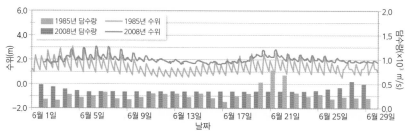

〈그림 3-15〉 신곡수중보 건설 전후의 수위 비교

출처: 윤병일·우승범, 2015

한강하구-평화, 생명, 공영의 물길

사하다(그림 3-17). 반면 보령 조위관측소의 경우 연평균 해수면은 1996년부터 2006년까지 타 지역보다 지속해서 상승률이 높았으며, 2008년 이후에는 해수면의 경향성과 변동성이 인천 조위관측소 자료와 비슷했다. 인천 검조소 자료는 1959년부터 1999년까지 월미도에서 관측한 값이고, 1999년부터는 인천항으로 이전한 검조소의 관측 결과이다. 기본수준면의 연속성 등을 고려하여 1999년 이후 인천 조위관측소 자료를 분석에 이용하였다.

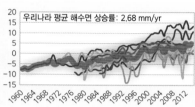

〈그림 3-16〉 우리나라 평균 해수면 상승률

출처: 국립해양조사원, 2016

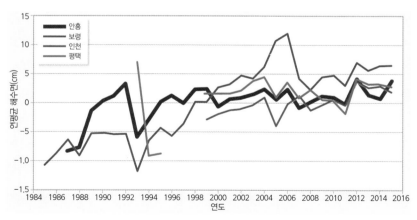

〈그림 3-17〉 한강 주변 연평균 해수면 비교

출처: 국립해양조사원, 2016

인천, 평택, 보령의 공통적인 조석 변화를 보면 1999년 이후 평균 해수면 변화의 상승 추세가 지속적이라는 것이다. 인천 조위관측소의 2016년 연간 상승률은 3.05mm/yr이다. 한강 주변에 있는 인천 조위관측소 자료는 인근 조위관측소 자료와 장기 경향성 및 변동성이 유사했으며 이는 전 지구적 효과(지구 온난화)와 지역적 효과가 함께 나타났기 때문인 것으로 판단된다.

6. 맺음말

한강하구의 조석/조류 개요 및 주요 수로에서 발생하는 조석 변형에 대해 관측자료와 과학적 분석을 고찰하였다. 아울러 수리수문 특성과 외해 조석의 상호작용에 의한 담수-염분의 상관관계를 살펴보았고, 이를 통해 주요 수로 단면의 체적과 염분 수송량을 파악하였다. 또한 주요한 인위적 변화와 기후변화에 따른 해수면 상승 영향을 기술하였다.

하구는 개발 압력과 보존의 목소리가 함께 대두되는 지역으로 이해 당사자들의 갈등이 빈번히 발생한다. 한강하구는 자연하구 상태가 양호하여 환경을 보전하자는 요구와 수도권에 인접한 특징으로 인해 연안을 개발하자는 압력이 지속해서 충돌하고 있다. 다시 말해 지역주민, 환경단체, 개발업체, 정책당국 등의 다양한 이해 주체 간 서로 다른 의견과 주장들이 끊임없이 맞붙고 있는 실정이다.

갈등 해소를 위한 합리적 의사결정을 하기 위해선 무엇보다 그 판단이 과학적, 논리적이어야 하며 이를 뒷받침 할 수 있는 실증자료가 확보되어야 한다. 실증자료 중에서도 지속적인 환경모니터링 관측자료의 확보와 이를 체계적으로 관리할 수 있는 기반 조성이 필요하다. 특히, 한강하구의 해양, 기후 특성, 남북한의 지역적 접근성, 연안개발에 따른 변화를 고려할 때 지속적인 자료구축 및 현상 연구와 사회적 관심이 절실한 상황이다.

먼저 관·학·연·산·민의 유기적 협업체계를 구축하고 지역적 특수성을 고려한 전략이 마련되어야 한다. 중앙정부와 지방기관의 행정지원을 바탕으로 한강 하구의 특성을 파악할 수 있는 구체적인 로드맵 작성이 필요하다. 이러한 노력이 성공하기 위해서는 연구 전문성, 행정지원, 재정확보 등 다양한 요소 간 협업이 필수적이다. 또한 연구자료 수집·분석에 국한하지 않고 산업체와의 연계 및 시민단체와 함께 공동 관리체계를 구축하는 것도 지속적인 발전을 위해 중요하다.

주

1. 밀물과 썰물 때의 수위(水位)의 차(출처: 표준국어대사전)
2. 음력 보름과 그믐 무렵에 밀물이 가장 높은 때(출처: 표준국어대사전)
3. 조수(潮水)가 가장 낮은 때를 이르는 말(출처: 표준국어대사전)
4. 복잡한 조석을 분석하여 얻어지는 개개의 성분(출처: 해양용어사전)

참고문헌

국립해양조사원, 2002, 「한강·임진강 유역에 대한 조위 영향 연구」(BSPM08000-1345-2), 해양수산부.

국립해양조사원, 2016, 「기후변화 대응 해수면 변동 분석 및 예측 연구」(11-1192136-000234-01), 해양수산부.

김정균, 1972, 「하계 한강하류의 식물성 플랑크톤의 분류와 해수 지표성」, 『한국육수학회지』 15, 31-41.

박경수, 2004, 「한강 하구역의 염분 분포 및 생태환경 특성」, 『한국습지학회지』 6(1), 14-31.

백경오·임동희, 2011, 「수중보 이설 및 변형에 따른 한강하구 흐름 특성」, 『한국토목학회논문집』 31(2B), 109-119.

윤병일·우승범, 2011, 「조석 전파 특성을 활용한 한강하구 주요 수로의 지형학적 수렴과 바닥 마찰 간의 관계에 대한 연구」, 『한국해안·해양공학회논문집』 23(5), 383-392.

윤병일·우승범, 2012a, 「한강하구 염하수로 주변에서의 조석·조류 비대칭과 창·낙조 우세 분석」, 『한국수자원학회논문집』 45(9), 915-928.

윤병일·우승범, 2012b, 「한강하구 염하수로 주변의 조석변화에 따른 염분 분포와 담수와의 상관관계」, 『한국해안·해양공학회논문집』 24(4), 269-276.

윤병일·우승범, 2015, 「천문조, 배조 및 복합조 특성을 이용한 경기만 한강하구 구역별 조석 체계 분류」, 『한국해안·해양공학회논문집』 27(3), 149-158.

이혜민·김종욱·최재윤·윤병일·우승범, 2021, 「경기만 한강 하구에서의 염 수송 메커니즘」, 『한국해안·해양공학회논문집』 33(1), 13-29.

이혜민·송진일·김종욱·최재윤·윤병일·우승범, 2021b, 「경기만 염하수로에서의 한강 유량에 따른 담수 영향범위 수치모델링」 『한국해안·해양공학회논문집』 33(4), 148-159.

인하대학교 해양과학기술연구소, 2003, 「창후항 박지보수 및 창후리 교동간 항로보수를 위한 준설관련 해양조사」.

장현도, 1989, 「한강종합개발 이후 한강하구 및 경기만에서의 퇴적환경의 변화」, 인하대학교 석사학위논문.

최영준, 1999, 「국토와 민족생활사」, 한길사, 487쪽.

Bowen, M.M. and Geyer, W.R., 2003, "Salt transport and the time-dependent salt balance of a partially stratified estuary", 108(C5), 3158.

Park, K., Oh, J.H., Kim, H.S. and Im, H.H., 2002, "Case study: mass transport mechanism in Kyunggi Bay around Han River mouth, Korea", *Journal of Hydraulic Engineering* 128(3), 257-267.

Pugh, D.T., 1987, "Tides, surges and mean sea level: a handbook for engineers and scientists", New York: John Wiley, 472p.

제4장
한강하구 습지의 과거와 현재

임종서

한국해양수산개발원 전문연구원

1. 들어가는 글

습지는 얕은 물로 덮여 있거나, 지하수면 주변 또는 수면 아래 부분으로, 육상 생태계와 수중생태계 중 어느 한쪽에 속하지 않고 양쪽의 성격이 함께 나타난다.[1] 1971년에 이란의 람사르에서 열린 국제회의에서 전 세계의 중요한 습지를 보호하기 위해 채택한 람사르 협약[2]에서는 습지를 자연 또는 사람이 만든 때때로 또는 항상 물에 잠겨 있는, 물이 흐르거나 고여 있는, 그리고 민물, 바닷물 또는 이 두 가지가 섞여 있는 다양한 모습의 지역[3]으로 정의하였다.

우리나라는 람사르 협약에 대응하고 국내 습지를 보전 및 관리하기 위해 「습지보전법」을 만들었다. 이 법은 습지를 내륙습지와 연안습지로 구분한다. 그중 내륙습지는 육지나 섬에 있는 호수, 못, 늪, 하천 또는 하구 등을 의미하며, 연안습지는 바닷물이 가장 많이 들어온 밀물 때 해수면의 높이와 바닷물이 가장 많이 나간 썰물 때 해수면의 높이 사이에 걸친 지역인 조간대를 가리킨다. 우리나라 해안에서 주로 찾아볼 수 있는 조간대 유형은 갯벌이나 해빈(해수욕장) 바깥 부분, 썰물 때만 물 밖에 드러나는 바닷가 암반 등이 있다.

'한강하구 공동이용 수역'은 1953년 정전협정 후속 조치로 국제평화유지군이 설정한 구역으로, 현재 유엔군사령부 군사정전위원회(United Nations Command United Nations Command Military Armistice Commission)가 관리하고 있다. 한강하구 공동이용 수역은 주로 한강하구로 축약해 표기하는데, 이로 인해 이 구역을 하천의 하류 또는 강물과 바닷물이 만나는 범위로 한정해서 생각할 수도 있다. 그러나 한강하구는 동쪽으로는 경기도 파주시 탄현면 만우리의 군사분계선 지점부터 강화도와 교동도의 북쪽을 지나 서쪽으로는 황해남도 연안군 마항동의 연백염전까지 이어지는 넓은 범위의 수역이다(그림 4-1). 한강하구는 행정구역상 남한의 경기도 파주시, 김포시, 인천광역시 강화군에 접해 있으며 북쪽으로 북한의 개풍군과 배천군 및 연안군이 위치한다. 한강하구의 범위를 숫자로 나타내면, 동서 폭은 53km, 남북은 23km이며 면적은 312km²에 달한다.[4]

한강하구는 한강과 임진강, 그리고 예성강에서 흘러내려온 강물이 바닷물과 뒤섞이는 곳이며, 밀물과 썰물에 따른 해수면 높이 변화가 3~7m에 달한다. 빠르게 흘러내려오던 강물이 바다와 만나면 속도가 느려지면서 모래와 진흙 등 퇴적물이 가라앉고, 주로 하천의 가장자리나 후미진 곳 또는 수로의 폭이 넓어지는 곳에 쌓이면서 습지가 만들어진다. 한강하구 중에서도 비교적 상류에 속하는

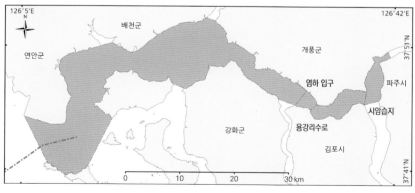

〈그림 4-1〉 한강하구 공동이용 수역의 범위

출처: 임종서 외, 2020

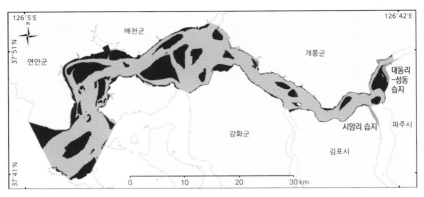

〈그림 4-2〉 한강하구 공동이용 수역의 습지 분포

출처: 해양수산부, 2018 저자 수정

지역은 소금기가 적기 때문에 이 지역에 만들어진 습지는 일반적인 강가 또는 호숫가와 비슷하게 다양한 식물이 무성하게 자라며, 논으로 이용되기도 한다.

이 장에서는 한강하구에 어떠한 습지들이 있는지 알아보고, 한강하구 습지의 면적과 분포를 가늠해 보았다. 다음으로 한강하구 습지가 어떻게 변화했는지에 중점을 두고 이 지역의 지형변화를 살펴보았고, 마지막으로 우리나라 중앙정부와 지방자치단체를 중심으로 만들어진 한강하구 습지 관리 방안과 계획을 간략하게 알아보았다.

2. 한강하구의 습지 현황

한강하구의 대표적인 습지는 대동리-성동습지이며, 시암리습지의 북쪽 일부도 여기에 포함된다. 한강하구에는 포함되지 않지만 시암리습지의 남쪽 대부분 지역 외에도 공릉천습지, 산남습지, 장항습지 등 다양한 습지가 한강 하류에 있다. 한강하구에서 비교적 하류 또는 바다에 속하는 지역에도 습지가 많이 있다. 이 지역의 습지는 대부분 밀물 때는 바닷물에 잠기고 썰물 때만 밖으로 드러나

한강하구-평화, 생명, 공영의 물길

는 갯벌이다. 갯벌은 소금기가 많아 염분 저항력이 강한 염생식물만 살 수 있으며 주로 갯벌 윗부분에서 자란다. 갯벌의 나머지 부분에는 식물이 거의 없고, 다양한 저서생물이 터를 잡고 살아간다.

1) 내륙습지

한강하구의 주요 내륙습지인 대동리−성동습지는 임진강 하류를 따라 경기도 파주시 탄현면 문지리부터 오금리와 만우리, 대동리를 거쳐 성동리까지 이어지는 제법 큰 규모의 습지이다. 한강하구의 육지쪽 방향 끝부분에 있는 이 습지는 임진강을 따라 내려온 강물이 한강을 흘러온 강물과 만나는 구간에 있다. 우리나라에서 가장 큰 한강을 흘러내려온 강물의 양이 임진강보다 훨씬 많기 때문에 좁은 합류 구간에서 임진강물은 한강에 밀려 쉽게 흘러가지 못한다. 이 때문에 강물과 함께 내려온 흙과 모래가 이 지역에 많이 쌓인 다음 밀물과 썰물이 반복되면서 물살이 비교적 약한 동쪽 강가로 옮겨지면서 대동리−성동 습지가 형성되었을 것으로 짐작된다(그림 4−3 왼쪽 지도).

임진강과 합류하는 한강 하류에도 띠 모양으로 습지가 만들어져 있으며 이를 시암리습지(시암습지)라고 부른다. 한강하구는 오두산(경기도 파주시 탄현면 성동리 산 51)과 강 건너편 시암리 끝부분을 연결한 가상의 선 안쪽 내륙 수역만 포함하기 때문에, 시암리습지 대부분은 한강하구에 포함되지 않는다. 〈그림 4−3〉의 오른쪽 지도에 흰색 선으로 표시한 시암리습지 중에서 윗쪽의 작은 조각이 한강하구에 포함되는 부분이다.

대동리−성동습지는 한강하구의 대표적인 내륙습지이지만 민간인통제선 북쪽에 위치하며 강 건너편이 북한 지역이기 때문에 민간인 출입과 조사 활동을 엄격하게 제한하고 있다. 이 때문에 대동리−성동습지에 어떤 종류의 생물이 얼마나 살고 있으며, 물리·화학적 특징은 어떠한지에 대한 정보뿐만 아니라 습지의 실제 형태 등 기본 지리 특징을 파악하기도 어렵다.

〈그림 4-3〉 한강하구 공동이용 수역의 습지. 대동리-성동습지(좌) 및
시암리습지와 주변 연안습지(우)

출처: 구글어스 프로, 저자 작성

네이버 지도[5], 카카오맵[6] 등 우리나라의 대표적인 지리정보서비스는 국내 대부분 지역의 위성영상 또는 항공사진을 제공하지만 남북 접경지역에서는 대부분 이러한 정보를 확인할 수 없다. 이는 국토지리정보원이 제공하는 국토정보맵[7]도 마찬가지이다. 한편 외국 기업이 운영하는 빙맵[8]이나 구글맵[9]은 이러한 제약이 상대적으로 적거나 거의 없다. 특히 더 다양한 기능을 제공하는 지리정보서비스인 구글어스(Google Earth)[10]는 한강하구에 있는 습지를 확인하고 기초정보를 파악하는 데 유용하다.

한강하구의 대표적인 내륙습지인 대동리-성동습지는 오두산 북쪽부터 문지리까지 10km 넘게 이어진다. 특히 만우리와 오금리 사이에 있는 숯개내부터 대동리까지 구간의 폭은 500m가 넘는다. 대동리-성동습지의 전체 면적은 약 1.8km²이며 한강하구에 포함되지 않는 문지리를 제외한 나머지 구간의 면적은 약 1.6km²로 축구장(7140m²) 230개를 더한 크기이다.

시암리습지의 경우 한강하구에 포함되는 면적은 축구장 1.5개 크기이지만, 전체 면적은 1.4km²이고 최대 폭 또한 500m 내외로 대동리-성동습지와 큰 차이가 없다. 이외에도 임진강 하류에는 강 한가운데 떠있는 섬, 즉 하중도와 북한쪽

습지 이름	대성리-성동습지	시암리습지	기타
합계	1.81	1.35	0.43
한강하구 범위 내	1.64	0.11	0.43
한강하구 범위 외	0.17	1.24	

에 있는 비교적 작은 크기의 내륙습지가 있으며 그 면적을 더하면 대략 0.4km²
이다.

2) 연안습지

한강하구는 밀물과 썰물에 따라 해수면 높이가 크게 변화하는 지역이다. 이로
인해 한강하구 곳곳은 내륙습지 외에도 밀물 때 물 속에 잠기지만 썰물 때는 물
위로 드러나는 크고 작은 연안습지가 많다.

먼저 물길이 갑자기 넓어지는 곳은 강물과 바닷물의 흐름이 느려지기 때문에
물에 떠 있거나 바닥과 물속을 오르내리면서 물살을 따라 움직이던 흙, 모래, 자
갈과 같은 퇴적물이 바닥에 가라앉는다. 이것이 오랫동안 반복되면 썰물 때 물
위로 드러날 정도로 퇴적물이 쌓이면서 연안습지가 만들어진다. 강화평화전망
대가 있는 강화도 북단의 철산리 서쪽은 좁은 수로가 갑자기 넓어지고 예성강이
한강하구로 합류하는 지역으로 연안습지가 만들어지기 좋은 환경이다(그림 4-4
왼쪽 지도).

또한 물길이 굽이쳐서 흐르는 지역에서 물길의 안쪽 부분도 물 흐름이 느리기
때문에 퇴적물이 가라앉아 연안습지가 만들어진다. 교동도 서쪽의 연안습지가
이렇게 형성된 대표적인 한강하구 습지이다(그림 4-4 오른쪽 지도). 이외에도 연백
염전과 교동도, 말도로 둘러싸인 한강하구 끝부분이나 그 너머 먼 바다까지 넓
은 범위에 걸쳐 드넓은 갯벌이 펼쳐진다.

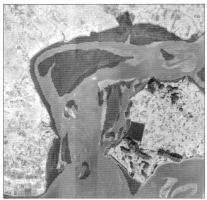

〈그림 4-4〉 예성강 합류지점 인근(좌)과 교동도 서쪽의 연안습지(우)

출처: 구글어스 프로, 저자 작성

앞에서 서술한 바와 같이 연안습지가 주로 분포하는 지역을 포함해서 한강하구를 임의로 네 개의 구간으로 구분해 보면, 먼저 가장 동쪽은 파주 만우리부터 김포와 강화 사이의 염하로 물길이 둘로 나뉘기 전까지는 한강과 임진강이 한데 모여 흘러내려가는 구간이다. 다음으로 염하 입구부터 강화도 북단 철산리까지 구간은 강화도 남쪽과 서쪽에서 들어오는 바닷물이 강물과 만나는 구간이며, 그 서쪽에는 예성강이 합류하는 구간이 있다. 마지막으로 가장 서쪽에는 크고 작은 섬들 사이로 경기만의 바닷물이 들어오는 구간이 있다(그림 4-5).

한강하구의 네 구간 중 연안습지가 가장 넓게 분포하는 곳은 가장 하류 쪽에 있는 교동도 북단부터 연백염전까지로, 한강하구 전체 연안습지 면적 중 절반 이상인 약 53km²가 이 구간에 있다. 연백염전과 말도 주변에는 해안선을 따라 비교적 먼 바다까지 갯벌이 이어져 있으며, 교동도 북서쪽에는 수로 사이에 썰물 때만 물 위로 드러나는 섬 모양의 갯벌이 넓게 만들어져 있다. 또한 수로 건너편 배천군 해안에도 만을 따라 갯벌이 분포한다.

예성강 합류구역에도 약 35km²에 달할 정도로 넓은 면적의 연안습지가 만들어져 있다. 이 구간은 동서남북 네 방향에서 강물과 바닷물이 드나들어 물길이

　　　　　　　　　한강하구-평화, 생명, 공영의 물길

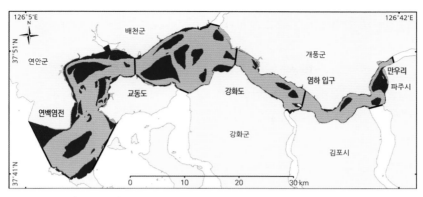

〈그림 4-5〉 한강하구 공동이용 수역의 연안습지 분포와 주요 구간

출처: 해양수산부, 2018 저자 수정

복잡하기 때문에 주요 물길 주변에 섬 모양으로 연안습지가 흩어져 있다.

예성강 합류구간의 동쪽 부분에는 직선에 가까운 모양의 비교적 좁은 수로가 있어 흙과 모래 등 퇴적물이 쌓이기 좋은 환경은 아니다. 이 구간에는 주로 만 주변과 염하 합류구간 주변에 연안습지가 분포하며 그 면적은 약 $6km^2$ 정도로 다른 구간들에 비해 작다.

마지막으로 내륙습지가 잘 만들어져 있는, 한강과 임진강이 만나는 한강하구 상류 구간에는 약 $11km^2$ 면적의 연안습지도 있다. 특히 대동리−성동습지 주변은 수로 대부분에 걸쳐 연안습지가 분포한다. 이 연안습지는 내륙습지와 이어져 있어 그 경계가 뚜렷하지 않다. 이곳의 환경조건은 계절이나 연도별로 강수량이 다르고 밀물과 썰물에 따라 주기적으로 변하기 때문에 일정하지 않다. 따라서 환경이 변화하면서 한강하구의 내륙습지와 연안습지 면적은 항상 동일하지 않고 늘어나거나 줄어들 수 있다.

〈표 4-2〉 한강하구 공동이용 수역의 연안습지 면적(km^2)

	합계	파주 만우리 −염하 입구	염하 입구 −강화도 북단	강화도 북단 −교동도 북단	교동도 북단 −연백염전
면적	104.8	10.7	6.0	35.0	53.0

3. 한강하구의 습지 변화

많은 사람들이 생태계는 항상 같은 자리에서 같은 모습으로 있는 것으로 여길 수 있다. 이런 생각은 한강하구처럼 우리가 주변에서 직접 관찰하고 경험하지 못하는 생태계에 대해서는 더 그러하다. 그러나 비록 변화 속도는 생태계 종류마다 다르겠지만 모든 생태계는 끊임없이 변화한다. 오랜 기간의 변화를 우리가 알아보고자 하는 특성에 적절한 시간 간격으로 정리해서 보면 생태계의 아주 변화무쌍한 모습을 확인할 수 있다. 오래전에 한강하구 습지가 어떤 형태였는지 살펴보면 생태계의 변동성과 역동성을 이해하는 데 도움이 될 수 있다.

한강하구 상류지역은 홍수나 가뭄과 같이 하천 유량에 영향을 미치는 기상현상 때문에 강물과 퇴적물의 양이 달라지면서 습지 분포와 면적이 변화한다. 연안습지 분포와 면적 변화는 한강하구 하류지역에서도 일어날 수 있다.

한강하구 하류지역은 상류지역보다 기상현상의 영향을 덜 받겠지만, 밀물과 썰물에 따른 해수면 높이 변화와 이에 따른 물길과 해수 흐름 변화가 더 자주, 강하게 나타난다. 자연환경 변화뿐만 아니라 사람들이 육지나 연안습지 인근 바닷가에서 벌이는 다양한 활동에 의한 인위적 지형 변화 때문에 연안습지 면적이 달라질 수도 있다.

20세기 초 한강하구 모습은 당시에 제작한 지도를 통해서 어느 정도 파악할 수 있다. 국토지리정보원이 운영하는 국토정보맵[11]은 다양한 배경지도를 제공한다. 이 중에는 1910~1920년대와 1960~1970년대에 제작된 지도도 있다. 약 50년 간격을 두고 만들어진 이들 지도에 담긴 한강하구와 현재 모습을 비교하면 한강하구와 주변 지형의 변화를 추적할 수 있다. 특히 이들 과거 지도는 해안선과 갯벌 등을 표시하고 있어 연안습지 분포와 면적 변화를 파악할 수 있는 핵심적인 자료이다.

약 100여 년 전인 1910~1920년대 지도를 보면 지금보다 연안습지가 더 넓게 분포했고 내륙습지도 존재했다는 것을 알 수 있다. 한강하구 서쪽 끝부분에 교동도 크기만 한 드넓은 연안습지가 있었다(그림 4-6). 그러나 1930~1940년대에 연백염전을 건설하면서 연안습지의 많은 부분이 육지로 바뀌었다. 교동도와 황해남도 배천군 사이 수로에는 하중도 형태의 내륙습지가 있었다. 이 섬 때문에 교동도와 배천군 사이의 수로는 지금보다 좁았으며, 그 주변에 걸쳐 연안습지가 넓게 분포했다는 것도 확인할 수 있다.

1960년대와 1970년대 지도에서 발견할 수 있는 한강하구의 가장 큰 특징은 1910~1920년대보다 연안습지가 더 넓게 분포한다는 점이다. 특히 한강하구 서쪽에 연백염전이 만들어졌는데도 여전히 그 주변에 연안습지가 넓게 펼쳐져 있다. 교동도 북쪽에 있던 내륙습지는 사라졌지만 주변 해안가와 수로 한가운데에 있던 연안습지는 더 넓어졌다. 예성강 합류구간에 있던 크고 작은 습지가 합쳐져 규모가 더 큰 연안습지로 바뀌었다. 이 때문에 한강하구의 물길이 전반적으로 동쪽에서 서쪽으로 굽이쳐 흐르는 형태로 보인다. 그 외에도 염하 입구 북쪽에 있던 연안습지가 물길을 따라 발달해 50년 전보다 더 커졌다.

1910~1920년대부터 50년 간격으로 한강하구 연안습지 면적 변화를 살펴보았다. 1910~1920년대에는 약 142km²였던 연안습지가 50년이 지난 1960~1970년대에 약 151km²로 넓어졌다. 이때 늘어난 면적은 대략 축구장 1260개 크

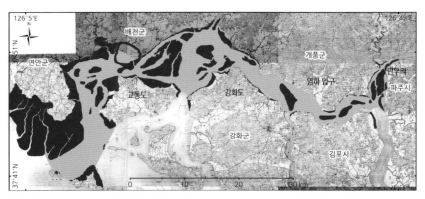

〈그림 4-6〉 한강하구 공동이용 수역의 1910~1920년대 연안습지 분포

출처: 국토정보맵, 저자 수정

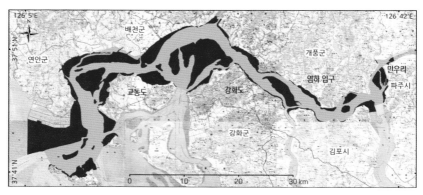

〈그림 4-7〉 한강하구 공동이용 수역의 1960~1970년대 연안습지 분포

출처: 국토정보맵, 저자 수정

기이다. 다시 50년 뒤인 2010년대 연안습지의 면적은 약 105km²로, 1960~1970년대 연안습지의 약 1/3이 사라졌다.

앞 절에서 구분한 한강하구 구간별로 연안습지 면적 변화를 살펴보면, 1960~1970년대에 연안습지 면적이 비교적 크게 늘어난 곳은 염하 입구부터 강화도 북단까지 구간과 강화도 북단에서 교동도 북단까지 구간으로, 이 두 지역에서 늘어난 연안습지 면적은 약 15km²에 달한다. 한편 간척사업을 통해 연백염전이 만들어진 지역에서는 6km²에 가까운 연안습지가 사라졌다. 1960~1970년대부터 2010년대까지 약 50년 동안 모든 구간에서 연안습지 면적이 큰 폭으로 감소하였으며 구간별 감소율이 적게는 30%에서 많게는 60%에 달한다.

한강하구 강가와 해안가는 간척사업과 같은 개발이 힘들뿐만 아니라 민간인 출입이나 관광이나 채집 등 단순한 이용도 어렵다. 실제로 1960~1970년대 지도와는 현재 위성영상을 비교하면 해안선은 그리 많이 변하지 않았다. 이는 한강하구 내부 또는 하구 해안선에 인접한 육지에서 일어난 변화가 지난 50년 동안 발생한 연안습지의 면적의 급격한 감소를 초래한 주된 원인이 아닐 수도 있다는 것을 의미한다. 강수량 같은 환경조건 변화와 육상지역 산림 면적 변화, 댐과 수중보 건설 등 다양한 자연적, 인위적 요인 때문에 한강, 임진강, 예성강에서 한강

한강하구-평화, 생명, 공영의 물길

〈표 4-3〉 한강하구 공동이용 수역의 연안습지 면적 변화(km²)

	합계	파주 만우리 -염하 입구	염하 입구 -강화도 북단	강화도 북단 -교동도 북단	교동도 북단 -연백염전
1910~1920년대	142.4	13.3	7.7	42.8	78.6
1960~1970년대	151.2	13.1	15.2	50.0	72.9
2010년대	104.8	10.7	6.0	35.0	53.0

하구로 유입하는 흙과 모래 등 퇴적물의 양이 줄어든 것이 연안습지 면적이 감소한 주요 원인일 수도 있다.

특히 우리나라는 20세기 초반 일제강점기를 겪으면서 산림지역이 훼손되었으며,[12] 1950년부터 약 3년 동안 한국전쟁을 거치면서 다시 한 번 전국적으로 산림이 황폐화하였다.[13] 이 때문에 1910~1920년대부터 1960~1970년대까지 기간에는 비가 올 때 산과 들에서 깎여나간 많은 양의 퇴적물이 강물과 함께 한강하구로 흘러왔을 것이다. 1970년대 들어 본격적으로 추진한 조림사업을 통해 산림이 회복되면서 강을 통해 바다로 들어온 퇴적물 양이 감소했을 것으로 짐작할 수 있다.

4. 한강하구의 습지 관리: 현재와 미래

주변 지역과의 공간적 밀집성을 보면, 한강하구는 수도 서울로부터 멀지 않은 곳에 위치하고, 행정구역으로는 우리나라 인구수가 가장 많은 경기도와 인천광역시와 맞닿아 있다. 이 때문에 한강하구 주변은 많은 사람들이 모여 사는 대도시 지역이며 다양한 산업 활동이 활발한 곳이다. 이 지역들과 연계하여 한강하구와 인근 지역을 개발하려는 계획도 만들어졌다. 대표적으로 경기도가 수립한 '경기도 종합계획(2012~2020)'은 7가지 핵심 추진전략 구상(안)에 '남북한 경제교류협력 및 통일 대비 기반 조성'을 포함하였다. 이는 장기적으로 한강−임진강−

예성강 하구에 남북통합경제지대를 만드는 등 한강하구를 남북 경제교류협력의 거점으로 활용하겠다는 계획이다. 이와 유사하게 2007년에는 대통령 공약으로 한강과 임진강하구에 여의도 10배 규모로 '나들섬'이라는 인공섬을 건설하려는 계획도 수립되었다.[14] 이 구상은 개성공단과 유사하게 우리나라가 자본·기술을 제공하고 북한은 노동력을 공급하여 공산품을 공동 생산하는 형태의 남북 경제 협력단지를 만드는 것이었다. 그러나 환경단체를 중심으로 환경 및 생태계 훼손이 발생할 것을 우려하는 반대 의견이 제기되었고, 인공섬 대신 교동도를 활용하는 방안 등 대안을 논의했으나 결국 무산되었다.[15]

한편 한강하구는 약 70년 동안 사람들이 접근하지 못하도록 통제했기 때문에 우리나라에서 드물게 환경과 생태계가 잘 보전되어 있는 지역이다. 앞으로도 이 생태계가 원형을 잃지 않고 자연하구로 남아 있을 수 있도록 잘 관리해야 한다고 주장하는 사람들도 있다. 한강하구에는 철새도래지가 분포하는데, 특히 세계

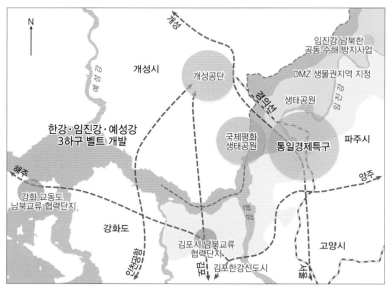

〈그림 4-8〉 경기도 종합계획(2012~2020) 중 한강하구 공동이용 수역 관련 구상

출처: 경기도, 2011

한강하구-평화, 생명, 공영의 물길

적 멸종위기종인 저어새(천연기념물 제205호)의 주요 산란 및 번식지가 있다. 대표적으로 강화도 남부지역, 석모도, 볼음도 등 한강하구와 주변 연안습지는 천연기념물 제419호(강화 갯벌 및 저어새 번식지)로 지정되어 있다. 한강하구 상류지역의 내륙습지와 연안습지도 습지보호지역으로 지정해 국가 차원에서 보호 및 관리하고 있다. 「습지보전법」제8조는 우리나라의 습지 중에서도 특별히 보전할 가치가 있는 지역[16]을 습지보호지역으로 지정할 수 있도록 규정한다. 습지보호지역은 동법 제11조에 따라 습지보호지역 보전계획을 수립해서 관리한다.

　이러한 양쪽의 입장을 고려하여 2000년대 초반부터 한강하구와 주변 지역을 평화적으로 이용하고 생태계가 건강하게 지속할 수 있도록 관리하는 방법에 대한 논의가 이루어져 왔다. 특히 한강하구를 슬기롭게 관리하기 위해서 이 지역의 지형이나 물길, 환경, 생태 등 다양한 분야의 현재 상태를 잘 파악하는 것이 중요하다. 이 점을 알고 있는 우리나라 정부는 통일부와 환경부, 국립생태원을

〈그림 4-9〉 한강하구 공동이용 수역의 저어새 번식지(천연기념물 제419호)

출처: 임종서 외, 2020

〈그림 4-10〉 한강하구 공동이용 수역의 습지보호지역

출처: 임종서 외, 2020

중심으로 한강하구의 일부 습지에 대해서 생태조사를 실시하고 남북한이 공동
으로 한강하구 수로를 조사한 적도 있다. 그리고 한강하구 전 지역을 대상으로
다양한 환경·생태적 특성을 정기적으로 조사할 수 있도록 법제도를 만드는 방
안도 제시되었다.[17]

5. 맺음말

우리나라의 전반적인 지형은 동쪽이 높고 서쪽이 낮기 때문에 물길이 주로 동
쪽에서 서쪽 또는 남쪽으로 향한다. 이 때문에 우리나라의 큰 강은 서해안과 남
해안에서 바다로 들어가고 사람들이 모여 사는 대도시도 주로 넓은 평야가 있는
큰 강과 해안가에 많다. 하지만 우리나라 서해안과 남해안은 밀물과 썰물에 의

해 해수면 높이가 주기적으로 달라진다. 이 때문에 큰 비가 내리면 큰 강의 하류 지역은 물이 넘쳐 자주 홍수 피해가 발생하였다. 그 피해를 줄이기 위해서 금강, 영산강, 낙동강 등 우리나라의 큰 강에는 하굿둑이 만들어졌다. 하굿둑은 강 하류 지역의 넓은 논밭과 주거지, 산업시설이 홍수 피해나 염해를 입지 않도록 보호했지만 하굿둑이 강과 바다를 이어주는 물길을 막아 강과 바다를 오가며 살아가는 다양한 생물들은 더 이상 찾아볼 수 없다. 또한 강의 수위가 안정적으로 유지되자 습지를 개간하면서 습지생태계도 훼손되었다.

우리나라에서 가장 큰 강인 한강이 흘러드는 곳이자 임진강, 예성강 등 다른 크고 작은 강들이 합류하는 한강하구는 남북한이 대치하고 있는 특수한 상황 때문에 하굿둑이 들어서지 않았다. 비록 김포대교 주변에 신곡수중보가 있어 어느 정도는 하굿둑과 비슷한 영향을 끼치지만 한강하구는 다른 큰 강들과 달리 자연 하구를 간직하고 있다. 이러한 특성 때문에 한강하구에는 참복과 같이 강물과 바닷물이 섞이는 곳에 사는 생물들이 나타나며 한강하구 습지에도 다양한 생물들이 저마다 독특한 방식으로 하구 환경에 적응해 살아간다. 오랜 세월이 한강하구의 독특한 환경과 생태계가 하구 주변 사람들의 삶에 적지 않은 영향을 미쳤을 것이라는 점을 생각할 때, 이 지역의 습지는 생태 측면뿐만 아니라 사회·문화 관점에서도 중요한 생태계라 할 수 있다.

언제나 그랬듯이 한강하구 습지는 오랜 세월에 걸쳐 조금씩 변화해 지금과는 모습이 달라질 수도 있지만, 그 중요성에 대한 우리의 인식만큼은 변치 않길 소망한다.

주

1. 한국지리정보연구회, 2006.

2. 정식 명칭은 '특히 물새 서식지로서 국제적으로 중요한 습지에 관한 협약(The Convention on Wetlands of International Importance, especially as Waterfowl Habitat'이다.

3. 구체적으로 소택지(marsh), 이탄지(peatland), 습원(fen), 그리고 물이 있는 지역

4. 임종서 외, 2020, p.7.

5. https://map.naver.com

6. https://map.kakao.com

7. http://map.ngii.go.kr

8. https://www.bing.com/maps

9. https://www.google.com/maps

10. 구글어스는 구글맵(Google Map)처럼 사용자가 살펴보고 싶은 위치의 지도와 위성영상 등 다양한 지리정보를 손쉽게 확인할 수 있으며, 여기에 더해서 지형이나 사물의 길이와 크기를 잴 수 있고, 그 결과를 그림 형태로 저장할 수도 있다. 특히 사용자가 별도의 소프트웨어를 설치하여 사용할 수 있는 구글어스 프로(Google Earth Pro)는 좀 더 다양한 기능을 제공한다. 대표적으로 과거에 촬영한 위성영상을 확인할 수 있는 기능을 활용하여 시간에 따른 지형변화를 확인할 수 있다.

11. http://map.ngii.go.kr/ms/map/NlipMap.do

12. 배재수·김태현, 2021, p.123.

13. 김경민, 2018, p.6.

14. 경기도, 2012, p.94.

15. 임종서 외, 2020, p.92.

16. 자연 상태가 원시성을 유지하고 있거나 생물다양성이 풍부한 지역, 희귀하거나 멸종위기에 처한 야생 동식물이 서식하거나 나타나는 지역, 특이한 경관적, 지형적 또는 지질학적 가치를 지닌 지역

17. 임종서 외, 2020, p.81.

참고문헌

경기도, 2012, 『경기도 종합계획(2012-2020)』, 경기도.

국토지리정보원, 구지도, 국토정보맵, http://map.ngii.go.kr/ms/map/NlipMap.do(2021. 5. 24.).

김경민, 2018, 「한국전쟁 이후 남북한 산림변화 비교 및 김정은 집권 이후 북한의 산림복구전략」, 『NIFOS 산림정책이슈』 113, 국립산림과학원.

배재수·김태현, 2021, 「일제강점기 조선의 목재수급과 산림자원의 변화: 빈약한 산림자원, 과도한 용재생산」, 『아세아연구』 64(1), pp.113-152.

임종서·김지윤·박재영·정세미·최수빈·남정호, 2020, 『서해접경해역─한강하구 자연환경 및 사회경제 현황 기초연구』, 한국해양수산개발원.

한국지리정보연구회, 2006, 『자연지리학사전』, 한울아카데미.

해양수산부, 2018, 『한강(임진강) 하구 공동이용수역 수로조사 계획도』, 국립해양조사원.

제5장
한강하구 어업 환경과 역사

진희권

한국해양수산개발원 전문연구원

1. 들어가는 글

약 70만 년 전 구석기시대부터 한반도에 사람이 살기 시작했다고 한다.[1] 구석기인들은 사냥과 채집을 하면서 이동생활을 했다. 한강하류에 해당하는 강화, 김포, 파주 지역에서도 구석기 유적들이 발견되고 있다.

언제부터라고 정확한 시기는 특정할 수 없으나 아주 오래전, 적어도 수십만 년 전부터 한강하구에는 인류가 살아왔다.

그들은 바다와 강에서도 사냥과 채집 활동을 벌였을 것이다. 그 대표적인 흔적이 조개무지, 즉 패총이다. 인류가 식량자원으로서 조개류를 채집하기 시작한 것은 약 30만 년 전부터라고 한다. 한반도에도 약 700개의 조개무지가 존재한다고 하며 여기에는 한강하구 지역도 포함된다.[2] 하지만 한반도의 조개무지는 약 1만 년 전인 신석기시대 이후의 유적이라고 한다.

한강하구는 밀물과 썰물의 차가 심하고 간석지가 발달해 있어 채집 활동에 적합한 지형이었다. 한강하구에서 최소한 1만 년 전에 시작한 어업활동이 1953년 이래 현재까지 68년째 중단 상태이다. 1953년 7월 27일 체결된 정전협정 때문이

<그림 5-1> 강화도 북단 포구가 있었던 자리

주: 사진 왼쪽은 과거 포구가 있었던 자리로 추정. 사진 오른쪽은 북한의 황해도 지역. 넓은 갯벌과 한강
　　하구 넘어 지척의 북한을 확인할 수 있다.

다. 정확하게는 한강하구 대부분 지역에서 어업활동이 중단되었다. 지금도 한강
하구와 임진강하구 일부지역에서는 어업활동을 하고 있다.

어족자원이 풍부한 강 하구 지역의 어업활동은 당연한 일이나 현재는 대부분
중단되었다. 한강하구의 어업활동이 이제는 사람들의 기억에서조차 희미한 일
이 되어 버렸다. 한강하구의 어업활동은 경제적 가치나 중요도에서 뒤처지기 때
문에 우선해야 할 다른 일들이 많다는 사실도 인정할 수밖에 없다.

하지만 분명한 것은 1만 년 전에 시작된 한강하구의 어업활동은 지금에도 진
행되고 있으며, 앞으로도 지속될 것이다. 또한 남북한 간 한강하구의 평화적 활
용에 대한 논의가 진행되고 실행된다면, 꼭 포함되어야 할 의제라 생각한다.

한반도 전체를 바라보는 관점에서 한강하구 어업이 얼마나 중요하고 어떤 경
제적 가치를 가지고 있는지 가늠하기는 어렵다. 다만, 정전협정으로 인해 인간
의 접근이 차단된 한강하구의 기억 속에는 어업도 존재한다는 사실을 이야기하
고 싶다.

한강하구의 시계가 다시 흐르고 사람들이 오가는 살아있는 강이 된다면, 1만 년 이상을 당연하게 진행했던 어업활동도 복원되어야 할 것이다.

2. 한강하구의 어류 서식 환경

하구(河口)는 강물이 바다를 만나는 공간이다. 이곳은 강과 바다의 전이지대(轉移地帶, transition zone)로 물의 염분이 0.5~1.0psu[3]이었다가 대략 30~32psu까지 변화한다.[4] 이와 같이 바닷물과 민물이 섞이는 곳을 기수지역이라 하며 염분 농도가 바다보다는 낮고 민물보다는 높다. 하구 기수지역에는 민물에 사는 담수어류, 민물과 바닷물이 섞이는 환경에 사는 기수어류, 바닷물에 사는 해수어류를 골고루 볼 수 있어 어류다양성이 높다.[5] 인도네시아의 경우 하구와 직접 관련된 어획량이 연간 약 1억 9400만 달러($)에 이르고, 미국 멕시코만에 서식하는 어류의 90%가 직간접적으로 하구에 연관된 것으로 보고될 정도로 어자원 관리 측면에서 하구는 중요한 지역이다.[6]

한강하구는 하굿둑이 설치되지 않은 국내 유일의 대하천 하구로 생물다양성이 풍부하고 생태적으로 우수한 자연경관이 보전된 지역이다.[7]

또한 한강하구에는 장항습지, 성동습지, 시암리습지를 포함해 약 1,835만 평(60,668km²)의 습지보호지역이 지정되어 있다. 습지에는 어패류가 먹이로 삼는 플랑크톤이나 유기물질이 풍부하고 습지의 얕은 물과 수초지대는 물고기들이 알을 낳고 어린 물고기들이 살기에 좋은 환경이다.[8]

2013년부터 2020년까지 한강하구 습지에서 진행한 조사 결과 한강하구에는 총 11목 24과 78종의 어류가 서식하는 것으로 나타났다.[9] 뱀장어, 웅어, 잉어, 붕어, 황복 등의 어종과 함께 생태계 교란 야생생물인 배스(큰입배스, Micropterus salmoides)도 발견되었다.[10] 이는 장항습지, 산남습지 등 한강하구 상류 지역 조사 결과이다. 한강이 임진강과 만나 서해로 흐르는 하류 지역은 남북 공동이용

수역으로 접근이 차단되어 기초적인 어자원 조사조차 진행하지 못하고 있다.

지난 68년 동안 사람의 발길이 닿지 않은 한강하구 물속에서 무슨 일이 일어났고, 어떤 물고기 들이 살고 있을지 정확히 확인할 방법은 없다. 한강하구 일부를 조사해 얻은 자료를 토대로 대략의 상황을 추정할 따름이다.

3. 한강하구 어업의 역사

한강과 임진강이 김포에서 만나 생긴 조강이 강화 북단으로 흐르고, 개성을 가로지른 예성강이 한강과 만나서 서해로 흐르며 황금어장을 형성한다.[11] 강화도와 김포, 파주 인근에는 수많은 포구가 있었다. 하지만 한강하구 공동이용 수역에 인접한 강화도, 김포의 북쪽 포구는 사람들이 접근할 수 없어 사라졌다. 한강하구는 고려시대 이래 개성과 한양으로 드나드는 물자를 운송하는 해상운송로였고 여러 포구들은 이를 위한 정류장 역할을 수행하였다. 하지만 한강하구의 수많은 포구에는 하구와 바다에서 잡은 물고기를 실은 어선들도 정박했을 것이다.

앞서 언급했던 것처럼 한강하구에는 구석기시대부터 사람들이 살았다. 이들은 청동기시대에 이르러 소국 형태의 일정한 정치집단을 형성해 발전했으며 강화, 김포지역에 150여 기 이상의 고인돌을 남겼다.[12] 그리고 이들은 한강하구 유역에서 농경과 함께 어로나 해산물 채취와 같은 생산 활동을 벌였다.[13]

한강하구 어업의 역사를 시대별로 나열하기에는 역사 자료에 한계가 있다. 또한 한강하구에 속하는 지역인 강화, 김포, 파주의 어업 환경이 각각 다르다. 강화지역의 경우 서해에 인접해 있어 한강하구보다는 서해 연안의 어업활동 비중이 높았으며, 이런 상황은 지금도 다르지 않다. 그에 비해 김포는 한강하구 어업의 중심지역이라 할 수 있다. 한강을 따라 현재 남북 공동이용 수역에 인접한 북쪽까지 포구가 산재해 한강하구 지역에서 어업활동이 활발히 이루어진 것으로 추정된다. 물론 김포 서쪽, 강화도에 인접한 지역에서는 염하수로를 따라 서해로 진출해서 어업활동을 벌였을 것이다. 반면 파주 사람들은 임진강 하류 지역에서 한강하구를 오가며 어업활동을 했을 것으로 추정된다.

　오늘날에도 한강하구 어업은 그 규모와 경제성에서 산업적으로 발전하기에는 한계가 있다. 따라서 서해에 인접한 강화도를 제외하고는 소형어선을 이용한 소규모 어업이 성행했을 것으로 추정된다. 일제 강점기 조선총독부에서 발간한 『조선수산개발사』[14]는 "조선에서 담수어업은 옛날부터 거의 볼 만한 것이 없었다. 한말 담수어업의 특별한 사례로 한강의 잉어어업을 들 수 있다."고 하면서 어업적 가치는 적고, 재미로 즐기는 수준이라고 기술했다.[15]

　이와 같은 상황을 감안해 활용 가능한 자료를 토대로 한강하구와 서해를 오가며 이루어진 한강하구 지역 어업의 흔적을 소개하기로 한다.

　『세종실록지리지』(1454년)는 강화에서 홍어, 숭어, 민어, 백합, 생합, 토하, 굴이 잡혔다고 기록하고 있다. 1783년 발간된 『강화부지』에 따르면 민어, 숭어, 조기, 간재미, 새우 등의 어류가 잡혔다. 1983년 증보 발행된 『강화사』에서는 "40여 종의 어류와 수십 종의 패조류가 채집"된다고 기록했다. 구체적으로는 "조기, 홍어, 넙치, 민어, 밴댕이, 숭어, 농어, 갈치, 도미, 새우, 꼴뚜기, 쭈꾸미, 게 등이 나며", "간사지에서 낙지, 양미리, 굴, 백합, 맛조개, 대합, 홍합, 상합, 통조개가 생산 또는 양식"된다고 기록했다. 특히 새우가 가장 많이 잡혀 강화군 전체 어획량의 30%를 차지했으며, 그다음으로는 민어, 숭어, 굴 생산량이 뒤를 이었다고 한다.[16]

　김포 지역 어업에 대한 기록은 일제 강점기 조선총독부가 제작한 『한국수산지』[17]에서 찾을 수 있다. 당시 김포 지역에는 18개 포구에 31척의 어선이 조업했으며, 총 73가구, 266명이 어업에 종사했다.[18] 기록에 따르면 조강포(어선 8척, 어업 종사 8가구 32명)와 안동포[19](어선 2척, 어업 종사 10가구 43명)가 가장 큰 포구였던 것으로 추정된다.

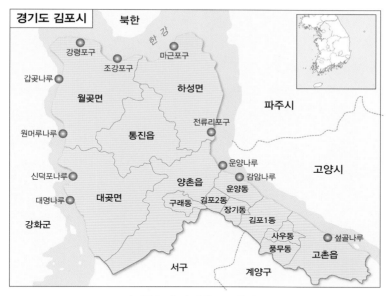

〈그림 5-2〉 김포 옛 포구 위치도

출처: 재단법인 한울문화재연구원, 2016

주: 안동포는 1980년대 간척사업과 함께 인천 서구로 편입되었음(위 사진의 구래동 하단).

4. 한강하구 어업의 현재

한강하구 지역인 강화, 김포, 고양, 파주에서는 현재도 어업을 한다. 하지만 앞서 언급했던 것처럼 조업 지역은 한강하구에 국한되지 않는다. 〈그림 5-3〉에서 보듯이 강화도와 김포 서부는 서해 어장과 접해 있어 대부분의 어선들이 서해에서 조업을 한다. 강화와 김포 사이 염하수로를 경계로 강화 지역은 바다 어업, 김포와 고양, 파주 지역은 내수면 어업을 하는 것으로 파악된다. 이를 토대로 한강하구와 접한 강화군, 김포시, 고양시, 파주시의 어업 현황을 대략적으로 살펴보고자 한다. 이를 통해 한강하구 어업의 미래와 가능성을 모색하는 계기가 되었으면 한다.

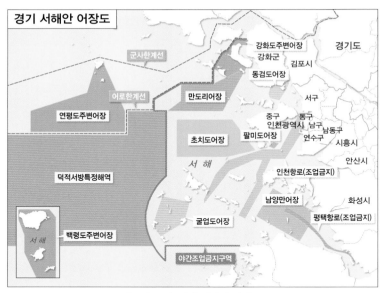

〈그림 5-3〉 경기 서해안 어장도

출처: 경기도 수산과, 2018

1) 강화군

강화군에는 14개 어촌계, 33개 어항(국가어항 1, 지방어항 6, 어촌정주어항 7, 소규모어항 19)[20]이 있으며, 어가는 987가구, 2,981명이며, 전업 어가는 50가구이다.[21] 이 중 내수면 어업 종사 가구는 11가구 17명이며, 전업 어가는 2가구이다. 2019년 현재 등록 어선은 369척(동력 355, 무동력 14)이며, 이 중 74.3%인 274척은 5톤 미만의 소형어선이다.[22]

강화군의 수산물 생산량 공식 통계는 존재하지 않는다. 강화군에서 발간한 『신편 강화사 증보』에는 1995년 이후 갑각류를 제외한 수산물 생산량 통계 자료가 없다고 기록하고 있다.[23] 1995년 이전 어획량은 〈표 5-1〉과 같다.

강화군의 내수면 어업의 생산량 통계도 확인할 수 없었다. 다만 인천시의 내수면 어업 생산량(표 5-2)과 같다. 내수면 어업 허가 건 수(표 5-3)를 살펴보면 인

한강하구-평화, 생명, 공영의 물길

<표 5-1> 1995년 이전 강화군 어획고 통계

(단위: kg, 천원)

	갑각류		어류		연체동물(갯지렁이)	
	수량	금액	수량	금액	수량	금액
1969	857,672	51,708	2,529,752	175,436	–	–
1975	3,480,376	269,453	18,529	4,591	–	–
1985	1,839,000	2,210,000	314,000	210,380	31,000	169,750
1995	775,000	2,772,000	1,260,000	4,566,000	590,000	1,460,000

출처: 강화군 군사편찬위원회, 2015

<표 5-2> 인천시 내수면 어업 생산량

(단위: 톤, 백만 원)

	2020	2019	2018	2017	2016	2015
생산량	214	129	203	241	224	270
생산금액	7,029	4,290	6,319	6,651	6,225	7,333

출처: 통계청 국가통계포털

<표 5-3> 인천시 내수면 어업 허가 현황(2019.11.12. 기준)

(단위: 건, ㎡)

남동구		서구		강화군		합계	
건수	면적	건수	면적	건수	면적	건수	면적
1	3,600	2	477	44	422,268	47	426,345

출처: 인천광역시 홈페이지

천시 내수면 어업 생산량은 대부분 강화군에서 나온 것이라고 추정할 수 있다. 인천시 전체 내수면 어업 허가 건수의 93.6%, 허가 면적의 94.6%가 강화군에 집중되어 있다.

강화군 내수면 어업의 주요 생산 지역은 염하수로에 위치한 더러미항, 초지항이며 주요 어종은 새우, 뱀장어, 황복 등이다.

2) 김포시

김포시에는 3개 어촌계, 3개 어항이 있다. 이 중 대명항은 지방어항이며, 고양항, 신안항은 어촌정주어항이다. 2016년 기준 어가는 280가구, 405명이며, 전업어업 가구는 162가구이다.[24] 등록어선은 194척(동력 180척, 무동력 14척)이며, 이 중 73.9%인 133척은 5톤 미만의 소형어선이다.[25]

김포시 3개 어촌계 중 김포어촌계는 강화도와 마주보는 김포 서쪽에 위치해 있으며, 대명항을 중심으로 3개 어항(대명항, 고양항, 신안항)을 포괄하고 있다. 대부분 서해 바다에 어업활동을 진행하고 있다.

김포 동쪽에는 한강어촌계와 김포한수어촌계가 있으며, 이들 어촌계는 한강하구 공동이용 수역이 가로 막혀 내수면 어업만 한다. 이 중 한강어촌계는 한강

〈표 5-4〉 김포시 어선 현황 및 동·서부 비교

		동력어선		무동력어선		1톤 미만(척)	1~5톤 미만(척)
		척수	톤수	척수	톤수		
김포 동부	통진읍	–	–	4	0.36	4	–
	고촌읍	24	20.31	2	0.17	22	4
	양촌읍	10	10.17	1	0.11	8	3
	김포 본동	3	2.47	2	0.28	4	–
	운양동	10	8.05	–	–	8	1
	하성면 (전류리)	25	53.89	1	0.13	15	7
김포 동부 소계 (비율%)		72 (40)	94.89 (13)	6 (75)	0.69 (71.1)	57 (86.4)	15 (23.8)
김포 서부	대곶면	105	630.1.	–	–	5	47
	월곶면	3	2.47	2	0.28	4	1
김포 서부 소계 (비율%)		108 (60)	632.57 (87)	2 (25)	0.28 (28.9)	9 (13.6)	48 (76.2)
합계		180	727.46	8	0.97	66	63

출처: 김포시, 2020에서 재정리

하구 최북단 포구로 유명한 전류리포구의 어촌계이다.

김포시의 수산물 어획량은 2009년부터 2018년까지 432톤(금액: 약 16억 7천만 원)으로 매년 동일하게 기록되어 있다.[26] 다소 신뢰하기 힘든 수치이지만 김포시가 밝힌 공식 통계여서 딱히 부인할 수 없다. 내수면 어업 생산량도 확인할 수 없었다. 다만 어선 보유 현황을 기준으로 대략 짐작해 볼 수 있을 것으로 생각한다.

단정할 수는 없으나 김포 서부 지역은 김포어촌계, 김포 서부의 하성면은 전류리 포구의 한강어촌계, 그 외 지역은 김포한수어촌계로 대략 분류할 수 있다.

〈표 5-4〉에서 확인할 수 있듯이 김포 서부에 비해 동부는 무동력 어선의 비중이 높고 어선의 크기도 작아 어업 규모가 영세한 것으로 추정된다. 김포 동부에서 하성면을 제외한 나머지 지역은 1톤 미만의 소형 어선이 대부분이다.

3) 고양시

고양시의 어촌계는 행주산성으로 유명한 행주나루 인근 행주어촌계가 유일하다. 행주나루는 삼국시대부터 있던 오래된 포구로 과거에는 이 부근을 행호라 불렀으며, 1741년 겸재 정선이 그린 「행호관어도」[27]에 상세히 기록되어 있다.

조선시대 고양 행주에서는 웅어가 많이 잡혔다고 한다. 매년 음력 3~4월이면 궁궐 관리가 50여 일간 머물면서 웅어를 국가에 상납했다는 『고양군지』(1755)의 기록이 남아 있다.[28]

행주어촌계에 따르면 고양시 어부는 총 41명으로 현재 33명이 활동 중이다. 어종은 실뱀장어, 장어, 숭어, 붕어, 황복, 웅어, 참게 등이다.[29] 2018년 현재 고양시에 등록된 어선은 41척이며, 이 중 28척은 1톤 미만, 나머지 13척은 5톤 미만의 소형어선이다.[30] 고양시 어획량에 대한 자료는 찾을 수 없었다. 다만 고양시가 2018년 발간한 보고서에는 끈벌레 발생으로 인한 행주어촌계 예상 어업손실액을 49억 6889만 원으로 책정했다.[31]

〈그림 5-4〉 겸재 정선의 「행호관어도」

출처: 간송미술관

4) 파주시

파주시에는 2개 어촌계(파주어촌계, 북파주어촌계)가 있으며, 2015년 현재 어가는 53가구, 67명이며, 전업 어가는 7가구이다.[32] 파주시의 지리상 이들은 모두 임진강하구 내수면 어업에 종사하고 있으며, 바다어업은 존재하지 않는다. 2018년 기준 등록 어선은 98척(동력 94, 무동력 4척)이며, 이 중 94.9%(93척)는 1톤 미만, 5.1%(5척)는 1톤 이상 5톤 미만의 소형 어선이다.[33]

파주시의 어획량은 〈표 5-5〉와 같으며, 2017년 현재 파주시에는 21개의 내수면 양어장이 운영 중이다.

전체 어획량은 숭어, 참게, 붕어, 잉어, 동자개 순인 데 비해, 생산 금액은 실뱀장어, 참게, 뱀장어, 숭어, 황복 순으로 나타났다. 이를 통해 한강하구의 주요 어종 및 상업성을 유추할 수 있다.

한강하구-평화, 생명, 공영의 물길

<table>
<tr><td colspan="9" align="center">〈표 5-5〉 파주시 어획량(2014~2017년)</td></tr>
<tr><td colspan="9" align="right">(단위: kg, 백만 원)</td></tr>
</table>

구분	2014		2015		2016		2017	
	어획량	생산 금액	어획량	생산 금액	어획량	생산 금액	어획량	생산 금액
총계	233,922	3,890	251,090	5,411	251,432	6,298	241,856	5,083
붕어	14,705	96	13,745	105	12,469	95	12,382	99
동자개	8,724	67	10,704	108	11,301	115	8,002	76
쏘가리	2,993	146	3,129	141	3,052	137	2,388	109
황복	4,237	327	3,251	279	3,413	290	3,577	310
참게	21,677	454	32,090	518	33,010	528	45,457	619
잉어	15,440	66	15,810	58	16,423	61	10,719	48
숭어	79,870	306	84,602	415	83,495	409	95,905	505
실뱀장어	177	1,407	213	2,692	281	3,552	159	1,629
뱀장어	5,076	447	5,780	515	5,967	532	6,513	525
메기	11,079	68	6,289	58	6,388	59	7,474	64
대농갱이	6,016	86	1,052	16	916	14	480	8.3
가물치	96	1.5	175	2.4	171	2.3	106	2
민물새우	15,760	149	10,900	89	10,105	83	7,250	72
기타	48,072	270	63,350	412	64,441	421	41,413	357

출처: 파주시청 홈페이지

5. 한강하구의 주요 어종

환경부의 한강하구 생태계 모니터링 결과에 따르면 한강하구에 서식하는 어종은 총 11목 24과 78종이다.[34]

하구에 서식하는 어류 중 민물에서만 사는 물고기를 1차 담수어라 한다. 대표적인 어종으로는 메기와 피라미를 들 수 있다. 반면 주로 민물에 살지만 염분이 있는 물에도 적응해 생활하는 어종을 2차 담수어라 하며, 한곳에 정착해 살지 않고 민물과 바닷물을 오가며 사는 물고기는 왕복성 어류라고 한다.[35]

왕복성 어류는 강하성 어류와 소하성 어류로 구분할 수 있다. 강하성 어류는 담수에서 생활하다가 산란기에만 하천을 따라 바다로 내려가는 어류를 말하며, 뱀장어가 대표적이다.[36] 소하성 어류는 바다에서 생활하다가 산란을 위해 하천으로 거슬러 올라가며, 연어, 송어 등이 있다.[37] 반면 민물과 바닷물이 만나는 기수역에서 산란하고 성장하는 어종은 양측성으로 구분하며 은어, 숭어, 웅어 등이 있다.[38]

한강하구의 대표적인 1차 담수어는 누치, 붕어, 강준치, 동자개 등이며, 2차 담수어는 대륙송사리, 강하성 어류는 뱀장어, 소하성 어류는 황복, 양측성 어류는 가숭어, 웅어, 점농어 등을 들 수 있다.

• 누치(Steed barbel, 학명: *Hemibarbus labeo* PALLSA)[39]

잉어과에 속하는 민물고기. 한자로는 눌어(訥魚), 우리말로는 눕치라고도 하였다. 몸길이는 20~30cm가 보통이나 50cm에 달하기도 한다. 잉어와 비슷하나 머리가 뾰족하고 등지느러미에 억센 가시가 하나 있는 것이 다르다.

하천 상류의 맑고 깊은 곳을 좋아하며 모래나 자갈이 깔린 바닥을 유영하면서 작은 동물이나 규조류를 모래와 함께 먹는다. 산란기는 5~6월이다.

〈그림 5-5〉 누치
출처: 강원도청·한국문화정보원, 2018

• 붕어(Crucian carp, 학명: Carassius Carassius LINNAEUS)[40]

잉어과에 속하는 민물고기로 한자로는 부어(鮒魚)라고도 하였다. 몸이 약간 길고 납작하며 꼬리자루의 폭이 넓다. 주둥이가 짧고 끝이 뾰족하지 않다. 입가에 수염이 없는 것이 잉어와 다르다.

세계적으로 널리 분포하고 있으며, 우리나라 전역에 나타난다. 환경 적응성이 가장 강한 물고기로 하천 중류 이하의 유속이 완만한 곳이나 호소(湖沼) 또는 논에 살며, 수초가 많은 작은 웅덩이에도 잘 산다. 겨울에는 활동이 둔해지며 깊은 곳으로 이동하고 봄이 되어 수온이 상승하기 시작하면 활동이 활발해지면서 얕은 곳으로 이동한다. 산란기는 4~7월이다. 자연으로나 인위적으로 변이가 일어나기 쉬운 물고기로, 금붕어도 붕어에서 변이된 것이다. 또한 가뭄이나 수질 오염에 대한 저항력도 대단히 강하다.

〈그림 5-6〉 붕어
출처: 강원도청·한국문화정보원, 2018

• 몰개(Short barbel gudgeon, 학명: Squalidus japonicus coreanus)[41]

잉어과의 민물고기. 우리나라 고유어종으로 서해와 남해의 하천에 고루 분포하고 있다. 몸 길이는 8~10cm이며, 마른 체형에 주둥이는 납작하고 눈은 비교적 크다.

물살이 느린 강이나 호수, 늪에 살며 주로 수서곤충이나 작은 어류 등을 잡아먹는다. 수질오염에 비교적 내성이 강하여 오염된 곳에서도 잘 산다. 산란기는 6~8월이며, 치어는 7~10월까지 출현하는데 행동이 매우 민첩하다.[42]

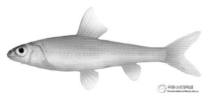

〈그림 5-7〉 몰개
출처: 국립수산과학원 수산생명자원정보센터

• 동자개(Korean bullhead, 학명: Pseudobagrus fulvidraco)[43]

메기목 동자개과의 민물고기로 빠가사리로도 불린다. 주로 황해와 남해로 유입하는 하천의 중·하류에 서식한다. 전장은 15~20cm이며 등지느러미를 기준으로 앞쪽은 위아래로 납작하고, 뒤쪽은 좌우로 납작하다.

유속이 느리고 바닥에 모래나 진흙 등이 깔려 있는 하천의 중·하류에 서식한다. 야행성이며, 육식성으로 소형 물고기, 새우류, 수서곤충 등 수중동물을 포식한다. 산란기는 5~6월이다. 매운탕의 재료로 매우 인기가 있어, 상업적 어획이 이루어지기도 한다.

〈그림 5-8〉 동자개
출처: 강원도청·한국문화정보원, 2018

• 뱀장어(Japanese eel, 학명: Anguilla japonica)[44]

뱀장어과로 강과 바다를 오가는 회유성 어종이다. 5~12년간 담수에서 성장하여 60cm 정도의 성어가 되면 산란하기 위해 바다로 내려간다. 성어는 8~10월경에 깊은 바다로 들어가 산란한 뒤 죽는 것으로 알려져 있다.[45]

몸은 가늘고 길며 원통형이다. 아주 가는 비늘이 피부 속에 묻혀 있고 피부는 점액질로 미끄러워 비늘이 없는 것처럼 보인다. 체색은 서식지와 환경에 따라서 달라진다. 맑은 수역에 서식하는 개체는 주로 밝은 담갈색을 띠고, 깊고 탁한 수역에서는 검은 빛이 강하다. 탐식성이 매우 강한 육식어종으로 새우, 수서곤충, 물고기, 조개 등을 닥치는 대로 잡아먹는다. 담수 수계에서는 대형어종으로 때로는 1m가 넘는 개체들도 발견되고 있다. 주로 야행성으로 자연산 뱀장어는 고가의 식자재이다.

〈그림 5-9〉 뱀장어
출처: 강원도청·한국문화정보원, 2018

한강하구-평화, 생명, 공영의 물길

- 황복(River puffer, 학명: Takifugu obscurus ABE)[46]

참복과 바닷물고기로 몸은 유선형이며, 머리 부분은 뭉툭하지만 꼬리 부분은 원통형이다. 몸길이는 45cm 정도이다.

연안 주변에서 새우류와 게류 등의 작은 동물이나 어린 물고기를 잡아먹고 살며, 3~5월에 알을 낳으려고 강으로 올라온다. 알을 낳는 곳은 바닥에 자갈이 깔려 있는 여울로 조수의 영향을 받지 않는 곳이다. 서해로 유입하는 하천과 기수역에 분포하는 종으로 국내 대부분의 강들이 오염되거나 개발이 되어서 서식 개체수가 현저히 줄어들고 있다.

황복은 고가의 식재료로 중국의 시인 소동파는 '죽음과 바꾸는 맛'이라 극찬했다. 하지만 청산가리보다 1,000배 이상 강력한 테트로도톡신이라는 독을 가지고 있어 주의해야 한다.

〈그림 5-10〉 황복
출처: 국립수산과학원 수산생명자원정보센터

- 웅어(Korean anchovy, 학명: Coilia ectenes JORDAN et SEALE.)[47]

멸치과에 속하는 바닷물고기로, 몸은 가늘고 길며 옆으로 납작하여 칼처럼 생겼다. 몸빛은 은백색이며 몸길이는 30cm까지 이른다.

우리나라 서·남해안에 분포한다. 4~5월에 하천의 하류로 올라와서 산란한다. 치어는 여름에서 가을에 걸쳐 바다로 내려가 월동하고, 성장한 뒤 하천에서 산란한 후 죽는다. 맑은 물보다는 약간 흐린 물에 산다.

과거 위어(葦魚)라고 하였는데, 갈대 사이에서 산란하는 습성이 있어 갈대 '위'자가 붙었다는 말도 있다. 조선시대에는 웅어를 잡아 진상하던 위어소(葦魚所)라는 곳이 한강하류의 고양에 있었다. 옛날에는 박달나무를 태워 웅어를 훈제품으로 만들기도 하였다고 한다.

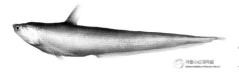

〈그림 5-11〉 웅어
출처: 국립수산과학원 수산생명자원정보센터

6. 한강하구 어업 관련 이슈

사람들의 접근이 차단된 한강하구 공동 이용수역 외 지역에서는 지금도 어업
활동을 한다. 그와 동시에 크고 작은 사건·사고도 종종 생긴다. 이 가운데 어업
과 관련이 있는 주요 현안을 간단히 살펴보았다.

1) 중국 어선 불법 조업

우리나라 서해에서 자행되고 있는 중국 어선의 불법 조업은 고질적인 문제로
경제적 손실과 한중 간 외교 문제뿐만 아니라 군사안보 문제도 야기하고 있다. 〈
표 5-6〉은 우리나라 해경의 불법 조업 중국 어선 나포·퇴거 현황이다.

NLL(Northern Limit Line, 북방한계선)[48]을 타고 남북을 넘나드는 중국 어선은
단속에 어려움이 많고 자칫 남북 간 군사적 충돌의 빌미가 될 수도 있다.

〈그림 5-12〉에서 보는 것처럼 중국 어선은 한국의 배타적 경제수역과 특정
금지 수역에 진입할 수 없다. 하지만 중국 어선들은 한국의 통제가 미치지 못하
는 NLL을 이용해 한강하구까지 들어와 불법 조업을 하고 있다. 중국 어선들은
북한수역에 머무르다 야간이나 기상불량 시 NLL을 넘어 불법조업을 한다고 한
다.[49]

한강하구의 경우 영해인지 내수(內水)인지 법적 성격 문제와 국내법 적용 문제
등으로 단속에 어려움을 겪었다. 이에 국방부는 해경, 유엔사와 함께 민정경찰[50]
을 구성해 2016년 6월 10일부터 한강하구 불법 조업 중국 어선 퇴거작전을 진행

<표 5-6> 불법 조업 중국 어선 나포·퇴거 현황

(단위: 척)

	'11	'12	'13	'14	'15	'16	'17	'18	'19	'20. 8.
나포	534	467	487	341	568	405	278	258	195	5
퇴거	–	–	–	–	–	–	2,796	2,019	6,348	4,598
합계	–	–	–	–	–	–	3,074	2,277	6,543	4,603

출처: 『연합뉴스』(2020. 10. 5.), 홍문표 의원실 재인용과 해수부 자료를 필자 재정리

<표 5-7> 한강하구 중립수역 내 중국 어선 불법 조업 현황

	2011	2012	2013	2014	2015	2016. 4.
횟수	3회	–	2회	3회	196회	157회
척수	4척	–	8척	3척	123척	153척

출처: 감사원 홈페이지

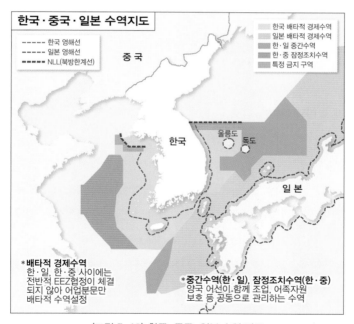

<그림 5-12> 한국·중국·일본 수역 지도

출처: 어업in수산(검색일: 2021. 4. 20.)

주: 특정 금지 구역은 배타적 경제수역 중 어업자원의 보호와 어업 조정을 위해 외국인에 대해 어업활
동을 금지하는 해역

〈그림 5-13〉 한강하구 민정경찰

출처: 합동참모본부 홈페이지

하고 있다. 민정경찰은 해군과 해병대, 해양경찰, 유엔사 군사정전위원회 요원 등 총 24명과 고속단정 4척으로 구성되었으며, 개인화기(소총) 등으로 무장하고 위의 사진처럼 유엔사 깃발을 게양하고 있다.

2) 끈벌레 출현과 어자원 감소

2008년부터 봄마다 한강하구 수역에 끈벌레가 대거 출현해 어민들에게 큰 피해를 주고 있다. 바닷속 유해 생물로 알려진 끈벌레는 20~30cm 크기로 머리 부분은 원통형에 가깝지만 꼬리 부분으로 가면서 납작해져 이동성이 좋고 주로 모래나 펄 속, 해조류 사이, 바위 밑에 산다.[51] 2008년 한강하구에 처음 나타난 뒤 2013년 환경부에 공식 보고되었다. 끈벌레는 신경계 독소를 뿜어내 마비시키는 방법으로 환형동물, 갑각류, 연체동물 등 어류를 닥치는 대로 잡아먹는 등 포식성이 강한 것으로 알려졌다.[52]

한강하구 어민들은 "최근 8~9년 동안 봄 실뱀장어 조업 때 그물마다 95% 이상이 끈벌레로 가득 찼다"며 "끈벌레에서 나온 점액질로 실뱀장어뿐만이 아닌

〈그림 5-14〉 한강하구 끈벌레

출처: 김명철 외, 2018

다른 치어들도 금방 죽어, 해가 갈수록 조업하기가 너무
힘들다"고 토로하고 있다.[53] 어민들은 끈벌레 발생에 대
해 "행주대교를 기점으로 한강 상류 6~7km 지점에 있
는 난지물재생센터와 서남물재생센터에서 정상 처리하
지 않은 하수·분뇨를 한강에 무단 방류하기 때문"이라
고 주장하고 있다.[54]

〈표 5-8〉 한강하구 치어 방류 실적

(단위: 1,000마리)

		2017	2018	2019	2020	계
강화	황복	250(민간)	–	–	–	250
김포	황복	500	309	356	404	1,569
	참게	291	338	427	333	1,389
	소계	791	647	783	737	2,958
고양	황복	90	120	178	157	545
	참게	300	228	300	204	1,032
	뱀장어	9.4	1.5	8.6	36	55.5
	소계	399.4	349.5	486.6	397	1,632.5
파주	황복	314	214	273	174	975
	참게	347	227	227	136	937
	뱀장어	–	–	–	32	31
	동자개	192	227	227	148	795
	소계	853	668	727	490	2,738
총계	황복	1,154	643	807	735	3,339
	참게	938	793	954	673	3,358
	뱀장어	9.4	1.5	8.6	68	87.5
	동자개	192	227	227	148	795
	합계	2,293.4	1,664.5	1,996.6	1,624	7,579.5

출처: 한국수산자원공단 방류종자관리시스템(검색일: 2021. 4. 21.)

이에 대해 고양시는 "한강은 국가하천이라, 환경부에서 조사하고 대책을 마련해야 할 사항으로 시 차원에서 추가 조사 계획은 없다"[55]고 밝혔으며, 환경부는 "끈벌레는 염도와 상관관계가 있는 것으로, 금강이나 섬진강 등에서도 출현하고 있다"는 입장이다.[56]

한강하구 지자체들은 어자원 조성을 위해 치어 방류 사업도 진행하고 있다. 경제성이 높은 황복, 참게, 뱀장어 등의 치어를 방류하고 있다. 최근 한강하구 치어 방류 실적은 〈표 5-8〉과 같다.

7. 한강하구 북한 지역의 어업

북한의 수산업은 일제 강점기의 생산시설을 토대로 소련과 중국의 지원하에 성장하였다. 북한은 1950년대 농업협동화 정책과 함께 수산업의 국유화와 협동화를 추진해 1958년 사회주의적 수산업 구조를 완성했다. 북한의 수산업 생산시설은 모두 국영 수산사업소와 수산협동조합 소속이다. 최근에는 군에서 운영하는 조선인민군 수산사업소의 수도 증가하고 있다. 북한 전역에 100여 개의 국영 수산사업소와 300여 개의 수산협동조합이 산재해 있는 것으로 파악되고 있다.

북한의 수산물은 식량·단백질 공급원과 외화 획득을 위한 수출품으로 주요한 역할을 담당하고 있다. 북한의 수산업은 1970년대까지 비교적 빠르게 성장하였으나, 북한 경제 사정이 악화되며 침체기에 들어섰다. 이 과정에서 수산업의 역할도 단백질 공급원에서 수출품으로 무게 중심이 이동하였다. 실례로 2000년대 북한 경제 회복기에 전체 수출에서 수산물의 비중은 최대 37%(2003년)를 기록하기도 하였다.[57] 또한 2010년 5·24조치로 남북한 교역이 중단되기 전까지 수산물은 남북한 교역에서 섬유류 다음으로 높은 비중을 차지하였다.

이러한 이유로 2017년 유엔 안전보장이사회는 대북제재 결의 2371호를 채택해 북한 지하자원과 수산물의 수출을 금지하였다. 이후 북한의 수산물 수출은 공식적으로 중단되었으나 해상 환적 등의 방법으로 불법 거래가 성행하고 있는 것으로 알려져 있다.

한강하구 북쪽지역은 북한 행정구역상 개성특별시와 황해남도 배천군, 연안군에 해당한다. 이들 지역은 한강하구를 접하고 있어 과거에는 비교적 어업활동이 활발했으나 현재는 상당히 위축된 것으로 추정된다. 〈그림 5-15〉와 같이 과거에는 포구가 한강하구 북쪽 지역에 널리 퍼져 있었으나 지금은 모두 사라졌다. 다만 한강하구 북쪽 예성강 하류에는 일부 포구가 명맥을 유지하고 있는 것으로 확인된다.

한강하구 북쪽 지역 중 개성특별시는 동쪽에 임진강, 서쪽은 예성강, 남으로는 한강하구를 접하고 있는데, 과거 이곳에는 9개 이상의 포구가 있었다. 1980년대 북한 자료에 따르면 개성시에 10개 이상의 수산업 생산단위가 운영되었다.[58] 이를 통해 정전협정 체결로 한강하구의 어업이 중단된 이후에도 예성강, 임진강 지역의 어업 활동은 지속되고 있는 것으로 추정할 수 있다.

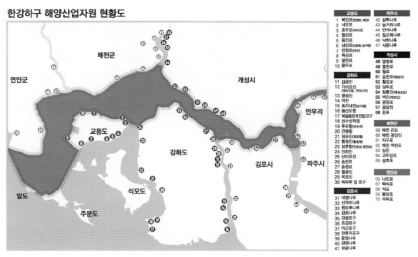

〈그림 5-15〉 한강하구 옛 포구 위치도

출처: 진희권 외, 2020

〈그림 5-16〉 예성강 하류 전포와 선박

출처: 구글어스(검색일: 2021. 7. 1.)

개성시와 배천군의 경계를 이루는 예성강 하류의 포구 중 한강하구와 인접한 창릉진은 위성사진을 살펴본 결과 해안철책, 군사시설 설치 등으로 사라진 것으로 확인된다.[59] 창릉진 상류의 벽진(벽라도)은 잔교 시설 등이 마련되어 있으나 선박의 흔적은 발견할 수 없었다. 벽진은 한강하구와 가장 가까운 포구로 5km 거리에 인접해 있어 현재는 군사적 목적으로 이용하는 것으로 추정된다. 벽진 상류의 광정포, 광암진, 전포에서는 접안 시설과 다수의 소형 선박을 발견할 수

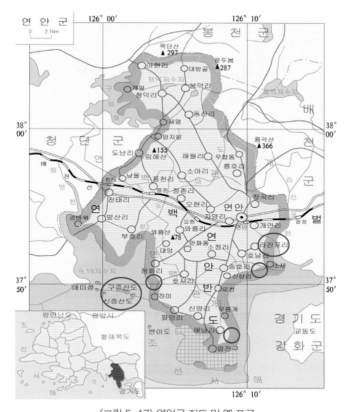

<그림 5-17> 연안군 지도 및 옛 포구

주: 붉은 원, 왼쪽부터 증산도, 석우포, 불당포, 백석포, 나진포 순

출처: 북한지역정보넷(검색일: 2021. 7. 19.)

있었다. 이를 미루어 보면, 이곳에서는 지금도 어업 활동이 지속되는 듯하다.

배천군의 경우에도 한강하구와 예성강 하류에 과거 최소 7개 이상의 포구가 존재했으나 현재는 개성 전포와 마주보고 있는 배천 전포에서만 포구의 흔적을 일부 발견할 수 있었다. <그림 5-16>에서 보이는 개성 전포의 맞은편 철교 왼쪽 아래가 배천 전포로 추정된다.

연안군은 한강하구의 나진포, 백석포, 서해 증산도를 중심으로 어업활동이 활발해 조기, 홍어, 갈치, 밴댕이, 새우, 조개, 김 등 수산물의 집산도 활발했으나,

현재는 서해 연안 소규모 어업만 명맥을 유지하고 있다.[60] 〈그림 5-17〉에서 보이는 나진포와 백석포, 불당포는 한강하구 지역으로 포구가 유실되었으며, 석우포 지역도 간척으로 인해 포구 기능이 상실된 것으로 보인다. 다만 서해와 접한 증산도에서는 현재도 어업활동을 하고 있는 것으로 추정된다. 증산도는 북한 서해에서 한강하구와 가장 인접한 포구라는 점에서 향후 다양한 활용이 가능할 것으로 기대된다.

8. 맺음말

한강하구는 남북이 함께 이용할 수 있는 공동이용 수역이지만 지금은 남과 북을 가르는 경계선이 되어 버렸다. 하지만 한강하구는 동·서해의 NLL과 같은 첨예한 정치적 갈등은 물론이고 비무장지대의 경우처럼 복잡한 절차도 필요 없는 지역이다.

2018년 남과 북은 공동으로 한강하구 수로조사를 진행했고, 2019년에는 남북 군사실무접촉을 통해 민간선박의 시범 항행도 합의했다. 60여 년간 굳게 닫혔던 한강의 뱃길이 열린다는 소식에 가슴 설레기도 했다. 하지만 합의도 지켜지지 않은 채 벌써 2년이란 세월이 흘렀다. 한강하구의 뱃길이 언제 다시 열릴지는 누구도 알 수 없다.

모두가 바라듯이, 언젠가는 한강하구의 뱃길이 열리리라 본다. 남과 북이 다시 마주 앉고, 협상은 다시 시작될 것이다. 기존 합의를 검토해 이행 방안을 모색할 것이고 한강하구 민간선박의 시범 항행은 실현될 것이다.

한강하구 시범 항행 이후에는 무엇을, 어떻게 할 것인가? 시범 항행은 말 그대로 민간선박의 본격적 자유항행을 위한 시범사업일 뿐이다. 한강하구 민간선박의 자유항행이 실현된다면 누가, 왜, 무엇을 위해 배를 띄울 것인가?

한강하구는 개성과 한양으로 물자와 사람을 실어 나르던 해상운송로이자 어

　　　　　　　한강하구-평화, 생명, 공영의 물길

부들의 삶터였다. 하지만 지금의 시점에서 한강하구를 통해 실어 나를 물류와 사람이 있기는 한 것일까? 과연, 이런 일이 가능한 것일까?

정전협정에서 합의했던 민간선박의 자유항행 이외에 사람과 물자가 양측 지역을 오가는 것은 정전협정의 합의를 벗어난 문제이다. 즉 새로운 절차와 합의가 필요한 사안이다. 관광목적의 유람선을 띄우는 것 또한, 다른 차원의 문제가 될 가능성이 높다. 당장 오늘 한강하구에 민간 선박의 자유항행이 실현된다면, 그곳에 들어가야 할 이유를 갖고 있는 사람은 누가 뭐래도 아직까지 남아 있는 어부들일 것이다.

한강하구는 오랜 옛날부터 어부들이 자유롭게 드나들며 물고기를 잡던 곳이었다. 하지만 남쪽의 어부들은 공동이용 수역에서 한강의 중류와 임진강으로, 북쪽의 어부들은 예성강으로 밀려났다. 뱃머리만 돌리면 한강하구가 지척인 그곳에서 남북의 어부들은 오늘도 그물을 놓고 물고기를 잡으며 오랫동안 이어져 온 삶을 살아가고 있다. 그들에게는 하구에 배를 띄워야 할 분명한 이유가 있다. 자신들의 조상이 자유로이 띄웠던 배를 이제는 그들이 이어받아 남북의 강이 어우러져 만들어 낸 삶터와 더불어 살아야 하기 때문이다.

주

1. 국사편찬위원회, 우리역사넷, http://contents.history.go.kr/front/kh/view.do?levelId=kh_001_0010_0010_0010(검색일: 2021. 4. 14.).

2. 한국민족문화대백과사전, http://encykorea.aks.ac.kr/Contents/SearchNavi?keyword=%ED%8C%A8%EC%B4%9D&ridx=17&tot=71(검색일: 2021. 4. 15.).

3. 천분율(天分率)이라고도 함. 수를 1,000과의 비로 나타내는 방법으로 psu(퍼밀)이라는 단위를 사용하며, 기호는 ‰이다. 해수의 염분 농도나 철도의 기울기를 표시할 때 주로 사용한다.

4. 한국해양과학기술원 블로그, https://m.blog.naver.com/PostView.nhn?blogId=kordipr&logNo=221198659118&proxyReferer=https: %2F%2Fwww.google.com%2F(검색일: 2021. 4. 15.).

5. 부산광역시, https://www.busan.go.kr/environment/ahnakdongrive01(검색일: 2021. 4. 15.).

6. 이창희 외, 2004, 『지속가능한 하구역 관리방안 Ⅰ』, 서울: 한국환경정책·평가연구원, p.1.

7. 한동욱 외, 2021, 『2020 한강하구 습지보호지역 생태계 모니터링 결과보고서』, 서울: 한강유역환경청, p.3.

8. 이승휘, 2008, 「어류가 보는 습지의 생태적 가치」, 『한국환경생태학회 학술발표논문집』, p.12.

9. 한동욱 외, 2021, 『2020 한강하구 습지보호지역 생태계 모니터링 결과보고서』, 하남: 환경부 한강유역환경청, p.72.

10. 앞의 책, p.72.

11. 김창일 외, 2018, 『한강과 서해를 잇는 강화의 포구』, 서울: 국립민속박물관, p.60.

12. 강화군 군사편찬위원회, (2015), 「신편 강화사 증보, 상」, 강화: 강화군 군사편찬위원회, p.9.

13. 앞의 책, p.10.

14. 요시다케이이치, 박호원·김수희 역, 2019, 『조선수산개발사』, 서울: 민속원은 1942년 요시다 케이이치가 조선총독부 수산과의 의뢰를 받아 저술한 책이다. 식민지 사관에 입각해 조선 수산업 개발 역사를 기술하고 있으나 일제강점기 한국 수산업사 연구를 위한 중요한 자료로 평가받고 있다.

15. 앞의 책, p.230.

16. 위의 내용은 김창일 외, 2018, 『한강과 서해를 잇는 강화의 포구』, pp.61 −63의 내용을 참조.

17. 조선총독부 농상공부 수산국에서 1908년부터 1911년까지 전국 연안의 도서 및 하천에 대한 수산의 실상을 조사하여 작성한 보고서.

18. 재단법인 한울문화재연구원, 2016, 『김포의 옛 포구 종합학술조사』, 김포: 김포문화재단, p.31.

19. 안동포는 1980년대 간척사업과 함께 인천 서구로 편입되어 현재는 인천 서구 왕길동

20. 한국어촌어항공단, https://www.fipa.or.kr/sub4/?mn_idx=0004_0059_0060_&dp1=4&dp2=1&dp3=1(검색일: 2021. 4. 18.)에 따르면 '어항'은 천연 또는 인공의 시설을 갖춘 수산업근거지로서 「어촌·어항법」 제17조 규정에 따라 지정·고시된 것을 의미한다. 어항의 종류 및 관리청은 아래와 같다.

구분	국가어항	지방어항	어촌정주어항	마을공동어항
정의	이용범위가 전국적인 어항 또는 도서·벽지에 소재, 어장의 개발 및 어선의 대피에 필요한 어항	이용범위가 지역적이고 연안어업에 대한 지원 근거지가 되는 어항	어촌의 생활근거지가 되는 소규모 어항	어촌정주어항에 속하지 아니한 소규모어항으로 어민들이 공동 이용하는 항·포구
지정권자·개발주체	해양수산부 장관	시·도지사	시장·군수·구청장	시장·군수·구청장
관리청	광역단체장, 시장·군수	광역단체장, 시장·군수	시장·군수·구청장	시장·군수·구청장
지원조건	국비 100%	국비 80%, 지방비 20%	국비 80%, 지방비 20%	국비 80%, 지방비 20%
항 수	113개 항	286개 항	623개 항	2개 항

21. 강화군, 2019, 『2019 강화군정백서』, 강화: 강화군청, p.325.

22. 앞의 책, p.126.

23. 강화군 군사편찬위원회, 2015, 『신편 강화사 증보, 하』, 강화: 강화군 군사편찬위원회, p.444.

24. 김포시, 2020, 『제59회 경기도 김포시 기본통계』, 김포: 김포시 기획담당관, pp.148-149.

25. 앞의 책, p.150.

26. 앞의 책, p.152.

27. 행호에서 고기 잡는 것을 살펴본다는 뜻이다. 가양동 궁산에서 서북쪽으로 행호를 내려다본 시각으로 그렸다. 영조 17년(1741) 작품으로 비단에 채색한 23×29cm 크기로 간송미술관 소장 중이다.

28. 고양시청, "행주나루", http://www.goyang.go.kr/haengju/haengju04/haengju04_2.jsp(검색일: 2021. 4. 23.).

29. 앞의 자료.

30. 고양시 기획담당관, 2019, 『제59회 2019고양통계연보』, 고양: 고양시, p.148.

31. 중앙일보, 2018. 12. 4., "실뱀장어 집단폐사는 한강 끈벌레 때문", https://news.joins.com/article/23180907(검색일: 2021. 4. 23.).

32. 파주시, 2020, 『제59회 파주통계연보』, 파주: 파주시청 의회법무과, p.120-126.

33. 앞의 책, p.138.

34. 한동욱 외, 앞의 책, p.72에서는 2020년 모니터링 결과 총 10목 17과 33종의 서식이 확인되었고 2013년부터 누적된 어류 종수는 총 11목 24과 78종이다.

35. 한동욱·김웅서, 2011, 『자연 습지가 있는 한강하구』 서울: 지성사, pp.74-75.

36. 부산광역시 해양자연사박물관, https://www.busan.go.kr/sea/ondictionaryocean?curPage=4&termSe=3(검색일: 2021. 6. 5.).

37. 부산광역시 해양자연사박물관, https://www.busan.go.kr/sea/ondictionaryocean/list?termSe=3(검색일: 2021. 6. 5.).

38. 한동욱·김웅서, 앞의 책, p.75.

39. 한국민족문화대백과사전, http://encykorea.aks.ac.kr/Contents/Item/E0013254#(검색일: 2021. 6. 5.).

40. 한국민족문화대백과사전, http://encykorea.aks.ac.kr/Contents/SearchNavi?keyword=%EB%B6%95%EC%96%B4&ridx=0&tot=36(검색일: 2021. 6. 5.).

41. 한국민족문화대백과사전, http://encykorea.aks.ac.kr/Contents/SearchNavi?keyword=%ED%99%A9%EB%B3%B5&ridx=0&tot=1(검색일: 2021. 6. 5.).

42. 한동욱·김웅서, 앞의 책, p.86.

43. 한국민족문화대백과사전, http://encykorea.aks.ac.kr/Contents/SearchNavi?keyword=%EB%8F%99%ED%9E%90%EA%B0%9C&ridx=0&tot=1693(검색일: 2021. 6. 5.).

44. 환경부 한강유역환경청, 2009, 『한강하구 습지보호지역 모니터링 결과보고서』, p.121.

45. 한국민족문화대백과사전, http://encykorea.aks.ac.kr/Contents/SearchNavi?keyword=%EB%B1%80%EC%9E%A5%EC%96%B4&ridx=0&tot=12(검색일: 2021. 6. 5.).

46. 한국민족문화대백과사전, http://encykorea.aks.ac.kr/Contents/SearchNavi?keyword=%ED%99%A9%EB%B3%B5&ridx=0&tot=1(검색일: 2021. 6. 5.).

47. 한국민족문화대백과사전, http://encykorea.aks.ac.kr/Contents/SearchNavi?keyword=%EC%9B%85%EC%96%B4&ridx=0&tot=3(검색일: 2021. 6. 5.).

48. 유엔사령관 클라크 장군이 1953년 8월 30일 휴전 후 정전협정의 안정적 관리를 위하여 설정한 남북한의 실질적인 해상경계선.

49. 고명석, 「불법조업 중국 어선 단속에 대한 고찰: NLL인근수역과 한강하구를 중심으로」, 『한국해양경찰학회보』 제6권 제3호(통권 12호), p.5.

50. 정전협정 제1조에서 비무장지대에 군인은 들어갈 수 없고, 민사행정 및 구제사업에 관계된 인원과 군사정전위원회의 허가를 받은 사람만 출입할 수 있도록 규정했다. 이에 남한은 '민정경찰', 북한은 '민경대'라는 명칭을 붙여 비무장지대 경비를 진행하고 있다.

51. 『한겨레』, 2021. 3. 31., "매년 봄 한강하구 찾는 불청객…고양시 '끈벌레' 14년째 출몰", http://www.hani.co.kr/arti/area/capital/989033.html(검색일: 2021. 4. 21.).

52. 앞의 기사.

53. 『연합뉴스』, 2021. 3. 31., "한강 하구에 유해생물 '끈벌레' 올해도 출몰…어민들 긴장", https://www.yna.co.kr/view/AKR20210330156600060(검색일: 2021. 4. 21.).

54. 앞의 기사.

55. 고양시는 2016년 인하대 산학협력단에 의뢰 '한강끈벌레의 발생원인 연구 용역'을 진행했다. 연구 결과 한강하구 끈벌레 발생원인은 '염분도(소금농도 12%) 증감'을 요인으로 꼽았다.

56. 『한국일보』, 2021. 4. 2., "한강 끈벌레 또 출몰…"5억짜리 용역 왜 했나" 어민들 '부글'", https://www.hankookilbo.com/News/Read/A2021040215270000579(검색일: 2021. 4. 21.).

57. KOTRA 해외시장뉴스, KITA 남북교역·북중무역 등의 자료를 근거로 필자 정리

58. 김익성 외, 『조선지리전서: 공업지리』, 평양: 교육도서출판사, 1989, p.245에 따르면 개성에 5개의 수산협동조합과 8개의 소규모 생산단위(농장 수산반 등 주업무외 부업으로 어업활동을 진행한 단위)가 운영되었다고 한다.

59. 진희권 외, 『한강하구 해양문화자원 기초조사』, 부산: 한국해양수산개발원, 2020, p.81.

60. 한국민족문화대백과사전, http://encykorea.aks.ac.kr/Contents/Item/E0036846(검색일: 2021. 6. 30.).

참고문헌

(1) 문헌

강화군, 2019, 『2019 강화군정백서』, 강화: 강화군청.

강화군 군사편찬위원회, 2015, 『신편 강화사 증보, 상』, 강화: 강화군 군사편찬위원회.

고명석, 2016, 「불법조업 중국 어선 단속에 대한 고찰: NLL인근수역과 한강하구를 중심으로」, 『한국해양경찰학회보』. 제6권 제3호(통권 12호).

고양시 기획담당관, 2019, 『제59회 2019고양통계연보』, 고양: 고양시.

김명철 외, 2018, 「끈벌레 출현 현황 조사 연구」, 환경부.

김익성 외, 1989, 『조선지리전서: 공업지리』, 평양: 교육도서출판사.

김창일 외, 2018, 『한강과 서해를 잇는 강화의 포구』, 서울: 국립민속박물관.

김포시, 2020, 『제59회 경기도 김포시 기본통계』, 김포: 김포시 기획담당관.

경기도 수산과, 2018, 「경기도 수산현황」, p.68.

경인북부수협, 2021, 『어촌계 현황 e-book』.

이승휘, 2008, 「어류가 보는 습지의 생태적 가치」, 『한국환경생태학회 학술발표논문집』, 2008.

이창희 외, 2004, 『지속가능한 하구역 관리방안 I』, 서울: 한국환경정책·평가연구원.

요시다케이이치. 박호원·김수희 역, 2019, 『조선수산개발사』, 서울: 민속원.

재단법인 한울문화재연구원, 2016, 『김포의 옛 포구 종합학술조사』, 김포: 김포문화재단.

진희권 외, 2020, 『한강하구 해양문화자원 기초조사』, 부산: 한국해양수산개발원, 2020, pp. 246.

파주시, 2020, 『제59회 파주통계연보』, 파주: 파주시청 의회법무과.

한동욱·김웅서, 2011, 『자연 습지가 있는 한강하구』 서울: 지성사.

한동욱 외, 2021, 『2020 한강하구 습지보호지역 생태계 모니터링 결과보고서』, 서울: 한강유역환경청.

환경부 한강유역환경청, 『한강하구 습지보호지역 모니터링 결과보고서』, 2009.

(2) 신문기사

『노동신문』, 2016. 6. 3., 몽금포수산기지건설 힘있게 추진,

『동아일보』, 2002. 9. 19., "[겸재 정성이 본 한양진경]〈24〉행호관어", https://www.don ga. com/news/article/all/20020919/7864329/1(검색일: 2021. 4. 23.).

『어업in수산』, 2012. 12. 21., "중국의 침략조업 무엇이 문제인가", http://www.suhyup news .co.kr/news/articleView.html?idxno=6138(검색일: 2021. 4. 20.).

『연합뉴스』, 2020. 10. 5., "서해 불법조업 중국 어선 지난 3년간 2배↑", https://www.yna.

co. kr/view/AKR20201005068600063(검색일: 2021. 4. 20.).

_____, 2021. 3. 31.,"한강 하구에 유해생물 '끈벌레' 올해도 출몰…어민들 긴장", https://www.yna.co.kr/view/AKR20210330156600060(검색일: 2021. 4. 21.).

『중앙일보』, 2018. 12. 4.,"실뱀장어 집단폐사는 한강 끈벌레 때문", https://news.joins.com/article/23180907(검색일: 2021. 4. 23.).

『한국일보』, 2021. 4. 2., "한강 끈벌레 또 출몰… "5억짜리 용역 왜 했나" 어민들 '부글'", https://www.hankookilbo.com/News/Read/A2021040215270000579(검색일: 2021. 4. 21.).

『한겨레』, 2021. 3. 31., "매년 봄 한강하구 찾는 불청객…고양시 '끈벌레' 14년째 출몰", http://www.hani.co.kr/arti/area/capital/989033.html(검색일: 2021. 4. 21.).

(3) 인터넷 자료

감사원, 한강하구 중립수역 내 불법조업어선 근절에 기여, 감사원, https://www.bai.go.kr(검색일: 2121. 4. 20.)

공공누리 OPEN, 동자개, https://www.kogl.or.kr/recommend/recommendDivView.do?recommendIdx=3851&division=img(검색일: 2021. 6. 5.).

국사편찬위원회, 언제부터 한반도에 사람이 살았을까?, 우리역사넷, http://contents.history.go.kr/front/kh/view.do?levelId=kh_001_0010_0010_0010(검색일: 2021. 4. 14.).

부산광역시, 하구란, https://www.busan.go.kr/environment/ahnakdongrive01(검색일: 2021. 4. 15.).

부산광역시 해양자연사박물관, 해양용어사전, https://www.busan.go.kr/sea/ondictionary ocean?curPage=4&termSe=3(검색일: 2021. 6. 5.).

부산일보, [수산물 테마여행] 뱀장어, http://www.busan.com/view/busan/view.php?code=20110815000048(검색일: 2021. 6. 5.).

북한지역정보넷, 행정구역관 황해남도 연안군, http://www.cybernk.net/common/ImgPopup2.aspx?iid=0102136123&direct=1(검색일: 2021. 7. 19.).

인천광역시, 내수면어업, https://www.incheon.go.kr/ocean/OC020105(검색일: 2021. 4. 23.).

통계청, 어업생산동향 총괄표, 국가통계포털, https://kosis.kr/statisticsList/statisticsListIndex.do?vwcd=MT_OTITLE&menuId=M_01_02#content-group(검색일: 2021. 4. 18.).

파주시청, 파주시어획량2017, 파주시청, https://www.paju.go.kr/user/board/BD_board.view.do?bbsCd=2003&q_ctgCd=3002&seq=20190226134100689(검색일: 2021. 4. 18.).

한국수산자원공단, 방류통계, 방류종자관리시스템, https://seed.fira.or.kr(검색일: 2021. 4. 21.).

한국어촌어항공단, 어항, 한국어촌어항공단, https://www.fipa.or.kr/sub4/?mn_idx=0004
_0059_0060_&dp1=4&dp2=1&dp3=1(검색일: 2021. 4. 18.).

한국학중앙연구원, 조개더미, 한국민족문화대백과사전, http://encykorea.aks.ac.kr/
Contents/SearchNavi?keyword=%ED%8C%A8%EC%B4%9D&ridx=17&tot=71(검색
일: 2021. 4. 15.).

한국해양과학기술원, 생태와 역할로 살펴보는 하구역의 가치, 한국해양과학기술원 블로그,
https://m.blog.naver.com/PostView.nhn?blogId=kordipr&logNo=221198659118&pr
oxyReferer=https: %2F%2Fwww.google.com%2F(검색일: 2021. 4. 15.).

제6장
지속가능한 평화관광

최현아

한스자이델재단 수석연구원

1. 들어가는 글

한강−임진강 하구를 포함하여 기존 DMZ 일원 관광은 전쟁의 참혹함과 분단의 아픔, 그리고 평화의 중요성을 일깨우는 안보관광을 중심으로 판문점, 전망대, 땅굴 등을 방문하는 형태로 진행되었다. 국방부 『국방통계연보』(2019)에 따르면 6·25전적지와 민통선 일대, 연평해전지 등 전적관광자원이 있는 곳을 안보관광지로 지정하고 있으며, 역사(안보)의식을 함양하는 장소인 김포 애기봉전망대,[1] 강화도 평화전망대 등이 포함되어 있다. 파주시의 경우 「파주시 민북지역 안보관광시설사용료 징수 조례」에서 제3땅굴, 도라전망대, 해마루촌 및 허준선생묘의 시설사용료 징수를 목적으로 안보관광시설을 규정하고 있다.

전적지를 중심으로 한 관광자원은 한반도 평화와 생명의 상징인 DMZ 일원의 특성을 제대로 드러내지 못하는 한계를 가지고 있다. 현재 DMZ 일원 관광에 대한 소개 자료는 안보관광과 평화관광이 뒤섞여 있다. 과거 냉전의 역사를 기억하면서 협력과 평화 실현이라는 가치를 체험할 수 있는 '평화관광'으로 진행할 필요가 있다. 장기간 인간의 간섭이 없어 뛰어난 하천−해양 생태계를 유지하고 있는 한강하구는 국제적으로 멸종위기에 처한 동식물을 포함하여 다양한 야생 동식물이 서식하고 있는 공간이면서 자연 스스로 치유하고, 자연과 인간이 공존하고 평화로운 공간을 구성하고 있다. 특히 우리와 비슷한 자연환경 아래 생활하고 있는 북측 주민들을 멀리서 볼 수 있는 공간이다. 따라서 과거 전쟁의 아픔을 기억하면서 미래세대와 함께 한강하구를 포함한 DMZ 일원의 생태적 가치와 공존의 개념을 반영한 평화관광으로 접근할 필요가 있다.

'평화관광'은 협력과 공존의 공간에서 생태·문화·역사 자원을 동시에 경험하는 관광이다. 2018년 활발하게 진행된 남북 간 대화로 인해 한강하구 중립지역을 포함한 DMZ 일원이 남북 교류협력, 평화와 화해의 상징으로 부각되었다. 생태·문화·역사 자원을 체험할 수 있는 DMZ 평화의 길은 2022년까지 동서횡단 도보여행길을 조성하고 한강하구 주변 지자체인 김포와 고양에 거점센터를 설립하는 것을 계획하고 있다.[2] 한강변을 따라 고양시, 김포시, 강화군의 주요 생태·문화·역사를 체험할 수 있는 평화관광이 가능하다.

2. 평화관광 국외사례

국외의 대표적 사례 가운데 하나로 요르단과 이스라엘 사이의 접경수역인 아카바만을 들 수 있다.[3] 요르단과 이스라엘은 아카바만 북부 해안선 41km를 공유하고 있고, 지정학적 중요성과 생태적 가치 활용방안의 차이 때문에 국가 간 갈등이 심했다. 특히 접경지역을 따라 관광과 항만을 기반으로 한 경제구조를 지닌 도시인 요르단의 아카바와 이스라엘의 에일라트(Eilat)가 인접하고 있다. 두 국가 간 갈등을 해결하기 위해 1994년 요르단과 이스라엘 평화협정(Peace Treaty) 체결로 결실을 맺었다. 항로, 운항, 교역, 에너지, 통신, 환경, 문화, 과학과 함께 관광 분야 공동협력을 구체적으로 명시하였다. 이후에 아카바-에일라트 특별협약(Agreement on Special Arrangement for Aqaba and Eilat)이 체결되었고, 이때 아카바만의 요르단 연안과 이스라엘 연안에 걸쳐 있는 홍해해양평화공원(Red Sea Marine Peace Park) 지정이 구체화되었다. 홍해해양평화공원이 지정된 뒤 산호초를 활용한 관광개발을 통해 지역경제가 활성화되면서 산호초 전문 국제관광도시로 자리매김하게 되었다. 평화협정 이후 평화적 분위기가 조성되면서 관광객 수가 점차 증가했고, 관광산업 활성화에 긍정적인 영향을 미쳤다.

또 하나 평화관광의 대표적인 사례는 과거 동서독 접경지역이다. 1,393km에 이르는 동서독 접경지역의 자연환경을 보호하기 위한 그뤼네스 반트(Grünes Band, Green Belt) 구상이 베를린장벽이 무너진 해인 1989년 12월 서독의 자연보호연맹(Bund Naturschutz)을 중심으로 제창되었고, 국가사업으로 채택되었다. 2009년부터 자연보호연맹은 국가자연기념비 사업을 추진하고 있으며, 현재까지 자연보호와 역사·문화유산 보호, 그리고 사람들이 자유롭게 이용(관광)할 수 있도록 하고 있다.[4] 그뤼네스 반트를 상징하는 주요 구호 중 하나는 "생명의 공간을 연결하여 인간을 통합하자(Lebensräume verbinden, Menschen integrieren)"이다. 이는 한강하구에 그대로 적용해도 좋은 구호이다.

한강하구의 경우 남북이 공동으로 평화적 활용에 대한 협의를 진행하기는 어렵지만, 먼저 우리측에서 가능한 평화적 이용, 자연, 역사를 고려한 평화관광을

〈표 6-1〉 과거 동서독 접경지역, 그뤼네스 반트를 상징하는 주요 구호

- "경계선은 분단을, 자연은 연결을(Grenzen trennen, Natur verbindet; Borders divide, Nature connects)"
- "생명의 공간을 연결하여 인간을 통합하자(Lebensräume verbinden, Menschen integrieren; Connecting natural habitats, integrating people)"
- "역사적 경계선을 극복하여 미래 전망을 확보하자(Historische Grenzen überwinden, Zukunftsperspektiven sichern; Overcome historical Borders, Securing future prospects)"
- "자연의 보석으로 연결되는 띠(Naturjuwele am laufenden Band; Natural jewels on the run/at the Green Belt)"

출처: 손기웅·강동완, 2020

〈그림 6-1〉 자연보호와 역사·문화유산 보호, 그리고 관광이 가능한 과거 동서독 접경지역, 그뤼네스 반트

출처: Wikimedia commons ⓒ Lencer, 2008

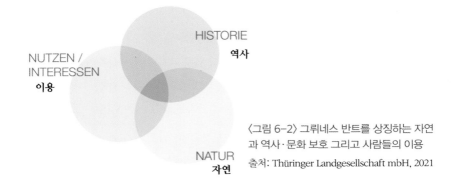

HISTORIE
역사

NUTZEN /
INTERESSEN
이용

NATUR
자연

〈그림 6-2〉 그뤼네스 반트를 상징하는 자연과 역사·문화 보호 그리고 사람들의 이용

출처: Thüringer Landgesellschaft mbH, 2021

〈그림 6-3〉 한국 관광객들의 그뤼네스 반트 지역 방문.
과거 동서독 접경지역을 방문하여 국내 상황과 비교하기도 한다.
출처: Bernhard Seliger

진행할 수 있다. 대표적으로 한강하구 생태관광, 역사문화관광이 있으며, 이와
관련한 자세한 내용은 다음 절에서 소개한다.

3. 한강하구에서 경험할 수 있는 생태평화관광

　한강하구는 중립수역이라는 지리적 특수성 때문에 우수한 생태공간을 유지하
고 있으며, 재두루미, 저어새, 개리 등 국제적 멸종위기종의 서식지와 월동지, 이
동경유지로 알려져 있다. 철새들이 이동하는 시기에 한강하구에 있다 보면 자연
환경이 주는 경이로움과 아름다움을 느낄 수 있어서 다시 한 번 한강하구의 중
요성을 실감하게 된다. 대표적으로 고양 장항습지, 김포 유도와 시암리습지 등
주변 농경지와 갯벌을 포함한 습지가 철새에게 중요한 지역이다.
　유도와 시암리습지, 장항습지를 포함한 한강하구는 국제 철새이동경로 중 하

나인 동아시아–대양주 철새이동경로(East Asian–Australasian Flyway)의 거점서식지로 등록되어 있으며, 국제조류보호협회(BirdLife International)가 지정하는 주요 조류 생물다양성 지역(Important Bird and Biodiversity Area)으로도 지정되어 있어 주요 겨울 철새의 월동지뿐만 아니라 중간기착지로 중요한 역할을 하고 있다. 한강하구 장항습지의 경우 2021년 5월 21일 람사르(Ramsar) 습지로 등록되었다.

철새이동경로상 전체 개체수가 감소하는 추세를 보이는 종에는 관심을 가지고 보전을 위한 활동을 해야 하는데, 유도에서 번식하는 저어새와 시암리습지와 장항습지에서 서식하는 재두루미가 대표적이다. 전 세계적으로 멸종위기에 처해 있는 저어새는 한반도 서해안과 중국 동부에서 많이 서식하고 있는 것으로 알려져 있다.[5] 한반도 서해안 지역과 중국에서 저어새 번식지 관련 조사가 진행되었는데도, 아직 저어새의 대규모 서식지는 파악하지 못했다. 그러나 한강하구 등 DMZ 일원, 조수간만의 차가 크고 무인도가 많은 북측의 서해안 지역에서 서식하고 있을 것으로 추정하고 있다. 북측

〈표 6-2〉 한강하구 관련 주요 지정 현황

연도	주요 내용
1997	동아시아–대양주 철새이동경로 (EAAF) 거점서식지 지정
2004	주요 조류 생물다양성(IBA) 지역
2006	한강하구 습지보호지역 지정

〈그림 6-4〉 한강하구 습지 보호지역 안내표지

출처: HSF Korea

에서는 저어새 관련 연구가 아직 활성화되지 않았으나, 1997년과 1998년 진행한 연구 결과 서해에 위치한 7개의 섬에서 저어새 둥지가 발견되었는데, 그중 평안남도 온천군 금성리에서 25km 떨어진 덕도가 가장 중요한 서식지로 나타났다. 또한 북측 개성시 평화리, 동창리, 대룡리, 림한리, 조강리 일대의 판문벌에서 서식하는 두루미류와 저어새, 쇠기러기, 큰기러기 등이 남과 북을 이동하면서 월동하는 것으로 보인다. 조선중앙통신에 따르면 최근 북한에서는 서해안 지역에서 새로운 습지 보호지점들을 확정하기 위한 물새 조사를 진행하고 있는데, 평안남북도 지역에서 번식하는 저어새와 재두루미, 개리에 대한 조사도 포함되어 있다.[6] 국경 없이 남과 북을 이동하는 새들의 서식지로서 한강하구의 중요성과 모니터링에 대한 논의를 가까운 미래에 진행할 필요가 있다.

한강하구는 전 세계적으로도 중요한 희귀종과 멸종위기에 처한 새들의 쉼터다. IUCN(2018)에 따르면 관광은 보호지역이 가진 가치를 관광객이 잘 느끼고 이해할 수 있도록 돕고 보호지역 보전에도 긍정적인 영향을 끼친다. 또한 방문객의 경험은 보호지역 가치에 대한 인식을 증진하는 데 도움을 주는 것으로 나타

〈그림 6-5〉 한강하구에서 남북을 이동하는 철새
출처: Bernhard Seliger

났다. 한강하구를 방문하는 관광객들은 우리의 전통 농경사회에서 자주 보던 논과 밭, 우거진 산과 자연스럽게 남과 북 사이를 흐르고 있는 강과 그 주변 습지를 감상할 수 있다. 앞서 언급한 저어새, 재두루미는 시간이 지남에 따라 한강하구

한강하구에서 관찰할 수 있는 법적보호종(멸종위기종)

개리(Swan Goose *Anser cygnoides*)

출처: Bernhard Seliger

개리는 한때 동아시아에 많은 개체가 널리 분포했으나, 현재는 전 세계적으로 개체수가 약 60,000~78,000마리로 추정하고 있으며(Wetlands International, 2021), 국제적 취약종으로 분류되어 있다. 시베리아 지역, 몽골, 중국 북동부에서 번식하고, 서해에서 월동하는 기러기목 오리과에 속하는 대형 기러기이다. 2018년 11월 27일 김포시 조강리에서 1,010마리, 2020년 11월 16일에는 600마리의 개리가 관찰되었다.

저어새(Black-faced spoonbill *Platalea minor*)

출처: Bernhard Seliger

전 세계적으로 멸종위기에 처해 있는 저어새는 몸집이 큰 철새로 무인도나 갯벌, 강하구, 논습지 등에서 서식하고 물고기를 주식으로 한다. 2017 국제 저어새 동시 센서스 기록에 따르면 3,941마리가 관찰되었다. 저어새 서식지는 주로 한반도 서해안에 있다. 저어새 번

식지와 서식지는 대부분 경기만(京畿灣)에서 관찰되었으며, 2013년 4~7월 사이에는 경기만 전체에서 총 638개체가 관찰되었다(Kang et al. 2016).

현재까지 저어새의 대규모 번식지와 서식지는 파악되지 않고 있으나, DMZ 일원과 무인도가 많은 북한의 서해안 지역에서 대규모로 서식하고 있을 것으로 추정된다. 4~7월 사이 교배 기간이 끝나면 저어새는 일본 남쪽 지역, 중국 남쪽 지역, 대만으로 이동하고 그다음 해 3월 말 서해로 돌아오기 시작한다.

출처: 최현아 외, 2019

Box 2

북한 자료에 소개된 한강하구 재두루미 서식지(한강하류재두루미살이터)

한강하류재두루미살이터는 파주시 교하면과 김포군 하성면 사이에 위치한 한강하구의 동서연안과 삼각주 일대의 넓은 습지대이다. 해마다 10월 말~11월 중순경에 재두루미가 날아와 겨울나이한다.

주: 북한 자료에 표기된 그대로 작성하였다.

출처: 천연기념물도감편찬위원회, 2007

226   한강하구-평화, 생명, 공영의 물길

Box 3

한강하구에서 서식하는 조류관찰을 위한 수칙

조용히 천천히 다닌다.

- 새들이 놀라 도망가지 않도록 조용히 행동한다. 새들은 위협을 느끼면 날아가거나 활동이 위축된다.
- 천천히 살금살금, 자세는 낮추는 것이 좋다.

눈에 띄지 않는 복장을 준비한다.

- 활동하기 편한 옷을 입고, 화려한 옷이나 눈에 잘 띄는 색깔(붉은색, 황색, 백색 등의 원색)은 입지 않는다.
- 녹색 계열이나 갈색 계열 등 주위 환경과 비슷한 복장 모자가 가장 좋다.

멀리서 관찰한다.

- 새들은 감각기관이 예민하므로, 가급적 30m 이상 떨어져 쌍안경 등으로 지켜보는 것이 좋다.
- 텐트나 차 안에 가만히 있으면 새들이 가까이 다가오기도 한다.

자신이 관찰한 것을 비교, 기록한다.

- 자신이 알지 못하는 새로운 새들을 만나는 경우가 많으므로, 조류도감을 준비한다.
- 수첩, 필기도구 등을 이용해 자신이 관찰한 것을 기록하고, 다른 자료들과 비교한다.

둥지는 손대지 않는다.

- 둥지 주변의 풀 나무 돌은 위장과 햇빛가리개 역할을 하고 있어 만지지 않는다.
- 우연히 둥지를 발견하면 새들을 위해서 빨리 벗어나는 것이 좋다.
- 번식기(4~7월)에는 새들이 번식하는 지역에 들어가지 않고, 쌍안경 등으로 멀리에서 보는 것이 좋다.

돌을 던지지 않는다.

- 직접 맞지 않더라도 새들이 놀라거나, 다시 날려면 많은 에너지를 소모해야 한다.
- 부상당한 새는 대부분 죽으니 절대 돌을 던지지 않는다.

몰려다니지 않는다.

- 눈에 띄기 쉽고 소란스러워 새들이 미리 피하므로 몰려다니지 않는다.
- 5명 정도씩 작은 그룹으로 다니는 것이 좋다.

사진을 찍을 때는 이런 점을 주의해야 한다.

- 관찰을 위해서 나무를 꺾거나 주변의 풀, 돌을 없애면 안 된다. 고무줄을 이용하면 좋다.
- 둥지 주변에서 오래 머물면 곤란하다.

바닷가의 물새는 만조 전후 1~2시간에 관찰하기에 좋다.

- 만조 2~3시간 전, 미리 관찰하기 좋은 장소에서 대기한다.
- 만조는 국립해양조사원(http://www.nori.go.kr)의 조석 정보에서 알아볼 수 있다.

자동차를 이용할 경우

- 차에서 내리거나 소리치지 않는다. 엔진 소리도 조용히 한다.
- 길이 아닌 곳으로 다닐 경우, 땅 위에 있는 둥지를 망가뜨릴 수 있다.

자연을 보호한다.

- 낚싯줄과 바늘은 새들에게 위험하니 바로 수거한다.
- 휴지를 버리거나 나무, 풀, 자연물을 채집하거나 훼손하지 않는다.

출처: 서천군 조류생태전시관

의 생태·문화 가치를 잘 드러내는 상징으로 역할을 할 수 있다. 아직 국내에서는 새를 관찰하는 탐조 관광(birdwatching tour)이 많은 사람들이 즐기는 주요 야외 활동은 아니지만, 국제적으로 탐조활동을 기반으로 하는 관광업이 빠르게 성장하고 있다. 국외 탐조객들은 다양한 경관을 방문하고 싶어 하며, 인간의 간섭(방해)이 적은 곳에서 조류 다양성을 경험하고 싶어 한다. 탐조를 통해 각 나라를 이동하는 새를 관찰하면서 우리 주변의 생태계와 다른 나라의 생태계가 새를 매개로 서로 밀접하게 연결되어 있다는 것을 이해할 수 있다.

장항습지의 경우 생태탐방을 위해서는 한강유역환경청 자연환경과로 출입을 문의해야 하며, 출입이 승인되면 자연환경해설사의 안내를 받으며 탐방할 수 있다.

이 외에도 한강하구에서는 청개구리, 금개구리, 고라니, 수달 등도 관찰할 수 있으며, 조류, 포유류 등이 서식할 수 있는 자연경관을 잘 유지하고 있어 매력적인 공간이다. 날씨가 맑은 날에는 황해북도 개풍군과 개성시 판문 구역 방향의 해안이 가까이 보여 한강하구를 찾는 탐조객과 관광객이 아주 좋아할 만한 공간이다.

〈그림 6-6〉 한강하구 김포시 월곶면 주변 조류관찰

〈그림 6-7〉 한강하구 김포시 월곶면 유도에서 조류관찰
주: 유도에서 조류관찰을 하려면 사전 출입승인이 필요하다.

Box 4

장항습지 생태탐방

탐방절차

14일 전: 탐방 가능일자 문의하기

　　　　(누구든지 신청) 한강유역환경청 자연환경과 031-790-2852 전화신청

　　　　(고양시민 신청) 어린이 식물연구회 031-901-5583 전화신청

10일 전: 장항습지 출입신청서 및 인적사항 제출하기

　　　　출입신청서 서식 다운로드 및 서식 작성 후 제출

　　　　한강유역환경청 - 정보마당 - 부서별 자료 - 자연환경과 - [출입]으로 검색

3일 전: 출입이 승인되면 자연환경해설사가 신청자에게 회신

D-Day: 자연환경해설사와 함께 안전 수칙을 지키며 탐방하기

출처: 장항습지 홈페이지

북한과 약 17.3km 떨어진 장항습지에서 관찰할 수 있는 다양한 동식물과 생태탐방로

Box 5

알고가기 - 한강하구에서 볼 수 있는 동식물을 북한에서는 어떻게 부를까?

큰기러기 *Anser fabalis* (북) 큰기러기[7]

개리   *Anser cygnoides* - (북) 물개리[8]

민물가마우지 *Phalacrocorax carbo* - (북) 갯가마우지[9]

저어새 *Platalea minor* - (북) 저어새[10]

흰꼬리수리 *Haliaeetus albicilla* - (북) 흰꼬리수리[11]

재두루미 *Grus vipio* - (북) 재두루미[12]

갈대 *Phragmites communis* (북) 갈[13], 갈대[14]

모새달 *Phacelurus lalifolius* (북) 모새달(갈대쇠치기)[15]

새섬매자기 *Scirpus planiculmis* (북) 작은매자기(좀매자기)[16]

칠면초 *Suaeda japonica* (북) 칠면초[17]

해홍나물 *Suaeda maritima* (북) 해홍나물(가는잎해홍나물, 가는나문재나물)[18]

나문재 *Suaeda asparagoides* (북) 나문재[19]

갯개미취 *Aster tripolium* (북) 갯개미취[20]

나비 *Lepidoptera* (북) 나비[21]

잠자리 *Odonata* (북) 잠자리[22]

삵 *Felis bengalensis euptilura* (북) 삵(살쾡이)[23]

너구리 *Nyctereutes procyonoides* (북) 너구리[24]

방게 *Helice tridens* (북) 방게(물풍뎅이)[25]

참게　*Eriocheir sinensis* (북) 참게[26]
농게　*Uca arcuata* (북) 붉은농게[27]
숭어　*Mugil cephalus* (북) 은숭어(언디, 덩어, 모래이, 모쟁이)[28]
가숭어　*Mugil haematocheilus* (북) 숭어(황숭어, 사능, 가숭어, 물숭어)[29]
풀망둑　*Acanthogobius hasta* (북) 풀망둥어(큰망둥어, 물망둥어, 풀망둑)[30]

4. 한강하구에서 경험할 수 있는 역사·문화평화관광[31]

　근래 들어 어느 도시를 가든 그 도시를 상징하는 둘레길, 도보여행길이 있다. 대표적으로 제주 올레길, 서울 둘레길, 전라북도 천리길이 있으며, 한강하구의 대표적인 도보 여행길 평화누리길, 강화나들길, 그리고 평화나들길이 있다.

　평화누리길은 행정구역상 김포시, 고양시, 파주시, 연천군을 잇는 최북단 걷는 길로 제방길, 마을 안길과 논길, 한강하구, 임진강 등 다양한 역사유적이 있어 걸으면서 긴장보다는 평화로움을 경험할 수 있는 길이다. 한강하구를 도보 구간에 포함하고 있는 김포시 평화누리길은 1코스부터 3코스 구간이 있고 고양시 평화누리길은 4코스와 5코스 구간이 있다. 각 코스의 길이는 15km 내외로 도보이동 시 약 4~5시간이 소요된다.

　평화누리길 1코스를 살펴보면, 바다를 향해 굽어져 있는 강이라는 뜻의 대명항을 시작으로 덕포진을 거쳐 부래도, 염하강을 따라 철책길을 걸어 문수산성 남문에 이르는 길이다. 걷다 보면 덕포진 파수청터, 고려시대 뱃사공 손돌의 묘, 돈대[32] 터, 덕포, 쇄암리 전망대, 원모루나루(고양포)를 볼 수 있다. 2코스는 김포숲길로 불리며 문수산성 남문부터 과거 가장 번창했던 조강나루(조강포)를 거쳐 애기봉 입구까지 가는 길이다. 북측과 가장 가까운 구간으로 곧 개장 예정인 애기봉 평화생태공원에서는 북측 주민의 생활을 직접 관찰할 수 있다. 3코스는 애

〈그림 6-8〉 도보길 2코스를 걷다 볼 수 있는 김포 보구곶리 주변 환경(위)과 유도(아래)

출처: Bernhard Seliger

기봉에서 전류리포구까지 이어지는 길로 시암리습지, 후평리 철새도래지와 석탄리 철새조망지가 마련되어 있어 철새를 관찰하기에 좋은 코스이다.

4코스는 행주산성에서 시작하여 행주 나루터가 있던 행주대교 아래를 지나 최

<그림 6-9> 도보길 3코스 시암리
습지 주변에서 관찰된 후투티(위)
황새와 왜가리(아래)
출처: Bernhard Seliger

근 개방된 한강변 민간인 통제구역 구간을
통과, 일산 호수공원까지 연결된다. 5코스
는 호수공원에서 시작하여 선인장전시관
대화농업체험공원을 지나 동패지하차도
까지 연결된다. 도보길 외에도 자전거길 3
개 코스가 있으며, 경기관광공사에서는 평
화누리길 카페를 운영하면서 회원 관리와
정기모임 등을 진행하며 관련 정보를 공유
하고 있다.[33] 평화누리 자전거길 2코스 중
보구곶리 검문소부터 용강리 검문소 구간
의 경우 민간인 통제구역(CCZ)으로 통행

<그림 6-10> 평화누리 자전거길 민간인
통제구역(CCZ) 안내

한강하구-평화, 생명, 공영의 물길

<표 6-3> 평화누리길 구간 및 거리

지역	평화누리길	구간 및 거리	소요 시간
김포시	도보길 1코스	(염하강철책길) 대명항–문수산성 남문 14km	4시간 소요
	도보길 2코스	(조강철책길) 문수산성 남문–애기봉 입구 8km	3시간 10분 소요
	도보길 3코스	(한강철책길) 애기봉 입구–전류리포구 17km	4시간 30분 소요
	자전거길 1코스	전류리포구–용화사–감암포–홍도평소초–아라뱃길 김포항 22km	1시간 30분 소요
	자전거길 2코스	대명항–부래도–문수산–애기봉–연화사–석탄리 철새조망대–전류리포구 47km	3시간 소요
고양시	도보길 4코스	(행주나루길) 행주산성–호수공원 11km	3시간 소요
	도보길 5코스	(킨텍스길) 호수공원–동패지하차도 8km	2시간 20분 소요
	자전거길 3코스	방화대교–행주대교–신평초소–대화천–자유로휴게소–출판도시휴게소 21km	1시간 10분 소요

출처: 경기도 DMZ 예약 홈페이지(검색일: 2021. 4. 1.)

하려면 사전승인이 필요하다.

경기도 DMZ 예약 홈페이지에서 평화누리길 관련 다양한 행사와 관련 정보를 확인할 수 있으며, 2020년에는 비대면 걷기여행 이벤트를 개최하기도 하였다.

다음으로 강화나들길은 선사 시대의 고인돌, 고려시대의 왕릉과 건축물, 조선 시대는 외세 침략을 막아 나라를 살린 진보와 돈대 등 역사 유적과 선조의 지혜 가 스며 있는 생활·문화를 경험할 수 있으며, 갯벌과 그곳에서 서식하는 저어 새, 두루미류 등 철새관찰이 가능하다. 총 20개 코스로 이루어져 있으며, 각 코스 출발점에서 도보여행 안내와 방문기념 도장을 찍을 수 있는 도보여권을 받을 수 있다. 각 출발지점과 완주지점에는 코스별 특색이 담긴 도장이 있어 한강하구 도보여행을 기념할 수 있다.[34]

마지막으로 평화나들길은 북측까지 거리가 2.6km에 불과한 교동도를 둘러볼 수 있는 자전거길이다. 해안가 철책선을 따라 교동 망향대, 난정리전망대, 남산 포전망대 등을 거치는 30km의 회주길과 평야를 가르지르며 강화도 관광플랫폼 인 교동 제비집과 회주길을 연결하는 마중길이 있다. 그리고 강화도 전체를 자

Box 6

평화누리길

평화누리길은 2010년 5월 8일 개장하였으며, DMZ 일원 김포-고양-파주-연천까지 연결된 대한민국 최북단 걷는 길이다. 제방길, 안길과 논길, 해안철책, 한강하류, 임진강 등 역사유적이 산재해 있는 도보길과 자전거길로 구분되어 있다. 평화누리길 종주투어, 평화누리길 걷기 모임 등을 할 수 있으며, DMZ 일원 생태적 가치, 평화적 가치, 미래적 가치를 경험할 수 있다.

출처: 김포시 관광누리집; 경기도 DMZ 예약 홈페이지(검색일: 2021. 4. 1.)

평화누리길 2코스 애기봉 평화생태공원에서 바라본 북측(2020. 11. 3.)

전거를 타고 평화와 여유를 즐길 수 있는 19개의 구간으로 나뉜 강화 자전거 한 바퀴 코스도 있다. 만약 걸어서 강화도를 경험하고 싶다면, 해안도로를 따라 서해 바다를 바라보면서 걸을 수 있는 강화 누리길을 추천한다. 돌모루에서 갑곶

〈그림 6-11〉 평화누리길 1코스부터 5코스

출처: 경기도 DMZ 예약 홈페이지

(검색일: 2021. 4. 7.)

순교성지, 구 강화대교까지 이어지는 길로 광성보, 초지진, 갑곶돈대와 같은 전쟁 유적지와 민머루해변, 보문사, 전등사 등을 볼 수 있다.

한강하구를 즐길 수 있는 방법으로 도보길, 자전거길 외에도 물길트레킹도 가

〈그림 6-12〉 강화나들길 안내판(왼쪽)과 8코스 길 도장(오른쪽)

출처: 강화군 문화관광(검색일: 2021. 4. 7.)

〈그림 6-13〉 교동도 평화나들길(자전거길)

출처: 강화군 문화관광(검색일: 2021. 4. 7.)

능하다. 김포시에서는 한강하구 평화의 물길 열기 행사를 계획하고 있으며, 민간단체를 중심으로 한강하구 평화의 배 띄우기 행사도 준비하고 있어 가까운 미래에는 한강하구에서의 자유항행이 가능해지기를 기대한다. 지금 바로 한강하구의 물길을 경험하고 싶다면, 전류리 어촌체험이 가능하다.

　한강수계관리위원회에서는 무박 1일 일정으로 한강수계의 우수한 경관지역 도보 여행을 통해 탐방과 역사를 체험할 수 있는 한강물길 트레킹을 운영하고 있다. 특히 한강하구 구간인 일산 장항습지길(3.9km)과 경인 아라뱃길(1.5km)이

〈그림 6-14〉 한강물길 트레킹 구간도
출처: 한강유역환경청 생태체험 통합 시스템(검색일: 2021. 4. 7.)

〈그림 6-15〉 오두산통일전망대
출처: 오두산통일전망대 홈페이지(검색일: 2021. 4. 7.)

포함되어 있으며, 한강유역환경청 생태체험 통합 시스템 홈페이지에서 신청할 수 있다.

북한 주민들의 생활환경을 망원경으로 전망할 수 있는 오두산통일전망대, 애기봉 생태평화공원(애기봉전망대), 강화평화전망대도 빼놓을 수 없는 역사·문화 관광지이다. 특히 오두산통일전망대에는 실향민들이 명절을 맞아 조상을 추모하는 망배단이 있고, 설날과 삼일절, 제헌절, 광복절, 추석 등 낮 12시부터 누구든 북을 치며 통일을 기원하고 소원을 빌 수 있는 통일기원북도 설치되어 있다.[35]

이 외 한강하구 평화관광을 시작하기 전에 관광지, 문화유산, 숙박 등 여행 정보를 아래 웹사이트에서 확인할 수 있으며, 비대면 랜선 여행도 가능하다.

〈표 6-4〉 한강하구 관광 정보 웹사이트

	웹사이트
경기도 평화누리길	https://cafe.daum.net/ggtrail
경기도 DMZ 일원 행사 예약 홈페이지	http://dmz.ggtour.or.kr
디엠지기 웹사이트	https://www.dmz.go.kr/front/wantgo/tour_security/view/256
강화군 스마트 관광 전자지도	https://ganghwagun.noblapp.com/client/index.html
강화군 문화관광	https://www.ganghwa.go.kr/open_content/tour
강화나들길 카페	https://cafe.daum.net/vita-walk
김포시 관광누리집	https://www.gimpo.go.kr/culture/index.do
고양시 문화관광	http://www.goyang.go.kr/visitgoyang/index.asp
오두산통일전망대	http://www.jmd.co.kr

5. 맺음말

봄에는 저어새가 날아오고, 찬바람이 불기 시작하면 개리, 재두루미 등이 찾아오는 한강하구는 생태적으로 매우 우수한 지역이고, 지리적 특수성으로 인해 과

〈그림 6-16〉 사람과 새, 자연이 공존하는 한강하구. 김포시 조강리
황로와 백로류가 봄 농사 준비를 하는 농부를 따라가며 먹이를 찾고 있다.
출처: Bernhard Seliger

거 전쟁의 아픔과 역사·문화를 동시에 체험할 수 있는 공간이다. 또한 북측 주민들의 생활환경을 아주 가까이 볼 수 있는 공간이면서 가까운 미래 우리가 도보 또는 물길을 이용해 가 볼 수 있는 곳을 먼발치에서 볼 수 있는 공간이기도 하다. 논과 밭이 있고 어업활동을 할 수 있는 포구가 있으며, 국제적 보호종과 멸종위기종을 포함한 다양한 동식물의 서식처인 한강하구 중립수역은 자연생태, 역사와 문화, 그리고 사람들이 자유롭게 이용할 수 있는 평화의 공간이다. 자연과 인간이 공존하고 평화로운 공간으로서 한강하구의 가치를 누릴 수 있는 기회를 이 글을 읽은 분들도 경험하기를 추천한다.

주

1. 김포시는 기존 애기봉전망대를 애기봉 평화생태공원으로 조성하여 2021년에 개관할 예정이다. 본 장에서는 애기봉전망대와 평화생태공원을 혼용하여 정리하였다.

2. 행정안전부 보도자료. 2020. 2. 25.

3. 윤인주 외(2017)의 자료를 재구성하였다.

4. 손기웅·강동완, 2020.

5. 환경부 보도자료. 2019. 4. 10.

6. 조선중앙통신. 2021. 3. 11.

7. 리경심 외, 2018.

8. 리경심 외, 2018.

9. 리경심 외, 2018.

10. 리경심 외, 2018.

11. 리경심 외, 2018.

12. 리경심 외, 2018.

13. 임록재, 2000b.

14. 민영화, 2012.

15. 임록재, 2000b.

16. 임록재, 2000a.

17. 임록재, 2000b.

18. 임록재, 2000b.

19. 임록재, 2000b.

20. 임록재, 2000b.

21. 민영화, 2012.

22. 민영화, 2012.

23. 민영화, 2012; 김경준 외, 2016.

24. 민영화, 2012.

25. 민영화, 2012.

26. 김광주 외, 2007.

27. 김광주 외, 2007.

28. 김리태, 2007.

29. 김리태, 2007.

30. 김리태, 2007.

31. 김포시 관광누리집(검색일: 2021. 4. 1.)

32. 적의 침입을 방어하기 위해 평지보다 조금 높은 곳에 보루를 만들고 화포를 비치하는 소규모 방어 시설.

33. 경기도 DMZ 평화누리길(검색일: 2021. 4. 1.)
34. 강화군 문화관광(검색일: 2021. 4. 7.)
35. 디엠지기(검색일: 2021. 4. 8.)

참고문헌

강화군 문화관광, https://www.ganghwa.go.kr/open_content/tour(검색일: 2021. 4. 7.).

경기도 DMZ 예약 홈페이지, http://dmz.ggtour.or.kr/index.php(검색일: 2021. 4. 1.).

경기도 DMZ 평화누리길, https://cafe.daum.net/ggtrail(검색일: 2021. 4. 1.).

김경준·주종실·함재복·남두영·오성일·정명호·전광혁·리수영·오진석·고병준·송철길· 최정식·강대용·장성훈·정영식·양현선·김호일, 2016, 『우리나라 위기동물(Red Data Book of DPRK (Animal))』, 평양: 과학기술출판사.

김광주·김문성·최금철·최승일·리영도·림창애·조만수·리형범·허명혁·조성룡, 2007, 『조선서해연안생물다양성』, 평양: 공업출판사.

김리태, 2007, 『조선동물지(어류편 2)』, 평양: 과학기술출판사.

김포시 관광누리집, https://www.gimpo.go.kr/culture/index.do(검색일: 2021. 4. 1.).

디엠지기, https://www.dmz.go.kr/front/wantgo/tour_security/view/256(검색일: 2021. 4. 8.).

리경심·윤철남·김정철·리충성·정진삼·채룡진·류진·리철주·방은경·우은정·리은철·최 지혜·리주혁, 2018, 『조선민주주의인민공화국 습지목록』, 평양: 공업출판사.

민영화, 2012, 『조선말련관사전』, 평양: 조선출판물수출입사.

서천군 조류생태전시관, http://www.seocheon.go.kr.dj3.ncsfda.org/bird/sub04_03. do(검색일: 2021. 3. 19.).

손기웅·강동완, 2020, 『동서독 접경 1,393㎞, 그뤼네스 반트를 종주하다: 30년 독일통일의 순례』, 부산: 도서출판 너나드리.

오두산통일전망대 웹사이트, http://www.jmd.co.kr(검색일: 2021. 4. 7.)

윤인주·홍장원·육근형·이정아·김지윤·김현정, 2017, "북한 지역 해양생태관광 협력 방안 연구", 한국해양수산개발원.

임록재, 2000a, 『조선식물지 8』, 평양: 과학기술출판사.

임록재, 2000b, 『조선식물지 10』, 평양: 과학기술출판사.

장항습지 홈페이지. http://www.goyang.go.kr/gojanghang/index.do(검색일: 2021. 4. 20.).

조선중앙통신, 2021. 3. 11., "물새들에 대한 전면조사 진행".

조선천연기년물도감편찬위원회, 2007, 『조선천연기념물도감 동물편』, 평양: 조선문화보존사.

최현아 · 젤리거 베른하르트 · 이수진, 2019, "접경지역(한강하구) 생태 모니터링", 김포시.

행정안전부 보도자료, 2020. 2.2 5, "각종 규제에 가로막힌 접경지역 발전에 올해 2,160억원 투자".

환경부 보도자료, 2019. 4. 10, "멸종위기 I 급 노랑부리백로 · 저어새 백령도에서 번식, 유인도에서는 최초 사례".

IUCN, 2018, Tourism and visitor management in protected areas: Guidelines for sustainability, Best Practice Protected Area Guidelines Series No. 27, Gland, Switzerland: IUCN. xii + 120p.

Kang, J.H., Kim, I.K., Lee, K.S., Lee, H.S., Rhim, S.J., 2016, Distribution, breeding status, and conservation of the black-faced spoonbill (*Platalea minor*) in South Korea, *Forest Science and Technology*, 12(3), 162-166, DOI: 10.1080/21580103.2015.1090483.

Thüringer Landgesellschaft mbH, 2021, LEBENSRÄUME VERBINDEN. MENSCHEN INTEGRIEREN, Dialogorientierte Vorgehensweise zur Raum- und Regionalentwicklung am Grünen Band Zentraleuropa. https://www.noe-naturschutzbund.at/files/noe_homepage/anlagen/Projekte/GreenNet/GREENNET-Broschure_Screen_DEUTSCH.pdf(검색일: 2021. 4. 8).

Wetlands International, 2021, Waterbird Population Estimates. Available at http://wpe.wetlands.org(검색일: 2021. 4. 1).

제7장
한강하구 해양생태와 환경

최중기

인하대학교 명예교수

1. 들어가는 글

　프리처드(Pritchard, 1967)는 하구를 하천에서 유래한 담수와 연안의 해수가 만나는 기수성 반폐쇄해역으로 정의하였다. 한반도 서해 중부에 있는 한강하구는 단발령, 오대산, 금대봉에서 발원한 한강과 강원도 법동군 두류산에서 발원한 임진강, 멸악산맥의 끝자락 언진산에서 발원한 예성강 등 삼강의 큰 물줄기와 서해의 바닷물이 조강(祖江)에서 만나 형성된 기수역이다. 우리나라에서 가장 큰 하구이며 세계적으로 손꼽히는 5대 갯벌 중 한 곳이 이곳에 자리한다. 한강은 강원도, 충청북도, 경기도에 걸친 38,831km²의 땅을 유역으로 삼아 494km를 흐르면서 경기도, 서울특별시, 인천광역시 등 수도권 1,500만 인구에 물을 공급하는 상수원 역할을 한다. 또한 유역의 토사 등 각종 물질을 운반해 하구에 비옥한 토사와 오염물질을 배출한다. 북한의 강원도 산지 8,897.4km² 유역에서 224km를 흘러내린 임진강 맑은 물은 철원평야를 지나온 한탄강과 경기도 연천에서 만나 하구를 향해 그 여정을 계속한다. 임진강은 국토 중앙을 흘러 곳곳에 생명의 땅 육역습지를 만들고 한강과 교하(交河)에서 만나 조강으로 들어온다. 황해도 동남쪽에서 발원한 예성강은 유역면적이 3,916.3km²이며, 북한의 신계, 남천을 거쳐 배천군과 개성특별시 사이를 지나 조강으로 흘러드는 187.4km의 강이다.

　삼강과 서해가 만나는 한강하구는 육지에서 흘러내린 비옥한 유기물이 쌓여 수서생물에 각종 영양분을 공급하고, 강과 바다에서 유래한 많은 양의 모래와 염이온이 육지에서 들어온 각종 오염물을 제거한다. 또한 하구에서 유기물은 분해되어 생명을 위한 순환을 시작한다. 한강하구는 전형적인 연안평원하구[1]로서 조석작용에 의해 바닷물과 민물이 잘 섞이는 혼합수역이며 물때에 따라 염분 농도가 달라지는 점이지대로 다른 곳에서 볼 수 없는 독특한 생태 공간이 나타난다. 해양생태계와 담수생태계가 만나 형성된 하구생태계는 기수성 해양생태계, 기수성 담수생태계, 기수생태계를 포함하는 다양성이 높은 생태계이다. 한강하구의 강화도 쪽 부분은 해양생태계 영향이 큰 기수생태계로 해양생물과 기수생물의 주요 서식처이자 산란처이며 담수와 해수를 오가는 회유성 생물의 중요한 통로이다. 이외에도 하구는 홍수를 조절하고 아름다운 경관을 제공하는 등 다양한 기능을 가져 사회경제적 가치가 높은 생태계이다[2]. 한강 하류에 설치된 신곡수중보 때문에 해수 유입이 일부 제한받지만, 한강하구는 담수와 해수의 유입과 혼합이 조석에 따라 자연적으로 이루어지는 대규모 자연하구이다. 이 때문에 자연하구의 다양한 생태적 특성을 여전히 잘 간직하고 있다. 그러나 1980년대 말 한강 개발과 수중보 건설, 1990년대 청라지구 간척과 인천국제 공항 건설을 위한 대규모 간척 등 개발사업 때문에 한강하구의 생태와 환경 특성이 크게 변화했을 것으로 추정된다.

　1960년대 말부터 한강하구 감조수역 연구가 이루어졌기 때문에[3, 4] 신곡수중보 건설 이전의 한강하구 상류 범위를 유추할 수 있다. 수중보가 없던 시절에는 해수 영향이 노량진까지 미쳤다.[5] 1988년 신곡수중보 완공 이후 해수 유입이 감소해 한강에서 해수가 영향을 미치는 하구 상부 경계를 신곡수중보로 하고 있다[6]. 수중보가 없는 임진강에서는 해수 영향이 파주군 적성면 두지리까지 미친다. 한강하구에서 담수의 영향은 계절마다 상당한 차이가 있다. 여름철 홍수기에는 담수 유량이 많아 담수가 인천 연안이나 장봉수로까지 영향을 미치나 겨울철 갈수기에는 담수 영향이 강화도 좌우의 석모수로나 염하수로에 그친다. 이 장에서는 그동안 조사된 염분 분포 자료를 근거로 한강하구 범위를 추정해 보고자 한다. 염분과 더불어 하구 수생태 환경에서 중요한 환경요인은 수괴의 특성을 결정하는 수온, 생물 생산에 영향을 주는 영양염과 광조건에 영향을 미치는 부유입자(SPM: suspended particulate matter)의 양, 생물 호흡에 영향을 주는 용존산소 농도(DO: dissolved oxygen) 등이며, 하구 바닥에서는 퇴적물 종류, 유기물량 등이 중요하다.

하구의 생태적 특성을 이해하기 위해서는 기본적으로 일차생산자인 식물플랑크톤과 일차소비자인 동물플랑크톤의 분포 특성, 갯벌 일차생산자인 저서 규조류와 저서동물의 분포를 이해해야 한다. 남북이 군사적으로 첨예하게 대립하는 현장인 한강하구는 조사를 위한 접근이 어려워 하구생태계에 대한 연구가 많지 않다. 식물플랑크톤 연구는 정영호 외(1965), 정영호(1969), 최중기(Choi, J.K., 1985), 권순기·최중기(1994), 최중기·권순기(1994) 등이 있으며, 동물플랑크톤 연구는 명철수(1992), 윤석현·최중기(2003), 윤석현·최중기(Youn, S.H. and Choi, J.K., 2008), 명철수(2011) 등을 들 수 있다. 하구생태계 먹이망 상위 단계의 자치어 연구는 김지혜 외(2014; 2016)이 있고, 유영생물 분포는 황선도·노진구(2010), 황선도 외(2010), 문병렬 외(2011), 오택윤 외(2012)이 연구하였다. 또한 어류의 개체군 연구는 정수환 외(2014)와 김민규 외(2015), 김지혜 외(2016)이 있다. 갯벌의 생산력과 일차생산자에 대한 연구는 유만호·최중기(2005), 유만호(2017)가 있으며, 이형곤(1999), 길현종 외(2005)는 저서동물상에 대한 연구를 수행했다. 또한 박테리아 관련 연구도 일부 있다(Hyun, J.H. et al., 1999; 현정호 외, 1999; 조병철 외, 2005; 양은진 외, 2005; 김성한, 2007). 한강하구 영양염 동태에 대한 연구는 김성준(1994)이 있고, 김동화(2002)는 생지화학적 상호작용을 연구한 바 있다. 그 외에도 한강종합 개발 이후 한강하구의 퇴적환경 변화(장현도, 1989), 홍수기와 갈수기의 부유퇴적물 이동량 및 수직 분포(김미리내, 2009)에 대한 연구가 있다.

2. 한강하구 해양환경

1) 수괴 특성과 변화

(1) 염분

　염분은 담수와 해수를 구분 짓는 중요한 환경 요소이다. 일반적으로 담수의 염분은 0.5psu[7] 이하이고, 일반적인 연안해수의 염분은 33psu이다. 담수와 해수가 섞이는 하구의 염분은 하구의 상류에서 하류로 갈수록 증가하는데, 하구 머리에서 0.5psu, 상부하구에서 0.5~5psu, 내부 하구에서 5~18psu, 중부하구에서 18~25psu, 하부하구에서 25~30psu의 분포를 보인다.[8] 인천 연안의 염분 분포를 살펴보면 염하수로의 세어도 부근에서 19.16~31.43psu의 범위(평균 28.90psu)에 있으며, 인천항 부근은 28.5~31.65psu(평균 31.10psu), 인천항 바깥 덕적도 부근 해역은 30.89~32.4psu(평균 31.58 psu)로 다른 연안 수역에 비해 담수의 영향을 많이 받고 있음을 알 수 있다. 따라서 인천연안 전 해역을 넓은 범위의 한강하구로 구분할 수 있다.[9] 이 장에서는 넓은 범위의 한강하구를 다루지 않고 담수의 영향을 직접 받는 하부 하구의 염분 분포 상한인 30.0psu를 한강하구의 외해 쪽 경계로 보았다. 이 경우 염하수로까지 수역을 좁은 범위의 한강하구로 볼 수 있다. 한국해양연구원(2008)의 24회 측정 자료를 분석한 명철수(2011)의 결과를 보면, 염하수로 상부에서는 염분 범위가 2.6~26.6psu(평균 17.7psu)였고, 석모수로 상부에서는 8.1~27.3psu(평균 20.9psu), 장봉수로는 24.1~31.6psu(평균 28.6psu)의 범위를 보였다. 따라서 염하수로 뿐만 아니라 장봉도 해역도 담수의 영향이 직접 미치는 하부하구로 구분할 수 있다. 신곡수중보 상부의 염분은 갈수기에 평균 0.5psu(0~~0.55 psu) 이하로 담수에 해당한다. 만조 시 수중보 위로 해수가 일부 침투하지만 수중보 상류에 미치는 영향은 극히 미미하고 홍수기에는 해수 침투가 일어나지 않는다.[10] 신곡수중보 하부 전류리의 염분은 6월에 0.2~1.7psu(평균 1.0psu)로 상부하구에 해당한다. 강화대교 아래의 염분 범위는 6월에 10.2~18.1psu(평균 14.2psu), 갈수기인 2월에는 9.2~16.5psu(평균 12.9 psu)로[11] 하구의 중심부인 내부하구에 해당한다. 신곡수중보가 건설되기 이전에 조사한 정영호(1969)의 자료를 보면 전류리의 염분은 연간 0.23~0.70psu 범위(평균 0.47psu)로 담수 환경에 해당하지만, 신곡수중보 때문에 기수환경으로 바뀌었음을 알 수 있다. 1969년 당시 강화대교에 가까운 월곶리의 연간 염분 범위는 0.67~16.27psu(평균 8.28 psu)를 보여, 수중보 건설 이후 담수 영향이 감소하였음을 알 수 있다. 석모수로에 위치한 인화리 쪽도 수중보 건설로 담수 영향이 감소했는데, 1969년 연간 염분 범위가 7.68~23.09psu(평균 14.08 psu)였다. 임진강에서 측정한 염분자료는 많지 않지만 파주시 장단면 가곡리에서 측정한 염분 (0.9~1.8psu) 분포를 보면 해수 영향이 있음을 알 수 있다.[12]

한강하구에서는 조석변화에 의하여 하루 동안에도 염분변화가 크게 일어난다. 홍수기에는 이 변화가 더욱 커진다. 김미리내(2009)의 조사에 따르면 염하수로의 경우 홍수기인 8월 초지리 인근의 염분은 3.0~15.0psu 범위로 나타났는데, 저조 때 가장 낮았고 고조 때 가장 높았다. 갈수기인 11월 대조시 염분은 저조 때 23.0psu로 가장 낮았고 고조로 가면서 증가하여 고조 때 30.0psu였다. 한강하구의 염분은 홍수기와 갈수기에 큰 차이를 보였고, 하루 동안에도 7.0~12.0psu의 큰 염분 차이가 났다. 한강하구에서 담수와 해수의 혼합 정도는 계절별 담수 유입량, 조석 세기, 지형 요인에 따라 달라진다. 대체로 조석 세기가 큰 영향을 미치는데, 대조기에는 완전혼합형하구(well mixed estuary)의 특징이 나타나고, 소조기에는 부분혼합형하구(partially well mixed estuary) 특징을 보인다.[13] 담수 유입량은 팔당댐 방류량과 밀접한 관련이 있다. 1998~2008년 팔당댐의 1~3월 평균 방류량은 약 200m³/s로 갈수기 특징을 보이고, 8월 평균 방류량은 약 2,000m³/s로 홍수기 특징을 보인다.[14] 염분이 갈수기에는 증가하다가 홍수기에는 감소하는 하구의 일반적인 염분 분포 특징이 한강하구에서도 나타나고 있다.

(2) 수온

한강하구에서 2006년 봄부터 2008년 겨울까지 2년간 계절별 조사를 수행한 명철수(2011)의 자료를 보면 염하수로의 수온은 2월에 최저 0.3℃, 8월에 최고 26.4℃이며, 연평균 15.0℃였다. 석모수로의 계절별 수온 변화 범위는 0.2~26.6℃(평균 14.7℃), 장봉수로는 0.7~27.2℃(평균 14.8℃)로 염하수로의 수온 변화와 유사하였다. 다만 동계에는 담수 영향을 많이 받는 염하수로와 석모수로의 수온이 낮았고, 해수 유입이 많은 장봉수로에서 다소 높았다. 인천 조위관측소에서 관측한 인천 연안 10년(1999~2008) 평균 수온은 13.4℃로, 한강하구의 평균 수온이 더 높았다. 최중기(Choi, J.K., 1985)에 의하면 1975~1980년 인천항 평균 수온은 13.04℃(-1.8~27.5℃)로, 인천 연안 수온이 약 25년간 0.36℃ 상승했음을 알 수 있다. 이러한 경향은 정영호(1969)의 1967~1968년 염하수로 수온자료에서도 확인할 수 있다. 1960년대 후반 염하수로의 평균 수온은 12.86℃(-1.0~28.9℃)로, 인천 연안 수온(인천 조위관측소)은 40년간 0.54℃ 상승했다. 2002년 한강하구 상부의 수온을 살펴보면 전류리의 6월 일일 수온은 평균 25.2℃(24.2~26.2℃)였다. 동시에 관측한 강화대교 인근 해역의 수온은 평균 24.5℃(23.9~25.0℃)로, 하계에는 하부하구보다 상부하구의 수온이 더 높았다.[15] 동계에는 이와 반대로 하부하구의 수온이 더 높았다.

한강하구 표층 수온은 조석 변화와 태양 일사량 차이 때문에 같은 위치에서 측정하더라도 하루 중 시간에 따른 변화가 크다.[16] 홍수기에는 담수 증가에 따라 썰물 때 수온이 상승하고, 갈수기(동계)에는 저조 때 수온이 크게 하락하고 고조 때 상승한다. 낮과 밤 사이에도 표층 수온이 1℃ 정도 차이를 보인다.

(3) 수리 지형 특성

경기만의 조석 주기는 반일 주조형태로 12시간 25분의 주기로 변화한다. 그러나 조석파가 한강하구에 이르면 수심이 더 얕아 해저면 마찰이 증가하고 강물이 유입하기 때문에 창조시간은 짧아지고 낙조시간은 길어지는 조석 비대칭 현상이 발생하고, 하구 상류로 갈수록 조차가 작아지는 하구형 조석이 나타난다.[17] 장현도(1989)의 자료를 보면 인천항의 대조기 조차는 789cm, 소조기 조차는 347cm로, 평균 572cm이다. 또한 석모수로의 외포리에서는 평균 조차가 561cm (대조차 780cm, 소조차 340cm)로 약간 감소하지만 염하수로 세어도의 경우 평균 600cm(대조기 838cm, 소조기 364cm)의 최대 조차를 보인다. 염하수로 상부인 강화대교 아래에서는 조차가 평균 406cm로 감소하며, 상부하구인 전류리에서 평균 340cm로 크게 줄어든다.[18] 신곡수중보 아래에서는 대조기 조차가 80cm로 아주 낮다. 이에 따라 밀물(flood)은 인천항에서 6시간 10분간 지속하지만 강화대교 아래에서는 지속시간이 5시간 45분, 신곡수중보 아래에서는 2시간 30분으로 줄어든다. 썰물(ebb) 지속시간은 인천항에서 6시간 15분이며, 강화대교 아래에서는 6시간 40분으로 증가하고 신곡수중보 아래에서는 10시간 지속한다.

조류의 유속은 조석주기와 담수 유량에 영향 받는다. 대조기와 유량이 증가하는 홍수기에 유속이 증가한다. 하루 중 시간에 따라 유속이 다른데, 대체로 밀물 때보다 썰물 때 더 빠르다. 강화대교 아래에서 밀물 최강유속은 간조 후 2.5시간 경과 시 1.23cm/sec 이상이었고, 썰물 최강유속은 만조 후 3.0시간 경과 시 1.57cm/sec이었다.[19] 신곡수중보가 있는 상부하구에서는 수중보 영향으로 유속이 크게 감소한다. 평수기에는 유속이 0.17cm/sec로 느리지만, 풍수기 유속은 0.49cm/sec로 갈수기보다 약 3배 빠르다.[20] 조류 유속은 지형의 영향을 받아 달라지기도 한다. 교동도 호두곶과 강화도 인화곶 사이의 좁은 수로에서는 1.80cm/sec 이상의 최강유속이 나타나기도 한다.[21] 한국해양연구원(2011) 자료에 의하면 한강하구에서 150cm/sec 이상의 빠른 유속이 나타나는 곳은 김포반도 북단과 강화도 북단, 석모수로 입구, 염하수로 입구, 교동도 말탄각 서편 등이다(그림 7-1).

한강하구 수심 분포는 저조시 신곡수중보 아래에서 최저 50cm, 전류리 앞 수역에서는 수심 최저 2.5m까지 보이나 대부분 1m 미만이다. 임진강과 한강이 합류하는 교하 수역은 수심이 5~9m에 이르는 곳도 있으나 대부분 3m 미만이다.

〈그림 7-1〉 최대 조류속도 분포도
출처: 한국해양연구원, 2011

〈그림 7-2〉 한강하구 수심분포도
출처: 국립해양조사원 해도

조강의 유도 부근 수심은 1m 미만으로, 간조시 유도 서편에 모래풀등(사주)이 드러난다(그림 7-2). 신곡수중보 건설 이전에 전류리에서 측정한 수심(정영호, 1969)은 저조시 최소 2.5m, 만조 시 최대 12m였지만, 수중보 건설 이후 만조 시 수심이 크게 낮아졌다. 강화도 북단 철산리 앞 수역은 수심 5~10m가 넘는 깊은 수로가 좁게 발달했으나 대부분 수역의 수심은 4m 미만이다. 철산리 서쪽 예성강하구와 만나는 수역에는 대규모 모래풀등이 발달하여 청주초를 이룬다. 청주초 남쪽 수로는 1m 미만으로 수심이 얕지만 교동도 호두곶과 강화도 인화곶 사이의 석모수로로 유입하는 지점에서는 수심 13~21m의 깊은 수로가 나타난다. 교동도 북단의 조강수로는 2~4m 깊이의 얕은 수로로 이어지다가 교동도 서편 말탄각 앞에서 수심이 5~10m로 깊어진다. 강화도와 김포 사이의 염하수로는 4m 미만의 얕은 수심을 유지하다 황산도와 세어도 수역에서 5m 이상의 수로를 이룬다. 석모수로는 한강하구에서 가장 깊은 수로로, 수심이 8~20m에 이른다. 교동도와 석모도 사이의 교동수로는 2~10m 깊이의 수로로 기장도와 미법도의 남서방향에 수심이 얕은 대규모 갯벌이 잘 발달하였다. 한강하구 조강과 석모수로의 수심과 갯벌 분포는 〈그림 7-2〉와 같다.

한강하구 바닥 퇴적물 조성을 살펴보면 신곡수중보 상부는 펄과 모래가 우세하며 사니질이 일부 혼합된 조성을 보인다.[22] 신곡수중보 서남단의 상부 하구는 대부분 조립질 실트(모래와 점토 중간 크기 입자)로 구성되어 있으나 썰물 때 드러나는 퇴적물은 중사 또는 세사로 이루어져 있다.[23] 염하수로에는 잔자갈과 모래, 사니질이 혼합된 퇴적상이 나타나며, 강화도 남단 갯벌에는 펄과 사니질 퇴적상이 주를 이룬다. 석모수로 남단에는 사니질 퇴적상이 주로 나타나지만, 주문도에서 장봉도에 이르는 지역에는 사질 퇴적상이 잘 발달해 대규모 모래풀등을 형성한다.[24] 조강수로의 청주초에서도 모래풀등이 대규모로 발달하였다. 대체로 유속이 빠른 곳의 바닥에는 자갈과 모래가 섞인 사력질 퇴적상이 나타나고, 유속이 중간 정도이면 사질퇴적상, 유속이 느린 곳에서는 니질 퇴적상이 발달한다. 수로의 가운데는 유속이 다소 빨라 사질 퇴적상이 나타나고, 수로의 조간대 부분에서는 유속이 느려지면서 사니질 퇴적상 갯벌을 이룬다.

(4) 부유입자(SPM)

수중에 부유하는 0.45um(1mm=1,000um) 이상 크기의 입자상 물질은 무기물과 유기물을 포함하며, 수층에 부유하면서 탁도를 높여 광투과량과 투명도를 줄이는 요인이다. 한강하구의 부유입자 농도는 하천에서 유입하는 입자, 한강하구 바닥에서 재부유한 입자, 인천 해역에서 유입한 부유퇴적물의 양에 따라 달라진다.

평수기인 5월에 신곡수중보 상부에서 측정한 부유입자 농도는 표층에서 25.6 mg/l, 저층에서 37.4mg/l였고, 염하수로 상부의 경우 표층에서 150.8mg/l~1,074.0mg/l(평균 566.2mg/l), 저층에서 208.0mg/l~1,142.0mg/l(평균 631.8mg/l)

로 부유입자 농도가 신곡수중보 상부에 비해 20배 이상 높았다.[25] 전류리에서 측정한 부유 입자 농도는 105~456mg/l로 신곡수중보 농도보다 높았지만 염하수로보다는 낮았다.[26]

홍수기와 평수기에 부유입자 농도와 변화 폭에 차이가 있다. 장현도(1989)에 의하면 석모수로에서는 평수기인 5월에 표층수 부유입자 농도가 353.2~611.6 mg/l(평균 460.0mg/l), 저층수 농도는 368.4~1,239.2mg/l(749.0mg/l)였다. 그러나 홍수기인 8월에는 표층에서 39.6~1,129.2mg/l(평균 537.3mg/l), 저층에서는 257.6~2,900.4mg/l(평균 1,536.7mg/l)로 나타났다. 홍수기 부유입자는 평수기에 비해 농도 변화 폭이 크고 농도가 1.2~2.1배 높았다.

한강하구 부유입자 농도는 조석주기에 따른 변화도 보여 준다. 염하수로에서 ADP(Acoustic Doppler Profiler)음파산란 강도를 이용해 연속 측정한 홍수기 부유입자 농도는 저조로 갈수록 증가하고 고조로 갈수록 감소하였다.[27] 썰물이 일어나는 저조 직후 저층 부유입자 농도는 800mg/l가 넘지만 표층 부유입자 농도는 약 200mg/l로 표층과 저층 사이에 농도 차이가 컸다. 또한 갈수기인 11월 부유입자 농도는 저조 직후에 600~800mg/l로 가장 높았고, 고조로 갈수록 점차 감소하여 고조 때 약 200mg/l로 가장 낮았다(김미리내, 2009).

염하수로의 하부인 세어도 남단에서 매월 측정한 표층 부유입자 농도는 18.0~267.2mg/l(평균 98.6mg/l)로 염하수로 상부에 비해 상당히 감소했다.[28] 인천항 부근 수역에서 4년간 반기별 측정한 부유입자 농도는 2.50~50.80mg/l로,[29] 한강하구 중 염하수로와 석모수로 및 중립수역에서 부유입자 농도가 최댓값을 보인다. 또한 최중기(Choi, 1985)에 따르면 한강하구 부유입자 월별 농도는 금강하구보다 낮은 편이나 경기만과 가로림만 해역보다 높았다.

한강하구 부유입자 농도 분포의 큰 특징으로 수괴의 혼합 정도에 따른 계절별 변화를 들 수 있다. 동계에는 북서계절풍과 수온 연직구조에 기인한 수괴의 연직혼합으로 부유입자 농도가 높고, 하계에는 표층 수온 상승에 따른 성층 형성 때문에 농도가 낮았다.

(5) 유광층과 투명도 깊이

한강하구 염하수로 세어도 인근 해역 표면에서 측정한 광도는 4.33~14.33 mw cm^{-2}(광도는 1cm^2 표면에 유입하는 빛의 세기)로 하계에 높고 동계에 낮은 북반구 온대지방의 일반적인 계절 변화를 보인다.[30]

표면에 유입한 광량의 1%가 남아 있는 수심인 유광층 깊이는 세어도 수역에서 월 평균 1.63m(0.80~2.90m)로, 팔미도 수역(4.68m)이나 덕적도 수역(4.80m) 유광층 깊이의 1/3에 불과하였다(Choi, 1985). 이는 세어도 수역의 높은 부유입자 농도(평균 107.8mg/l)에 기인하는 것으로 한강하구에서는 대부분 유광층 깊이가 얕다.

이러한 양상은 수층 광투과 정도를 보여 주는 투명도 깊이(직경 30cm의 흰색 원판인 세키디스크가 보이는 수심)에서도 나타난다. 투명도 깊이는 염하수로 중부에서 평균 20cm(10~50cm), 석모수로에서는 평균 30cm(10~80cm)였다.[31] 염하수로 하부 세어도 부근 수역의 투명도는 평균 59cm(30~90cm)로, 팔미도 수역(159cm)과 덕적도 해역(152cm) 투명도 깊이의 1/3 정도로 얕았다.[32] 이는 팔미도(평균 40.0mg/l)와 덕적도(평균 40.2mg/l) 수역에 비해 세어도 수역의 부유입자 농도가 높기 때문이다.

한강하구의 유광층 깊이와 투명도 깊이는 경기만 팔미도 바깥 해역과 큰 차이를 보인다. 경기만의 유광층 깊이는 여름에 7~8m에 이르고 겨울에 2.5~2.9m 이지만, 한강하구에서는 봄, 여름, 가을에 1.5~2.9m의 범위에 있지만, 겨울에는 0.6~0.8m에 불과했다. 경기만의 투명도 깊이는 여름과 가을에 1.5~3.0m, 겨울에 0.40~1.00m로 얕았다. 한강하구에서는 겨울에 전반적으로 투명도가 낮고, 그 외 계절에는 조석과 하천 유량에 따라 변하였다.[33] 조석 주기별 유광층과 투명도 깊이는 부유입자 농도가 낮은 소조시(조금때) 가장 깊고, 부유입자 농도가 증가하는 대조시(사리 때) 낮았다. 또한 토사가 많이 유입하는 홍수기에 투명도가 낮았다.

2) 해양환경 특성과 변화

(1) 용존산소(DO)와 화학적 산소요구량(COD)

수중 용존산소 농도는 수온과 염분 조건을 반영한 산소 포화 정도, 생물 호흡과 일차생산 등에 의해 변화하며, 수괴 유동에 따른 공기 중 산소 유입으로 증가한다. 경기만은 조석작용 때문에 수괴 유동이 활발해 용존산소 포화도가 높은 수역이다.[34] 한강하구 하부수역인 염하수로의 월별 용존산소 농도 범위는 5.0~13.8mg/l, 평균 농도는 8.37mg/l였으며, 포화도는 평균 92.69%였다(Choi, 1985). 수온이 높은 하계(60.07~88.35%)에 비해 동계(90.61~121.41%)에 용존산소 포화도가 높다. 식물플랑크톤의 생산이 활발한 4,5월에는 포화도가 101.22~112.61%로, 용존산소 과포화 상태가 나타나기도 한다. 홍수기에 육상에서 유입한 많은 유기물이 활발히 분해되어 용존산소량이 감소하고 포화도가 낮은 8월을 제외하고는 대부분 계절에 용존산소 농도가 높은 편이다.

2000년과 2001년 강화도와 세어도 인근의 용존산소 포화도는 90.0~97.1%(평균 91.4%)로, 용존산소 상태가 비교적 양호하였다.[35] 그러나 한강하구 상부인 전류리의 용존산소 포화도는 6월 평균 59.1%, 1월 평균 93.7%였다. 이는 하계에 유기물 유입과 수온 상승으로 용존산소 소모가 많았다는 것을 의미한다.

신곡수중보를 건설하기 전 1967년 전류리에서 측정한 용존산소량은 하계에도 6.46~7.78mg/l로[36] 비교적 양호했지만, 수중보 건설 후 용존산소 상태가 악화하였다. 신곡수중보 건설 후 한강 뚝섬부근에서는 용존산소가 15.0mg/l으로 과포화 상태였지만, 신곡수중보 상부에서 1.5mg/l로 용존산소 농도가 아주 낮았다. 또한 2002년 수온이 높은 갈수기에 신곡수중보 하단에서 4.0 mg/l 이하의 저산소 상태를 보여 갈수기에 생물 서식에 부정적 영향을 주는 환경으로 변했다는 것을 알 수 있다.[37]

2008년 한강하구 하부에서 측정한 용존산소는 염하수로에서 5.1~12.2mg/l(평균 7.9mg/l), 석모수로에서 5.6~11.6mg/l(평균 8.3mg/l), 장봉수로에서 7.3~

11.7mg/l(평균 9.0mg/l)로 용존산소 상태가 비교적 양호했다.[38] 한강 유입수에서 멀어 질수록 용존산소 농도가 증가(장봉수로, 석모수로, 염하수로 순으로 용존산소 농도가 높음)하였다. 이는 한강하구의 용존산소는 한강하류의 오염수 유입과 양호한 연안 해수의 영향을 동시에 받고 있음을 보여 준다.

한강하류와 임진강 하류에서 수질 오염의 지표가 되는 화학적산소요구량(COD) 농도 분포는 〈표 7-1〉에 제시하였다. 김포 신곡리에서 2016년부터 5년간 연평균 COD 농도가 5.1~6.9mg/l(평균 5.9 mg/l)의 범위에서 변화했고, 파주 운천리에서는 5.1~6.7mg/l(평균 6.3mg/l)였다.[39] 신곡리와 운천리의 COD 농도는 하천 생활환경기준 III등급, 즉 보통 등급(7mg/l 이하)에 해당한다. 그러나 이는 인천 연안 표층수의 평균 COD 농도인 1.77mg/l(2006년부터 5년 평균)에 비해 아주 높은 수준이다(표 7-1). 6ppm 정도인 하천 구간의 COD가 한강하구 수역에서 2ppm 수준으로 크게 감소하였다 이러한 감소는 한강하구에 유입한 해수로 인한 희석 효과가 나타났고 수중 유기물이 하구의 많은 부유 입자에 흡착하거나 응집했기 때문이다.[40]

인천 연안의 수질 등급은 해수 수질 기준으로 III등급 또는 IV등급에 해당한다. 한강하구의 COD 기준 수질은 하천수질기준으로는 보통에 해당하지만 해수수질기준으로 평가하면 아주 나쁜 수질에 해당한다. 박경수(2005)는 이와 같은 하구 수질 등급 판정 문제를 해결하기 위하여 신곡수중보에서 전류리에 이르는 한

〈표 7-1〉 한강하구 위치별 평균 수질 자료

(단위: mg/l)

위치	COD	TOC	총질소(TN)	총인(TP)
1. 김포 신곡리(한강하류)	5.9	2.8	5.410	0.109
2. 파주 운천리(임진강)	6.3	2.9	3.264	0.129
3. 강화 창후리(석모수로)	3.6	2.6	1.431	0.086
4. 강화 초지리(염화수로)	2.4	1.9	1.713	0.069
5. 인천 세어도(염하수로)	2.2	1.7	1.036	0.061

주: 1, 2 – 환경부 물환경 측정 자료(2016~2020)
  3, 4, 5 – 인천시 보건환경연구원 해양수질자료(2019~2020)

한강하구-평화, 생명, 공영의 물길

강하구 상부는 하천수질기준으로 평가하고, 강화도 북단부터 한강하구 하부수역은 해수수질기준을 적용하는 것이 바람직하다고 주장했다. 한강하구 수질을 관리하기 위해서는 전류리와 중립수역, 염하수로, 석모수로의 염분과 수질 분포를 조사하고 이를 바탕으로 염분 조건을 반영한 하구 내 공간별 수질 관리가 필요하다.

(2) 영양염 분포

질소, 인 등 용존 영양염은 식물플랑크톤이 유기물을 생산하는 데 반드시 필요한 요소이다. 그러나 용존 영양염 양이 지나치게 많은 과영양 상태가 되면 식물플랑크톤의 대증식을 유발하여 수질이 악화하는 원인이 된다.

한강하구 용존질소(DIN)의 경우 신곡수중부 상류에서 농도가 가장 높고, 전류리, 강화대교 아래, 세어도 순으로 낮다.[41] 하계 용존질소 분포를 보면 전류리에서는 1.40~8.40mg/l, 강화대교 부근 수역은 1.40~2.80mg/l의 농도를 보이는데, 썰물 때 높고 밀물 때 낮다.[42] 서울을 통과하면서 증가한 질소계 영양염 유입으로 용존질소 농도가 증가하고, 인천해역에서 유입하는 해수의 희석 작용으로 농도가 낮아지는 경향을 보였다. 갈수기인 동계 분포를 살펴보면 전류리의 경우 평균 농도가 하계보다 약 1.5배 증가했다. 홍수기인 8, 9월 썰물 때 신곡수중보 하부에서 총질소(TN) 농도는 2.4~4.6mg/l로 낮았지만, 평수기인 10월 썰물 때 측정한 총질소는 5.1~8.5mg/l로 홍수기에 비해 크게 증가했다.[43] 전류리에서도 썰물 때 용존질소 농도가 5.4~7.3mg/l로 높았다.

환경부 물환경정보시스템 자료에 따르면(표 7-1), 김포 신곡리에서 2016년부터 5년간 측정한 총질소의 연간 평균농도는 4.8~6.3mg/l의 범위(5년 평균 5.4mg/l)를 보였으며, 문산읍 운천리에서는 3.0~3.5mg/l(5년 평균 3.3mg/l)였다.[44] 임진강 하류의 총질소 농도가 한강 하류보다 낮았지만, 인천항 총질소 평균 농도(1.23mg/l)에 비해 아주 높았다. 한강하구 중립수역 남쪽에서 대조기 용존무기질소(DIN)의 계절별 변화를 살펴보면 염하수로의 계절별 농도(1.46~2.33mg/l)가 석모수로(1.10~2.07mg/l)나 장봉수로(0.28~0.85mg/l)보다 높았지만 한강하구 상부인 전류리에 비해 항상 낮았다.[45] 이와 같은 분포는 용존무기질소 농도가 높은 한강하류수에서 멀어질수록 그 영향이 감소한다는 것을 보여 준다. 염하수로와 석모수로의 용존무기질소는 인천항의 2016~2019년 용존무기질소 평균 농도(0.99mg/l)보다 높았지만 장봉수로는 더 낮았다.[46] 장봉수로는 인천 내만수의 영향을 거의 받지 않기 때문인 것으로 보인다.

또 다른 주요 용존영양염인 총인(TP) 농도는 총질소와 달리 한강하류보다 임진강하류에서 더 높았다. 2016~2020년 기간 연도별 총인 농도는 한강하류 김포 신곡리에서 평균 0.109mg/l(0.096~0.140mg/l) , 임진강 하류인 파주시 운천리에서는 평균 0.129mg/l(0.110~0.146mg/l)였다(표 7-1).[47]

신곡수중보 하부와 전류리의 2003년 총인 자료를 보면 총질소와 마찬가지로 홍수기보다 평수기에 농도가 더 높았다. 신곡수중보의 경우 풍수기 썰물 때 총인 농도 범위는 0.10~0.14mg/l였고, 평수기인 10월 썰물 때는 0.16~0.27mg/l의 농도를 보였다. 전류리에서도 평수기 썰물 때 총인 농도가 0.13~0.24mg/l로 비교적 높았다.[48] 신곡수중보 상부에서 10월 평수기 농도는 0.27mg/l로, 신곡수중보 하류로 유입하는 한강물의 총인 농도가 높은 것을 알 수 있다.

2016년부터 4년 동안 관측한 인천 연안의 용존무기인 연평균 농도는 0.021~0.082mg/l(평균 0.051mg/l)의 범위로 나타났는데, 한강 유입수에 비해 용존무기인 농도가 아주 낮았다.[48] 용존무기인 농도가 낮은 해수의 하구 유입은 한강하구 중립수역 남쪽인 염하수로와 석모수로의 용존무기인(PO$_4$) 분포에 영향을 미쳤다. 대조기에 염하수로의 용존무기인은 0.051~0.080mg/l, 석모수로에서는 0.044~0.073mg/l의 농도를 보였다.[50]

한강하구 총인 농도는 하천수질기준으로 III등급(보통)이나 신곡수중보 상부는 IV등급(약간 나쁨)이었다. 신곡수중보 하부는 해수수질기준으로 평가하였을 때 부영양화 상태에 해당했다. 그러나 하부 하구인 염하수로나 석모수로는 하천수질기준을 적용해 평가할 때는 약간 좋은 수질(II등급)이지만, 해수수질기준에 따

한강하구-평화, 생명, 공영의 물길

라 구분하면 III등급이나 IV등급으로 보통 이상의 부영양화 상태에 있다.

식물플랑크톤 유기물을 구성하는 탄소, 질소, 인 사이의 비율은 평균 106:16:1이다(Redfield, 1958). 해수의 원소 조성비도 이와 상당히 유사해 해수 중 질소와 인 비율을 이용해 식물플랑크톤의 성장 제한 요인을 추정한다.[51] 한강하구에서 총질소와 총인 비율을 보면 김포 신곡리에서 49.6:1, 파주 운천리에서 25.3:1, 신곡수중보 상부에서 25.2:1, 신곡수중보 하부에서 24.1~40.0:1, 전류리에서 28.8~41.5:1로 모두 기준비 16:1을 넘는 높은 N:P 비를 보였다. 특히 한강 담수의 영향을 받는 세어도에서는 N:P비가 평균 58.3으로 매우 높았다(김성준, 1994). 세어도 해역의 간조시 N:P 비는 최대 120:1, 만조 시에는 최소 10:1 정도였다. 간조시 질소 농도가 높은 한강수 유입 이외에도 인근 쓰레기매립지 침출수 유입이 큰 영향을 미친 것으로 보인다. N:P 비가 높다는 것은 인에 비해 질소가 수중에 과부하된 상태임을 의미하며, 인이 대량 유입할 경우 한강하구에서 식물플랑크톤 대증식이 일어날 가능성이 높다. 인천 연안에서도 N:P 비가 평균 19.5:1로, 인에 비해 질소 농도가 높았다. 한강하구를 통해 유입하는 많은 양의 질소가 질소와 인 조성비에 영향을 미치는 것으로 보인다. 한강하구 염하수로와 석모수로에서도 인에 비해 질소 농도가 높았는데, 염하수로와 석모수로의 N:P 비는 각각 18.8~35.0:1, 20.0~33.3:1이었다.

3. 한강하구의 해양생태

1) 해양기초생태

(1) 식물플랑크톤 종조성

신곡수중보가 건설되기 이전인 1967~1968년 한강하구에 위치한 전류리, 월곶리, 철산리, 인화리, 외포리, 초지리에서 1년간 매월 채집된 식물플랑크톤은 총 268종으로, 그중 252종(94.0%)이 규조류였고, 녹조류 6종, 남조류 4종, 와편모류 2종이 출현하였다.[52] 담수 녹조류와 남조류는 담수 영향이 큰 전류리와 월곶리에만 출현하였다.

해산종과 담수종 구성비는 조석주기에 따라 달라졌다. 전류리의 경우 간조 때 해산종 42.8%, 담수종 42.2%로 거의 같은 비율이었고, 만조 시에는 해산종이 54.4%로 증가하고 담수종은 35.4%로 감소했다. 월곶리에서는 만조 시에 해산종 63.7%와 담수종 24.6%가 출현했다.[53]

해수 영향이 증가하는 한강하구 하부에서는 해산종 비율이 더 높았는데, 외포리에서는 해산종 69.7%와 담수종 17.6%, 초지리에서는 해산종 70.9%, 담수종 18.6%가 출현했다. 중립수역 인근 인화리에서는 해산종이 65.9%, 담수종이 26.1%를 차지했다.

한강하구에 출현한 식물플랑크톤을 서식생태로 구분하면 해산종 51%, 담수종 33.8%, 순수 기수종 5.2%, 연안성 기수종 3.7%, 담수성 기수종 5.2%였다. 기수종이 전체 출현 종수의 14.1%로 많지 않은데, 한강하구가 기수역임에도 조석 변화가 심해 기수종이 적응하기 어려운 환경임을 보여 준다.[54] 인천연안에 근접한 한강하구 최하부인 염하수로 세어도 부근에서는 해산종 74%, 연안성 기수종 14%, 담수종 및 담수성 기수종 11% 출현하여 연안성 기수종이 차지하는 비중이 증가했다.[55]

신곡수중보 건설 후인 1988~1989년 한강 하류와 하구에서 조사한 자료를 보면 한강 하류에 출현한 식물플랑크톤은 총 118종으로, 규조류 51종(43.2%), 녹조류 48종(40.6%), 남조류 16종(13.6%) 등으로 이루어졌다. 한강하구에서는 규조류 196종(82.7%), 녹조류 20종(8.4%), 와편모류 14종(5.9%), 남조류 6종(2.5%) 등 총 237종의 식물플랑크톤이 출현했다.[56] 신곡수중보 건설 전보다 규조류가 대폭 감소하고 녹조류가 크게 증가했다. 이러한 변화는 1960년대에 비해 1970년대 후반과 1980년대에 한강 수질이 많이 나빠져 전반적으로 규조류가 감소하고 녹조류가 크게 증가했기 때문인 것으로 추정된다.[57] 행주대교 밑─신곡수중보 사

한강하구─평화. 생명. 공영의 물길

이에서는 모든 식물플랑크톤이 담수종이었다. 하구 수역인 강화대교 아래에서
는 해산종 89종(47.1%), 담수종 65종(34.4%), 기수종 35종(18.5%)이 출현하여 하계
에 담수종이 많이 유입했음을 알 수 있다(최중기·권순기, 1994).

2006년부터 2008년까지 신곡수중보, 염하수로, 석모수로, 장봉수로에서 계절
별로 조사한 식물플랑크톤 종수는 총 208종으로, 규조류1 48종, 와편모류 31종,
녹조류 19종, 그 외 남조류 등 10종이었다.[58] 1988~1989년의 한강하구 조사에
비해 규조류와 녹조류 출현 종수가 감소해 전체 식물플랑크톤 종수가 줄어들었
지만, 와편모류 종수는 증가했다. 정점별 출현종수는 신곡수중보 아래와 염하수
로(122종)보다 석모수로(146종)와 장봉수로에서 더 많았는데, 석모수로와 장봉수
로에서 해산 규조류가 증가했기 때문이다.

서해연안 식물플랑크톤 분포의 주요 특징 중 한 가지는 일시 부유 규조류가 출
현한다는 점이다. 일시 부유 규조류는 저서성 규조류가 빠른 조류와 바람에 의
해 퇴적층에서 재부유해 수층에 플랑크톤으로 나타난 것이다.[59] 한강하구에서
도 저서성 규조류 106종이 일시 부유 플랑크톤으로 재부유하여 전체 식물플랑
크톤 출현종의 36.8%를 차지해 식물플랑크톤 군집에서 정성적, 정량적으로 중
요한 역할을 하고 있다.[60] 최중기·심재형(Choi and Sihm, 1986)은 경기만에서 모
든 계절에 식물플랑크톤 출현종의 40.4%는 저서규조류가 재부유한 것으로 판
단했으며, 한강하류와 하구에서도 강한 조류에 의한 전단응력으로 저서규조류
가 많이 부유하였다.[61, 62]

(2) 식물플랑크톤 현존량과 우점종 분포

신곡수중보 건설 이전인 1977~1978년 1년간 한강하류에서 매월 조사한 연
구(Shim and Choi, 1978)에 의하면 행주대교 아래에서 식물플랑크톤 현존량이
68,000~3,489,000cells/l[63]의 범위를 보였다. 12월에 현존량이 가장 적었고, 6
월에는 현존량이 가장 많아 대증식 현상을 보였다. 전반적으로 수온과 광조건이
좋아지는 3월부터 현존량이 증가하여 6월에 대증식 현상을 보이고, 우기인 7월

부터 감소하기 시작하여 동계에 현존량이 가장 적었다. 6월 대증식을 일으킨 우점종은 녹조류인 *Micractinium pusillum*과 *Protococcus viridis*로 각각 50만 cells/l 이상 출현하였고, 담수성 규조류인 *Auracoseira islandica*의 현존량도 44만cells/l로 대증식에 기여하였다. 그 외 녹조류 *Pandorina morum* 등이 5월에 25만 cells/l 출현하여 5월과 6월 식물플랑크톤 증가를 유도하였다.

신곡수중보 건설 이후인 1988~1989년 계절별 조사 결과를 보면 신곡수중보 상부에서 녹조류인 *Actinastrum hantzschii* var. *elongatum*, *Chrococcus dispersus*, *Scenedesmus ellipsoideus*와 담수규조류인 *Aulacoseira islandica*, *Synedra ulna*의 대량 출현으로 식물플랑크톤 현존량이 127만~624만 cells/l로 10년 전에 비해 크게 증가했다.[64] 한강하구 염하수로와 석모수로에서도 현존량이 각각 855,000~1,155,000cells/l, 715,000~2,500,000cells/l로, 규조류인 *Paralia sulcata*, *Aulacoseira islandica*, *Skeletonema* 등이 봄에서 가을까지 대증식 현상에 기여했다. 한강하구 하부 세어도 부근에서는 상부 및 중부 하구보다 현존량이 적었는데, 담수 조류 감소로 현존량이 220,000~1,165,000cells/l의 범위로 나타났다. 염하수로와 석모수로에서 저서성 규조류인 *Paralia sulcata*가 여름을 제외한 계절에 전체 현존량의 21.1~80.7%(평균 51.7%)를 차지해 높은 우점률을 보였다. 부영양성 부유 규조류인 *Skeletonema* 종류는 여름에 현존량의 5.4~31.3%(평균 17.8%)를 차지해 하계에 대증식을 일으킬 가능성이 높은 것으로 나타났다. 이러한 대증식 가능성은 한국해양연구원(2008)이 2006~2008년 수행한 한강하구 조사에서도 확인할 수 있다. 이 조사에 따르면 신곡수중보 하부에서 규조류인 *Aulacoseira*와 *Asterionella gracillima*가 대증식하여 현존량이 2006년 가을 298만 cells/l, 2007년 가을 140만 cells/l에 이르는 등 대증식이 발생했다. 또한 2008년 겨울에는 *Stephanodiscus hantzschii*가 1,370만 cells/l 발생하여 대규모 대증식(1,624만 cells/l)을 유발하였다. 석모수로에서는 여름에 *Skeletonema* 종류의 83만cells/l를 포함하여 식물플랑크톤 현존량이 총 141만 cells/l에 이르는 대증식이 일어났고, 장봉수로에서도 같은 종에 의한 하계대증식 현상이 나타났다. 이외에도 부유성 규조류인 *Chaetoceros debilis*(50만 cells/l)와 *Eucamia zodiacus*(76만 cells/l)도 대증식에 기여했다. 한강하구 하부수역에서는 봄과 겨울에 대부분 *Paralia sulcata*와 *Skeletonema* 출현량이 가장 많았다.

(3) 식물플랑크톤 엽록소 a와 일차생산력 분포

한강하구 식물플랑크톤의 엽록소와 일차생산력의 경우 신곡수중보 건설 이전인 1986년 염하수로 세어도 부근에서 측정한 자료가 있다.[65] 정경호(1988)의 자료에 의하면, 세어도 부근의 엽록소 a 농도는 수층평균 1.19~4.24ug/l로 동계에 낮고 춘계와 하계에 높았다. 엽록소 a의 계절 변화는 앞 절의 식물플랑크톤 현존량 변화와 유사했다.

정경호(1988)가 탄소동위원소(C_{14})를 이용해 경기만에서 측정한 일차생산력 자료를 보면 동계에는 수온이 낮고 광량이 적어 일차생산력이 평균 50.8mgC/m^2/day(수면 $1m^2$ 면적당 하루에 광합성에 의해 고정되는 탄소량)로 낮았다. 4월에 65.3mgC/m^2/day로 조금 증가한 후, 5월에 좋은 광 조건과 수온 증가로 평균 697.6mgC/m^2/day로 크게 증가하였다. 일차생산력은 9월까지 평균 674mgC/m^2/day를 유지한 후 11월에 다시 광량이 감소하고 수온이 내려가면서 평균 256.6mgC/m^2/day로 감소했다. 2월에 낮은 수온과 높은 탁도 때문에 일차생산력이 30.3mgC/m^2/day으로 가장 낮았다. 다음 해에 측정한 일차생산력은 식물플랑크톤의 대증가를 반영해 5월에 1,973.0mgC/m^2/day, 9월에 5,315.8mgC/m^2/day로 높았으며, 연간 일차생산력도 320gC/m^2/year으로 높았다.[66]

신곡수중보 건설 이후인 1988~1989년에 한강하류 신곡수중보 상부에서 측정한 식물플랑크톤 엽록소 a 농도는 6.0~25.5ug/l의 범위였으며, 동계에 가장 낮고 춘계에 대증식 현상을 반영하여 가장 높았다.[67] 하구인 염하수로의 엽록소 a 농도는 6.2~11.0ug/l로, 겨울에도 비교적 농도가 높았고 추계에는 식물플랑크톤 대증식에 해당하는 높은 농도를 보였다. 석모수로에서도 엽록소 a 농도가 6.0~11.5ug/l로 높아 하계 식물플랑크톤 대증식 현상과 일치하였다.

같은 시기에 탄소동위원소(C_{14})를 이용해 측정한 식물플랑크톤 일차생산력은 신곡수중보 상부에서 동계에 722.0mgC/m^2/day, 하계에 3,144mgC/m^2/day로 높았다. 이는 식물플랑크톤이 대량 출현하고 광 조건이 양호해 광합성이 활발하게 일어났기 때문이다. 반면에 한강하구 염하수로와 석모수로에서는 식물플랑크톤 현존량이 많은데도 일차생산력이 38.0~185.0mgC/m^2/day로 낮았다.[68] 부유입자 농도가 높아 투명도가 0.1~0.2m에 불과해 광 조건이 좋지 않았기 때문에 식물플랑크톤 광합성이 빈약했기 때문이다.

이러한 양상은 2006~2008년 염하수로와 석모수로에서 측정한 엽록소 a 농도와 일차생산력 자료에서도 나타난다.[69] 한국해양연구원(2008)의 자료에 의하면, 신곡수중보 아래에서 측정한 엽록소 a 농도는 5.1~40.3ug/l로 대중식 현상에 해당하는 농도였으며, 유광층 깊이가 1.4m로 204.0~632.0mgC/m^2/day(평균 502.1mgC/m^2/day)의 비교적 높은 일차생산력을 보였다.[70] 그러나 염하수로와 석모수로는 유광층 깊이가 각각 0.4m와 0.6m에 불과해 엽록소 a 농도(염하수로: 1.27~9.41ug/l, 석모수로: 0.87~11.81ug/l)가 비교적 높은데도 일차생산력이 낮았다. 염하수로의 경우 4.8~139.3mgC/m^2/day(평균 62.0 mgC/m^2/day)로 낮았고, 석모수로의 일차생산력도 4.1~612.7mgC/m^2/day(평균 188.1 mgC/m^2/day)로 한강하류나 경기만에 비해 낮았다(명철수, 2011).

이상과 같이 한강하구의 식물플랑크톤은 하구 상부인 신곡수중보 하부 수역에서는 영양조건과 광조건이 양호하여 광합성이 활발해 일차생산력이 높았다. 그 결과 현존량이 많고 대중식현상을 보인다. 반면에 한강하구 중부에 자리한 한강중립수역과 염하수로 및 석모수로에서는 한강하류 및 한강하구 상부에서 유입한 식물플랑크톤과 인천연안에서 밀려온 많은 연안성 식물플랑크톤, 강한 조류에 의해 재부유한 저서규조류 등으로 현존량이 많지만 높은 탁도 때문에 광투과량이 적어 광합성률과 일차생산력이 낮다.

한강하구-평화. 생명. 공영의 물길

(4) 소형동물플랑크톤

한강하구에서 크기가 200um(0.2mm) 이하인 소형동물플랑크톤에 속하는 분류군은 부유원생동물로, 한국해양연구원 연구진이 2006~2008년 신곡수중보하부, 염하수로, 석모수로에서 조사한 바 있다.[71] 이 조사에서 나타난 부유원생동물은 대부분 광온광염성 해산 섬모충류였으며, 염분이 높을수록 출현 종수가 증가했다.[72] 신곡수중보 하류에서 유종섬모충류 12종을 포함한 20종이 출현하였고, 염하수로에서 유종섬모충류 22종을 포함한 28종이 출현하였다. 석모수로에서 나타난 섬모충류는 29종(유종섬모충류 24종 포함)이었고, 장봉수로에서는 41종(유종섬모충류 33종 포함)이 출현했다.

2006~2008년 조사기간 중 출현한 섬모충류 현존량은 신곡수중보 하류에서 가장 많았고 염하수로에서 가장 적었다. 신곡수중보 하류의 현존량은 평균 18,382cells/l(1L 당 세포개체수)였으며, 염하수로에서 854cells/l, 석모수로에서 2,072cells/l, 장봉수로에서 5,035cells/l의 현존량을 보였다. 신곡수중보 쪽에서 출현 종수가 가장 적은데도 현존량이 가장 많은 이유는 2006년과 2007년 5월에 저염성 scutico 섬모충류의 현존량이 각각 평균 5,088cells/l(우점률 68%)와 127,690cells/l(우점률 97%)로 많은 개체가 출현하였고, 하계에 유종섬모충류 Tintinnopsis의 출현량이 2,660cells/l(우점률 46%)로 많았기 때문이다.

신곡수중보 아래에서는 썰물 때 scutico 섬모충류가 많이 출현하였고, 밀물 때는 유종섬모충류와 빈섬모충류가 많았다. 염하수로에서는 scutico 섬모충류가 나타나지 않았고 부유입자 농도가 높아 광을 선호하는 공생독포섬모충류(Mesodinium rubrum)의 출현량(99~1,045cells/l)이 적어 석모수로와 장봉수로에 비해 섬모충류 현존량이 낮았다. 석모수로에서는 Mesodinium rubrum이 297~4,233cells/l 출현하여 현존량 증가에 기여했고 빈섬모충류도 염하수로보다 많았다. 장봉수로의 경우 Mesodinium rubrum의 현존량은 469~32,767cells/l, 빈섬모충류의 현존량은 139~1,065cells/l로, 이들이 현존량 증가에 기여하였다. 한강하구에서 부유입자가 많은 염하수로와 석모수로보다는 신곡수중보 수역과 장봉수로에서 부유섬모충류가 많이 나타났다. 이는 부유섬모충류 분포는 부유입자 농도의 영향을 받는다는 것을 의미한다. 인천 연안에서 적조를 일으키는 공생독포섬모충류 *Mesodinium rubrum*의 경우 밀물 때 부유입자 농도가 높은 염하수로로 유입하면서 크게 감소했다.[73] 인천연안의 부유섬모충류 현존량은 331~44,571cells/l(평균 3,526 cells/l)로 석모수로에 비해서는 많지만 장봉수로보다는 적었다.[74]

(5) 중형동물플랑크톤

한강하구 염하수로의 강화대교 아래와 석모수로의 외포리 수역을 대상으로 한 1988~1989년 조사에서 채집한 중형동물플랑크톤(크기가 0.2~2mm인 동물플랑크톤)은 총 45개 분류군이었으며, 그중 요각류 19종, 곤쟁이류 5종, 지각류 3종, 모악류 1종, 와편모류 1종이 확인되었다.[75] 계절별로는 춘계에 23개 분류군(요각류 10종 포함), 하계에 32개 분류군(요각류 17종), 추계에 26개 분류군(요각류 15종), 동계에 14개 분류군(요각류 8종)이 출현하여 하계에 중형동물플랑크톤이 가장 다양했고, 동계에 분류군수가 가장 적었다.

개체수 분포를 살펴보면 강화대교 아래에서 90~3,674개체/m³(평균 1,090개체/m³), 석모수로에서 804~1,511개체/m³(평균 1,070개체/m³)의 중형동물플랑크톤이 출현하였다. 계절별로는 하계에 평균 2,593개체/m³로 개체수가 가장 많았고, 추계에 평균 450개체/m³로 가장 적었다. 요각류가 전체 개체수의 평균 81.8%를 차지해 가장 우점하는 분류군이었다. 춘계에는 *Acartia hongi*가 전체 개체수의 평균 47.0%로 가장 우점하는 종이었고, 하계에는 기수종인 *Sinocalanus sinensis*가 평균 69.7%로 가장 많이 출현했다. 추계의 경우 전체 개체수의 평균 31%를 차지한 *Paracalanus parvus*가 최우점종이었으며, 동계에는 *Acartia hongi*가 57.0%, *Paracalanus parvus*가 20.2%로 우점종이었다(명철수, 1992). 그 외에 봄철에는 요각류 유생과 곤쟁이 유생이 우점하였고, 여름에는 갑각류 유생(zoea)과 모악류인 *Sagitta crass* 등이 우점하여 개체수 증가에 기여하였다.

1998~1999년 염하수로와 석모수로에서 채집한 중형동물플랑크톤은 요각류 15종, 모악류 2종, 지각류 1종, 와편모류 1종, 만각류 유생 등 유생 8종을 포함해 총 34개 분류군이었다. 염하수로의 중형동물플랑크톤 개체수는 동계에 20개체/m³, 춘계에 19,600개체/m³로, 이전 조사와 계절별 개체수 출현 양상이 달라졌다.[76] 1988~1989년 조사시 염하수로에서 하계에 가장 우점했던 *Sinocalanus sinensis*는 대폭 감소했는데, 이 종은 염분이 20psu 이하인 환경에서 주로 출현한다. 염하수로에서 *Acartia hongi*의 우점률은 평균 31%였으며, 동계에 많이 감소하였다. *Acartia hongi*는 염분이 다소 높은 석모수로(25psu)에서 증가해 전체 개체수의 40%를 차지했다. 부영양수역에 많이 나타나는 와편모류인 야광충 (*Nociluca scintillans*)은 과거보다 증가해 우점률이 염하수로에서 24%, 석모수로에서 12%로 높아졌다. *Paracalanus* 속 요각류는 주로 하계에 출현했는데, 우점률이 염하수로에서는 12%, 석모수로에서는 28%였다. 조석주기에 따른 개체수 변화를 살펴보면 만조 시에 개체수가 크게 증가하고, 간조시에 감소하였다. 이는 *Sinocalanus sinensis*를 제외한 우점 요각류 대부분이 연안성으로, 저염 환경보다는 고염 환경(28psu)을 선호하기 때문이다. 우점종인 *Acartia hongi*, *Paracalanus indicus*, *P.crassirostris* 모두 16psu 이하의 저염 환경에서 사망률이 70%를 넘었다(Youn and Choi, 2008).

신곡수중보, 염하수로, 석모수로에서 2006~2008년 조사한 중형동물플랑크톤 자료를 보면,[77] 신곡수중보에서 출현한 분류군은 요각류 35종, 지각류 20종을 포함해 61개 분류군으로 염하수로 출현 분류군보다 더 많았다. 이러한 차이는 신곡수중보에서 담수종 47종(전체 출현 종수의 77.1%), 기수종 7종, 해산종 7종이 출현하였기 때문이다. 염하수로에서는 요각류 28종, 지각류 5종, 단각류 6종, 부유유생 등 56개 분류군, 석모수로에서는 요각류 33종, 지각류 4종, 단각류 5종 등 64개 분류군이 출현하여 과거 조사보다 중형동물플랑크톤 분류군수가 증가했다. 이는 2006~2008년 조사가 조사 기간이 길고, 담수 유래 12종이 증가했기 때문이다.[78] 이 기간 중 신곡수중보에서 출현한 개체수는 평균 20,449개체/

m³로 염하수로나 석모수로보다 많았다. 담수성 지각류인 *Bosmina longirostris*와 *Daphinia galeata*, 요각류인 *Pseudodiaptomus inopinus*와 *Sinocalanus sinensis*가 많이 나타났기 때문이다. 특히 *B. longirostris*는 전 조사 기간에 출현하였고, 2007년 5월에 개체수가 80,000개체/m³까지 늘어나 전체 개체수 증가에 크게 기여하였다(한국해양연구원, 2008). 신곡수중보의 경우 춘계와 하계에는 지각류와 요각류가 주된 중형동물플랑크톤이었고, 추계에는 지각류, 동계에는 요각류가 우점하였다. 염하수로와 석모수로에서는 담수성 지각류와 기수성 요각류의 개체수가 각각 평균 267개체/m³, 446개체/m³로 대폭 감소하였다. 염하수로에서는 *Sinocalanus sinensis*가 춘계와 하계에 우점종으로 출현 개체수가 240~250개체/m³였고, 그 외 *Tortanus* spp와 요각류 유생 등이 우점하였다. 석모수로에서는 동계와 춘계에 *Acrtia hongi*가 가장 많이 출현하였고, 하계와 추계에는 *Sinocalanus sinensis*, *Tortanus* spp, *Paracalanus indicus*, *Bosmina longirostris* 등이 우점하였다.

한강하구 중립수역 남쪽 염하수로와 석모수로 중간 부분은 조석 주기에 따른 담수 유입 변화와 인천 연안수 영향을 받고 부유물질 농도가 높아 신곡수중보 하부나 인천연안수에 비해 중형동물플랑크톤 개체수가 적고 변동이 크게 나타난다. 인천 연안에 출현하는 중형동물플랑크톤 개체수는 2000년에 평균 13,900개체/m³였으며,[79] 2001년에는 평균 55,000개체/m³로[80] 한강하구보다 출현 개체수가 많았다.

2) 대형동물플랑크톤과 어류 분포

(1) 대형동물플랑크톤

한강하구의 대표적인 대형동물플랑크톤(크기가 2mm 이상)은 해파리류와 새우류이다. 한강하구에 출현하는 해파리는 대형해파리인 근구해파리목(Rhizos-tomae)에 속하는 기수식용해파리(*Rhopilema escuentum*)와 노무라입깃해파리

(*Nemopilema nomurai*) 두 종류이다. 이 중 노무라입깃해파리는 유해해파리로 경기만 바깥에서 유입해 여름철에 염하수로나 장봉수로에 나타나 어업 손실을 초래하고 때로는 해수욕장 이용객에 피해를 주기도 한다. 기수식용해파리는 우리나라에서 한강하구와 무안해역에만 출현하는 식용해파리로 주로 기수에서 출현한다.[81] 기수식용해파리는 한강하구 중립수역, 석모수로와 교동수로에 여름철에 나타나 10월경에 직경 60~70cm까지 성장한 후 11월경 사라진다. 중국 사람들이 선호하여 중국 상인들이 전량 선매한다.

새우류는 한강하구에서 생물량이 가장 많은 생물군인데, 연간 어획량이 약 7,500t으로, 한강하구는 우리나라 새우류 수산자원 공급에 큰 기여를 하고 있다.[82] 한강하구의 새우류에 대한 주요 연구로 김훈수·최병래(1982), 민기식·김훈수(1991), 박영철(1994) 등을 들 수 있다.

민기식과 김훈수(1991)는 1990년 염하수로에서 출현한 새우류 5종의 계절 변화를 제시하였다. 이 연구에 의하면 중국젓새우는 1982년 9월경부터 갑자기 출현하기 시작하여 매년 9월경에 가장 우점하는 종이었고, 밀새우는 9월을 제외한 시기에 우점하고, 붉은줄참새우는 6월에 우점하였다. 그 후 한강하구에서 조사한 새우류는 총 25종으로 연중 다양한 종류가 출현했으며, 계절별로는 가을에 22종, 봄에 19종, 여름에 16종, 겨울에 15종으로 가을에 종류가 가장 많았다.[83] 1993~1994년 채집한 새우류 중에는 중국젓새우(*Acetes chinensis*), 돗대기새우(*Leptochela gracilis*), 넓적뿔꼬마새우(*Latreutes planirostris*), 그라비새우(*Palaemon gravieri*), 고둥무늬긴뿔새우(*Palaemon tenuidactylus*), 밀새우(*Palaemon carini-cauda*) 등이 우점하였다.[84] 이 중 중국젓새우가 6~9월에 가장 우점하였고, 그라비새우는 전 계절에 고루 우점하였지만 특히 5월과 10월에 많이 출현하였다. 돗대기 새우는 10월에 어획량이 가장 많은 새우류였고, 밀새우는 12월과 1월에 석모수로에서 많이 출현하였다. 2009년 석모수로에서 잡힌 새우류는 16종이며, 새우류가 전체 어획 개체수의 65.3%로 가장 많았다.[85] 종별로 살펴보면 전체 어획 개체수의 32.6%를 차지한 밀새우가 가장 우점하는 새우류였고, 젓새우(*Ace-*

tes japonicus)는 15.9%, 그라비새우는 9.9%, 중국젓새우는 6.9%를 차지했다.

2010~2011년 염하수로, 석모수로, 만도리 어장에서 잡힌 갑각류 34종 중 새우류는 20종이었다.[86] 이 중 그라비새우, 밀새우, 중국젓새우, 돗대기새우, 큰손딱총새우(*Alpheus digitalis*), 붉은줄참새우(*Palaemon macrodactylus*) 등이 우점하였다. 4월 우점종은 그라비새우, 밀새우, 큰손딱총새우, 돗대기새우였고, 6월에는 밀새우, 그라비새우, 붉은줄참새우가 우점하였다. 또한 9월에는 밀새우, 붉은줄참새우, 10월에는 밀새우, 그라비새우, 중국젓새우가, 12월에는 밀새우, 그라비새우 붉은줄참새우가 우점하였다. 밀새우와 그라비새우가 연중 가장 우점하는 새우류였다. 이외에 갑각류 중에는 꽃게(*Portunus trituberculatus*), 무늬발게(*Hemigrapsus sanguineus*), 애기참게(*Eriocheir leptognathus*), 그물무늬금게(*Matuta planipes*), 갯가재(*Oratosquilla oratoria*) 등이 우점하였다(표 7–2). 참게(*Eriocheir sinensis*)는 왕복회유종으로 출현하였고, 두족류는 주꾸미, 꼴뚜기, 일본오징어 등 5종이 출현하였다.

한강하구에서 1998~1999년 플랑크톤 네트로 채집한 어류의 자치어는 18개 분류군이었으며, 염하수로에서 15개, 석모수로에서 16개 분류군이 출현하였

〈표 7–2〉 한강하구 수층에 출현한 월별 우점 대형 갑각류

월별	1	2	3	4	5	6
대형 갑각류 종류	밀새우 그라비새우	그라비새우 밀새우 애기참게	그라비새우 밀새우	그라비새우 밀새우 큰손딱총새우 돗대기새우 갯가재 참게	그라비새우 밀새우 꽃게 갯가재	붉은줄참새우 중국젓새우 그라비새우 밀새우 꽃게 참게

월별	7	8	9	10	11	12
대형 갑각류 종류	중국젓새우 밀새우 꽃게 범게	중국젓새우 그라비새우 밀새우 꽃게	중국젓새우 그라비새우 밀새우 꽃게 애기동남참게	그라비새우 돗대기새우 밀새우 중국젓새우 꽃게 그물무늬금게	밀새우 갯가재 꽃게 그물무늬금게	밀새우 무늬발게

한강하구-평화, 생명, 공영의 물길

다.[87] 이 중 염하수로에서 우점한 밴댕이(*Sardinella zunasi*) 자치어는 7월에 가장 우점하였고, 망둑어는 6, 7, 8월에 우점하였다. 회유성 어종인 멸치와 전어 자치어도 하계에 우점하였다. 겨울철 회유종인 흰배도라치(*Pholis fangi*)는 2~3월에 우점하였다. 이외에 보구치(*Argyrosomus argentatus*)는 7~8월에 많이 출현하였다. 2007~2008년 염하수로와 석모수로에 출현한 자치어는 14개 분류군으로 1998~1999년보다 약간 줄었으며, 낙동강하구나 영산강하구보다 출현 종수가 적었다.[88] 그러나 웅어류(*Coilia* spp)와 회유성 어종인 밴댕이 자치어가 하계에, 망둑어 자치어는 봄에 많이 출현하여 개체수는 낙동강 하구보다 더 많았다(김지혜 외, 2014).

(2) 주요 어류 분포

한강하구 석모수로에서 2009년 월별 조사한 어류는 54종으로 다양하였다.[89] 월별 출현 종수를 보면 5월과 11월에 가장 많은 19종의 어류가 출현하였다. 여름에 어류 종수가 가장 적었는데, 7월에 7종, 8월에 10종이 나타났다. 월별 우점종은 2월에 흰발망둑이, 가숭어, 이작망둑, 웅어 순으로 개체수가 많았다. 3월에는 웅어, 이작망둑, 4월에는 웅어, 이작망둑, 실고기, 5월에는 민물두줄망둑, 웅어, 실고기, 6월에는 웅어, 풀반댕이, 풀반지, 7월에는 싱어, 황강달이, 병어, 웅어, 8월에는 밴댕이, 병어, 황강달이, 싱어, 웅어, 9월에는 황강달이, 싱어, 웅어, 10월에는 밴댕이, 황강달이, 멸치, 11월에는 싱어, 웅어, 오셀망둑, 가숭어 외 뱀장어가 많이 출현하였고, 12월에는 도화망둑, 웅어, 참둑양태, 풀망둑, 가숭어, 싱어 등 다양한 종이 나타났다(표 7-3). 전체적으로 개체수는 6월과 10월에 많았다. 웅어, 가숭어, 풀망둑, 오셀망둑 등과 같은 기수성 어종이 출현하였고, 숭어, 황강달이, 참서대, 싱어, 풀반지, 풀반댕이, 밴댕이, 멸치 등 하구를 보육장 및 성육장으로 이용하는 연안회유종이 많이 출현하였다(황선도·노진구, 2010; 황선도 외, 2010). 이 외에 뱀장어, 황복 등과 같은 왕복 회유종이 한강하구를 이용하고 있다.[90]

<표 7-3> 한강하구에 출현한 월별 우점 어종

월별	1	2	3	4	5	6
어종	가숭어 등가시치 흰베도라치	쉬쉬망둑 흰발망둑어 가숭어 이작망둑 웅어	웅어 이작망둑 쉬쉬망둑 가숭어 풀망둑 박대	웅어 이작망둑 가숭어 실고기 쉬쉬망둑 풀망둑	민물두줄망 둑 웅어 실고기 가숭어 풀망둑	풀밴댕이 웅어 싱어 병어 반지 멸치 민태 참서대 덕대 가숭어
월별	7	8	9	10	11	12
어종	싱어 황갈달이 병어 웅어 밴댕이 가숭어	밴댕이 병어 황강달이 싱어 웅어 반지 가숭어 덕대	황강달이 싱어 웅어 반지 밴댕이 양태 가숭어 덕대 풀망둑	밴댕이 황강달이 멸치 참복 반지 가숭어	싱어 웅어 오셀망둑 가숭어 뱀장어 쉬쉬망둑 참서대	도화망둑 웅어 참돛양태 풀망둑 가숭어 싱어 줄망둑

2009년 신곡수중보하류 한강본류와 습지에서 각각 7차에 걸친 조사에서 총 38종의 어류가 나타났는데, 석모수로보다 출현 종수가 적었다.[91] 출현한 38종 중 연안종은 숭어, 박대, 줄공치, 풀망둑 등 8종이었고, 기수종은 웅어, 가숭어, 강주걱양태 등 6종이었다. 뱀장어와 빙어 등과 같은 왕복 회유종이 출현했으며, 민물어류가 22종으로 연안종보다 더 많았다. 출현 개체수를 보면 민물어류인 누치와 붕어가 전체 개체수의 각각 19%와 18%를 차지했고, 기수어종인 가숭어와 웅어의 개체수 비율은 각각 13%와 7%였다(문병렬 외, 2011) 회유성 어종인 줄공치, 젓뱅이, 풀망둑은 전체 개체수의 7%를 차지하였다. 고유어종으로는 몰개(Squalidus japonicus)와 젓뱅이(Neosalanx jordani)가 출현하였고, 외래종으로는 떡붕어, 블루길, 베스 3종이 확인되었다.

2010~2011년 한강하구 염하수로, 석모수로, 만도리 어장에서 계절별로 채집한 어종은 총 79종으로 2009년 석모수로의 54종보다 많았다.[92] 그러나 석모수로만 서로 비교했을 때는 2009년 조사보다 종수가 감소했다. 웅어와 싱어의 대량 어획 때문에 4월에 어획량이 가장 많았고, 9~10월에는 반지, 밴댕이, 싱어, 웅어, 황강달이, 양태, 참복 등이 많이 출현했다.

한강하구의 대표적인 어류는 기수종인 웅어(*Coilia nasus*)로, 조선시대에도 많이 잡혀 한강변에 웅어를 잡는 위어소를 설치하였다고 한다.[93] 웅어와 싱어는 멸치과 웅어속(*Coilia*) 어류로, 산란기에 강하구 중류까지 올라가 산란하고 하구에 머물다가 월동을 위해 바다로 이동하는 소하성 어종이다.[94] 웅어는 비교적 수온이 높은 환경을 선호해 주로 하계에 하구 상류로 올라가 갈대밭 등에 산란하기 때문에 갈대고기[갈대 위葦를 써서 위어로 불린다(김지혜 외, 2016). 갈대습지에서 부화한 웅어 자치어는 낙조를 타고 하구 하류로 내려와 석모수로와 염하수로에서 성장하는 것으로 보인다.[95] 신곡수중보 하류에서 많이 출현하는 가숭어(*Chelon haematocheilus*)도 기수성 어류인데, 주 산란기인 5~6월에 한강하구 상류로 이동해 산란한 다음 가을에 하구 하류인 석모수로나 염하수로 쪽으로 이동하는 것으로 보인다. 이외에도 한강하구에 연중 나타나는 황강달이(*Collichthys lucidus*)는 새우류와 어류를 잡아 먹고 5~7월경에 산란한다.[96]

2010~2011년 강화 남단 수로에서 채집한 수산생물은 총 96종으로, 주요 어종은 붕장어, 웅어, 반지, 전어, 청멸, 밴댕이, 가숭어, 학공치, 조피볼락, 황강달이, 흰베도라치, 쉬쉬망둑, 풀망둑, 개소겔, 아작망둑, 참서대 등이었다. 월별 우점종은 8월에 밴댕이, 반지, 웅어, 가숭어, 덕대 등이었고, 9월에는 밴댕이, 반지, 황강달이, 붕장어, 가숭어, 병어 등, 10월에는 밴댕이, 반지, 황강달이, 가숭어 등, 11월에는 쉬쉬망둑, 가숭어, 참서대, 점농어 등, 12월에는 가숭어, 붕장어, 풀망둑, 쉬쉬망둑 등, 1월에는 가숭어, 등가시치, 흰베도라치 등, 2월에는 쉬쉬망둑, 붕장어, 조피볼락 등, 3월에는 쉬쉬망둑, 가숭어, 웅어, 풀망둑, 박대 등, 4월에는 웅어, 쉬쉬망둑 등, 5월에는 가숭어, 6월에는 멸치, 반지 등이었다.[97] 이 자료는

장봉수로를 포함해 조사한 결과이기 때문에 붕장어, 병어, 조피볼락 등 연안성 어종이 많이 포함되었다. 한강하구 장봉도 갯벌을 이용하는 36종 어류 중 우점 종은 저어류인 풀망둑, 참서대, 동갈양태, 쉬쉬망둑, 비늘흰발망둑 등 5종과 부어류인 조피볼락, 멸치, 쥐노래미, 민태, 복섬 등 5종이었다(서인수·홍재상, 2010). 망둑어과 어류는 5월부터 8월까지 기간을 제외한 계절에 고루 나타났고, 민태가 속한 민어과 어류는 주로 하계에 집중적으로 출현하였다.

3) 주요 저서생물 분포

(1) 갯벌저서동물

한강하구 갯벌에 출현하는 저서동물 중에 처음 조사가 이루어진 생물은 갑각 류인 게류이며, 일찍이 일본인들이 게류를 분류하였다. 게류의 생태 분포에 관한 연구는 김훈수·최병래(1982)가 시작했고, 이후 민기식·김훈수(1991) 등의 연구도 이루어졌다. 1990년 염하수로 갯벌에서 출현한 게류는 농게, 흰발농게, 밭 콩게, 털콩게, 펄콩게, 칠게, 세스랑게, 무당게, 말똥게, 붉은발사각게, 참방게, 길게 등 12종으로, 칠게(평균 12개체/m²), 세스랑게, 털콩게, 펄콩게, 밭콩게 등이 우점하였다(민기식·김훈수, 1991).

한강하구 갯벌을 볼음−주문도 갯벌, 장봉도 갯벌, 강화남단 갯벌 등의 단위 갯 벌로 구분한 다음 각 갯벌별로 저서동물 분포를 비교했다. 볼음도−주문도 갯벌 의 경우 여름철에는 환형동물 16종, 절지동물 12종, 연체동물 10종 등 대형저서 동물이 총 43종/0.6m² 출현했다. 그중 황해비단고둥(123개체/m², 21.33g/m²)이 가 장 우점하였고, 칠게, 일곱가시긴뿔옆새우(*Mandibulophoxus mai*), 버들갯지렁 이류인 *Heteromastus filiformis*와 *Mediomastus californiensis*, 매끈예쁜얼굴 갯지렁이(*Prionospio japonica*), 분홍접시조개(*Moerella jedoensis*), 말백합(*Meretrix petechialis*), 구슬송곳고둥(*Terebra bathyraphe*) 등이 우점하였으며, 그 외 긴다리 송곳갯지렁이, 백금갯지렁이류, 치로리미갑갯지렁이, 별난가시갯지렁이류 등

갯지렁이 종류가 우점하였다.[98] 장봉도 갯벌의 경우 여름철에 환형동물 25종, 절지동물 24종 등 총 70종/0.9m²의 대형저서동물이 출현해 볼음도 갯벌보다 더 많은 종류의 저서동물이 서식하는 것으로 나타났다. 장봉도 갯벌의 대형저서동물 평균 서식밀도(783개체/m²)도 볼음도 갯벌(545개체/m²)보다 높았다. 개체수 기준으로 보면 칠게(26.1%)가 가장 우점하였고, 그 외 황해비단고둥, 버들갯지렁이류, 왕좁쌀무늬고둥, 분홍접시조개 등이 우점종으로 나타났다. 생체량으로는 민챙이(*Bullacta exarata*), 유령갯지렁이류, 칠게, 집게, 만세칠게, 풀게, 왕좁쌀무늬고둥, 길게, 황해비단고둥 등이 우점하였다. 장봉도 갯벌은 여름철에 황해 특산종인 범게(*Orithyia sinica*)의 서식처로도 잘 알려져 있다.

강화도 남단 갯벌 21개 정점에서 2006년 7월과 2007년 3월 수행한 조사에서는 갯지렁이류 56종, 연체류 34종, 갑각류 38종 등 총 135종의 저서동물이 출현하였으며, 평균서식밀도는 4,896개체/m²로 높았다.[99] 볼음도–주문도 갯벌이나 장봉도 갯벌 조사보다 강화도 남단의 조사 정점과 횟수가 더 많아 저서동물 출현 종수가 많이 증가하였다. 또한 이 자료는 강화도 남단 갯벌의 단위 면적당 서식밀도도 볼음도–주문도나 장봉도 갯벌보다 훨씬 높다는 것을 보여 준다. 강화도 남단에서 갯지렁이류는 평균 813개체/m², 연체류는 3,821개체/m², 갑각류는 211개체/m² 출현하여 모두 볼음도–주문도나 장봉도 갯벌보다 많았다. 강화도 남단 갯벌에서 가장 우점한 저서동물은 쇄방사늑조개(*Potamocorbula cf. laevis*)로, 펄이 우세한 지역에서 평균 3,645개체/m²(전체 저서동물 개체수의 74.5%)의 많은 개체가 출현하였다. 이외에도 버들갯지렁이류 *Mediomastus californiensis*와 여덟고리갯지렁이(*Ophioglycera distorta*), 예쁜얼굴갯지렁이, 버들갯지렁이류인 *Heteromastus filiformis* 등 갯지렁이류가 우점하였다. 세립한 퇴적물에서는 갈색새알조개(*Glauconome chinensis*)가 우점하고, 흑색반점기수우렁이(*Stenothyra edogawaensis*), 소띠조개(*Laternula boschaina*) 등의 연체 동물과 펄털콩게(*Ilyoplax pingi*), 짧은주름이형올챙이새우(*Dimorphostylus brevicaudata*) 등의 갑각류도 우점하였다. 칠게는 조간대의 상부부터 하부까지 넓게 분포하고,

갯벌 상부 조립질 퇴적물에서는 세스랑게와 갈색새알조개가 많이 출현하였다. 갯벌 중부에서는 펄콩게, 펄털콩게, 민띠접시조개, 갯벌하부에서는 길게(*Macrophthalmus dilatatus*), 쇄방사늑조개, 가시닻해삼(*Protankyra bidentata*)과 황해 비단고둥 등이 많이 나타났다.[100]

2006~2011년 기간 동안 강화도 남단과 장봉 갯벌에서 조사된 대형저서동물 은 총 228종이었고, 평균 서식밀도는 894개체/m²로 조하대보다 출현 개체수가 더 많았다.[101]

(2) 조하대 저서동물

한강하구에서 신곡수중보 건설 이전에 조하대 저서동물을 조사한 사례는 김 훈수·최병래(1982), 1987~1988년 염하수로 조하대에서 저서동물 분포를 연구 한 신현출 외(1989) 이외에는 없다.[102] 신현출 외(1989)의 자료에 따르면 염하수 로는 인천연안 다른 지역에 비하여 저서동물 종류가 더 다양하고, 우점종인 갯 지렁이 *Tharyx* sp.가 대량 출현(1,650 개체/m²)하여 정점당 저서동물 개체수도 1,700개체/m² 이상으로 많았다. 이 연구는 염하수로 조하대 퇴적물이 작은 자 갈과 뻘 모래로 이루어져 있고 한강에서 유기물이 많이 유입해 갯지렁이 서식에 적합한 것으로 평가하였다.[103]

신곡수중보가 완공된 뒤인 1989년 염하수로 조사(Hong, J.S. and Yoo, J.W., 1996) 에서는 굴(*Crassostrea gigas*), 따개비와 단각류인 육지꼬리옆새우(*Corophium* sp.), 매끈백금갯지렁이(*Nephtys califorrniensis*) 등이 우점하여 신곡수중보 건설 전과 저서동물 군집구조가 달라졌다.

신곡수중보 건설 후 신곡수중보 하부 전류리 일대를 대상으로 한 2004년 조사 에서는 11종의 저서동물이 출현했다. 그중 민물담치(*Limnoperna fortunei*)를 제 외한 10종이 기수종에 속하는 콩재첩(*Corbicular felnouillina*), 참갯지렁이, 북방 백금갯지렁이, 밀새우 , 실다리밀새우(*Palaemon annandalei*), 각시흰새우(*Palaemon modestus*), 펄콩게, 참게, 애기참게, 말뚱게였다(길현종 외, 2005). 참갯지렁이

한강하구—평화. 생명, 공영의 물길

는 기수성종이나 겨울에서 봄 사이에 산란기가 되면 유영하기 적합한 형태로 변이하여 염분이 높은 외해역으로 이동하는 특성이 있다. 밀새우는 한강하구에서 전반적으로 우점하는 새우 종류이고, 실다리밀새우는 1980년대 초반 염하수로에서 대량으로 서식하는 것이 발견된 바 있다(김훈수·최병래, 1982). 2004년 조사에서 전류리 일대에서 한동안 사라졌던 참게가 대량으로 출현하여 자원조성을 위한 방류효과가 일시적으로 나타난 것으로 추정되었다(길현종 외, 2005).

2006년과 2007년 신곡수중보 상·하류 및 염하수로와 석모수로, 강화 남단 조하대에서 조사한 저서동물의 서식지 실태에 따르면, 신곡수중보 주변 정점이 모래보다는 펄의 함량이 상대적으로 많고, 염하수로 정점에서도 펄 함량이 많았으나, 석모수로 남쪽은 모래 함량이 더 많았다.[104] 장마 후 7월에 총 100종, 평균 493개체/m^2의 대형저서동물이 출현하였다. 신곡수중보 상·하류에서는 참갯지렁이, 북방백금참갯지렁이 등이 우점하며, 5종의 저서동물이 26~1,307개체/m^2 범위로 출현하여 출현 종수가 아주 적었다. 염하수로에서는 버들갯지렁이류, 매끈예쁜얼굴갯지렁이, 단각류인 넓적다리모래무지옆새우사촌(Urothoe grimaldii japonica)과 볼록손모래무지옆새우사촌(Urothoe convexa) 등이 우점하며, 종수는 27종으로 신곡수중보 상·하류보다 많았지만 개체수는 69~595개체/m^2로 더 적었다. 강화 남단 조하대에서는 인천연안수 영향으로 84종의 대형저서동물이 276~2,709개체/m^2 출현하여 종수와 개체수 모두 많았는데, 실타래갯지렁이류, 버들갯지렁이류, 고리갯지렁이류와 단각류 육질꼬리옆새우류 등이 우점하였다.

갈수기인 3월에는 총 68종의 대형저서동물이 평균 234개체/m^2 출현해 풍수기보다 종수와 개체수가 감소하였다. 신곡수중보 상류에서는 참갯지렁이, 하류에서는 북방백금참갯지렁이가 우점하였다. 신곡수중보 상·하류에서는 총 5종의 대형저서동물이 267~680개체/m^2 출현하여 염하수로보다 종수는 적었으나 개체수는 많았다. 염하수로에서는 우점종 버들갯지렁이류와 단각류 Byblis japonicus를 포함한 총 30종이 나타났으며, 개체수는 5~399개체/m^2로 적었다. 강화도 남단 조하대의 경우 우점 대형저서동물은 버들갯지렁이류, 닻해삼, 단각류 일곱가시긴뿔옆새우 등이었고, 출현 종수는 41종, 서식밀도는 71~833개체/m^2로 염하수로보다 종수와 서식밀도 모두 증가했다. 그러나 1980년대 조사보다는 종수와 개체수 모두 적었다.

한강하구 조하대 대형저서동물 분포 특성을 요약하면 신곡수중보 주변에서는 참갯지렁이와 북방백금참갯렁이 등 소수 종의 개체수가 많아 종다양성이 낮고, 하구 중부 수로에서는 종수는 다소 증가하였으나 크게 우점하는 종이 없어 전체 현존량은 감소하였다. 한강하구 하부인 강화남단 조하대에서는 연안수 영향으로 종수도 크게 증가하고 개체수도 늘어나 이곳이 하구 상부나 중부하구보다 연안종들에게 양호한 서식환경임을 알 수 있다.

(3) 갯벌 저서 미세조류와 염생식물

갯벌은 유기물이 풍부한 퇴적층이다. 수층과 갯벌 표면에서 유기물을 지속적으로 공급받고 있다. 수층 유기물은 강에서 유입한 유기물과 생물이 수층에서 생산한 유기물로 구분할 수 있다. 갯벌 표면 유기물은 주로 갯벌 위에 사는 저서미세조류와 염생식물의 광합성을 통해 만들어진다. 한강하구 갯벌 어디나 분포하고 있는 미세조류의 일차생산력이 높아 유기물 공급량이 많다.

한강하구 저서미세조류 연구는 주로 강화 남단 여차리 갯벌과 동검도 갯벌에서 이루어졌다.[105] 수로에 인접한 여차리 갯벌에서는 조류의 유속이 커서 사니질 퇴적층이 나타나고, 동검도 갯벌은 조류의 유속이 작아 주로 펄질 퇴적층이 있는 환경이다.

여차리 갯벌에 서식하는 저서미세조류는 돌말류, 남조류, 갈색편모류, 와편모류 등으로 다양하지만, 총 출현 종수의 평균 74.9%를 차지하는 돌말류가 가장 주된 분류군이다. 특히 돌말류는 동계와 초봄에 저서미세조류 총 출현 종수의 86.4%를 차지해 저온에 강한 특성을 보였다. 저서미세조류의 총 현존량 분포는 5.4~881.6×10^3 cells/cm^2 범위로 나타났으며, 이 중 돌말류(규조류) 현존량이 평균 88.6%로 가장 많았다. 특히 8월과 12월에 10^5cells/cm^2 이상의 대량 출현이 있었다. 갈색편모류는 3월에 총 현존량의 15.4%를 차지했다. 남조류의 경우 총 현존량의 10% 이상을 차지한 5월과 6월을 제외하고는 대부분 소량 출현하였다. 돌말류 중 가장 우점한 종류는 *Nitzschia* spp로 총 현존량의 62.7%를 차지했다. 총 현존량의 7.8%를 차지한 *Navicula* sp.는 동계에 주로 우점하였다. 그 외에 인천연안의 대표적인 저서성 갯돌말류인 *Paralia sulcata*는 동계 뿐만아니라 하계에도 많이 출현하였다. 저서미세조류의 엽록소 생물량은 5.5~53.8mg/m² 범위의 값을 보였으며, 주로 겨울과 3월에 평균 49.4mg/m²로 높았다. 여차리에서 저서미세조류 일차생산량은 78.0~561.0mgC/m²/day 범위로 수온과 광 조건이 좋은 하계에 높고 동계에 낮아 하계에 상위 포식자들에게 유기물 공급을 많이 할 수 있는 것으로 보인다(유만호, 2017).

동검도 갯벌은 니질 함량이 연간 평균 98% 이상인 펄 갯벌로 유기물 함량이 높다(유만호, 2017). 동검도 갯벌 저서미세군집의 주요 생물종은 총 출현 종수의 82.8%를 차지하는 돌말류로, 특히 12월에는 출현종이 대부분 돌말류였다. 돌말류 외에 여러 종류의 유글레나류와 와편모류가 5월과 6월에 출현하였으며, 와편모류는 6월에 총 출현 종수의 22.2%를 차지하였다. 저서미세조류 총 현존량은 35.3~634.0×10³cells/m² 범위로 나타났고, 돌말류가 총 현존량의 평균 91.7%로 가장 우점하는 종류였다. 돌말류 중 부유성돌말류인 *SKeletonema*속 돌말류는 주로 8~9월에 많이 출현하였고, 그 외 시기에는 저서성 돌말류인 *Gyrosigma*, *Navicula*, *Paralia* 종류가 우점하였다. 저서미세조류의 엽록소 생물량은 23.0~191.9mg/m²로, 여차리보다 생물량이 많았다. 특히 3월과 5월에 120mg/m²가 넘는 높은 생물량을 보였다. 동검도 저서미세조류의 일차생산량은 25~632mgC/m²/day 범위로, 8월과 5월에 각각 632mgC/m²/day와 568mgC/m²/day로 높았다. 대체로 하계에 일차생산력이 높았다. 그러나 높은 생산력에 비해 생물량이 많지 않은 것은 여름철에는 갯벌 저서동물의 저서미세조류 포식 때문인으로 보인다(유만호·최중기, 2005; 유만호, 2017).

한강하구에서 염생식물은 강화도 주변 섬들의 갯벌조간대 상부에 군락을 이루며 출현한다. 대표적인 출현 지역은 강화남단의 동검도 갯벌 상부와 석모도 갯벌 등이다. 동검도 갯벌의 염생식물은 조위에 따라 대상분포(zonation)를 보인다. 동검도 갯벌 상부에 천일사초(*Carex scabrifolia*), 해홍나물(*Suaeda maritima*), 갯질경(*Limonium tetragonum*), 중부에 지채(*Triglochin maritimum*)와 갯골풀(*Juncus haenkei*), 하부에 칠면초(*Suaeda japonica*)가 서식하며, 갈대(*Phragmites communis*)는 상부부터 중부까지 고르게 나타났다.[106] 동검도 염생군락지 갯벌에 서식하는 대형저서동물은 총 44종이고, 서식밀도가 평균 2,684개체/m²로 높았다. 상부와 중부의 우점종은 연체류인 갈색새알조개와 좀기수우렁이(*As-siminea lutea*)이고, 하부에서는 칠게가 주로 우점하였다(이형곤, 1999). 심현보 외(2009)에 의하면 강화도 주변 도서 염습지에 분포하는 염생식물은 앞에 열거한 종들 외에도 퉁퉁마디, 가는갯능쟁이, 방석나물, 기수초, 수송나물, 갯개미자리, 갯장구체, 갯완두, 갯방풍, 갯메꽃, 참골무꽃, 왕질경이, 사데풀, 비쑥, 갯개미취, 통보리사초, 모새달, 갯잔디 등 25종이 있다.

우리나라 갯벌에 나타나는 염생식물 중 생태적으로 큰 문제를 일으킬 가능성이 있는 종류는 영국갯끈풀(*Spartina anglica*)이다. 영국갯끈풀은 2008년 강화 남단 동막 갯벌에 처음 나타난 뒤 주변 갯벌로 계속 퍼져나가 장봉도 신도 모도 일대까지 이르렀다. 중국에서는 양자강 하구에 이식한 영국갯끈풀이 갯벌생태계 교란 문제를 일으킨 바 있는데, 대량 밀식하면서 기존 염생군락을 제거하고 갯벌을 육화하기 때문에 갯벌생태계의 황폐화를 초래한다.

(4) 갯벌의 원생동물과 박테리아

한강하구 강화 갯벌에 연중 분포하는 박테리아 생물량은 21.4~114.7ugC/cm³ (1cm³당 들어 있는 박테리아 ug탄소무게)의 범위에 있으며 평균값은 49.0ugC/cm³이다. 원생동물의 생물량 범위는 1.3~11.5ugC/cm³, 평균 생물량은 3.8ugC/cm³이었다.[107] 저서 원생동물의 98%는 종속영양편모류와 섬모충류였고, 일부 종속영양와편모류와 아메바도 출현했으나 생물량은 미미하였다. 종속영양편모류와 섬모충류의 생물량은 0.02~9.2ugC/cm³의 범위로 비슷했으며, 봄과 가을에 높고 겨울에 감소하였다. 섬모충류의 경우 하모류가 우점하였고, 채찍섬모충류와 빈모류 등이 일부 시기에 출현하였다. 강화 남단 갯벌에서 원생동물은 갯벌 박테리아와 미세조류의 포식자로 중요한 역할을 하고 있는데, 원생동물이 제거하는 박테리아와 미세조류 생산력은 각각 3.4~40.7%와 20.1~36.4%였다(양은진 외, 2005). 갯벌에서 박테리아는 갯벌 유기물을 분해하여 물질순환에 기여하는 중요한 역할을 하고 있다. 유기물 함량이 높고 퇴적물의 입도가 낮은 펄 갯벌의 경우 퇴적층내 산소 농도가 급격히 떨어지기 때문에 혐기성 환경에서 탈질산화박테리아, 철환원박테리아, 황산염환원박테리아 등이 유기물을 분해한다. 강화도 남단 갯벌에서 박테리아의 유기물 분해 능력을 평가한 결과 유기물이 많은 동검도 갯벌(0.09mM/h)에서 유기물이 적은 동막갯벌(0.05mM/h)보다 유기물 분해율이 두 배 정도 높았다.[108] 강화도 갯벌의 하계 유기물 분해는 주로 혐기성인 황산염환원박테리아가 담당하는데, 평균 유기물 분해능은 약 60mmolC/m²/d이다. 이를 강화도 갯벌 면적(약 300km²)으로 환산하면 박테리아가 하루 동안 약 216t의 유기물을 분해하는 것으로 추산할 수 있다(현정호 외, 2005). 김성한(2007)은 강화 남단 식생이 많은 염습지에서는 철환원박테리아에 의한 유기물 분해가 활발하게 일어나는 것으로 보고하였다.

4) 보호생물

해양수산부가 지정한 보호생물 중 조류를 제외한 인천연안 및 강화 남단에 서식하는 보호생물은 8종이다. 이 중 한강하구에는 갑각류인 흰발농게(*Austruca lactea*)와 흰이빨참갯지렁이(*Paraleonnates uschakovi*)가 강화 남단 갯벌에서 출현하고, 보호포유류인 점박이물범(phoca largha)과 상괭이(*Neophocaena asiaeori-entalis*)가 수로에 나타난다. 이외에 갯게(*Chasmagnathus convexus*)와 달랑게(*Ocypode stimpsoni*)도 출현할 가능성이 높다. 황해 특산종인 범게가 장봉 갯벌

에 대량 서식한다

4. 한강하구 생태위해 요인과 대책

1) 갯벌매립

한강하구 매립은 일찍이 고려시대부터 시작했다. 몽골 침입을 피해 강화도로 수도를 옮긴 고려 정부는 군량미를 확보하기 위해 강화도 갯벌을 간척한 뒤 농지를 확대하였다.[109] 교동도 간척도 이 시기에 시작했으며, 고려 말에는 수정산, 화개산, 율두산의 세 섬으로 나뉘어 있던 교동도가 하나의 섬이 되었다.[110] 강화도와 교동도의 갯벌매립은 조선시대, 일제강점기, 대한민국을 거치면서 지속되어 현재의 육지 모양을 이루고 있다. 행정구역상 교동도에 속해 있던 송가도는 한강하구에 유입한 퇴적물이 쌓여 조선 후기에 석모도와 자연적으로 연결되었고, 석모도의 남쪽 해안은 1970년대 새마을 사업으로 매립되어 염전으로 쓰였다. 한강하구에서 이루어진 대규모 갯벌 매립으로 김포지구 매립을 들 수 있다. 청라도 주변의 38km²의 갯벌을 매립해 농지와 쓰레기매립장을 조성한 김포지구(동아매립지로 불리기도 함) 매립사업은 1980년 시작해 1989년에 끝났다. 이어서 1994년경부터 영종도와 용유도, 신불도, 삼목도 사이의 갯벌을 매립해 이들 섬을 연결하고 약 80km²에 이르는 인천국제공항을 건설하였다. 한강하구 갯벌의 14%에 이르는 대규모 매립 사업으로, 이로 인해 한강하구의 조류 유속과 퇴적지형이 바뀌고 해양생물의 서식환경도 달라진 것으로 보인다.

2) 쓰레기 유입

한강하구는 한강, 임진강, 예성강에서 유입한 쓰레기가 바다로 빠져나가는 통

한강하구-평화, 생명, 공영의 물길

로로, 연간 약 26,310t(191,271m³)의 부유쓰레기가 인천 앞바다로 유입한다.[111] 이렇게 유입한 쓰레기 부피의 31.4%는 비닐플라스틱과 스티로폼이며, 인천 앞바다 미세플라스틱 오염의 원인이다. 부피가 가장 큰 쓰레기는 홍수 시 떠내려오는 나무류로 전체 부피의 55.4%를 차지한다. 그 외 그물 종류 3.7%, 폐고무 3.5%, 병류 1.8%, 기타 4.2%의 쓰레기가 유입하고 있다. 한강 영향권 침적쓰레기는 약 97,000톤이 한강하구와 인천앞바다에 침적해 있는 것으로 추정하고 있다(인천광역시, 2000). 최근 이루어진 인천연안 해안가 쓰레기 모니터링 결과 나타난 쓰레기 조성은 무게 기준으로 플라스틱류가 전체 쓰레기의 48.9%로 가장 많고, 금속 7.9%, 고무 6.3%, 목재 5.2%, 유리병 5% 등이 나타났다.[112] 외국기인 해안쓰레기가 차지하는 비중은 21.8%로, 전국적으로 가장 많은 외국기인 쓰레기가 유입하였다. 하천을 통한 쓰레기 유입과 침적쓰레기 발생은 수중의 미세플라스틱 농도를 증가시키는 원인이 되고 있다. 또한 해저면에 침적한 쓰레기는 저서생물 서식지에 산소 공급을 차단하여 저서 생태계를 황폐화시키는 원인이 되고 있다.

3) 수질악화 요인

앞 부분의 하구환경에서 정리한 바와 같이 한강하구 수질은 하구로 유입하는 한강수 영향을 크게 받는다. 한강하구 상부 김포 신곡리의 5년 평균 COD 농도는 6.1mg/l로 인천연안 평균 COD 농도 1.8mg/l의 3배가 넘는다. 2020년 한강하구에서 측정한 COD 농도는 석모수로 창후리에서 3.84~6.24mg/l(평균 4.61 mg/l), 염하수로 초지리에서 2.28~3.38mg/l(평균 2.88mg/l)로, 한강하구 하부인 세어도의 COD 농도 1.87~3.02mg/l(평균 2.38mg/l)보다 높고 인천연안 COD의 1.6~2.6배에 이른다.[113] 총질소의 경우도 한강 김포 신곡리의 5년 평균 5.4mg/l는 인천연안 총질소 5년 평균 농도 1.23mg/l의 4.4배이다. 염하수로 창후리의 2020년 총질소 평균농도는 1.46mg/l로 인천연안보다 높다. 강화도 주변 한강하구 해역 수질은 3~4등급으로 인천 연안 수질 3등급보다 높았다.[114] 한강은 인천 연안에 유입하는 유기물과 영양염의 주요 배출원이이다. 한 평가에 따르면 인천 앞바다로 유입하는 BOD의 65%는 한강 기원이고, 총질소의 81.6%는 한강과 굴포천에서 유입한다.[115] 한강수가 서울을 통과하면서 뚝섬 수역부터 수질이 급격히 나빠지고, 신곡수중보 상부에서 가장 나쁘게 나타나는 것으로 미루어, 한강 하구의 주요 수질 오염원은 한강과 굴포천인 것을 시사한다. 해수 유입에 따른 희석 효과 때문에 한강하구 수질이 크게 개선되지만, 여전히 인천연안수에 비해 오염물질 농도가 높다. 한강하구 수질을 개선하려면 한강하류 마포지역에서 유입하는 배출수와 굴포천의 수질을 먼저 개선해야 하며, 하구의 자연적인 물 흐름을 방해하는 신곡수중보는 철거할 필요가 있다.

5. 맺음말

한강하구의 상부인 김포 신곡리 일대의 총질소와 COD 농도는 이곳이 상당히 부영양화된 상태에 있음을 나타낸다. 이러한 부영양화된 한강하구수가 인천연안으로 유입할 때는 총질소와 COD가 거의 1/3 수준으로 감소한다. 이는 만조 시 한강하구로 유입하는 인천 연안수의 희석효과와 하구 박테리아와 일차생산자의 분해 및 흡수가 동시에 작용한 결과이다. 한강하구로 유입한 유기물을 갯벌의 황산염환원박테리아, 철환원박테리아 등이 분해하고,[116] 수층 암모니아는 담수성 암모니아−질산화박테리아가 소비하거나 일차생산자인 식물플랑크톤과 저서미세조류가 이용함으로써 크게 감소한다.[117] 현정호 외(1999)는 한강하구에서 암모니아 제거율을 하루에 $3.36uM\ N/d$로 평가해 간조시 담수와 함께 유입하는 다량의 유기물 및 무기영양염에 대한 미생물 분해 및 흡수가 활발히 일어난다는 것으로 보여 주었다. 이와 같이 한강하구는 수도권에서 유입하는 오염된 한강수를 정화하고 하구 생물의 유기물로 변환한다. 또한 한강하류와 인천연안

한강하구−평화. 생명. 공영의 물길

에서 유입한 식물플랑크톤과 갯벌에서 재부유한 저서미세조류는 동물플랑크톤이나 자치어에게 풍부한 먹이를 공급하기 때문에 하구는 어류 성육장으로서 좋은 조건을 갖추고 있다. 한편 한강하구는 부유입자 농도가 한강하류나 인천연안수에 비해 월등히 높다. 한강 하구의 높은 부유입자 농도는 수층 투명도를 낮추기 때문에 먹이활동을 시각에 의존하는 어류로부터 새우류나 자치어를 보호해 생존율을 높일 수 있다. 이러한 이유로 많은 해양동물이 한강 하구를 산란장으로 이용한다. 하구는 담수종, 기수종, 연안종이 서식하기에 양호한 조건을 갖추고 있어 생물다양성이 높고 갯벌, 염습지 등 서식처 다양성이 높아 많은 생물이 찾아온다. 이런 연유로 한강하구엔 장항습지, 장봉도갯벌 등 습지보호지역과 천연기념물 보호구역이 지정되어 있다. 또한 정부에서는 강화 남단 갯벌을 해양보호구역이나 국립갯벌공원으로 지정하는 방안을 추진하고 있다. 세계 5대 갯벌의 하나인 강화 갯벌(면적 240km^2)을 포함한 한강하구는 수질을 정화할 뿐만 아니라 서식처가 다양하여 생물종다양성이 높다. 또한 이산화탄소를 고정·격리하여 온실기체에 의한 기후변화를 완화하는 데 기여한다. 한강하구는 경관이 뛰어나 여가·관광 가치가 높을 뿐만 아니라 오랫동안 하구와 인간의 상호작용을 통해 다양한 문화유산이 형성되었다. 한강하구는 생산성과 다양성이 높은 갯벌이 분포하고 있고 하굿둑으로 막히지 않아 여전히 자연성을 간직하고 있기 때문에 세계자연유산으로 지정되기에 충분한 조건을 가진 공간이다. 남북 관계가 진전하면 이러한 귀중한 가치를 가진 한강하구에 대한 개발압력이 증가할 가능성이 높다. 따라서 한강하구의 생태적 가치를 보호·유지하고, 이를 지속가능하게 이용하기 위한 여러 방안들이 있지만, 그중 남북 협력을 통한 한강하구 중립수역을 우선적으로 보호하는 차원에서 한강하구평화공원 지정·관리에 관한 논의가 시급한 시점이다.

주

1. Choi, J.K., 1985, *The ecological study of phytoplankton in Gyeonggibay*, Korea, SNU ph.D thesis, 15p.

2. McLusky, D.S., 1981, *The estuarine ecosystem*, John Wiley and Sons, 21p.

3. 정영호, 1969, 「한강하구 감조수역의 환경조건과 식물성 Plankton」, 「학술원연구논문집」 8, 59-132.

4. 정영호・심재형, 1969, 「한강하구의 기수유형에 대한 연구」, 「식물학회지」 12, 35-42.

5. 정영호・심재형・이민재, 1965, 「한강하류의 식물성 Plankton과 해수의 영향」, 「식물학회지」 8, 47-69.

6. 명철수, 2011, 「한강하구역 기초생태 환경과 중형동물플랑크톤 군집의 시공간적 변동」, 인하대학교 박사학위논문, 1쪽.

7. practical salinity unit: 해수 1kg 중 염이온 무게를 표시하는 단위로, 0.5psu는 해수 1kg에 염분 0.5g 정도 있다는 것을 나타냄

8. McLusky, D.S. and M. Elliott, 2004, *The Estuarine Ecosystem*, Oxford, 8p.

9. Choi, J.K., 1985, *The ecological study of phytoplankton in Gyeongibay*, Korea, SNU ph.D thesis, 59p.

10. 장현도, 1989, 한강종합개발 이후 한강하구 및 경기만에서 퇴적환경의 변화, 인하대학교 석사학위 논문, 27쪽.

11. 김동하, 2002, 「한강하구역에서의 생지화학적 상호작용연구」, 인하대학교 박사학위논문, 12쪽.

12. 이경・윤숙경, 2002, 「임진강 수계의 식물플랑크톤 군집의 계절적 변화」, 「한국육수학회지」 35, 111-122.

13. 김미리내, 2009, 한강하구역에서 홍수기와 갈수기의 부유퇴적물 이동량 및 수직분포」, 인하대학교 석사학위논문, 4쪽.

14. 김미리내, 2009, 앞 논문, 10쪽.

15. 김동하, 2002, 앞 논문, 11쪽.

16. Choi, J.K., 1985, *The ecological study of phytoplankton in Gyeonggibay*, Korea, SNU ph.D thesis.

17. 장현도, 1989, 앞 논문, 17쪽.

18. 신영규・윤광성, 2005, 「한강하구역의 수질 및 퇴적물 특성의 공간적 분포」, 「한국지형학회지」 12(4), 13-23, 16쪽.

19. 장현도, 1989, 앞 논문, 20쪽.

20. 김미리내, 2009, 앞 논문, 4쪽.

21. 최중기, 2015, '교동도 주변 하구의 해양학적 특성', 「인천섬연구총서1, 교동도」, 167쪽.

22. 장현도, 1989, 앞 논문, 38쪽.

23. 신영규・윤광성, 2005, 앞 논문, 20쪽.

24. 장현도, 1989, 앞 논문, 40쪽.

25. 장현도, 1989, 앞 논문, 32쪽.

26. 신영규·윤광성, 2005, 앞 논문, 18쪽.

27. 김미리내, 2009, 앞 논문, 38-39쪽.

28. Choi, J.K., 1985, 앞 논문, 80쪽.

29. 국가해양환경정보통합시스템 www.meis.go.kr, 해양환경 측정망 정보.

30. Choi, J.K., 1985, 앞 논문, 66쪽.

31. 명철수, 2011, 앞 논문, 17쪽.

32. Choi, J.K., 1985, 앞 논문, 79쪽.

33. Choi, J.K., 1985, 앞 논문, 72쪽.

34. Choi, J.K., 1985, 앞 논문, 115-125쪽.

35. 김동화, 2002, 앞 논문, 12쪽.

36. 정영호, 1969, 앞 논문, 65-66쪽.

37. 박경수, 2005, 「한강하구역의 염분 분포 및 생태환경 특성」, 『한국습지학회지』 6(1), 155쪽.

38. 명철수, 2011, 앞 논문, 18쪽.

39. 환경부 물환경 정보시스템 http://water.nier.or.kr, 한강 수계 수질 김포·파주 부분

40. Day, J.W, C, A. Hall, W.M. Kemp and A.Yanez-Arancibia, 1989, *Estuarine Ecology*, Wiley Interscience, 81p.

41. 김동화, 2002, 앞 논문, 20-25쪽.

42. 박경수, 2005, 앞 논문, 158쪽.

43. 신영규·윤광성, 2006, 앞 논문, 18쪽.

44. 해양환경정보시스템 www.meis.go.kr, 해양환경측정망 정보 중 인천수질.

45. 홍현표, 2016, 「반폐쇄 부영양하구와 개방형 일반하구에서 섬모충류 군집의 비교 연구」 인하대학교 박사학위논문. 106쪽.

46. 해양환경정보시스템, www.meis.go.kr, 해양환경측정망 정보 중 인천 수질.

47. 환경부 물환경 정보시스템 http://water.nier.or.kr, 한강 수계 수질 김포·파주 부분.

48. 신영규·윤광성, 2006, 앞 논문, 18쪽.

49. 해양환경정보시스템 www.meis.go.kr, 해양환경측정망 정보 중 인천수질.

50. 홍현표, 2016, 「반폐쇄 부영양하구와 개방형 일반하구에서 섬모충류 군집의 비교 연구」 인하대학교 박사학위논문, 106쪽.

51. Redfield, A, C., 1958, The Biological control of chemical factors in the environment, *Am.Sci* 46, 205-221.

52. 정영호, 1969, 「한강하구 감조수역의 환경조건과 식물성 Plankton」, 『학술원연구논문집』 8, 74-117.

53. 정영호, 1969. 앞 논문, 122쪽.

54. 정영호, 1969. 앞 논문, 122쪽.

55. Choi, J.K., 1985., 앞 논문, 169쪽.

56. 최중기·권순기, 1994, 「한강하류 및 하구역의 식물플랑크톤 생태연구, II 식물플랑크톤 군집구조」, 『Yellow Sea Research』 6: 101-129.

57. 심재형·최중기, 1978,「한강하류에 있어서 부유성 조류군집의 구조 및 기능변화에 관한 연구」,『한국해양학회지』13(2), 36쪽.

58. 한국해양연구원, 2008, 하구역 관리 및 기능회복기술개발, 한강하구역을 중심으로한 관리 및 복원 관련 요소기술 개발, 214쪽.

59. Choi, J.K., 1985, 앞 논문, 179-191쪽.

60. 최중기·권순기, 1994, 앞 논문, 107-108쪽.

61. 심재형·최중기, 1978, 앞 논문, 36쪽.

62. Choi, J.K., 1985, 앞 논문, 180 쪽.

63. 해수 1L에 들어 있는 식물플랑크톤 세포 개체수

64. 최중기·권순기, 1994, 앞 논문, 16쪽.

65. 정경호, 1988, 서해경기만의 기초생산력 및 질소계 영양염의 재생산에 관한 연구, 인하대학교 석사학위논문, 46-99쪽.

66. 정경호, 1988, 앞 논문, 47-48쪽.

67. 권순기·최중기, 1994,「한강하류 및 하구역의 식물플랑크톤 생태연구, I. 환경요인과 일차생산력」,『Yellow Sea Research』6, 77-99.

68. 권순기·최중기, 1994, 앞 논문, 96쪽.

69. 명철수, 2011,「한강하구역 기초생태 환경과 중형동물플랑크톤 군집의 시공간적 변동」, 인하대학교 박사학위논문, 30-40쪽.

70. 한국해양연구원, 2008, 하구역 관리 및 기능회복기술개발, 한강하구역을 중심으로한 관리 및 복원 관련 요소기술 개발, 248-249쪽.

71. 한국해양연구원, 2008, 앞 보고서, 223-236쪽.

72. 한국해양연구원, 2008, 앞 보고서, 223쪽.

73. 홍현표, 2016,「반폐쇄 부영양하구와 개방형일반하구에서 섬모충류 군집의 비교연구」, 인하대학교 박사학위논문, 128-172쪽.

74. 양은진·최중기, 2003,「경기만 수역에서 미세생물 군집의 계절적 변동 연구, II미소형 및 소형동물플랑크톤」,『바다: 한국해양학회지』, 8(3): 78-93.

75. 명철수, 1992, 한강하구 기수해역의 동물플랑크톤 군집에 관한 생태학적연구, 인하대학교 석사학위논문, 22쪽.

76. Youn, S.H. and J.K. Choi, 2008, Distribution pattern of zooplankton in the Han River Estuary with respect to tidal cycle, *Ocean Science Journal* 43(3), 135-146.

77. 한강해양연구원, 2008,「하구역 관리 및 기능회복기술개발, 한강하구역을 중심으로한 관리 및 복원관련 요소기술 개발」, 237-248.

78. 명철수, 2011, 앞 논문, 43쪽.

79. Youn, S.and J.K. Choi, 2003, Seasonal changes in zooplankton community in the coastal waters off Incheon, *J. Korean Soc. Oceanography* 38(3) 111-121.

80. 윤석현·최중기, 2003, 경기만 동물플랑크톤 군집의 시공간적 분포」,『바다: 한국해양학회지 』, 88(3), 243-250.

81. Ullah, M.S., G.Min, W.Yoon and J.K. Choi, 2015, First record of Rhopilema esculentum (Scyphozoa, Rhizostomae), edible jellyfish in Korea, *Ocean and Polar Research* 37(4), 1-7.

82. 최중기, 2015, 「 교동도 주변 하구의 해양학적 특성」, 「인천섬연구 총서1. 교동도」, 민속원, 165-179.

83. 박영철, 1994, 강화도 연안 새우류 군집에 대한 생태학적 연구, 인하대학교 석사학위논문, 66쪽.

84. 박영철, 1994, 앞 논문.

85. 황선도·노진구, 2010, 「한강하구역 유영생물의 종조성과 계절변동」, 「바다: 한국해양학회지」 15(2), 72-85.

86. 오택윤·이재봉·서영일·이종희·최정화·김정윤·이동우·2012, 「한강하구 해역에서 개량안강망 및 해선망으로 어획된 수산생물의 계절별 종조성」, 「Fisheries Technology」 48(4), 452-468쪽.

87. 최용필, 2002, 한강하구에 출현한 부유성 난, 자치어의 분포특성 연구, 인하대학교 석사학위논문, 17-21.

88. 김지혜·김병기·한경남, 2014, 「한강 하구역 자치어 종조성의 계절변동」, 「한국어류학회지」 26(2), 125-132.

89. 황선도·노진구, 2010. 앞 논문.

90. 황선도·노진구·이선미·박지영·황학진·임양재, 2010, 「한강하구역 강화 갯벌 조간대 건강망에 어획된 유영생물 군집구조」, 「바다: 한국해양학회지」 15(4), 166-175쪽.

91. 문병렬·전숙례·현문식·황종서·최준길, 2011, 「한강하구 생물자원 및 서식처 특성에 관한 연구」, 「환경영향평가」 20(5): 757-764쪽.

92. 오택윤·이재봉·서영일·이종희·최정화·김정윤·이동우, 2012, 앞 논문, 461쪽.

93. 위어소(葦魚所) 조선시대에 사옹원에 속하여 웅어를 잡아서 궁중에 바치던 부서. 웅어(위어)의 명산지인 한강 하류의 고양에 두었다(국어사전).

94. 김지혜·송태윤·김병기·김병표·한경남, 2016, 「한강하구에서 조석주기에 따른 웅어속 자치어의 출현량 변동」, 「한국어류학회지」 28(3), 192-199.

95. 김지혜 외, 2016, 앞 논문, 197쪽.

96. 정수환·김병기·김지혜·한경남, 2014, 「한강하구역에 출현하는 황강달이(Collichthys lucidus)의 섭식형태」, 「한국어류학회지」 26(4), 303-309.

97. 한국해양연구원, 2011, 조력에너지 실용화 기술 개발.한국해양연구원, 96-133.

98. 해양환경관리공단, 2015,국가해양생태계 종합조사. I. 갯벌생태계(서해, 남해서부), 해양수산부, 94-99.

99. 한강해양연구원, 2008, 「하구역 관리 및 기능회복기술개발, 한강하구역을 중심으로한 관리 및 복원관련 요소기술 개발」, 296-311.

100. 한국해양연구원, 2008, 앞 보고서, 301-302쪽.

101. 한국해양연구원, 2011. 조력에너지 실용화 기술 개발.한국해양연구원, 요약문.

102. 길현종·노현수·백상규·송성준·최병래·김원, 2005, 「한강하구역의 저서동물상」, 「한국환경생물학회지」 23(3), 250-256.

103. 신현출·최진우·고철환, 1989, 「서해 경기 내만 해역 조간대, 조하대의 저서동물군집」, 「한국해양학회지」, 24(4), 184-193.

104. 한국해양연구원, 2008, 「하구역 관리 및 기능회복기술개발, 한강하구역을 중심으로한 관리 및 복원관련 요소기술 개발」, 304-310.

105. 유만호, 2017, 「대조차 한강하구에서 저서미세조류의 생태 특성연구」, 인하대학교 박사학위논문,

11-45.

106. 이형곤, 1999, 「강화도 동검지역 염습지 식생에 서식하는 저서생물의 생태학적연구」, 인하대학교 석사학위논문, 106쪽.

107. 양은진·최중기·유만호·조병철·최동한, 2005, 「강화도 갯벌에서 저서성 원생동물 분포의 시간적 변이와 박테리아 및 미세조류에 대한 포식압」, 『바다: 한국해양학회지』 10(1), 19-30.

108. 현정호·목진숙·조혜연·조병철·최중기, 2005, 「하계 강화도 갯벌의 혐기성 유기물 분해능 및 황산염 환원력」, 『한국습지학회지』 6(1), 117-132.

109. 농어촌진흥공사, 1995, 『한국의 간척』, 2. 간척사업의 변천.

110. 배성수, 2016, 「교동도 갯벌 매립의 역사」, 『인천섬연구총서 교동도』, 민속원, 76쪽.

111. 인천광역시, 2001, 인천앞바다 쓰레기 실태조사 및 수거 처리 실시 설계 보고서. 인천광역시.

112. 인천광역시, 2021, 인천광역시 해양생태계 보전관리 계획 수립 용역. 안양대학교.

113. 인천보건환경연구원, 2020, 보건환경정보. 인천해양수질측정망조사결과 보고. 인천환경연구원 홈페이지.

114. 인천해양수질 측정망 결과 보고, 2020, 앞 자료.

115. 인천광역시, 2006, 인천 연안 오염현황보고서.

116. 현정호 외, 2005, 앞 논문.

117. 현정호·정경호·박용철·최중기, 1999, 「한강기수역에서의 암모늄 제거율 변화 및 질산화의 잠재적 역할」, 『바다: 한국해양학회지』 4(1), 33-39.

참고문헌

권순기·최중기, 1994, 「한강하류 및 하구역의 식물플랑크톤 생태연구, I. 환경요인과 일차생산력」, 『Yellow Sea Research』 6, 77-99.

길현종·노현수·백상규·송성준·최병래·김원, 2005, 「한강하구역의 저서동물상」, 『한국환경생물학회지』 23(3), 250-256.

김동화, 2002, 「한강하구역에서의 생지화학적 상호작용연구」, 인하대학교 석사학위논문, 79쪽.

김미리내, 2009, 「한강하구역에서 홍수기와 갈수기의 부유퇴적물 이동량 및 수직분포」, 인하대학교 석사학위논문, 66쪽.

김민규·최건식·신문경·김병표·한경남, 2015, 「한강하구역 가숭어의 연령과 성장」, 『한국어류학회지』 27(2), 133-141.

김성준, 1994, 「인천 연안 기수해역의 영양염과 미량금속의 생지화학적 동태에 관한 연구」, 인하대학교 석사학위논문, 122쪽.

김성한, 2007, 「강화도 갯벌과 시화 인공습지에서의 혐기성 유기물 분해능 및 분해경로」, 인하대학교 석사학위논문, 59쪽.

김지혜·김병기·한경남, 2014, 「한강 하구역 자치어 종조성의 계절변동」, 『한국어류학회지』 26(2), 125-132.

김지혜·송태윤·김병기·김병표·한경남, 2016, 「한강하구에서 조석주기에 따른 웅어속 자치어의 출현량 변동」, 『한국어류학회지』 28(3), 192-199.

김훈수·최병래, 1982, 강화도 동부수도의 갑각십각류의 종의 구성 및 출현빈도의 연간 변화, 한국자연보존협회, 313-323.

농어촌진흥공사, 1995, 『한국의 간척』, 2. 간척사업의 변천, 63쪽.

명철수, 1992, 「한강하구 기수해역의 동물플랑크톤 군집에 관한 생태학적연구」, 인하대학교 석사학위논문, 88쪽.

명철수, 2011, 「한강하구역 기초생태 환경과 중형동물플랑크톤 군집의 시공간적 변동」, 인하대학교 박사학위논문, 171쪽.

문병렬·전숙례·현문식·황종서·최준길, 2011, 「한강하구 생물자원 및 서식처 특성에 관한 연구」, 『환경영향평가』 20(5), 757-764.

민기식·김원, 1991, 강화도 동부수도의 갑각십각류의 동물상 및 생태에 관한 연구, 한국자연보존협회 연구보고서, 11-36쪽.

박경수, 2005, 「한강하구역의 염분 분포 및 생태환경 특성」, 『한국습지학회지』 6(1), 155쪽.

박영철, 1994, 「강화도 연안 새우류 군집에 대한 생태학적 연구」, 인하대학교 석사학위논문, 66쪽.

배성수, 2016, 「교동도 갯벌 매립의 역사」, 『인천섬연구총서 교동도』, 민속원, 71-80쪽.

서인수·홍재상, 2010, 「장봉도 갯벌을 이용하는 어류군집의 계절변화」, 『한국수산학회지』 43(5), 510-520.

신영규·윤광성, 2005, 「한강하구역의 수질 및 퇴적물 특성의 공간적 분포」, 『한국지형학회지』 12(4), 13-23.

신현출·최진우·고철환, 1989, 「서해 경기 내만 해역 조간대, 조하대의 저서동물군집」, 『한국해양학회지』 24(4), 184-193.

심재형·최중기, 1978, 「한강하류에 있어서 부유성 조류군집의 구조 및 기능변화에 관한 연구」, 『한국해양학회지』 13(2), 31-41.

심현보·조원범·최병희, 2009, 「한반도 해안염습지와 사구 염생식물 분포」, 『한국식물분류학회지』 39(4), 264-276.

양은진·최중기, 2003, 「경기만 수역에서 미세생물 군집의 계절적 변동 연구, II미소형 및 소형 동물플랑크톤」, 『바다: 한국해양학회지』 8(3), 78-93.

양은진·최중기·유만호·조병철·최동한, 2005, 「강화도 갯벌에서 저서성 원생동물 분포의 시간적 변이 와 박테리아 및 미세조류에 대한 포식압」, 『바다: 한국해양학회지』, 10(1),

19-30.

오택윤·이재봉·서영일·이종희·최정화·김정윤·이동우, 2012, 「한강하구 해역에서 개량안 강망 및 해선 망으로 어획된 수산생물의 계절별 종조성」, 『Fisheries Technology』 48(4), 452-468.

유만호, 2017, 「대조차 한강하구에서 저서미세조류의 생태 특성연구」, 인하대학교 박사학위 논문, 112쪽.

유만호·최중기, 2005, 「강화도 장화리 갯벌에서 저서미세조류의 계절적 분포 및 일차생산 력」, 『바다: 한국해양학회지』 10(1), 8-18.

윤석현·최중기, 2003, 「경기만 동물플랑크톤 군집의 시공간적 분포」, 『바다: 한국해양학회 지』 88(3), 243-250.

이경·윤숙경, 2002, 「임진강 수계의 식물플랑크톤 군집의 계절적 변화」, 『한국육수학회지』 35, 111-122.

이형곤, 1999, 「강화도 동검지역 염습지 식생에 서식하는 저서생물의 생태학적연구」, 인하대 학교 석사학위논문, 106쪽.

인천광역시, 2001, 인천앞바다 쓰레기 실태조사 및 수거 처리 실시 설계 보고서. 인천광역시.

인천광역시, 2006, 인천 연안 오염현황보고서.

인천광역시, 2021, 인천광역시 해양생태계 보전관리 계획 수립 용역. 안양대학교.

인천보건환경연구원, 2020, 보건환경정보, 인천해양수질측정망조사결과 보고, 인천환경연구 원 홈페이지.

장현도, 1989, 「한강종합개발 이후 한강하구 및 경기만에서 퇴적환경의 변화」, 인하대학교 석 사학위논문, 27쪽.

정경호, 1988, 「서해경기만의 기초생산력 및 질소계 영양염의 재생산에 관한 연구」, 인하대학 교 석사학위논문, 99쪽.

정수환·김병기·김지혜·한경남, 2014, 「한강하구역에 출현하는 황강달이(Collichthys lucidus)의 섭식형태」, 『한국어류학회지』 26(4), 303-309.

정영호, 1969, 「한강하구 감조수역의 환경조건과 식물성 Plankton」, 『학술원연구논문집』 8, 74-117.

정영호·심재형, 1969, 「한강하구의 기수유형에 대한 연구」, 『식물학회지』 12, 35-42.

정영호·심재형·이민재, 1965, 「한강하류의 식물성 Plankton과 해수의 영향」, 『식물학회지』 8, 47-69.

조병철·최중기·이동섭·안순모·현정호, 2005, 「경기만 부근 갯벌의 생지화학적 연구: 서 문」, 『바다: 한국해양학회지』 10(1), 1-7.

최용필, 2002, 「한강하구에 출현한 부유성 난, 자치어의 분포특성 연구」, 인하대학교 석사학위논문, 36쪽.

최중기·권순기, 1994, 「한강하류 및 하구역의 식물플랑크톤 생태연구, II 식물플랑크톤 군집 구조」, 『Yellow Sea Research』 6, 101-129.

최중기, 2015, 「교동도 주변 하구의 해양학적 특성」, 『인천섬연구 총서1. 교동도』, 민속원, 165-179.

한국해양연구원, 2008, 『하구역 관리 및 기능회복기술개발, 한강하구역을 중심으로한 관리 및 복원관련 요소기술 개발』, BSPE98101-2028-7, 711쪽.

한국해양연구원, 2011, 조력에너지 실용화 기술 개발, 한국해양연구원, 520쪽.

해양환경관리공단, 2015, 국가해양생태계 종합조사. I. 갯벌생태계(서해, 남해서부), 해양수산 부, 348쪽.

현정호·정경호·박용철·최중기, 1999, 「한강기수역에서의 암모늄 제거율 변화 및 질산화의 잠재적 역할」, 『바다: 한국해양학회지』 4(1), 33-39.

현정호·목진숙·조혜연·조병철·최중기, 2005, 「하계 강화도 갯벌의 혐기성 유기물 분해능 및 황산염 환원력」, 『한국습지학회지』 6(1), 117-132.

홍현표, 2016, 『반폐쇄 부영양하구와 개방형일반하구에서 섬모충류 군집의 비교연구』, 인하 대학교 박사학위논문, 251쪽.

황선도·노진구, 2010, 「한강하구역 유영생물의 종조성과 계절변동」, 『바다: 한국해양학회 지』 15(2), 72-85.

황선도·노진구·이선미·박지영·황학진·임양재, 2010, 「한강하구역 강화 갯벌 조간대 건강 망에 어획된 유영생물 군집구조」, 『바다: 한국해양학회지』 15(4), 166-175.

Choi, J.K., 1985, *The ecological study of phytoplankton in Gyeonggibay, Korea*, SNU, ph.D thesis, 320p.

Choi, J.K. and J.H. Shim, 1986, The ecological study of phytoplankton in Kyeonggi Bay, Yellow Sea. III. phytoplankton composition. standing crops, tychopelagic plankton, *J. Oceanol. Soc. Kor.* 21(3), 156-170.

Day, J.W, C, A. Hall, W.M. Kemp and A.Yanez-Arancibia, 1989, *Estuarine Ecology*, New-York: Wiley Interscience, 81p.

Hong, J.S. and J. W. Yoo, 1996, Salinity and sediment types as sources of variability in the distribution of the benthic macrofauna in Han River estuary and Kyonggi Bay, Korea, *J. Kor. Soc. Oceanography* 31, 217-231.

Hyun, J.H., J.K. Choi, K.H. Chung, E, J, Yang and M.K. Kim, 1999, Tidally induces changes in bacterial growth and viability in the macrotidal Han River Estuary, Yellow Sea, *Estuarine, Coastal and Shelf Science* 48, 143-153.

McLusky, D.S., 1981, *The estuarine ecosystem*, NY: John Wiley and Sons, 21p.

McLusky, D.S. and M. Elliott, 2004, *The Estuarine Ecosystem*, Oxford, 8p.

Prichard, D.W., 1967, What is an estuary: physical review point, In *Esuaries* Edit. G.H. Lauff. American Ass. Advance Science, Washington, 3-5.

Redfield, A.C., 1958, The Biological control of chemical factors in the environment, *Am.Sci.* 46, 205-221.

Ullah, M.S., G. Min, W. Yoon and J.K. Choi, 2015, First record of Rhopilema esculentum (Scyphozoa, Rhizostomae), edible jellyfish in Korea, *Ocean and Polar Research* 37(4), 1-7.

Yoo, J.W. and J.S. Hong, 1996, Community structure of the benthic macrofaunal assemblages in Kyonggi Bay and Han River estuary, Korea, *J. Kor. Soc. Oceanogr* 31, 7-17.

Youn, S. and J.K. Choi, 2003, Seasonal changes in zooplankton community in the coastal waters off Incheon, *J. Korean Soc. Oceanography* 38(3), 111-121.

Youn, S. and J.K. Choi, 2008, Distribution pattern of zooplankton in the Han River Estuary with respect to tidal cycle, *Ocean Science Journal* 43(3), 135-146.

제8장
한강하구 육상 생태적 특징과
남북생물자원 교류협력

김승호

DMZ 생태연구소 소장

1. 들어가는 글

　남북 분단은 지난 70여 년 동안 아시아 대륙에서 첨예한 충돌의 지점이자 완충의 공간으로 작용했다. 이 과정에서 한강하구 중립수역의 습지는 원형에 가까운 형태를 가지고 있어 생태적으로 아주 중요하다. 온대 기후대에 있는 많은 나라에서 강하구는 도시가 발달하고 물류의 중심 역할을 하는 곳이기 때문에 자연습지를 보기 힘들지만, 한국전쟁 이후 사람의 출입이 자유롭지 못한 상태에서 한강하구 습지는 하구 습지의 특성을 잘 간직하고 있으며 경관 가치도 높다. 우리나라 지형 특징인 동고서저(東高西低)의 형상대로 한강과 임진강, 북한쪽에서는 예성강, 사천강과 서해 바닷물이 만나는 기수역으로 내륙까지 이어진 임진강과 서남방향의 백두대간의 산세가 모인 임진강, 한강하구는 실핏줄처럼 잘 형성된 작은 하천들과 수많은 습지식물들과 앙상블을 이루고 있다. 기수성식물인 모새달, 나문재, 새섬매자기, 천일사초 등이 분포하고 있으며, 다수의 갑각류와 무척추 동물들은 습지를 중심으로 서식하고 있어 다양한 새들에게 풍부한 먹이원을 제공하고 있다. 새섬매자기는 개리(멸종위기 II급, 천연기념물 제325−1호)의 주 먹이

원으로 한강 임진강 유역의 개리분포와 새섬매자기의 분포는 거의 일치한다. 한강하구에 발달한 습지는 한반도의 다양한 생물 서식지 혹은 중간기착지로 대륙과 해양을 잇는 지구 생태계의 연결통로로서 매우 중요할 뿐만 아니라 남방계와 북방계가 서로 만나는 점이지대[漸移地帶, transition belt]로서 생물다양성이 높은 지역이다. 천변습원에 있는 대규모 버드나무, 귀룽나무, 신나무 숲은 천이가 일어나기 전의 초기 숲의 전형적인 모습으로 천변습지 숲의 아름다움을 잘 보여주고 있다. 전쟁 후에 복원된 접경지 천변 숲은 과거와 미래를 연결하는 중요한 생물학적 특성을 지닌다고 할 수 있다.

신나무 숲은 지하수가 표층으로 흘러나와 천변습지 같은 모습을 지녔고, 신나무와 귀룽나무가 우점인 숲과 둠벙 주변의 버드나무가 같이 있는 형상이 매우 독특하다. 비무장지대 가운데를 관통하여 임진강하구 오금리에서 만나는 사천강 주변의 숲 또한, 천변습지 숲의 원형을 잘 유지하고 있다. 사천강 유역의 식물군도 20여 년 전에는 버드나무와 신나무로 구성된 천변이었다. 그러나 강하구에 토사가 퇴적해 강바닥이 높아지고, 강변에 넓게 발달했던 습지는 육화가 진행되어 천변습지가 크게 변화했다. 한강하구의 장항습지도 자유로와 기후변화의 영향으로 갯골이 없어져서 선버들 군락이 쇠퇴 징후를 보이고 있다. 이러한 변화는 북한과 남한의 도시화와 물길의 변화 때문에 한강하구에 필연적으로 나타날 수밖에 없는 상황이다.

DMZ에서 북미정상회담이 열리고, 남북한, 미국 정상들이 나란히 서 있는 매우 어색하면서도 눈을 의심하게 하는 장면이 현실적인 상황인데 남북한이 공유할 한강하구의 생태자원은 그 존재만으로도 매우 가치가 있다. 한반도 서해 중부에 있는 한강하구는 멸종위기종을 포함한 다양한 생물종의 서식 공간으로 생태적 지위가 매우 높고 남북이 결심만 하면 공동의 공간으로 활용할 수 있다. 따라서 본고에서는 한강하구의 생태적 현황을 살펴보고 이에 따른 남북한 평화의 도구로 한강하구 습지가 활용될 방안을 제시하고자 한다.

2. 본론

1) 하구생태계의 특성

한반도 서해 접경 해역은 한강하구에서 백령도 해역까지 이르는 대조차 환경으로 수심은 30m 미만이다. 서해안의 일반적 모습인 리아스식 해안선이 나타나고 지질 특성에 따라 다양한 경관이 분포하고 있다. 강화도 해안은 화강암이 기반을 이루고 있으며, 지형은 저산성 구릉지의 형태를 보이고 있다. 백령도, 대청도, 소청도는 변성퇴적암류로 이루어져 있고, 파랑의 영향으로 시스택, 자갈해변, 사구와 같은 독특한 경관을 보유하고 있다. 임진강, 한강, 예성강을 통해 담수가 유입한다. 임진강과 한강의 담수유입량은 57~1,542m³/s이며, 한강하구를 통해 경기만으로 유입하는 담수량은 연평균 189억 m³이다. 염하수로의 염분은 0.5~30.8psu로 전형적인 하구 염분 분포 양상을 보인다. 중립수역으로 알려진 한강하구는 말도에서 만우리에 이르는 공간으로, 길이 약 70km, 면적 약 280km², 너비 1~9.3km의 수역이다. 한강하구는 육상의 담수생태계가 해양생태계로 바뀌는 경계에 있는 생태적 전이지대로서 매우 중요한 생물적·생태적 특성을 지니고 있다.[1] 이와 같은 특성은 일반적으로 하구 일대의 다양한 습지 분포와 밀접한 연관이 있다. 하구는 하천생태계와 해양생태계의 특성이 있고 담수흐름과 조석의 상호작용으로 형성된 물리적 조건 때문에 영양염류가 풍부한 곳이다. 그 결과 하구는 지구상 생태계 중 일차생산력이 가장 높은 생태계에 속하며, 이런 생산력이 다양한 유형의 서식지 분포와 더불어 생물다양성이 아주 높은 생태계를 만들었다.[2]

연안습지 중 강화도 남단 갯벌은 생물다양성이 뛰어나고, 희귀철새의 도래지이며, 지형 및 지질 가치가 높아 습지보호지역으로 지정하기 위한 노력이 계속되고 있다. 제안된 보호지역 중 강화도에 연접한 대부분의 갯벌은 한강하구에 포함된다. 하구습지생태계의 특징은 낮은 염도와 얕은 수심, 높은 탁도, 과도한 영양분, 높은 생산성, 낮은 종다양성 등이며 독특한 염분 환경과 이에 적응한 기수성 생물들이 서식하는 것이 다른 습지유형과 구별된다. 또한 하천과 해양, 담수와 해수와 연관되어 복잡한 먹이그물을 가지는 것이 특징이다.

한강하구 중립수역은 이런 하구의 생태계가 잘 보존된 지역이다. 정치적으로 하구역을 막을 수 없는 한국전쟁의 산물로 매우 훌륭한 습지를 유지하고 있다.

(1) 한강하구 생태적 특성

한강하구는 우리나라 유일의 큰 강 하구 기수역(Brackish water zone) 생태계이다. 한강하구의 범위는 수리수문 관점에서 서울시의 한강 본류를 포함해서 고양, 파주, 김포 및 임진강, 예성강, 사천강, 강화수로 및 주문도, 볼음도 등을 포괄하여 설정할 수 있다. 이에 해당하는 한강하구 습지의 총면적은 356.43km²이고, 이 중 내륙습지는 9.45km², 연안습지는 346.98km²이다.

내륙습지 중 임진강하구지역의 파주시 장단면 석곶리 일대 습지, 장산리 초평도 습지, 한강하류 고양시 산남리 일대의 하천변 습지는 상태가 매우 양호한 습지로서, 곡릉천 하구에 발달한 습지나 고양시 장항 습초원은 버드나무 군락을

〈그림 8-1〉 천연기념물 제250호 지역 교하물골(한강 일산방향)

이루고 있는 양호한 습지로 보존할 가치가 있는 것으로 평가되고 있다. 김포시 시암리와 석탄리 일대, 강화수로(염화강)의 습지는 비록 파주군 석곶리 습지와는 비교할 수 없지만 인근에 위치한 유도의 조류상을 고려할 때 채식지 및 휴식처로서 기능을 유지하는 차원에서 절대적 보전 필요성이 있는 곳이다.

한강하구에서는 특성은 연안과 내수, 기수역의 위치에 따라 다양한 생물군들이 출현한다. 2019년 연안생태 중점조사 중 한강하구 조사에 따르면, 한강하구역의 수온은 계절적 특성을 보였으며, 표층·저층의 수온 차이는 크지 않았다. 염분은 한강하구 가까운 정점에서 낮고 멀어질수록 높아지는 특징을 보였다. 수소이온농도의 경우 하계에 낮았는데 담수 유입의 영향인 것으로 판단된다.[3]

서해 갯벌의 퇴적률은 3.4mm·yr^{-1}이었다. 한강하구 갯벌을 포함하는 경기-인천 갯벌은 지속적으로 퇴적이 일어나는 환경이었다. 전북 갯벌은 지속적으로 퇴적되며, 충남 갯벌은 지속적으로 침식되어 −12.3mm·yr^{-1}의 침식률을 보였다. 경기-인천 갯벌의 퇴적은 세립질퇴적물의 집적에 의한 것으로 평균입도의 세립화와 연결되며,[4] 계절별 차이가 크지 않았다. 평균입도는 하구에서 세립하고 멀어질수록 조립한 경향을 보였다.[5] 이의 퇴적과 해수의 변화는 육상생태계의 변화를 나타내며, 다양한 생물군들에게 많은 영향을 주고 있는 것으로 보인다. 임진강하구 퇴적의 변화는 한강하구 주변지역의 도시화와 밀접한 관련이 있을 것으로 보인다. 이에 따라 철새 분포에도 변화가 나타나고 있는데, 개리의 도래 시기와 개체수 차이를 보이고 있으며, 한강하구 재두루미의 분포 역시 이와 유사한 변화를 나타낸다. 개리는 2000년대 전반까지 공릉천 하구와 성동습지에서 대규모로 월동하거나 이동기에 기착을 하였으나, 2019년부터는 김포 보구곶리 주변의 습지에 많은 개체들이 활동하고 있는 것으로 보아 한강하구의 퇴적과 새섬매자기 같은 먹이원의 분포가 변하고 있음을 보여 준다.

또한 이 해역의 대표적인 포유동물은 물범, 수달, 고래류가 있다. 수달은 멸종위기야생생물 1급으로 한강하구에서 출현한다. 서해 백령도에서 가로림만까지 분포하는 물범은 멸종위기야생생물 2급 및 해양 보호생물로 지정되어 있다. 남한과 북한의 경계를 넘나들며 서식하는 조류는 멸종위기생물 1급인 저어새를 비롯하여 30여 종이 서식하고 있다. 전 세계적으로 멸 종위기생물인 저어새는 남한과 북한에서 천연기념물로 지정한 생물이다. 주로 무인도에서 번식하는데, 남한은 연평도 인근의 석도, 비도, 우도, 한강하구의 유도가 가장 큰 번식지다.[6] 서해의 갯벌은 철새의 섭식과 서식에 중요한 공간으로, 호주에서 시베리아에 이르는 철새 이동경로의 중간 기착지로 알려지면서 갯벌에 대한 관심도 증가하고 있다.

한강하구의 습지는 특히 강화도 남단 및 북단에 넓게 분포된 갯벌과 한강과 임진강의 합류지점을 중심으로 형성된 성동습지, 시암리습지, 공릉천하구습지 등 대표적인 하구습지 모습을 간직하고 있다. 산남습지는 출판단지 건설로 영역이 자유로 바깥 한강변으로 국한되며, 장항습지는 연안습지와 내륙습지의 특성을 동시에 간직하고 있으나 대규모 버드나무 군락이 형성되어 육화가 매우 심하게 진행하고 있다.

한강과 임진강이 만나는 합류부 주변으로는 월롱산(245m), 조강과 염하수로가 만나는 지점의 문수산(376m), 김포의 홍도평과 석탄리, 후평리 사이에 위치한 봉성산 등을 비롯한 낮은 산림이 고루 분포하고 있다. 한강하구역 주변에 있는 높은 산은 대부분 광주산맥을 따라 분포하고 있다. 한강을 넘어 남서방향으로 달리면서 해발고도 100m 내외의 구릉지로 낮아진다. 한강하구 지역의 개화산 (128m), 덕양산(120m), 봉성산(129m), 심학산(194m), 오두산(110m), 애기봉(99m), 문수산(376m) 등의 산지가 분포하고 있고 주로 넓은 평야와 소기복의 구릉들로 이루어져 있다. 유도, 강화도 등의 도서를 중심으로 연안습지가 넓게 분포하고 있다. 공릉천, 임진강, 신평리천 하구를 중심으로 내륙 습지가 발달했으나[7] 지속적인 도시화로 많은 부분이 육화되어 과거 습지와는 많은 차이를 보지만 여전히 습지로서 중요한 가치가 있다.

한강하구는 시암리 및 오두산 구간에서 임진강과 합류하여 북한의 개풍군과 남한의 김포시와 강화군 사이를 흘러 서해로 유입한다. 김포시 누산리에 이르는 구간은 산지가 하안에 인접해 있고 유로가 상당히 단조롭고 직류하는 형태를 취하고 있다. 따라서 장항습지의 지속적인 퇴적 증가와 김포 신도시 건설, 다양한 제방 우회도로 건설은 한강하구 생태를 지속적으로 매우 위협하는 요인이다.

2) 한강하구 주변 육상생태계[8, 9]

(1) 김포 구역 식물상

한강하구 김포 구역에서 발견된 식물 종은 전체 113과 389속 738종이다. 대명항부터 문수산성 남문 구간에서는 93과 278속 455종이 나타났고, 104과 328속 555종을, 애기봉에서 전류리포구 구간의 경우 105과 319속 541종이 출현하였다. 생태 중점 조사 지역이 김포 구역의 종다양성 유지에 큰 역할을 하는 것으로 보인다. 문수산과 애기봉을 포함한 지역은 매우 다양하고 천이가 잘 이루어진 숲으로 구성되어 있다. 특히 문수산 북쪽은 민간인 통제지역에 인접해 있기 때문에 인위적 간섭이 많지 않아 식생이 다양한 것으로 추정된다.

한강하구 김포 구역의 식물 중 국가적색목록 등재 종은 다음과 같다. IUCN 적색목록에 관심대상(LC) 종은 목련, 이팝나무, 범부채, 창포, 측백나무로 5과 5종이고, 준위협(NT) 종은 큰처녀고사리와 산마늘로 2과 2종이다. 취약(VU) 종은 긴잎꿩의다리, 솔붓꽃, 향나무의 3과 3종, 위기(EN) 종은 승마, 구상나무, 왕벚나무로 3과 3종이 있다. 수목원법[10]에 따라 지정된 벌개미취, 참갈퀴덩굴, 개나리, 외대으아리, 능수버들, 은사시나무, 키버들, 장억새, 구상나무, 병꽃나무, 서울제비꽃, 섬초롱꽃, 오동나무, 회양목으로 총 12과 14종이 출현했다. 동 법에 따른 희귀식물 가운데 고란초, 벌개미취, 참갈퀴덩굴, 큰처녀고사리, 목련, 개나리, 이팝나무, 긴잎꿩의다리, 외대으아리, 왜박주가리, 산마늘, 능수버들, 은사시나무, 키버들, 장억새, 꽃창포, 범부채, 개벼룩, 병꽃나무, 물질경이, 왕벚나무, 서울제비꽃, 주목, 쥐방울덩굴, 두루미천남성, 창포, 볏풀, 오동나무, 회양목으로 총 23과 29종이 김포 구역에 서식하고 있다.

강화수로길 지역에서 발견된 특산식물은 9종, 희귀식물은 12종이고, 문수산과 애기봉 지역에서는 특산식물은 13종, 희귀식물은 25종, 조강과 보구곶리 주변에서 나타난 특산식물은 12종, 희귀식물은 20종이다. 김포 구역에서 확인된 귀화식물은 전체 26과 73속 98종이었다. 자생종 대비 귀화종의 출현 비율을 비교해 보면, 시암리와 후평리길 지역에서는 13.3%이며 강화수로와 문수산에서는 각각 12.5%, 10.3%로 상대적으로 낮았다. 상대적으로 인위적 간섭이 심하지 않기 때문에 귀화식물보다 자생식물의 비율이 높게 나타난 것으로 보인다. 멸종위기 2급 식물인 솔붓꽃도 발견되었다. 덕포진 둘레길 지역은 김포시 대곶면 신안리와 대명리에 있으며 낮은 고도의 마을 산이다. 이 지역은 김포시의 유일한 어항인 대명항에 인접해 있다. 덕포진 둘레길 지역의 총면적은 17.70km²이다. 이 지역의 식생은 71개의 군락으로 나뉘며 논, 밭, 민가가 함께 있어 농경지와 인공구조물의 면적이 넓다. 덕포진 둘레길 지역에서 면적이 가장 넓은 군락은 상수리나무 군락으로 340,233m²이며 이는 전체 면적의 19.2%이다. 그다음으로 면적이 넓은 군락은 농경지와 인공구조물이다. 농경지 면적은 313,785m², 인공구조물 면적은 186,888m²이며 전체 면적에서 각각 17.7%, 10.6%이다. 덕포진 둘레길 지역에서 가장 넓은 면적을 점유하고 있는 수종은 상수리나무로 덕포진 둘레

〈그림 8-2〉 덕포진 야산 식생

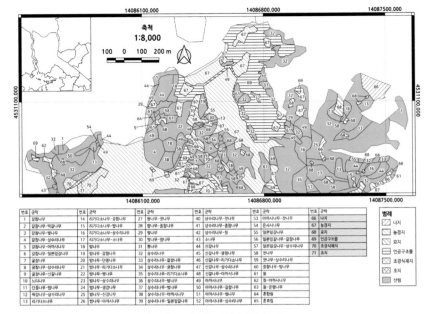

번호	군락	번호	군락	번호	군락	번호	군락	번호	군락	번호	군락
1	갈참나무	14	리기다소나무-갈참나무	27	밤나무-잣나무	40	상수리나무-잣나무	53	아까시나무-잣나무	66	나지
2	갈참나무-떡갈나무	15	리기다소나무-벚나무	28	밤나무-졸참나무	41	상수리나무-졸참나무	54	은사시나무	67	농경지
3	갈참나무-벚나무	16	리기다소나무-상수리나무	29	벚나무	42	상수리나무-칡	55	일본잎갈나무	68	묘지
4	갈참나무-상수리나무	17	리기다소나무-소나무	30	벚나무-밤나무	43	소나무	56	일본잎갈나무-갈참나무	69	인공구조물
5	갈참나무-아까시나무	18	밤나무	31	뽕나무	44	신갈나무	57	일본잎갈나무-상수리나무	70	조경식재지
6	갈참나무-일본잎갈나무	19	밤나무-갈참나무	32	상수리나무	45	신갈나무-굴참나무	58	잣나무	71	초지
7	굴참나무	20	밤나무-단풍나무	33	상수리나무-갈참나무	46	신갈나무-리기다소나무	59	잣나무-상수리나무		
8	굴참나무-상수리나무	21	밤나무-리기다소나무	34	상수리나무-굴참나무	47	신갈나무-상수리나무	60	졸참나무-밤나무		
9	굴참나무-신갈나무	22	밤나무-벚나무	35	상수리나무-리기다소나무	48	신갈나무-아까시나무	61	칡		
10	느티나무	23	밤나무-상수리나무	36	상수리나무-상수리나무	49	아까시나무	62	칡-아까시나무		
11	단풍나무-벚나무	24	밤나무-생강나무	37	상수리나무-벚나무	50	아까시나무-갈참나무	63	칡-은행나무		
12	떡갈나무-상수리나무	25	밤나무-신갈나무	38	상수리나무-아까시나무	51	아까시나무-벚나무	64	혼효림		
13	리기다소나무	26	밤나무-아까시나무	39	상수리나무-일본잎갈나무	52	아까시나무-상수리나무	65	혼효림		

범례: 나지 / 농경지 / 묘지 / 인공구조물 / 조경식재지 / 초지 / 산림

〈그림 8-3〉 덕포진 둘레길 식생도

출처: DMZ생태연구소, 2020

〈그림 8-4〉 문수산에서 본 강화수로와 조강

한강하구―평화, 생명, 공영의 물길

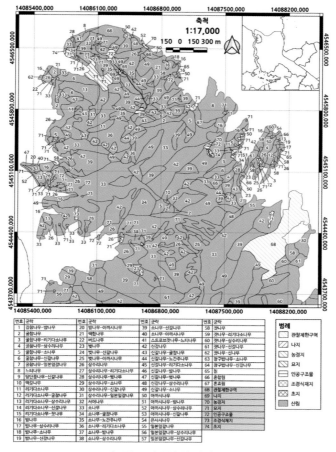

번호	군락	번호	군락	번호	군락	번호	군락
1	갈참나무-밤나무	20	밤나무-아까시나무	39	소나무-신갈나무	58	잣나무
2	굴참나무	21	벚나무	40	소나무-아까시나무	59	잣나무-리기다소나무
3	굴참나무-리기다소나무	22	버드나무	41	스트로브잣나무-느티나무	60	잣나무-상수리나무
4	굴참나무-상수리나무	23	벚나무	42	신갈나무	61	잣나무-신갈나무
5	굴참나무-소나무	24	벚나무-신갈나무	43	신갈나무-굴참나무	62	잣나무-소나무
6	굴참나무-신갈나무	25	벚나무-아까시나무	44	신갈나무-노간주나무	63	청구밤나무-소나무
7	권율나무-일본잎갈나무	26	상수리나무	45	신갈나무-리기다소나무	64	청구밤나무-신갈나무
8	느티나무	27	상수리나무-리기다소나무	46	신갈나무-밤나무	65	칡
9	당단풍나무-신갈나무	28	상수리나무-벚나무	47	신갈나무-벚나무	66	혼합림
10	매자나무	29	상수리나무-신갈나무	48	신갈나무-상수리나무	67	묘포밭
11	리기다소나무	30	상수리나무-신갈나무-일본잎갈나무	49	신갈나무-소나무	68	관찰제한구역
12	리기다소나무-굴참나무	31	상수리나무-신갈나무	50	아까시나무	69	나지
13	리기다소나무-상수리나무	32	서어나무	51	아까시나무-밤나무	70	농경지
14	리기다소나무-신갈나무	33	소나무	52	아까시나무-상수리나무	71	묘지
15	리기다소나무-잣나무	34	소나무-굴참나무	53	아까시나무-신갈나무	72	인공구조물
16	밤나무	35	소나무-노간주나무	54	은사시나무	73	조경식재지
17	밤나무-상수리나무	36	소나무-리기다소나무	55	일본잎갈나무	74	초지
18	밤나무-소나무	37	소나무-신갈나무	56	일본잎갈나무-상수리나무		
19	밤나무-신갈나무	38	소나무-상수리나무	57	일본잎갈나무-신갈나무		

범례
관찰제한구역
나지
농경지
묘지
인공구조물
조경식재지
초지
산림

〈그림 8-5〉 문수산 식생도
출처: DMZ생태연구소, 2020

길 지역 전체 면적의 32.2%(569,430m²)를 차지하였다.

김포씨사이드 산림은 김포시 월곶면 포내리, 고양리에 있으며 산지에 김포씨사이드 골프장이 있다. 김포씨사이드 산림의 총면적은 0.71km²로 26개의 군락으로 구성되어 있다. 김포씨사이드 산림에서 면적이 가장 넓은 군락은 리기다소나무 군락으로 전체 면적의 31.4%인 221,734m²이고 다음으로 리기다소나무-상수리나무 군락과 상수리나무 군락의 면적이 넓었는데 각각 99,195m²와

58,709m²이었으며, 이는 전체 면적의 각각 14.0%, 8.3%이다. 리기다소나무는 김포씨사이드 산림에서 가장 넓은 면적을 우점하고 있는 수종인데, 우점 면적은 460,343m²이며 김포씨사이드 산림 전체 면적의 65.1%에 해당하였다.

문수산은 김포시 월곶면 포내리, 고양리에 위치한 산지로 김포시에서 가장 높은 산이다. 문수산의 총면적은 8.26km²로 74개의 군락이 있다. 어린 수목으로 이루어진 혼합림과 넓은 면적에 식재된 백합나무 군락이 있다. 또한 문수산 정상으로 올라가는 산성길에 해안가 주변 산림에 나타나는 장구밤나무 군락이 있으며 정상 주변에는 노령의 서어나무 군락이 분포한다.

문수산 소나무 군락의 면적은 1,482,347m²으로 전체 면적의 17.9%이며 식생 군락 가운데 가장 넓은 면적을 차지하였다. 다음으로 면적이 넓은 소나무－신갈

〈그림 8-6〉 애기봉에서 본 한강하구

〈그림 8-7〉 애개봉 문수산 장구밤나무

〈그림 8-8〉 애기봉 산상습지

한강하구－평화, 생명, 공영의 물길

나무 군락과 신갈나무 군락으로 각각 1,367,291m²와 960,843m²이며, 전체 면적에서 각각 16.5%, 11.6%를 차지한다. 문수산에서 가장 넓은 면적에서 우점하는 수종은 신갈나무로 우점 면적이 4,294,530m²이며, 문수산 면적의 52.0%에 달한다.

애기봉은 김포시 하성면 조강리, 가금리, 개곡리에 걸쳐 있는 산으로 김포의

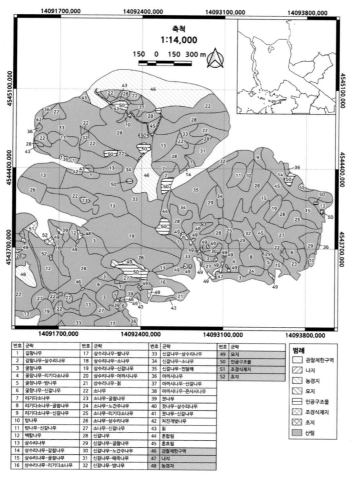

〈그림 8-9〉 애기봉 식생도

출처: DMZ생태연구소, 2020

대표적인 관광지인 애기봉 통일 전망대가 있다. 애기봉의 총면적 약 3.09m²에 52개의 군락이 분포하고 있으며 백합나무 식재 군락과 신갈나무-진달래 군락이 특징적으로 나타났다. 또한 군사시설 및 애기봉 평화생태공원을 위한 공사가 진행됨에 따라 관찰제한구역 및 인공구조물의 면적이 넓다. 애기봉에서 면적이 가장 넓은 군락은 신갈나무 군락(432,751m²)으로 전체 면적의 14.0%를 차지하였다. 이외에도 소나무 군락과 상수리나무 군락의 면적이 각각 312,693m²와 293,504m²이며, 각각 전체 면적의 10.1%, 9.5%를 차지하였다. 애기봉에서 가장 넓은 면적에 우점하는 수종은 신갈나무로 다른 나무와 함께 우점하는 면적이 1,355,066m²로 애기봉 전체 면적의 43.8%를 차지하였다.

애기봉과 문수산 식물상의 공통점은 다양한 식생이 분포하고 있을 뿐만 아니라 경관 및 생태 측면에서 매우 중요한 곳으로 한강하구 중립수역 주변 육상의 대표적인 경관을 자랑한다.

시암리습지 배후 산지는 김포시 하성면 시암리에 있으며, 민가와 농경지가 함께 나타나는 낮은 고도의 마을 산이다. 시암리습지 배후 산지 0.59km²의 면적에 14개의 군락이 분포하고 있다. 산과 마을의 경계가 뚜렷하지 않아 논, 밭, 민가까지 포함하기 때문에 농경지와 인공구조물의 면적이 넓게 나타났다. 시암

〈그림 8-10〉 시암리습지 전경

리습지 배후 산지에서 가장 넓은 면적을 차지한 군락은 상수리나무 군락으로 316,478m²(전체 면적의 52.8%)를 점유하였다. 다음으로 농경지와 소나무 군락의 면적이 넓었는데 47,825m²와 47,798m²이며, 각각 전체 면적의 8.0%, 8.0%를 차지하였다. 시암리습지 배후 산지에서 가장 넓은 면적을 우점하고 있는 수종은 상수리나무로, 상수리나무 단일 군락과 상수리나무-신갈나무, 상수리나무-아까시나무 군락을 이루고 있었다. 상수리나무의 우점 면적은 366,444m²로, 시암리습지 배후 산지 전체 면적의 61.2%를 차지하였다.

(2) 고양시구역 식물상

고양 평화누리길 지역에서는 장항습지의 식물을 포함해 전체 97과 299속 521종의 식물을 확인하였다. 덕양산에서는 93과 272속 451종, 킨텍스 인근 지역에서는 73과 154속 202종이 발견되었다. 장항습지에 출현한 식물은 48과 139속 203종이었다.

장항습지를 포함하여 고양 평화누리길에서 발견된 국가적색 목록에 있는 식물은 다음과 같다. 관심대상(LC) 종은 낙지다리, 목련, 이팝나무, 모새달, 창포,

〈그림 8-11〉 덕양산에서 본 행주나루길

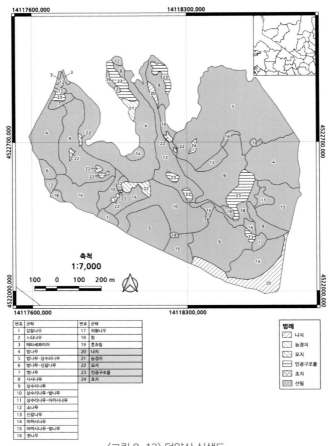

번호	군락	번호	군락
1	갈참나무	17	귀룽나무
2	느티나무	18	칡
3	메타세콰이어	19	혼효림
4	밤나무	20	나지
5	밤나무-상수리나무	21	농경지
6	밤나무-신갈나무	22	묘지
7	벗나무	23	인공구조물
8	사사나무	24	초지
9	상수리나무		
10	상수리나무-밤나무		
11	상수리나무-아까시나무		
12	소나무		
13	신갈나무		
14	아까시나무		
15	아까시나무-밤나무		
16	잣나무		

범례
- 나지
- 농경지
- 묘지
- 인공구조물
- 초지
- 산림

〈그림 8-12〉 덕양산 식생도

출처: DMZ생태연구소, 2020

측백나무로 6과 6종이고, 취약(VU) 종은 측백나무과의 향나무 1과 1종, 위기
(EN) 종은 구상나무와 왕벗나무, 2과 2종을 확인하였다.

수목원법[11]에 근거해 지정된 특산식물 중 총 9과 12종(고려엉겅퀴, 벌개미취, 매
자나무, 개나리, 외대으아리, 능수버들, 은사시나무, 키버들, 구상나무, 서울제비꽃, 오동나
무, 회양목), 희귀식물 중 총 21과 25종(고려엉겅퀴, 벌개미취, 낙지다리, 벼룩아재비, 매
자나무, 목련, 모감주나무, 개나리, 이팝나무, 외대으아리, 능수버들, 은사시나무, 키버들,

모새달, 꽃창포, 개벼룩, 왕벚나무, 서울제비꽃, 주목, 쥐방울덩굴, 너도밤나무, 창포, 통발, 오동나무, 회양목)을 고양 평화누리길 지역에서 확인하였다. 고양 평화누리길 4코스에서 발견한 특산식물은 12종, 희귀식물은 20종이고, 5코스에서 발견한 특산식물은 4종, 희귀식물은 9종, 장항습지에 출현한 특산식물은 3종, 희귀식물은 6종이다.

장항습지를 포함하여 한강하구 고양시 구간에서 확인한 귀화식물은 전체 18과 51속 68종인데, 세부 지역별 출현비중을 보면 덕양산 14.0%, 킨텍스 인근 지역 13.4%, 장항습지 17.2%였다. 장항습지에 귀화종의 비율이 높은 것은 습지 육화 때문인 것으로 보인다.

덕양산은 고양시 덕양구 행주내동과 행주외동에 있는 산이며 행주대첩의 중심지였던 행주산성이 있다.

덕양산에서는 520,000m²의 면적에 24개 군락이 나타났다. 밤나무가 넓은 면적에 우점하며 관광지에 조성된 메타세쿼이아길이 특징적이다. 덕양산에서 가장 넓게 분포한 군락은 밤나무−상수리나무 군락으로 103,929m², 즉 전체 면적의 19.8%를 차지하였다. 다음으로 상수리나무 군락과 밤나무 군락이 99,807m²와 96,357m²의 면적에 분포했으며, 각각 전체 면적의 19.1%, 18.4%를 차지하였다. 덕양산에서 가장 넓은 면적을 우점하고 있는 수종은 밤나무 262,731m²로 덕양산 전체 면적의 50.2%를 차지하였다.

(3) 임진강하구 주변 지역 식물상

심학산의 우점식생은 상수리나무 군락(17.4%), 상수리나무·신갈나무 군락(14.4%)으로 상수리나무가 우점한다. 신갈나무 군락(14.4%), 소나무·신갈나무 군락(4.5%)으로 신갈나무가 우점하는 식생도 주요 군락이었다. 그 외에는 밤나무 군락 7.2%, 소나무 군락 6.2%로 우점하였다.

오두산 지역의 경우 잣나무 군락이 11.2%로 가장 넓게 분포하고 있었다. 이어서 신갈나무 군락(9.6%), 신갈나무·서어나무 군락(9.1%), 상수리나무 군락(8.5%),

〈그림 8-13〉 심학산과 출판단지 습지

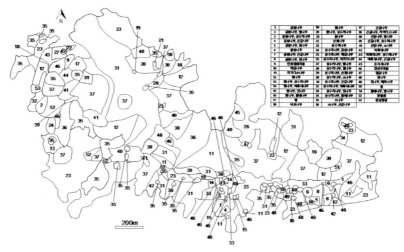

〈그림 8-14〉 심학산 식생도

출처: DMZ생태연구소, 2019

신갈나무·밤나무 군락(7.0%), 소나무 군락(6.9%) 순으로 마을 인근 산에서 자라는 식생이 주로 나타났다.

　임진강하구와 사천강이 만나는 오금리 지역에서는 아까시나무 군락이 가장

〈그림 8-15〉 공릉천과 오두산성 전경

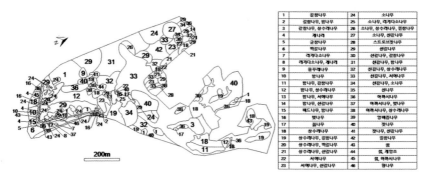

〈그림 8-16〉 오두산 식생도

출처: DMZ생태연구소, 2019

높은 비율(16.3%)로 우점하였다. 아까시나무·상수리나무가 우점하는 식생의 면적이 차지하는 비율은 4.6%로 다른 지역에 비해 식재된 아까시림의 비율이 높았다. 그 외에는 신갈나무 군락(12.7%), 소나무 군락(7.2%), 밤나무·상수리나무 군락(6.6%), 상수리나무 군락(5.1%) 순으로 우점하고 있었다.

〈그림 8-17〉 오금리 들녘과 사천강 하구 전경

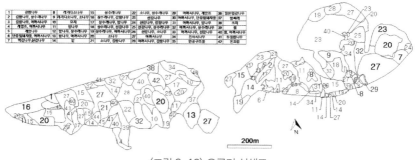

〈그림 8-18〉 오금리 식생도

출처: DMZ생태연구소, 2019

3) 동물상

(1) 조류

2021년 겨울 전국 조류 동시센서스에서 발견한 조류는 강화도 지역의 경우 두루미를 비롯하여 33종, 3,125마리, 석모도는 30종, 4,006마리, 교동도는 30종 9,012마리였다. 이 중에서 두루미는 강화도에서만 월동하는데 2020년 41마리에서 2021년에는 11마리로 감소하여 지난 5년 평균보다 적은 개체가 월동하였다.

종수는 큰 변화가 없지만 개체수는 모든 지역에서 2020년에 비해 줄어 강화도 일원의 서식지 환경이 급속하게 변화고 있음을 시사한다. 특히 강화도의 개체수 감소(2020년 대비 70% 감소)는 눈에 띈다.

한강하구 김포지역에서 발견한 국가적색목록 등재 종은 다음과 같다. 관심대상(LC)은 5목 7과 9종이며, 준위협(NT)은 1목 1과 1종, 취약(VU)은 5목 8과 11종, 위기(EN)는 1목 1과 1종이다. 멸종위기 1급은 2종으로 흰꼬리수리, 저어새를 확인하였다. 멸종위기 2급은 10종으로 검은머리물떼새, 알락꼬리마도요, 새호리기, 검은머리촉새, 큰덤불해오라기, 붉은배새매, 독수리, 참매, 큰기러기, 개리가 출현하였다. 천연기념물은 총 10종이었는데, 저어새(제205-1호), 독수리(제243-1호), 흰꼬리수리(제243-4호), 수리부엉이(제324-2호), 솔부엉이(제324-3호), 소쩍새(제324-6호), 개리(제325-1호), 검은머리물떼새(제326호), 원앙(제327호), 두견(제447호)이 있다. 고양지역에서는 총 13목 31과 65종 5,034개체의 조류가 관찰되었다. 계절별 출현종 변화를 보면, 장항습지를 제외하고는 이동성 철새들이 많이 찾지 않는다. 가을철 이동기에는 종 수가 늘었는데 이 시기에는 이동성 철새가 장항습지를 이용하는 것을 알 수 있다.

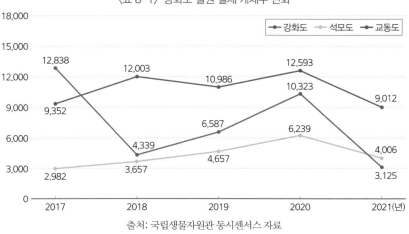

〈표 8-1〉 강화도 일원 철새 개체수 변화

출처: 국립생물자원관 동시센서스 자료

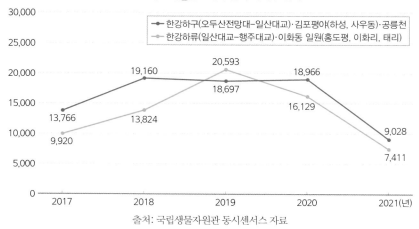

<表 8-2> 고양_김포지역 철새 개체수 변화

출처: 국립생물자원관 동시센서스 자료

최근 5년간 국립생물자원관 철새동시조사 자료에 의하면 한강하구를 마주하고 있는 고양·김포 구역은 종수는 큰 변화가 없지만 개체수가 많이 감소하여 서식지가 매우 협소해지는 것으로 보인다.

특히 한강하구의 깃대종이라 할 수 있는 두루미류와 개리의 변화는 하구의 생태 변화를 나타내는 중요한 생물종이다. 두루미류와 개리는 먹이로 기수성생물을 선호하는 경향을 보인다. 특히 개리는 퇴적, 침식과 밀접한 관련이 있어 한강하구의 변화를 나타내는 중요한 지표종이다.

임진강하구 퇴적층은 변화가 심하여 해마다 재두루미 분포에 영향을 미치며 퇴적층의 형상에 따라 관찰 개체수도 달라진다. 한강하구와 임진강하구가 만나는 지점인 성동습지와, 공릉천 하구, 김포 시암리습지 등지에서 이동기에는 약 한 달간 800여 마리(2003년 12월)의 재두루미가 머물고, 공릉천하구습지와 임진강 일원에서 2006년 10월부터 2019년 3월 중에 1일 최대 관찰수가 409마리였다. 그러나 지금은 관찰되지 않고 대부분이 DMZ지역으로 이동하는 것으로 보인다.

파주 임진강하구와 고양·김포 구역(한강하구)의 겨울철새 개체수 변화 추세는

한강하구-평화. 생명. 공영의 물길

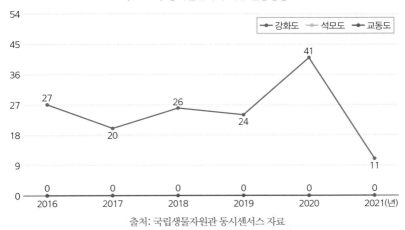

〈표 8-3〉 강화일원 두루미류 월동상황

출처: 국립생물자원관 동시센서스 자료

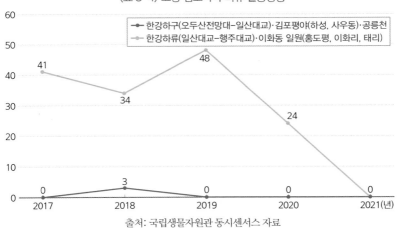

〈표 8-4〉 고양 김포 두루미류 월동상황

출처: 국립생물자원관 동시센서스 자료

고양과 김포에서 서식환경이 급격히 악화하고 있다는 것을 나타낸다(그림 8-24).
특히 두루미류는 그 차이가 뚜렷하다. 김포 신도시 건설 때 대체 서식지를 조
성하여 두루미류의 서식지를 보전한다고 하였으나 그 결과는 매우 비관적이고
앞으로도 개선 여지가 거의 없는 문제로 보인다.

반면 임진강하구(파주지역)에서는(그림 8-25) 서식환경에 큰 변화가 없고 두루

〈표 8-5〉 한강하구와 임진강하구 겨울철새 개체수 변화

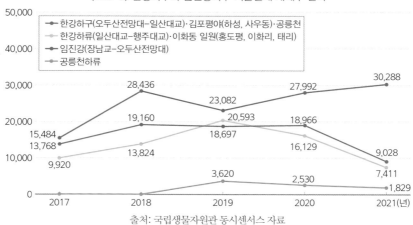

- 한강하구(오두산전망대-일산대교)·김포평야(하성, 사우동)·공릉천
- 한강하류(일산대교-행주대교)·이화동 일원(홍도평, 이화리, 태리)
- 임진강(장남교-오두산전망대)
- 공릉천하류

출처: 국립생물자원관 동시센서스 자료

〈표 8-6〉 10년간의 멸종위기 조류 현황

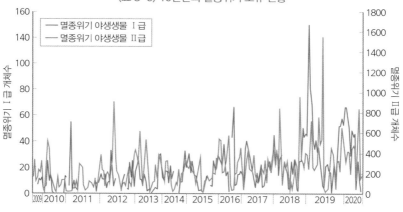

- 멸종위기 야생생물 Ⅰ급
- 멸종위기 야생생물 Ⅱ급

출처: DMZ생태연구소, 2021, 내부 자료

〈그림 8-19〉 2007년 3월 성동습지 재두루미

〈그림 8-20〉 오금리 재두루미 월동지 복원

한강하구-평화, 생명, 공영의 물길

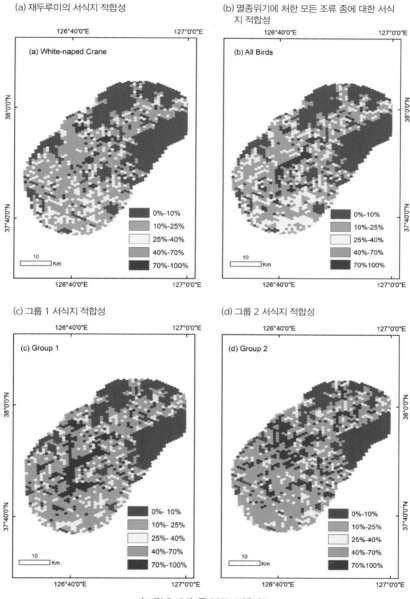

(a) 재두루미의 서식지 적합성

(a) White-naped Crane

0%-10%
10%-25%
25%-40%
40%-70%
70%-100%

(b) 멸종위기에 처한 모든 조류 종에 대한 서식지 적합성

(b) All Birds

0%-10%
10%-25%
25%-40%
40%-70%
70%100%

(c) 그룹 1 서식지 적합성

(c) Group 1

0%- 10%
10%- 25%
25%- 40%
40%-70%
70%-100%

(d) 그룹 2 서식지 적합성

(d) Group 2

0%-10%
10%-25%
25%-40%
40%-70%
70%100%

〈그림 8-21〉 종 분포 모델지도

출처: 김재현, 2021

미류 보호를 위한 프로그램이 전무한 상황에서도 멸종위기종이 꾸준히 증가하는 특이한 현상을 보이고 있다. 민통선이라는 특별한 상황 때문에 상대적으로 교란이 덜하여 이곳을 선택하고 있는 것으로 보인다. 그러나 생태환경에 큰 변화를 초래할 수 있는 다양한 이용개발 압력이 지속되고 있어 서식지를 보호하기 위한 대책이 시급한 것으로 보인다.

최근 연구에서 멸종위기종 서식지와 재두루미 서식지 관련 모델이 개발되었는데[12] 재두루미 서식지 예측 모델은 멸종위기에 처한 철새와 유사하여 앞으로 종복원과 관리에 중요한 도구로 활용할 수 있다.

환경부, 경기도가 오금리 주민들과 함께 재두루미 월동지를 복원하고 남북한이 동시에 람사르습지로 등재하기 위한 다양한 사업을 전개하고 있어서 한강하구가 두루미류 월동지로서 명성을 회복하기를 기대하고 있다.

4) 기타 생물상[13]

(1) 출판단지습지

출판단지습지는 멸종위기 조류가 많이 도래하는 곳으로 중요한 습지 중에 하나이다. 이곳에서 확인된 어류는 1목 1과 8종이다. 수서곤충은 2목 6과 8종이 출현하였다. 저서성대형무척추동물은 2목 3과 3종이 나타났다. 다른 곳에 비해 다양한 어류가 서식하며 개체수도 많아 습지를 찾는 철새의 풍부한 먹이원 역할을

〈그림 8-22〉 민물두줄망둑

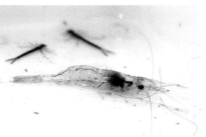

〈그림 8-23〉 각시흰새우

하는 것으로 보인다. 가시납지리, 흰줄납줄개, 참몰개, 등검은실잠자리, 물자라, 참게, 각시흰새우, 왕우렁이 등이 관찰된다.

(2) 공릉천 하구 및 중류

기수역인 송촌배수관문 앞에서 채집된 공릉천 하구 생물상을 보면 어류는 3목 4과 9종, 저서무척추동물은 3목 3과 3종이 출현하였다. 곤충은 염분 농도가 높은 물에 서식하지 못하므로 수서곤충은 나타나지 않았다. 그밖에 무척추동물로는 민물담치와 참갯지렁이가 많이 서식하였다. 플랑크톤 및 저서대형무척추동물이 풍부해 어류가 다양했는데 왜매치, 붕어, 잉어, 강준치, 누치, 점농어, 배스, 가물치, 메기 등이 출현하였다. 왼돌이물달팽이, 수정또아리물달팽이, 뾰족쨈물우렁이, 참갯지렁이 등 오염된 환경에 적응한 종들이 나타났다.

〈그림 8-24〉 베스

〈그림 8-25〉 참게

3. 맺음말

1) 남북한 새로운 경제협력 모델 필요

남북한 경협은 시대적 과제이며, 남북한 공동의 이익을 보장할 매우 중요하고 긴요한 사안이다. 그런데 남북경협의 내용은 공장 건설 등 제조업 부문과 남북

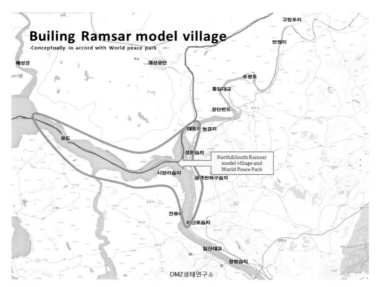

〈그림 8-26〉 남북이 동시에 람사르습지 인증도시 가입 추진 지역

도로구축을 중심으로 하기 때문에, 한강하구와 그 주변 지역의 생태계 기능과 생물다양성의 보전 및 유지라는 또 다른 중요한 현안을 놓치고 있다. 고속도로 계획과 제조업 중심의 공장 건설로 아주 귀중한 생태자원을 훼손하거나 파괴하는 우를 범해서는 안된다.

남북의 경제적 교류가 너무 활발해서 물류 유통이 한계 상황에 이를 때 도로를 건설해야 건설비용에 대한 투자의 타당성이 있을 것이다. 남북의 경협이 확대되어 토지 부족으로 더 이상 공장을 지을 곳이 없을 때, 그때 DMZ 일원을 경제특구의 구상대로 제조공장을 건설해도 늦지 않는다.

2) 남북이 동시에 람사르습지도시 가입

한강중립중지대인 한강하구에 있는 일부 습지는 습지보호구역으로 지정해서 보호하고 있다. 그러나 조강인 한강하구는 이동성철새에게 중요한 곳이자 국제적으로 보호할 가치가 있는 습지를 품고 있다.

한강하구의 습지와 경관적 가치는 남북경협의 제조업 일부의 유치로 대체할 만한 것이 아니다. 어떤 것으로도 그 가치를 대신할 수가 없는 한강하구의 기수역 습지는 남북의 경계점에 있다. 한강하구를 보호할 수 있는 한 방편으로 한강하구 습지지역을 남북이 동시에 '람사르습지도시'에 가입하여 생태자산을 공유하면서 국제적인 보호를 받도록 해야 한다.

3) 지속가능한 이용에 관한 국제 조약

남북 모두 람사르협약에 가입한 상태이며, 여러 환경 관련 국제기구에 가입하여 비정치적인 문제를 심도 있게 논의할 수 있는 조건을 갖추고 있다. 〈그림 8-26〉 지역은 남북이 마주 볼 수 있는 지리적 특징과 한강하구중립수역을 사이에 두고 있다. 주변의 넓은 강변 습지는 국제적인 습지관광이 가능하며, 세계생태평화공원 운용도 현실적으로 가능한 지역이다. 더욱이 인근의 헤이리마을과 넓은 대동리 농경지는 세계습지공원의 구성으로 일본의 이즈미 이상의 관광객을 유치할 수 있고 여러 생태 관련 국제기구 사무실 유치도 어렵지 않은 지역이다. 한강하구는 생물다양성이 높고 멸종위기조류종이 약 50% 이상 서식하는 곳이지만 군사적 특수상황으로 별도로 보호받지 못하고 있는 실정이다. 남북이 대치하고 있는 특수성과 남한만의 한강하구 관리 한계를 고려할 때 국제기구를 활용하는 것도 한강하구를 보호할 수 있는 방법이 될 수 있다.

한강하구중립수역 북쪽끝 마을인 오금리 주민들은 2016년부터 한강하구습지 주민들의 자발적인 참여를 유도하여 오금리 람사르인증도시추진협의회를 2017년 1월에 결성하고 람사르습지 등재를 추진하고 있다. 주민들의 자발적인 활동이 성공할 수 있도록 정책적 지원이 필요하다. 임진강-한강을 사이에 두고 마주하고 있는 파주 성동리, 대동리, 김포 시암리, 북한 선전마을을 포함한 지역을 남북의 합의하에 람사르습지도시로 인증받고 국제기구를 통해 교류 협력하는 것이 이 지역의 경제적 가치와 생태적 가치를 동시에 높일 대안이라고 판단된다.

4) 남북한 동시 람사르습지도시 가입 기대효과

한강하구 관련 지역을 보면, 파주시, 개풍군, 김포시다. 따라서 남북이 동시에 람사르습지 인증도시에 가입하면 민족의 자산인 한강하구의 원형을 보존하면서도 남북교류 및 경제적인 활성화를 추구할 수 있다. 남북이 동시에 람사르습지에 가입하면 첫째, 남북한 주민들의 직접 접촉을 통한 국제적 활동을 가능하게 한다. 그동안 남북한 주민들의 직접 접촉이 없는 협력은 정치적 구두선에 그치고 남북한 정치 변화에 지나치게 영향을 받았다. 둘째, 한반도우수생태계의 국제적인 관심을 불러일으키는 계기가 될 것이다. 세계적인 습지의 한강임진강하구 습지의 남북한 자원이 인류에게 공헌할 기회를 갖게 될 것이다. 이곳 한강하구중립지대는 유엔의 특별한 허가 없어도 통행이 가능하므로 정전협정과 무관하게 남북한의 선택에 따라 당장이라도 가능한 협력 사업이다. 셋째, 국제기구를 통한 소통을 체험하는 남북한 협력 사업이다. 개성공단이 가져온 남북한 인식의 변화는 매우 의미가 있지만, 일방의 의사표현으로 사업자체의 중단은 매우 불합리한 구조다. 국제적인 룰을 강조한 람사르 인정도시 남북 공동 가입으로 국제기구를 통한 협력 모델은 남북한 주민의 직접접촉을 통한 협력의 경험이 없는 우리에게 좋은 수단이 될 것으로 판단된다.

넷째, 주민-NPO-전문가-지자체의 원활한 협력을 통해 실질적 협력 네트워크를 구축할 수 있으며, 이를 통해 한반도에서 가장 중요한 생태축의 생물다양성 보전 및 주민들의 현명한 이용을 실행하며, 남북한 민간 교류를 할 수 있는 기반을 구축할 수 있다.

주

1. 남정호 외, 2019, 『서해평화수역 조성을 위한 정책방향 연구』, 해양수산개발원, 11-21.
2. 이창희 외, 2003, 『하구역 환경보전전략 및 통합환경관리방안 수립-한강하구역을 중심으로』, 한국환경정책·평가연구원.
3. 해양환경공단, 2019, "2019년_연근해생태계(우리나라_대표연안) 조사연보", 해양수산부, p.238.
4. 해양환경공단, 2019, "2019년 국가 해양생태계 종합조사 해양생태총서 – 갯벌생태계", 해양수산부, 12-13.
5. 해양환경공단, 2019, 261p.
6. 남정호 외, 2019, 『서해평화수역 조성을 위한 정책방향 연구』, 해양수산개발원, p.19.
7. 노백호 외, 2007, 『한강하구 습지보전계획 수립 연구』, 한국환경정책·평가연구원, p.23.
8. DMZ생태연구소, 2019, "파주 평화누리길 생태자원조사 용역의 보고서", 경기관광공사. 요약발췌
9. DMZ생태연구소, 2020, "고양김포 평화누리길 생태자원조사 용역의 보고서" 경기관광공사. 요약발췌.
10. 수목원·정원의 조성 및 진흥에 관한 법률.
11. 수목원·정원의 조성 및 진흥에 관한 법률.
12. 김재현, 2021, "서부DMZ 일원경관요소의 시공간적 변화와 생물다양성보전전략", 서울대학교 이학박사학위논문. p.90.
13. DMZ생태연구소, 2019, "파주 평화누리길 생태자원조사 용역의 보고서" 경기관광공사. 요약발췌.

참고문헌

남정호 외, 2019, 『서해평화수역 조성을 위한 정책방향 연구』, 해양수산개발원.

이창희 외, 2003, 『하구역 환경보전전략 및 통합환경관리방안 수립-한강하구역을 중심으로』, 한국환경정책·평가연구원.

해양환경공단, 2019, "2019년_연근해생태계(우리나라_대표연안) 조사연보", 해양수산부.

해양환경공단, 2019, "2019년 국가 해양생태계 종합조사 해양생태총서 – 갯벌생태계", 해양수산부.

노백호 외, 2007, "한강하구 습지보전계획 수립 연구", 한국환경정책·평가연구원. p.23.

DMZ생태연구소, 2019, "파주 평화누리길 생태자원조사 용역의 보고서", 경기관광공사.

DMZ생태연구소, 2020, "고양김포 평화누리길 생태자원조사 용역의 보고서", 경기관광공사.

김재현, 2021, "서부DMZ 일원경관요소의 시공간적 변화와 생물다양성보전전략", 서울대학교 이학박사학위논문, p.90.

제9장
조류 생태계

유재원 · 한동욱

한국연안환경생태연구소 대표 · PGA생태연구소 소장

1. 들어가는 글

　생태계의 개념적 정의는 인간을 포함한 동물과 식물, 미생물 등 많은 생명들의 집합체이며, 이들 생물과 주변의 무생물 환경이 긴밀하게 상호작용하는 공간을 말한다. 이러한 상호작용 관계에서 조류(birds)는 상위 포식자로서, 생태계의 물질순환과 에너지 흐름에서 중요한 역할을 하는 대표 생물이다. 또한 인간 생활과 긴밀하게 연결되어 있어 문화적, 경제적 정신적 가치를 가지고 있으며 평화와 자유, 용맹성 등을 나타내는 상징물로도 사용되고 있다. 그러나 조류는 도시화와 산업화, 그리고 기후변화로 인한 서식지 소실로 인해 많은 종이 멸종했고 조류가 가지고 있는 환경적, 문화적 가치는 여전히 감소하고 있다.

　조류가 인간에게 주는 생태계 서비스는 아주 다양하며 인간사회 유지에 반드시 필요한 것들이다. 조류는 조절자로서 해충과 설치류의 수를 조절하여 식량안보에 중요한 역할을 하고, 모기가 옮기는 전염병인 웨스트 나일 바이러스, 뎅기열, 말라리아 등을 줄여준다. 또한 수분(pollination) 매개자들은 특정한 식물의 꽃가루받이를 도와주며, 조류 배설물이나 몸에 씨앗을 붙여서 종자 산포를 돕기도 한다. 그리고 농경지에 배설을 하거나 볏짚을 뒤집고 뿌리를 먹는 활동을 통해 유기물 발효를 돕기도 한다. 탐조는 인간의 휴양활동 중에 매우 중요한 부분을 차지하는 활동으로 많은 부가가치를 창출하고 있다.[1]

조류는 일반적으로 텃새와 철새로 나눈다. 철새는 번식지(breeding ground)와 월동지(wintering ground)를 주기적으로 이동하는 새를 말한다. 우리나라에서 여름에 번식하고 겨울에는 좀 더 따뜻한 나라에서 월동하는 새는 여름철새(summer visitor), 봄, 가을에 우리나라를 통과하면서 중간 기착지로만 이용하고 다른 나라에서 번식과 월동을 하는 새를 통과철새 또는 나그네새(passage visitor), 겨울철에 월동만 하는 새를 겨울철새(winter visitor)라고 한다.

우리나라는 생물지리적으로 대륙을 구분하는 동물지리구상 구북구(舊北區, Palearctic)에 속하며, 지리적으로는 유라시아대륙 동북단에 위치해서 북반구와 남반구를 오가는 많은 철새들의 길목에 있어서 동아시아—대양주 철새 이동로와 월동지, 번식지로 중요하다[2](국립생물자원관, 2011). 또한 삼면이 바다로 둘러싸여 있으며 서남해는 넓은 갯벌과 무인도들이 분포하고 동해에는 깊은 바다가 있어 바닷새(해양성 조류)의 종류가 다양하고 개체수도 많다. 특히 바닷새는 어류 등의 섭식자로서 먹이사슬의 최상위 포식자에 속하므로 해양 생태계에서는 매우 중요한 분류군이다(김현우 외, 2011)[3]. 그래서 바닷새 개체수 증감이나 분포 변화 자료는 해양 생태계 변동이나 환경오염에 대한 정보를 제공하는 효과적인 지시자(indicator)로 활용되고 있다(Furness and Camphuysen, 1997[4]; Davoren and Montevecchi, 2003[5]).

조류의 서식지(habitat)는 조류 종의 특성에 적합한 먹이, 물, 은신처(shelter), 번식지(nesting site) 등 핵심 요소를 찾기에 적합한 지역이다(Melissa Mayntz, the spruce, 2019[6]). 이들 조류의 서식지는 이동성 여부에 따라 범위(habitat range)가 매우 다양하며, 텃새의 경우 종에 따라 그리고 생활주기(life cycle)에 따라 한 서식지 내에서도 서로 다른 길드(같은 서식지나 먹이 자원을 동일한 방식으로 이용하는 종들의 묶음, guild[7])를 필요로 하므로 공간적으로나 시간적으로 이용하는 서식지의 연결성이 매우 중요하다. 그러므로 한강하구[8] 조류의 서식 특성을 검토하기 위한 범위를 설정할 때에는 한강하구의 경계를 공동이용 수역[9]인 말도 해역~한강, 임진강 합류부뿐만 아니라 이보다 내륙 쪽인 한강하구 습지보호지역[10]에 속하는 김포-고양시 신곡수중보 하류부~공릉천 하구의 기수역을 포함할 필요가 있다. 또한 습지보호지역과 접하고 있는 외곽의 농경지는 대부분 민간인 통제구역이며 외부인 출입이 제한되어 조류들의 중요한 먹이터로 활용되고 있다. 김포시, 파주시, 고양시, 강화군의 수변부 농경지와 인근의 저수지 등이 이러한 곳에 해당한다. 또한 한강하구를 이용하는 저어새와 도요·물떼새, 두루미류 등은 NLL의 여러 무인도와 인천의 강화, 영종도, 주문도, 볼음도, 송도의 갯벌을 번식지와 섭식지로 활용하고 있다. 이러한 점들을 고려하면 한강하구 습지보호지역과 인근 농경지, 그리고 한강하구 재두루미 도래지(천연기념물 제250호), 이외에도 강화갯벌 및 저어새 번식지(천연기념물 제419호), 옹진, 장봉도 갯벌 습지보호지역, 송도갯벌 습지보호지역 등을 한강하구 조류가 의존하는 공간적 범위라고 할 수 있다.

이 글에서 다룬 조류 목록은 위에서 언급한 지역에서 발간된 문헌과 논문에 게재된 조사 자료를 기본으로 출현종을 추출하였고 가급적 최근 5년 이내 자료를 중심으로 정리하였다. 누적 자료가 있는 일부 보호지역에 대해서는 장기 연구 결과가 중요하다고 판단해 인용하였으며 중요한 정보인 경우 개인교신 자료를 포함하였다.

2. 조류 서식처로서 한강하구

1) 한강하구의 공간적 범위

조류의 생태적 특성을 고려한 한강하구(Han estuary)는 한강하구수역[11]과 수

〈그림 9-1〉 접경지역의 유형: 한강하구수역과 하구수역 밖 연안역의 NLL 그리고 육지 공간의 DMZ

출처: 한동욱, 2020

변 지역에 설치된 민간인 통제구역을 기본으로 하였다(그림 9-1). 또한 한강하구 습지보호지역은 자연 하구로서 임진강하구와 DMZ가 만나는 지역으로 온전한 기수역 습지가 보전되어 있고, 오랜 기간의 연구 결과가 축적되어 있는 곳이다 (그림 9-2). 여기에 더해 한강하구의 깃대종[12]인 재두루미와 저어새의 서식지로 서 중요한 '한강 하류 재두루미 도래지'(제250호)와 인천 강화의 '강화갯벌 및 저 어새 번식지'(제419호), 그리고 저어새가 번식하는 무인도서 지역을 포함하였다 (그림 9-3). 보호지역으로 지정되어 있지는 않으나 정부 차원에서 실시하는 해양 생태계종합조사 조사정점이 있는 강화남단 갯벌과 영종도 갯벌도 저어새와 도 요·물떼새류, 두루미의 서식지로 중요하므로 대상 범위로 하였다. 마지막으로 강화갯벌 인근의 옹진군 장봉도 갯벌과 송도 갯벌 습지보호지역도 도요·물떼새 류의 중간기착지(stop-over site)로 중요한 습지이므로 한강하구 범위에 포함하 였다.

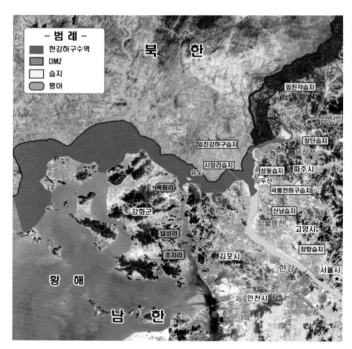

〈그림 9-2〉 한강하구 수역, 수역 밖의 한강하구 및 임진강 주변 주요 습지

출처: 한동욱, 2021

〈그림 9-3〉 저어새 서식지 범위

출처: 문화재청, 2006

한강하구-평화, 생명, 공영의 물길

2) 한강하구의 보호지역

한강하구 습지보호지역은 2006년 4월 17일 환경부가 습지보전법에 근거해 지정한 보호지역(protected and conserved area)으로, 총면적은 60,668km²(약 1,835만 평)이다(그림 9-4). 김포대교 밑 신곡수중보~강화군 송해면 숭뢰리 사이의 하천제방 또는 철책선 안쪽 습지가 습지보호지역으로 지정되었다. 신곡수중보~하성면 전류리 수면부 및 하천부지 중에 김포시에 속하는 구간이 주민의 반대로 제외되었다. 최근 장항습지 구간은 군이 철수하여 민간인통제구역에서 해제되었다(그림 9-5). 장항습지는 동아시아─대양주 철새이동경로 파트너쉽(EAAFP, East Asian-Australasian Flyway Partnershihp) 네트워크 지역으로 등재되었고, 2021년 상반기에 람사르습지(Ramsar wetland)로 등록되었다.

한강하구에는 2000년 7월 6일에 천연기념물 제205-1호로 지정된 강화갯벌 및 저어새 번식지(江華갯벌 및 저어새 繁殖地)[13]가 있다(그림 9-6). 저어새의 번식지로 중요한 강화갯벌을 보호하기 위해 지정되었으며 지정면적은 약 435km²이

유도
면적: 0.3km²
길이: 0.8km
최대폭: 0.4km
멸종위기종 Ⅰ급 저어새 산란지

시암리습지
면적: 2.0km²
길이: 3.9km
최대폭: 2.5km
멸종위기종 Ⅱ급 큰기러기 서식지

산남습지
면적: 3.1km²
길이: 6.4km
최대폭: 1.1km
멸종위기종 Ⅰ급 개리 서식지

장항습지
면적: 2.7km²
길이: 7.6km
최대폭: 0.6km
멸종위기종 Ⅱ급 재두루미 도래지

북한
파주시
자유로
강화군
김포시
일산신도시
한강하구
습지보호지역
한강

〈그림 9-4〉 한강하구 습지보호지역 총괄도
출처: 환경부고시 제2006-58호

〈그림 9-5〉 한강하구 습지보호지역 민간인통제구역과 해제구역

출처: 한강유역환경청, 2019

다. 또한 강화갯벌 및 번식지보다 먼저 천연기념물 제250호로 지정된 한강 하류 재두루미 도래지[14]가 한강하구 습지보호지역에 포함되어 있다(그림 9-7). 옹진 장봉도갯벌 습지보호지역[15](그림 9-8), 송도갯벌 습지보호지역[16](그림 9-9), 시흥 갯골 습지보호지역[17](그림 9-10) 등도 저어새의 주요 서식지이다.

3. 한강하구에 출현하는 조류

1) 한강하구 조류종 현황

한강하구역에 출현하는 조류 종 목록은 환경부 한강유역환경청에서 실시하는 한강하구 습지보호지역 생태계모니터링[18] 결과를 바탕으로 하여, 고양시에서 실시하는 장항습지 시민생태모니터링[19]과 김포시에서 실시하는 유도(한강하구 비무장 지대 내에 위치한 무인도) 및 김포시의 최북단, 시암리 일대의 조류 조사,[20]

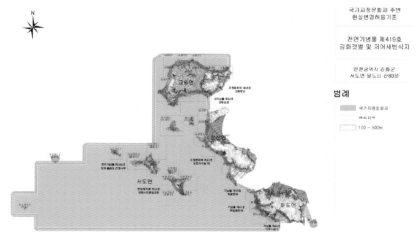

〈그림 9-6〉 천연기념물 제419호 강화갯벌 및 저어새 번식지

출처: 문화재청 국가문화유산포털

그리고 문화재청에서 실시하는 강화갯벌 및 한강 하류 천연기념물 모니터링[21] 결과를 바탕으로 문헌조사를 통해 출현한 조류를 누적하였다.

2007년부터 2019년까지 한강하구 권역에서 출현한 조류 종은 총 15목 48과 234종이었다(부록 1). 이 중 참새목 조류가 우점하였고 도요목 조류가 그다음 순위였다(그림 9-11). 이는 우리나라 연안과 도서를 이동 거점으로 이용하는 참새목의 숲새류와 도요, 물떼새류가 한강하구를 중간기착지로 활용하고 있음을 의미한다. 또한 기러기목 조류와 두루미목 조류도 종수가 많았는데, 한강하구 갯벌 및 주변 농경지가 이들 조류의 서식지로 유용하다는 것을 보여 준다.

2) 한강하구의 법정보호종

법정보호종[22]이란 멸종위기 야생생물, 천연기념물, 해양보호생물에 속하는 조류를 말한다. 한강하구에서 기록된 234종 중에서 멸종위기 야생생물은 35종, 천연기념물은 30종, 해양보호생물은 4종이었으며 중복 지정된 종들을 제외하면

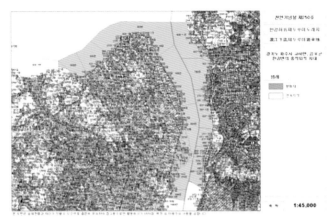

〈그림 9-7〉 천연기념물 제250호 한강하류 재두루미도래지

출처: 문화재청 국가문화유산포털

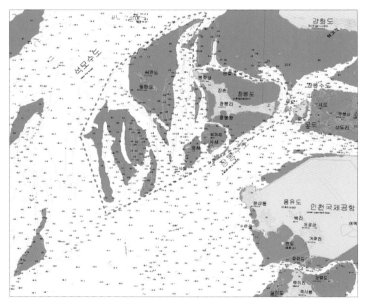

〈그림 9-8〉 옹진장봉도갯벌 습지보호지역

출처: 국토해양부 고시 국토해양부고시 제2008-722호

Songdo Tidalflat Ramsar Sites

Scale 1:97,343

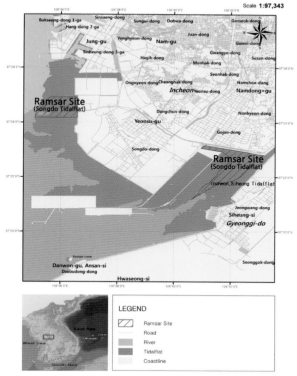

〈그림 9-9〉 송도갯벌 습지보호지역

출처: 람사르 보호지역 정보 홈페이지

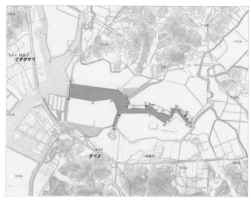

〈그림 9-10〉 시흥갯골 습지보호지역

출처: 해양수산부 고시 제2012- 64호

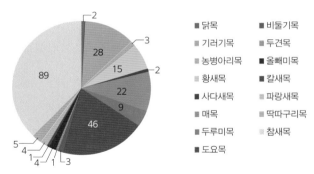

legend:
- 닭목
- 기러기목
- 농병아리목
- 황새목
- 사다새목
- 매목
- 두루미목
- 도요목
- 비둘기목
- 두견목
- 올빼미목
- 칼새목
- 파랑새목
- 딱따구리목
- 참새목

〈그림 9–11〉 한강하구 출현 조류의 분류군별 종수

총 40종이었다. 천연기념물로 지정된 조류 총 47종(63.8%)이 한강하구에 출현해 이곳이 천연기념물 조류 서식지로 매우 중요함을 알 수 있다. 멸종위기 야생생물 I급에 속하는 조류가 전체 지정 14종 중 8종(57.1%), II급 종은 전체 지정 49종 중 27종(55.1%)이 출현하였다. 이러한 결과는 한강하구가 멸종위기종 서식지로도 매우 중요함을 의미한다. 해양보호생물에 해당하는 조류는 4종이 출현하였는데, 현재 해양보호생물로 지정되어 있는 조류(총 14종)의 28.6%로 멸종위기종에 비해 상대적으로 출현빈도가 낮았다.

(1) 멸종위기 야생생물 I, II급 조류

한강하구에서 출현한 멸종위기 야생생물 I급에 속하는 조류는 황새, 저어새, 노랑부리백로 등 8종이며, II급에 속하는 조류는 개리, 흰이마기러기, 고니 등 27종으로 총 35종이다(표 9–1).

<표 9-1> 한강하구의 멸종위기 야생생물 조류

구분	종수	국명	중복지정
멸종위기 야생생물 I급	8종	황새	천
		저어새	천, 해
		노랑부리백로	천, 해
		매	천
		참수리	천
		흰꼬리수리	천
		검독수리	천
		두루미	천
멸종위기 야생생물 II급	27종	개리	천
		흰이마기러기	-
		고니	천
		큰고니	천
		노랑부리저어새	천
멸종위기 야생생물 II급	27종	새호리기	-
		물수리	-
		솔개	-
		독수리	천
		잿빛개구리매	천
		알락개구리매	천
		붉은배새매	천
		새매	-
		참매	천
		큰말똥가리	-
		뜸부기	천
		재두루미	천
		검은목두루미	천
		흑두루미	천
		검은머리물떼새	천, 해
		흰목물떼새	-
		알락꼬리마도요	천, 해
		검은머리갈매기	-
		수리부엉이	천
		섬개개비	-
		쇠검은머리쑥새	-
		검은머리촉새	-

주) 천 - 천연기념물, 해 - 해양보호생물

(2) 천연기념물

한강하구에 출현한 천연기념물 조류는 개리, 고니, 큰고니, 원앙 등 총 30종이다(표 9-2).

〈표 9-2〉 한강하구 천연기념물 조류

구분	종수	지정 번호	국명	중복지정
천연기념물	30종	325-1호	개리	멸 II
		201-1호	고니	멸 II
		201-2호	큰고니	멸 II
		327호	원앙	-
천연기념물	30종	199호	황새	멸 I
		205-2호	노랑부리저어새	멸 II
		205-1호	저어새	멸 I, 해
		361호	노랑부리백로	멸 I, 해
		323-8호	황조롱이	-
		323-7호	매	멸 I
		243-3호	참수리	멸 I
		243-4호	흰꼬리수리	멸 I
		243-2호	검독수리	멸 I
		243-1호	독수리	멸 II
		323-3호	개구리매	멸 II
		323-5호	알락개구리매	멸 II
		323-6호	잿빛개구리매	멸 II
		323-2호	붉은배새매	멸 II
		323-1호	참매	멸 II
		446호	뜸부기	멸 II
		203호	재두루미	멸 II
		451호	검은목두루미	멸 II
		202호	두루미	멸 I
		228호	흑두루미	멸 II
		326호	검은머리물떼새	멸 II, 해
		449호	호사도요	멸 II
		324-2호	수리부엉이	멸 II
		324-5호	칡부엉이	멸 II
		324-4호	쇠부엉이	멸 II
		324-6호	소쩍새	멸 II

주: 해 - 해양보호생물, 멸 I - 멸종위기 야생생물 I급, 멸 II - 멸종위기 야생생물 II급

한강하구-평화, 생명, 공영의 물길

(3) 해양보호생물

한강하구에 출현한 해양보호생물 조류는 저어새, 노랑부리백로, 검은머리물
떼새, 알락꼬리마도요 4종이다(표 9-3).

〈표 9-3〉 한강하구의 해양보호생물 조류

구분	종수	국명	중복지정
해양보호생물	4종	저어새	멸 I, 천
		노랑부리백로	멸 I, 천
		검은머리물떼새	멸 II, 천
		알락꼬리마도요	멸 II

주: 천 – 천연기념물, 멸 I – 멸종위기 야생생물 I급, 멸 II – 멸종위기 야생생물 II급

3) 한강하구 주요 조류 분포

(1) 한강하구 습지보호지역의 보호종 분포

한강하구 습지보호지역이 민간인 통제구역으로 엄격히 통제되던 시기에는 멸
종위기 야생생물 분포에 대한 조사가 이루어지지 못했다. 국가 차원에서 종합
적으로 생태계조사를 실시한 것은 2005년 국립환경과학원의 하구역 정밀조사
이다. 이 조사 결과를 바탕으로 한강하구는 한강하구 습지보호지역으로 지정
(2006. 4. 17.)되었으며 당시 멸종위기 야생생물 I급 4종, II급 23종이 보호지역 전
구간에 걸쳐 출현하였다. 이 조사 결과를 이용해 습지보호지역 관리계획을 수립
한 KEI 보고서(2007)는 멸종위기 야생생물 종의 공간 분포 현황을 〈그림 9-12〉,
〈그림 9-13〉, 〈그림 9-14〉, 〈그림 9-15〉와 같이 제시하였다.[23]

(2) 한강하구 깃대종

깃대종(flagship species)이란 보전생물학(conservation biology)에서 활용하는
개념으로, 1993년 UNEP의 '생물다양성 국가 연구에 관한 가이드라인'에서 시작
되었다. 깃대종은 특정한 장소나 사회적 맥락에서 생물다양성 보전활동을 증진

〈그림 9-12〉 한강하구 멸종위기1급종
분포현황

〈그림 9-13〉 한강하구 멸종위기2급종
분포현황

〈그림 9-14〉 한강하구 멸종위기2급종
분포현황

〈그림 9-15〉 한강하구 멸종위기2급종
분포현황

하기 위해 선택된 종으로 우리나라에서는 국립공원별로 1~2종을 선정한 사례
가 있다(표 9-4).

깃대종의 정의는 상황에 따라 다양하게 사용되지만, 최근 들어 생물다양성 보
전 활동을 홍보하는 수단과 사회경제적 특성에 초점을 맞추는 경향이 있다. 깃
대종은 대중들에게 인기가 있는 종이면서 자연생태계나 보전을 상징하는 대상
이기 때문에 대중 인식증진(public awareness)을 위한 도구로 유용하다. 한강하구
에 출현하는 조류 중 해당 지역의 기초자치 단체와 지역 민간단체의 관심이 많
고 지역주민의 보전 프로그램 참여 의지가 높은 종은 저어새, 재두루미, 개리, 두
루미 등이다. 환경부[24]는 한강하구 습지의 깃대종으로 재두루미, 저어새, 개리,
큰기러기 등을 선정한 바 있다. 또한 UNDP/GEF 국가습지사업을 통해 수행된
PGAI 습지생태연구소의 '한강하구 깃대종' 선정 홍보자료에서도 저어새류, 두

344

<表 9-4> 국립공원의 깃대종

공원명	깃대종	공원명	깃대종
지리산	히어리, 반달가슴곰	태안해안	매화마름, 표범장지뱀
경주	소나무, 원앙	다도해해상	풍란, 상괭이
계룡산	깽깽이풀, 호반새	치악산	금강초롱꽃, 물두꺼비
한려해상	거머리말, 팔색조	월악산	솔나리, 산양
설악산	눈잣나무, 산양	북한산	산개나리, 오색딱따구리
속리산	망개나무, 하늘다람쥐	소백산	모데미풀, 여우
내장산	진노랑상사화, 비단벌레	월출산	끈끈이주걱, 남생이
가야산	가야산은분취, 삵	변산반도	변산바람꽃, 부안종개
덕유산	구상나무, 금강모치	무등산	털조장나무, 수달
오대산	노랑무늬붓꽃, 긴점박이올빼미	태백산	주목, 열목어
주왕산	둥근잎꿩의비름, 솔부엉이		

출처: 환경부 누리집(검색일: 2021. 4. 16.)

〈그림 9-16〉 한강하구 깃대종 분포도

출처: (사)에코코리아, 2006에서 재작성

루미류, 개리를 선정하고 그 분포도를 출간한 바 있다(그림 9-16).

(3) 저어새

저어새(*Platalea minor*)는 황새목 저어새과에 속하는 조류로 길고 끝이 주걱 모양인 부리로 물을 저어가면서 먹이를 잡는다고 하여 붙여진 이름이다. 부리는 검고 몸은 전체가 흰색인데 번식기에는 머리에 노란색 장식깃이 생긴다(그림 9-17). 저어새는 남북한의 접경지역인 NLL과 한강하구 중립 수역의 무인도에서 주로 번식한다. 번식은 4월부터 6월 중에 바위절벽이나 낮은 나무에 둥지를 틀며 알은 4~6개씩 낳는다. 저어새의 섭식지는 강화갯벌 천연기념물 지역과 옹진 장봉도갯벌 습지보호지역, 강화남단 갯벌, 영종도 갯벌, 주문, 볼음도 갯벌, 송도 갯벌 습지보호지역, 한강하구 습지보호지역, 시흥갯골 습지보호지역 등 주로 갯벌이며 번식철에 논이나 하천에서 섭식하기도 한다(그림 9-18). 저어새의 주 먹이는 갯벌에서는 숭어나 새우류이며 논에서는 주로 미꾸라지이다. 대부분의 개체군은 번식을 위해 우리나라를 찾는 여름철새(summer visitor)이지만 적은 수의 개체가 제주도 등지에서 월동한다(박종길, 2014).[25]

환경부 한강유역환경청의 관찰에 의하면, 저어새는 한강하구 습지보호지역 지정 이후 생태모니터링을 통해서 최대 47개체가 기록되었으며(그림 9-19), 노랑부리저어새는 최대 11개체가 기록되었다(그림 9-20). 한편 한강하구 유도에서 2006년 104쌍의 저어새 번식둥지가 관찰되었으나 불분명한 이유로 인해 모두

| 저어새 | 노랑부리저어새 |

〈그림 9-17〉 저어새 사진

출처: (사)에코코리아

번식에 실패하였다. 그 이후 2007년 20개, 2008년 10개 둥지가 관찰되었으나 번식에 실패하여 새끼를 볼 수 없었다(그림 9-21). 2019년 6월에 유도에서 포란하고 있는 1쌍의 저어새가 발견되었고, 유도의 수변부 갯벌에서 섭식하는 저어새 1쌍이 추가로 확인되기도 하였으나 부화 성공 여부는 확인되지 않았다(그림 9-21).[26, 27] 이후 2020년 저어새 10개체가 유도의 동측 바위에서 북한측 사면으로 이동하는 것이 관찰되었다. 북한측 사면부의 바위지대에 번식 가능성이 기대되었으나 당시 확인이 어려운 곳이어서 번식 여부는 알 수 없었다. 2021년에는 유도 북측 사면에서 저어새 번식둥지가 10여 개로 확인되었으나 번식에는 실패하였고, 남측 사면에서 일부가 번식에 성공하였다(이기섭, 개인교신). 향후 유도 저어새 번식 여부를 확인하고 번식 실패/성공 결정 요인을 파악하기 위한 남북공동조사가 필요하며 남북한 생태학자들이 동시에 양측에서 관찰하는 조사나, 같은 선박을 이용하는 공동 조사, 드론을 이용한 양측 동시 조사 등이 가능할 것이다.

이상과 같은 연도별 모니터링 결과를 종합하면 저어새와 노랑부리저어새 개

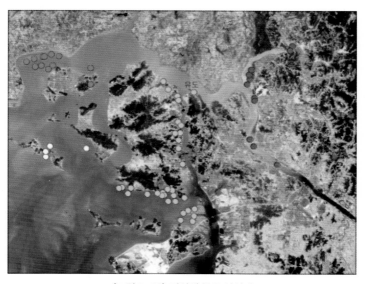

〈그림 9-18〉 저어새 주요 섭식지

출처: 문화재청, 2006

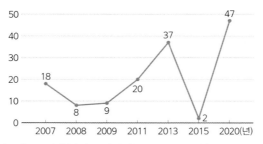

〈그림 9-19〉 한강하구 지역 내 저어새 도래 상황 연도별 비교

출처: 환경부 한강유역환경청, 2021

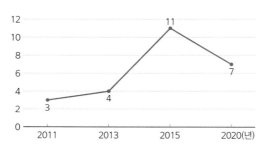

〈그림 9-20〉 한강하구 지역 내 노랑부리저어새
도래 상황 연도별 비교

출처: 환경부 한강유역환경청, 2021

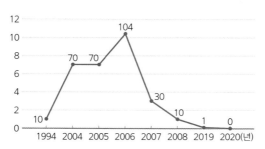

〈그림 9-21〉 유도에서 번식하는 저어새 개체군 현황

출처: 환경부 한강유역환경청, 2021

체수는 시간에 따른 변동성이 크며, 두 종 모두 한강하구에서는 대체로 증가하는 것으로 볼 수 있는 추세를 보인다. 그러나 유도에서는 2006년 이후 지속적으로 감소하고 있다.

(4) 두루미

두루미(*Grus japonica*)는 두루미목 두루미과에 속하는 조류이다. 암컷과 수컷 모두 정수리와 이마에 붉은색 피부가 드러나며 몸은 흰색이고 목은 검은색이다. 검은색의 셋째 날개깃이 꼬리처럼 길게 늘어진다(그림 9–22). 주로 중국, 몽골 및 러시아의 습지에서 번식하고, 겨울에 남하하여 우리나라 철원, 파주, 연천에서 월동한다. 일부 소수 개체가 강화도 갯벌에서 월동한다. 특히 강화도 남단 갯벌에서 월동하는 두루미는 북한 서해 연안을 따라 이동하여 강화 남단까지 내려와

두루미

강화도 갯벌의 두루미

〈그림 9–22〉 두루미 사진
출처: (사)에코코리아

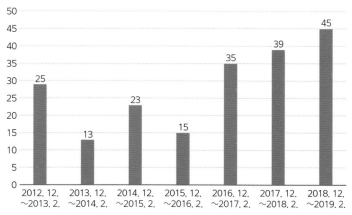

〈그림 9–23〉 강화남단 갯벌의 두루미 월동 최대개체수
출처: 박건석, 2020에서 수정

월동하는 것으로 알려져 있다. 강화에서 월동하는 두루미 개체수는 2012년 이후 증감을 반복하다가 2013년부터 꾸준히 증가하여 2018년에 최대 45마리가 관찰되기도 하였다(그림 9–23).[28] 이 지역에서 월동하는 두루미의 섭식지는 강화 남단의 선두리 앞바다에 있는 동검도 갯벌과 선두리와 동막리 사이에서 매립으로 조성된 100만 평 규모의 동주농장 등지이다. 두루미 개체수 서식지가 강화남단 갯벌과 인근 동주농장으로 제한되어 있지만 저어새에 비해 최근 들어 증가 추세가 뚜렷하였다. 이는 국지적 서식처 변화가 조류 분포에 긍정적인 효과를 끼칠 수 있음을 보여 주는 것이다.

(5) 재두루미

재두루미(*Grus vipio*)는 두루미목 두루미과에 속하는 조류이다. 몸은 푸르스름한 회색을 띠며 이마와 눈 가장자리, 뺨은 피부가 노출되어 붉은색이다. 목덜미는 흰색이며 부리는 황록색이고 다리는 붉은색이다(그림 9–24). 우리나라에는 주로 하구와 갯벌, 논과 습초지(초본이 우점하는 습지)를 이용하는 겨울철새(winter visitor)이다. 새섬매자기와 같은 사초과 식물의 영양소 저장소인 괴경과 볍씨, 갯지렁이를 주로 먹는다. 번식지는 중국과 러시아 접경, 시베리아 등지이며 4월에 알 2개를 낳는다.

재두루미 비상

재두루미

〈그림 9–24〉 재두루미 사진
출처: (사)에코코리아

한강하구-평화, 생명, 공영의 물길

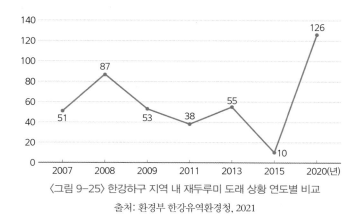

〈그림 9-25〉 한강하구 지역 내 재두루미 도래 상황 연도별 비교

출처: 환경부 한강유역환경청, 2021

한강하구에서는 주로 고양시 장항습지~파주시 산남습지 구간, 김포시 후평리와 파주시 오금리 등 농경지에서 월동하며 최근 5년 이내 한강하구 습지보호지역 최대 월동개체수는 126마리이다(그림 9-25).[29] 과거 한강하구에서는 김포시홍도평, 태리, 평동, 종달새말, 고양시 대화동, 부천 대장동 등이 월동지였으나 도시개발과 농경지 감소로 대부분 사라졌다. 한강하구 습지보호지역과 강화군 등의 농경지에서는 재두루미 월동개체군을 보호하기 위해 수확이 끝난 논에 물을 가두는 무논 조성, 인공먹이 공급, 새섬매자기 복원 등의 노력을 민관 차원에서 진행하고 있다. 이러한 서식처 조성 및 복원 노력의 결과 2015년까지 지속적인 감소 추세를 보이다 2020년에 개체수가 증가하였다.

(6) 개리

개리(Anser cygnoides)는 기러기목 오리과에 속하는 조류이다. 이마에서 뒷목을 따라 짙은 밤색을 띄고, 뺨과 앞 목은 옅은 갈색이며 그 사이는 흰색이어서 기러기 무리에서 쉽게 구별할 수 있다. 부리는 검은 색이며 부리 기부에 흰 띠가 있지만, 어린 새는 띠가 없다(그림 9-26). 러시아, 중국 동북부, 몽골, 사할린에서 주로 번식하고 우리나라에서는 주로 나그네새(passage visitor)로 하구 갯벌, 호수와 얕은 연못, 논에서 새섬매자기의 괴경을 먹는다.

개리   갯벌의 개리

〈그림 9-26〉 개리 사진

출처: (사)에코코리아

〈그림 9-27〉 한강하구 지역 내 재두루미 도래 상황 연도별 비교

출처: 환경부 한강유역환경청, 2021

한강하구에서는 강화도 연미정 앞 갯벌, 유도 갯벌, 장항습지 갯벌에서 주로 섭식한다. 소수개체가 하구습지에서 월동하기도 하며 한강하구에서는 장항습지의 무논, 산남습지와 출판단지습지(갈대샛강) 유수지에서 주로 관찰된다.[30] 과거 개리는 공릉천하구습지와 성동습지에서 700~2000여 마리가 관찰되기도 하였으나 개체수가 급감하였다가 최근 다시 회복하고 있다(그림 9-27). 개체수 급감은 먹이식물인 새섬매자기 감소와 관련이 있다. 먹이식물인 새섬매자기 군락이 복원되어 최근에는 장항습지의 이산포 부근에 많은 개체가 출현하고 있다.

이상에서 소개한 한강하구 깃대종 모니터링 결과는 일부 종을 제외하면, 한강하구 주변 습지를 대상으로 한 서식처 관리 조치가 개체군 크기에 뚜렷한 긍정적 변화를 일으킬 수 있음을 보여 준다.

4. 맺음말

하구 생태계의 생물 생산력은 지구상에서도 예외적으로 높은 편이며, 육상 경작지 생산성의 약 2.5배 이상 높은 것으로 알려져 있다.[31] 이와 반대로 하구의 생물다양성은 낮은 수준이며, 이로 인해 오염에 취약할 뿐 아니라 회복탄력성 역시 낮은 것으로 알려져 있다. 그럼에도 불구하고 다른 유형의 생태계에 비해 이곳은 인간 활동과 개발이 집중하는 곳이기 때문에 더 적극적인 관리가 필요하다. 특히 한강하구 생태계는 우리나라 대하천하구 중에서 유일하게 하굿둑이 없는 열린 하구이자 남북한 접경을 공유한 공유하구로서 정치적, 군사적 이유로 인해 개발되지 않은 하구이다. 이러한 점을 고려하면 하구의 생태 상태를 이해하고 기반를 둔 관리와 보전 노력을 다른 어떤 생태계보다도 더욱 집중할 필요가 있다.

한강하구에는 습지보호지역과 천연기념물 같은 보호지역이 5개 지정되어 있다. 이들은 주로 대형 수조류와 이동성 도요, 물떼새류에 특화된 서식지이다. 한강하구에서 지금까지 관찰된 조류 종은 총 15목 48과 234종이며 이 중 법정보호종은 40종이다. 이렇듯 많은 조류가 한강하구에 서식하고 다양한 법정보호종이 출현하는 것은 한강과 임진강 그리고 북측의 예성강 등 자연하구들이 연결되어 풍부한 담수가 유입하고 있으며, 염분 농도가 하구 입구에서 바다쪽으로 자연스럽게 변화하는 온전한 기수역(brackish water zone)을 유지하고 있고, 갯벌과 함께 기수상부, 기수중부, 기수하부 습지들이 발달하여 서식지가 다양하기 때문이다. 한강하구의 다양한 습지는 물새를 부양하는 먹이원이 다양하다.

이러한 한강하구 생태계를 안정적으로 유지하고 관리하기 위해서는 개체군 크기(개체수) 변동, 이와 연관된 교란 요인 그리고 회복탄력성을 지속적으로 조사하고 평가하여 관리를 개선하는 이른바 적응관리(adptive management)가 필요하다. 앞서 언급한 깃대종 모니터링 결과는 서식처 관리와 지속적인 모니터링을 통해 이곳에 서식하는 물새의 다양성과 개체군 보전을 위한 적응관리의 도입 필요성과 성공 가능성을 보여 주기에 충분하다.

한강하구 물새를 보전하려면 현재 위협요인에 대한 장기 모니터링을 통한 변화를 예측하고 미래 위협요인 식별을 또 한 축으로 하여야 한다. 특히 기후변화에 잠재적 영향을 고려해야 한다. 그러나 앞서 중요한 정보를 제공한 조사 자료는 등시간 간격(equal time interval)으로 수집한 자료가 아니었다. 현재와 같은 조사 여건에서 신뢰할 만한 자료를 얻기 쉽지 않다는 점과 체계적인 물새 관리에 반드시 필요한 장기 시계열 자료를 확보할 수 있는 조사체계를 구축하기 위한 노력과 투자가 선행해야 한다는 것을 보여 준다.

최근 지구 온난화가 진행되면서 해양생태계의 구성원이 변화하고 종이나 개체수가 증가하여 기초생산자에서 최종소비자까지 이어지는 먹이그물로 변화하고 있다. 그러나 이전 영양단계에서 다음 단계로 갈 때 전달되는 에너지량을 의미하는 생태 효율(지구 생태계 평균 10%)을 고려하면 종다양성이 증가하고 이로 인해 영양단계가 추가되어 경쟁이 심화되면 물새와 같은 상위 포식자에게 전달되는 에너지량 감소, 즉 먹이 고갈이 발생할 수 있다.[32] 이미 아열대로 진입하고 있는 우리나라에서도 온난화로 인해 부정적인 변화가 우려되고 있다. 따라서 조류군집의 지속적인 변화와 반응을 예측하고 대처 방안을 마련하는 것이 중요한 시점이다. 전문가들은 기후변화에 따라 나타나게 될 먹이생물의 양과 분포 범위 변화를 조류에게 직접적인 타격을 줄 요인으로 꼽고 있다.[33] 조류군집 변화를 더 깊이 이해하기 위해서는 한 지역 먹이망 구조뿐만 아니라 조류의 넓은 이동 범위를 고려할 필요가 있다. 따라서 이런 점에서 조류 이동경로에 있는 여러 나라 전문가의 협력이 매우 중요하다.

따라서 한강하구 물새를 보전하고 서식지를 유지, 관리하기 위해서는, 물새가 계절에 따라 이동하는 북반구와 남반구의 다양한 국가 간 협력이 중요하다. 그러나 그 이전에 한강하구 중립수역과 그 일원의 이해당사자들이 보존 필요성을 자각하고 생태계를 유지하기 위해 상호 협력하는 체계를 구축해야 한다. 이러한 협력체계 없이는 물새 보전이라는 목표를 달성하는 것은 불가능하다. 물새류 서식지 관리와 조사연구를 수행할 수 있는 '한강하구 통합관리위원회'나 남북한 물새류와 습지 과학자들이 함께하는 '한강하구 남북공동 과학위원회' 등이 대안이 될 수 있다. 특히 남북한을 자유롭게 이동하는 이동성 수조류(migratory birds)의 특성상 한강하구는 물론이고 남북한 연안의 갯벌, 무인도서, 배후습지와 농경지를 자유롭게 이용하므로 남북한 공동 조사연구가 필수적이다. 특히 정치적 제재 국면에서 한강하구 생태계 관리방안을 마련하기 위한 남북한 과학자들의 생태 협력은 새로운 돌파구가 될 수 있을 것이다.

주

1. 국립생태원 동물관리연구실, 2017, 야생조류와 유리창 충돌.

2. 국립생물자원관, 2011, 한국의 멸종위기 야생동·식물 적색자료집, 조류.

3. 김현우·김장근·최석관, 2011, 목시조사(Sighting survey)에 의한 동해 봄철 해양성 조류의 분포 양상, 한국환경생태학회지 25(2), 123-131.

4. Furness R.W. and C.J.K. Camphuysen. 1997. Seabirds as monitors of the marine environment. ICES J. Mar. Sci. 54, 726-737.

5. Davoren, G.K. and W.A. Montevecchi, 2003, Signals from seabirds indicate changing biology of capelin stocks. Mar. Ecol. Prog. Ser. 258, 253-261.

6. https://www.thespruce.com/understanding-bird-habitats-385273(검색일: 2021. 4. 14.)

7. 이우신, 박찬열. 길드에 의한 산림환경과 조류군집 변화 분석, 1995, 한국생태학회지 18(3), 397-407.

8. Pritchard(1967)가 정의한 하구는 넓은 바다와 자유롭게 연결되고 해수가 육지 기원의 담수로 희석되는 반 폐쇄성 해역. 일반적으로 담수의 염분도는 0.5‰(‰, parts per thousand, 액체는 g/kg, 기체는 ㎖/ℓ) 이하이며, 해수는 35‰이므로 하구의 염분도 범위는 0.5~35‰. 그러나 이같은 염분도 범위는 하구역마다 다르며, 같은 하구역에서도 조석이나 일간 그리고 계절에 따라 시시각각 달라짐. 황해의 경우에도 바다 전체에 영향을 미칠 정도로 담수의 유입이 풍부해서 강과 멀리 떨어진 해역에서도 31~33‰의 범위를 보임. 노(2007)와 이 논문에 인용된 여러 문헌들에서는 담수역과 하구역의 경계를 잠실수중보 하단으로 설정하였으나 위와 같은 황해지역의 특성상 염분도를 고려하여 바다 쪽의 하구역 경계를 설정하기 어려운 것으로 언급. 과학적 측면보다는 하구역 생태계 보전 및 관리를 위한 행정적 측면에서 노(2007)는 강화도와 영종도 북단, 신도, 시도, 모도, 장봉도의 중간 지점과 옹진군의 볼음도, 주문도, 말도 주변을 경계로 제안한 바 있고, 인천발전연구원(2015) 역시 인천시가 관리해야 하는 공간적 범위의 개념에서 위 경계의 영종도 북단과 강화도 사이의 중간 지점을 영종도 남단의 인천대교를 포함하는 범위로 변경하고 나머지는 동일한 경계로 제안.

9. 2018년 9월 19일 남북 군사합의에서 공동이용 수역의 공간범위는 남측 김포반도 동북쪽 끝점인 한강, 임진강 합류부로부터 교동도 서남쪽 끝점인 말도, 볼음도까지, 북측 개성시 판문군 임한리부터 황해남도 연안군 해남리까지 길이 70km, 면적 280km² 수역으로 정의됨. https://www.mof.go.kr/article/view.do?articleKey=23803&boardKey=10&menuKey=376&currentPageNo=1(검색일: 2021. 6. 6.)

10. 환경부 고시 제2006-58호는 한강하구 신곡수중보에서 강화군 송해면 숭뢰리 사이의 하천제방 또는 철책선 안쪽(수면부포함)으로 정의. 다만, 김포시 구간 지정범위는 하성면 전류리에서 유도까지 지정하되 신곡수중보에서 하성면 전류리까지의 수면부 및 하천부지 제외.

11. 한강하구수역은 앞서 정의한 공동이용 수역 그리고 중립 수역과 동일한 공간을 언급할 때 사용되는 다른 용어. 정전협정 제1조 제5항에 "한강하구의 수역으로 그 한쪽 강안이 일방의 통제하에 있고 그 다른 한쪽 강안이 다른 일방의 통제하에 있는 곳은 쌍방의 민간선박에 이를 개방한다"와 같이 적시되어 있음. 육지의 비무장 지대와 달리 남북 민간선박이 자유롭게 항행할 수 있는 지역으로 규정돼있으나 실제로는 남북 간 군사 대치 상황으로 민간선박의 자유항행 자체가 제한되어 왔음. 중립 수역은 육지의 비무장 지대와 동일한 의미로 수역에 적용되어 사용.

12. 3) 한강하구 주요 조류 분포의 (2) 한강하구 깃대종 부분에서 설명

13. 문화재청 국가문화유산포털. http://www.heritage.go.kr. 2021. 4. 13. 제419호 강화갯벌 및 저

어새번식지.(검색일: 2021. 4. 16.)

14. 문화재청 국가문화유산포털. http://www.heritage.go.kr. 2021. 4. 13. 제250호 재두루미 도래지(검색일: 2021. 4. 16.)

15. 국토해양부 고시 국토해양부고시 제2008-722호 옹진장봉도갯벌 습지보호지역

16. 인천광역시 고시 제2009-423호 송도갯벌 습지보호지역

17. 해양수산부 고시 제2012- 64호 시흥갯골 습지보호지역

18. 환경부, 2009; 2011; 2012; 2013; 2015; 2016, 한강하구 습지보호지역 모니터링 보고서

19. (사)에코코리아, 고양시. 2018; 2019; 2020, 한강하구 장항습지 시민생태모니터링 보고서

20. Hyun-Ah Choi et al., 2020

21. 문화재청, 2006, 2007, 2008 천연기념물 동물 모니터링 보고서

22. 한반도의 생물다양성(https://species.nibr.go.kr), 국립생물자원관. 2018.(검색일: 2021. 4. 13.)

23. 환경부 한강유역환경청·한국환경정책평가연구원, 2007, 한강하구 습지보전계획 수립 연구

24. 환경부 한강유역환경청, 2019, 한강하구 습지보호지역 보전계획 수립연구 제3차(2020-2024) 최종보고서

25. 박종길, 2014, 야생조류 필드가이드. 자연과 생태

26. 강화도습지연대 김정원, 개인교신

27. Amael Borzee et al., 2021, Arboreal nesting in the Black-faced spoonbill (Platalea minor) (투고 준비중)

28. 2019년 (사)한국물새네트워크 박건석, 개인교신

29. 환경부 한강유역환경청. 2021. 한강하구 습지보호지역 생태계 모니터링

30. (사)에코코리아, 2021, 갈대샛강 시민생태모니터링 워크숍 자료집, 재단법인 출판도시문화재단

31. Correll, D. L., 1978, 28(10), 646-650.

32. Heip et al., 2009. Marine biodiversity and ecosystem functioning. Printbase, Dublin, Ireland, ISSN 2009-2539.

33. Sydeman et al., 2012. Seabirds and climate change: roadmap for the future. Marine Ecology Progress Series 454, 107-117.

참고문헌

국립생태원 동물관리연구실, 2017, 『야생조류와 유리창 충돌』, 국립생태원.

국토해양부, 2008, 『옹진장봉도갯벌 습지보호지역』, 국토해양부.

김현우·김장근·최석관, 2011, 「목시조사(Sighting survey)에 의한 동해 봄철 해양성 조류의 분포 양상」, 『한국환경생태학회지』 25(2), 123~131.

노백호, 2007, 「유역특성에 따른 한강하구 습지의 공간분포 및 변화분석」, 『대한지리학회지』 42(3), 344~354.

문화재청, 2021. 4. 13.,『제250호 재두루미 도래지』.

문화재청, 2021. 4. 13.,『제419호 강화갯벌 및 저어새번식지』.

문화재청, 2006, 천연기념물동물번식지모니터링_자연.

문화재청, 2007, 중장기 천연기념물[동물]분포 파악을 위한 조사 연구_자연.

문화재청, 2007, 천연기념물[동물,도래지]모니터링보고서_자연.

문화재청, 2007, 천연기념물[동물]분야정보 DB구축을 위한 연구_자연.

문화재청, 2008, 천연기념물(동물,서식지) 모니터링 보고서_자연.

문화재청, 2009, 문화재대관−천연기념물·명승[동물]Ⅰ.

박종길, 2014,『야생조류 필드가이드』, 자연과 생태.

에코코리아, 2006, 2006 한강하구 재두루미 서식처 보전사업 최종보고서.

에코코리아, 2018, 한강하구 장항습지 모니터링보고서, 고양시.

에코코리아, 2019, 한강하구 장항습지 모니터링보고서, 고양시.

에코코리아, 2020, 한강하구 습지보호지역 장항습지 시민생태모니터링, 고양시.

에코코리아, 2021, 갈대샛강 시민생태모니터링 워크숍 자료집, 출판도시문화재단.

이우신·박찬열, 1995,「길드에 의한 산림환경과 조류군집 변화 분석」,『한국생태학회지』
    18(3), 397−407.

인천광역시, 2009, 송도갯벌 습지보호지역.

인천발전연구원, 2015, 한강수계 하구역 수질생태관리를 위한 공간적 범위 설정 및 참여형 유
    역관리체계 구축방안.

통일부, 2018, 역사적인 판문점선언 이행을 위한 군사분야 합의서.

한동욱, 2020, 2020 평창평화포럼 발표자료.

한동욱, 2021, 2021 평창평화포럼 발표자료.

해양수산부, 2012, 시흥갯골 습지보호지역.

환경부 국가습지사업센터, 2011, 2011 습지보호지역 정밀조사(한강하구, 우포늪, 물장오리오
    름).

환경부 한강유역환경청, 2009, 한강하구 습지보호지역 모니터링 결과보고서.

환경부 한강유역환경청, 2012, 한강하구 습지보호지역 모니터링 결과보고서.

환경부 한강유역환경청, 2013, 한강하구 습지보호지역 모니터링 결과보고서.

환경부 한강유역환경청, 2015, 한강하구 습지보호지역 모니터링 결과보고서.

환경부 한강유역환경청, 2016, 한강하구 습지보호지역 모니터링 결과보고서.

환경부 한강유역환경청, 2019, 한강하구 습지보호지역 보전계획 수립연구 제3차(2020−
    2024) 최종보고서.

환경부 한강유역환경청, 2021, 한강하구 습지보호지역 생태계모니터링보고서.

환경부 한강유역환경청·한국환경정책평가연구원, 2007, 한강하구 습지보전계획 수립 연구.
환경부, 2006, 한강하구 습지보호지역 지정 및 한강하구 습지보호지역 지정도면.

인터넷 자료

국립생물자원관 한반도의 생물다양성. https://species.nibr.go.kr(검색일: 2021. 4. 13.).
람사르 보호지역 정보 홈페이지. https://rsis.ramsar.org/ris/2209.
문화재청 국가문화유산포털. http://www.heritage.go.kr.
환경부. https://me.go.kr/home/web/board/read.do?boardMasterId=1&boardId=924320&menuId=286(검색일: 2021. 4. 16.).
Melissa Mayntz, 2019, The spruce. www.thespruce.com/understanding-bird-habitats-385273(검색일: 2021. 4. 13.).
Ramsar convention. https://rsis.ramsar.org/ris/2209(검색일: 2021. 4. 13.).

부록 1. 한강하구권 조류목록

No.	목명	과명	국명	학명
1	닭목	꿩과	메추라기	*Coturnix japonica*
2	닭목	꿩과	꿩	*Phasianus colchicus*
3	기러기목	오리과	개리	*Anser cygnoides*
4	기러기목	오리과	큰기러기	*Anser fabalis*
5	기러기목	오리과	큰부리큰기러기	*Anser fabalis midden-dorffi*
6	기러기목	오리과	쇠기러기	*Anser albifrons*
7	기러기목	오리과	흰기러기	*Anser caerulescens*
8	기러기목	오리과	흰이마기러기	*Anser erythropus*
9	기러기목	오리과	고니	*Cygnus columbianus*
10	기러기목	오리과	큰고니	*Cygnus cygnus*
11	기러기목	오리과	황오리	*Tadorna ferruginea*
12	기러기목	오리과	원앙	*Aix galericulata*
13	기러기목	오리과	알락오리	*Anas strepera*
14	기러기목	오리과	혹부리오리	*Tadorna tadorna*
15	기러기목	오리과	홍머리오리	*Anas penelope*
16	기러기목	오리과	청머리오리	*Anas falcata*
17	기러기목	오리과	청둥오리	*Anas platyrhynchos*
18	기러기목	오리과	흰뺨검둥오리	*Anas poecilorhyncha*
19	기러기목	오리과	넓적부리	*Anas clypeata*
20	기러기목	오리과	고방오리	*Anas acuta*
21	기러기목	오리과	발구지	*Anas querquedula*
22	기러기목	오리과	가창오리	*Anas formosa*
23	기러기목	오리과	쇠오리	*Anas crecca*
24	기러기목	오리과	흰죽지	*Aythya ferina*
25	기러기목	오리과	댕기흰죽지	*Aythya fuligula*
26	기러기목	오리과	검은머리흰죽지	*Aythya marila*
27	기러기목	오리과	흰뺨오리	*Bucephala clangula*
28	기러기목	오리과	흰비오리	*Mergellus albellus*
29	기러기목	오리과	비오리	*Mergus merganser*
30	기러기목	오리과	바다비오리	*Mergus serrator*

No.	목명	과명	국명	학명
31	논병아리목	논병아리과	검은목논병아리	*Podiceps nigricollis*
32	논병아리목	논병아리과	논병아리	*Tachybaptus ruficollis*
33	논병아리목	논병아리과	뿔논병아리	*Podiceps cristatus*
34	황새목	황새과	황새	*Ciconia boyciana*
35	황새목	저어새과	노랑부리저어새	*Platalea leucorodia*
36	황새목	저어새과	저어새	*Platalea minor*
37	황새목	백로과	덤불해오라기	*Ixobrychus sinensis*
38	황새목	백로과	알락해오라기	*Botaurus stellaris*
39	황새목	백로과	해오라기	*Nycticorax nycticorax*
40	황새목	백로과	검은댕기해오라기	*Butorides striata*
41	황새목	백로과	흰날개해오라기	*Ardeola bacchus*
42	황새목	백로과	황로	*Bubulcus ibis*
43	황새목	백로과	왜가리	*Ardea cinerea*
44	황새목	백로과	대백로	*Ardea alba alba*
45	황새목	백로과	중대백로	*Ardea alba*
46	황새목	백로과	중백로	*Egretta intermedia*
47	황새목	백로과	쇠백로	*Egretta garzetta*
48	황새목	백로과	노랑부리백로	*Egretta eulophotes*
49	사다새목	가마우지과	민물가마우지	*Phalacrocorax carbo*
50	사다새목	가마우지과	가마우지	*Phalacrocorax capillatus*
51	매목	매과	황조롱이	*Falco tinnunculus*
52	매목	매과	비둘기조롱이	*Falco amurensis*
53	매목	매과	쇠황조롱이	*Falco columbarius*
54	매목	매과	새호리기	*Falco subbuteo*
55	매목	매과	매	*Falco peregrinus*
56	매목	수리과	물수리	*Pandion haliaetus*
57	매목	수리과	솔개	*Milvus migrans*
58	매목	수리과	참수리	*Haliaeetus pelagicus*
59	매목	수리과	흰꼬리수리	*Haliaeetus albicilla*
60	매목	수리과	검독수리	*Aquila chrysaetos*
61	매목	수리과	독수리	*Aegypius monachus*
62	매목	수리과	개구리매	*Circus spilonotus*

No.	목명	과명	국명	학명
63	매목	수리과	검은어깨매	*Elanus caeruleus*
64	매목	수리과	잿빛개구리매	*Circus cyaneus*
65	매목	수리과	알락개구리매	*Circus melanoleucos*
66	매목	수리과	붉은배새매	*Accipiter soloensis*
67	매목	수리과	왕새매	*Butastur indicus*
68	매목	수리과	새매	*Accipiter nisus*
69	매목	수리과	참매	*Accipiter gentilis*
70	매목	수리과	말똥가리	*Buteo buteo*
71	매목	수리과	큰말똥가리	*Buteo hemilasius*
72	매목	수리과	털발말똥가리	*Buteo lagopus*
73	두루미목	뜸부기과	흰배뜸부기	*Amaurornis phoenicurus*
74	두루미목	뜸부기과	쇠뜸부기사촌	*Porzana fusca*
75	두루미목	뜸부기과	뜸부기	*Gallicrex cinerea*
76	두루미목	뜸부기과	쇠물닭	*Gallinula chloropus*
77	두루미목	뜸부기과	물닭	*Fulica atra*
78	두루미목	두루미과	재두루미	*Grus vipio*
79	두루미목	두루미과	검은목두루미	*Grus grus*
80	두루미목	두루미과	흑두루미	*Grus monacha*
81	두루미목	두루미과	두루미	*Grus japonensis*
82	도요목	검은머리물떼새과	검은머리물떼새	*Haematopus ostralegus*
83	도요목	장다리물떼새과	장다리물떼새	*Himantopus himantopus*
84	도요목	물떼새과	댕기물떼새	*Vanellus vanellus*
85	도요목	물떼새과	민댕기물떼새	*Vanellus cinereus*
86	도요목	물떼새과	검은가슴물떼새	*Pluvialis fulva*
87	도요목	물떼새과	개꿩	*Pluvialis squatarola*
88	도요목	물떼새과	큰왕눈물떼새	*Charadrius leschenaultii*
89	도요목	물떼새과	흰물떼새	*Charadrius alexandrinus*
90	도요목	물떼새과	흰목물떼새	*Charadrius placidus*
91	도요목	물떼새과	꼬마물떼새	*Charadrius dubius*
92	도요목	물떼새과	왕눈물떼새	*Charadrius mongolus*
93	도요목	호사도요과	호사도요	*Rostratula benghalensis*
94	도요목	도요과	바늘꼬리도요	*Gallinago stenura*

No.	목명	과명	국명	학명
95	도요목	도요과	꼬까도요	*Arenaria interpres*
96	도요목	도요과	노랑발도요	*Heteroscelus brevipes*
97	도요목	도요과	붉은발도요	*Tringa totanus*
98	도요목	도요과	쇠청다리도요	*Tringa stagnatilis*
99	도요목	도요과	종달도요	*Calidris subminuta*
100	도요목	도요과	흑꼬리도요	*Limosa limosa*
101	도요목	도요과	꺅도요	*Gallinago gallinago*
102	도요목	도요과	쇠부리도요	*Numenius minutus*
103	도요목	도요과	중부리도요	*Numenius phaeopus*
104	도요목	도요과	마도요	*Numenius arquata*
105	도요목	도요과	알락꼬리마도요	*Numenius madagascariensis*
106	도요목	도요과	학도요	*Tringa erythropus*
107	도요목	도요과	청다리도요	*Tringa nebularia*
108	도요목	도요과	삑삑도요	*Tringa ochropus*
109	도요목	도요과	알락도요	*Tringa glareola*
110	도요목	도요과	흰꼬리좀도요	*Calidris temminckii*
111	도요목	도요과	뒷부리도요	*Xenus cinereus*
112	도요목	도요과	큰뒷부리도요	*Limosa lapponica*
113	도요목	도요과	깝작도요	*Actitis hypoleucos*
114	도요목	도요과	좀도요	*Calidris ruficollis*
115	도요목	도요과	민물도요	*Calidris alpina*
116	도요목	갈매기과	검은머리갈매기	*Larus saundersi*
117	도요목	갈매기과	괭이갈매기	*Larus crassirostris*
118	도요목	갈매기과	갈매기	*Larus canus*
119	도요목	갈매기과	재갈매기	*Larus argentatus*
120	도요목	갈매기과	노랑발갈매기	*Larus cachinnans*
121	도요목	갈매기과	줄무늬노랑발갈매기	*Larus heuglini*
122	도요목	갈매기과	큰재갈매기	*Larus schistisagus*
123	도요목	갈매기과	붉은부리갈매기	*Larus ridibundus*
124	도요목	갈매기과	쇠제비갈매기	*Sterna albifrons*
125	도요목	갈매기과	한국재갈매기	*Larus cachinans*

No.	목명	과명	국명	학명
126	도요목	갈매기과	흰갈매기	*Larus hyperboreus*
127	도요목	갈매기과	구레나룻제비갈매기	*Chlidonias hybrida*
128	비둘기목	비둘기과	멧비둘기	*Streptopelia orientalis*
129	비둘기목	비둘기과	염주비둘기	*Streptopelia decaocto*
130	비둘기목	비둘기과	집비둘기	*Columba livia domestica*
131	두견목	두견과	뻐꾸기	*Cuculus canorus*
132	올빼미목	올빼미과	수리부엉이	*Bubo bubo*
133	올빼미목	올빼미과	칡부엉이	*Asio otus*
134	올빼미목	올빼미과	쇠부엉이	*Asio flammeus*
135	올빼미목	올빼미과	소쩍새	*Otus sunia*
136	칼새목	칼새과	바늘꼬리칼새	*Hirundapus caudacutus*
137	파랑새목	파랑새과	파랑새	*Eurystomus orientalis*
138	파랑새목	후투티과	후투티	*Upupa epops*
139	파랑새목	물총새과	물총새	*Alcedo atthis*
140	파랑새목	물총새과	청호반새	*Halcyon pileata*
141	딱다구리목	딱다구리과	개미잡이	*Jynx torquilla*
142	딱다구리목	딱다구리과	쇠딱다구리	*Dendrocopos kizuki*
143	딱다구리목	딱다구리과	아물쇠딱다구리	*Dendrocopos canicapil-lus*
144	딱다구리목	딱다구리과	오색딱다구리	*Dendrocopos major*
145	딱다구리목	딱다구리과	청딱다구리	*Picus canus*
146	참새목	여새과	황여새	*Bombycilla garrulus*
147	참새목	때까치과	때까치	*Lanius bucephalus*
148	참새목	때까치과	노랑때까치	*Lanius cristatus*
149	참새목	때까치과	물때까치	*Lanius sphenocercus*
150	참새목	꾀꼬리과	꾀꼬리	*Oriolus chinensis*
151	참새목	까마귀과	어치	*Garrulus glandarius*
152	참새목	까마귀과	떼까마귀	*Corvus frugilegus*
153	참새목	까마귀과	갈까마귀	*Corvus dauuricus*
154	참새목	까마귀과	까마귀	*Corvus corone*
155	참새목	까마귀과	큰부리까마귀	*Corvus macrorhynchos*
156	참새목	까마귀과	물까치	*Cyanopica cyanus*

No.	목명	과명	국명	학명
157	참새목	까마귀과	까치	*Pica pica*
158	참새목	박새과	박새	*Parus major*
159	참새목	박새과	쇠박새	*Parus palustris*
160	참새목	박새과	곤줄박이	*Parus varius*
161	참새목	박새과	진박새	*Parus ater*
162	참새목	붉은머리오목눈이과	붉은머리오목눈이	*Paradoxornis webbianus*
163	참새목	스윈호오목눈이과	스윈호오목눈이	*Remiz pendulinus*
164	참새목	오목눈이과	오목눈이	*Aegithalos caudatus*
165	참새목	제비과	제비	*Hirundo rustica*
166	참새목	제비과	귀제비	*Cecropis daurica*
167	참새목	종다리과	종다리	*Alauda arvensis*
168	참새목	직박구리과	검은이마직박구리	*Pycnonotus sinensis*
169	참새목	직박구리과	직박구리	*Microscelis amaurotis*
170	참새목	휘파람새과	휘파람새	*Cettia diphone*
171	참새목	휘파람새과	개개비	*Acrocephalus orientalis*
172	참새목	휘파람새과	섬개개비	*Locustella pleskei*
173	참새목	휘파람새과	쥐발귀개개비	*Locustella lanceolata*
174	참새목	휘파람새과	솔새사촌	*Phylloscopus fuscatus*
175	참새목	휘파람새과	노랑눈썹솔새	*Phylloscopus inornatus*
176	참새목	휘파람새과	솔새	*Phylloscopus xantho-dryas*
177	참새목	휘파람새과	쇠솔새	*Phylloscopus borealis*
178	참새목	휘파람새과	산솔새	*Phylloscopus coronatus*
179	참새목	상모솔새과	상모솔새	*Regulus regulus*
180	참새목	굴뚝새과	굴뚝새	*Troglodytes troglodytes*
181	참새목	찌르레기과	찌르레기	*Sturnus cineraceus*
182	참새목	찌르레기과	붉은부리찌르레기	*Sturnus sericeus*
183	참새목	지빠귀과	되지빠귀	*Turdus hortulorum*
184	참새목	지빠귀과	흰배지빠귀	*Turdus pallidus*
185	참새목	지빠귀과	노랑지빠귀	*Turdus naumanni*
186	참새목	지빠귀과	개똥지빠귀	*Turdus eunomus*
187	참새목	솔딱새과	유리딱새	*Luscinia cyanura*

No.	목명	과명	국명	학명
188	참새목	솔딱새과	딱새	*Phoenicurus auroreus*
189	참새목	솔딱새과	검은딱새	*Saxicola torquatus*
190	참새목	솔딱새과	제비딱새	*Muscicapa griseisticta*
191	참새목	솔딱새과	쇠솔딱새	*Muscicapa dauurica*
192	참새목	솔딱새과	흰꼬리딱새	*Ficedula albicilla*
193	참새목	솔딱새과	쇠유리새	*Luscinia cyane*
194	참새목	솔딱새과	바다직박구리	*Monticola solitarius*
195	참새목	솔딱새과	울새	*Luscinia sibilans*
196	참새목	솔딱새과	흰눈썹황금새	*Ficedula zanthopygia*
197	참새목	솔딱새과	큰유리새	*Cyanoptila cyanomelana*
198	참새목	솔딱새과	흰눈썹울새	*Luscinia svecica*
199	참새목	참새과	참새	*Passer montanus*
200	참새목	바위종다리과	멧종다리	*Prunella montanella*
201	참새목	동고비과	동고비	*Sitta europaea*
202	참새목	동고비과	쇠동고비	*Sitta villosa*
203	참새목	할미새과	긴발톱할미새	*Motacilla flava*
204	참새목	할미새과	노랑할미새	*Motacilla cinerea*
205	참새목	할미새과	알락할미새	*Motacilla alba*
206	참새목	할미새과	백할미새	*Motacilla alba lugens*
207	참새목	할미새과	검은등할미새	*Motacilla grandis*
208	참새목	할미새과	검은턱할미새	*Motacilla alba ocularis*
209	참새목	할미새과	큰밭종다리	*Anthus richardi*
210	참새목	할미새과	힝둥새	*Anthus hodgsoni*
211	참새목	할미새과	붉은가슴밭종다리	*Anthus cervinus*
212	참새목	할미새과	흰등밭종다리	*Anthus gustavi*
213	참새목	할미새과	밭종다리	*Anthus rubescens*
214	참새목	되새과	되새	*Fringilla montifringilla*
215	참새목	되새과	밀화부리	*Eophona migratoria*
216	참새목	되새과	방울새	*Carduelis sinica*
217	참새목	되새과	검은머리방울새	*Carduelis spinus*
218	참새목	되새과	긴꼬리홍양진이	*Uragus sibiricus*
219	참새목	되새과	양진이	*Carpodacus roseus*

No.	목명	과명	국명	학명
220	참새목	되새과	콩새	*Coccothraustes cocco-thraustes*
221	참새목	멧새과	노랑눈썹멧새	*Emberiza chrysophrys*
222	참새목	멧새과	흰머리멧새	*Emberiza leucocephalos*
223	참새목	멧새과	흰배멧새	*Emberiza tristrami*
224	참새목	멧새과	멧새	*Emberiza cioides*
225	참새목	멧새과	붉은뺨멧새	*Emberiza fucata*
226	참새목	멧새과	쇠검은머리쑥새	*Emberiza yessoensis*
227	참새목	멧새과	쇠붉은뺨멧새	*Emberiza pusilla*
228	참새목	멧새과	쑥새	*Emberiza rustica*
229	참새목	멧새과	검은머리촉새	*Emberiza aureola*
230	참새목	멧새과	꼬까참새	*Emberiza rutila*
231	참새목	멧새과	노랑턱멧새	*Emberiza elegans*
232	참새목	멧새과	촉새	*Emberiza spodocephala*
233	참새목	멧새과	북방검은머리쑥새	*Emberiza pallasi*
234	참새목	멧새과	검은머리쑥새	*Emberiza schoeniclus*

제10장
한강하구 지역의 문화유산과 문화재

김락기

인천문화재단 평화교류사업단장

1. 들어가는 글

'한강하구'는 관점에 따라 좁게, 또는 넓게 볼 수 있는 모호한 용어이다. 서울 중심부를 흘러나온 한강은 임진강과 만나 김포반도 북쪽을 거쳐 강화를 통해 서해로 흘러들어 간다. 강화도와 교동도 사이에서는 예성강과 합류하기도 한다.

따라서 구간과 범위를 어떻게 설정하는지에 따라 주변 문화유산의 범주와 성격, 역사적 의미에 대한 평가가 달라질 수 있기 때문에 구간과 범위 설정이 매우 중요하다.

이 글에서는 1953년 체결된 정전협정 제1조 5항에 따라 남북한의 민간 선박 항해가 허락된 남북 공용의 특수지역 중 민간인 통제구역으로 접근이 제한되는 경기도 파주시 탄현면 만우리에서 인천광역시 강화군 서도면 말도까지 길이 67km의 구간을 '한강하구'로 보고,[1] 주변 지역의 문화유산을 살펴보고자 한다.

이 지역은 임진강과 한강이 만나 흘러나온 조강(祖江)의 남쪽으로 경기도 파주시와 김포시, 인천광역시 강화군이, 북쪽으로 개성특별시 판문구역과 개풍구역, 황해남도 배천군, 연안군이 자리 잡고 있다. 한반도의 중부에 위치하며 고려왕

한강하구-평화. 생명, 공영의 물길

조와 조선왕조의 수도인 개성과 서울을 연결하는 길목에 해당하는 곳으로 중요한 역사적 사건의 공간적 배경이다. 또 물길과 갯벌이 있고 배후에 육지가 펼쳐진 지역으로 선사 시대부터 사람들이 살았고, 그 흔적이 곳곳에 남아 있는 곳이기도 하다.

이렇게 설정한 범위의 주변 문화유산 중 남북 당국에서 지정한 유산을 서술하되, 한강하구 수로와 연계성이 높은 유형문화유산과 주변 지역 사람들의 오랜 내력을 품은 무형문화유산을 대상으로 하고자 한다.

유형문화유산을 구체적으로 분류하면 청동기시대의 고인돌을 중심으로 한 선사유적, 삼국 시대 이래 항로의 안전을 보장하고 주변을 안정적으로 방어 또는 지배하고자 하는 목적에서 설치된 성곽과 봉수 등의 관방유적, 전근대 시기 신앙의 중심으로 다수의 유산을 남긴 불교유적, 고려·조선왕조 수도의 인근 지역으로서 활용된 왕릉·고분유적이 있다.[2] 여기에 무형문화유산을 추가하여 한강하구 주변의 문화유산과 공간의 연계성을 살펴보는 것이 이 글의 목적이다.

2. 한강하구 지정 문화유산 개요

이 글에서 대상으로 삼는 '한강하구'에 포함되는 곳은 앞에서 언급했듯이 남측에서 경기도 파주시와 김포시, 인천광역시 강화군이고, 북측에서 개성특별시 판문구역과 개풍구역, 황해남도 배천군, 연안군이다.

남측 세 곳 중 파주와 강화는 문화유산이 상당히 많이 분포한 곳이고, 김포 역시 적지 않은 편이다. 북측 세 곳 중 개성특별시 판문구역과 개풍구역은 2019년 하반기에 이루어진 것으로 생각되는 황해북도 개성시의 특별시 승격에 따라 황해북도 개풍군과 옛 판문군 권역이 개풍구역과 판문구역으로 바뀐 곳이다.[3] 하지만 세부적인 개편 내용이 알려지지 않아 개편 이전 황해북도 개풍군을 기준으로 할 수밖에 없는데, 남측 기준으로 보면 문화유산이 많은 편은 아니다.

경기도 파주시는 경기도 지정 이상의 문화유산이 55건이다. 유형문화유산으로는 보물이 제93호 파주 용미리 마애이불입상(坡州 龍尾里 磨崖二佛立像) 등 3건이며 사적이 제148호 파주 덕은리 주거지와 지석묘군(坡州 德隱里 住居址와 支石墓群)과 제351호 파주 오두산성(坡州 烏頭山城) 등 12건, 경기도 유형문화재가 제61호 화석정(花石亭) 등 11건, 경기도 기념물이 제29호 황희 선생 영당지(黃喜 先生 影堂址) 등 17건, 경기도 문화재자료가 제10호 파산서원(坡山書院) 등 9건이 있다. 무형문화유산은 경기도 무형문화재 제18호 옥장(玉匠)과 제33호 파주금산리민요 등 2건이고, 천연기념물로 제286호 파주 무건리 물푸레나무가 있다.

선사 시대 유산인 사적 제148호 파주 덕은리 주거지와 지석묘군, 경기도 기념물 제129호 파주다율리·당하리지석묘군부터 현대 유산인 경기도 기념물 제162호 자유의다리까지 시대별로 고루 분포하면서도 조선시대의 분묘 및 관련 유적이 상대적으로 많다. 임진강 양안에 삼국 시대부터 구축한 산성도 여러 곳 있다.

탄현면 만우리에서 시작하는 '한강하구'에 있는 유적은 상대적으로 적어 임진강과 한강이 만나는 지점의 사적 제351호 오두산성이 유일하다. 주변으로 조금 넓혀 보아도 탄현면 성동리의 경기도 문화재자료 제144호 파주 검단사 목조관음보살좌상과 제172호 검단사 검단조사진영이 있을 뿐이다. 무형문화유산으로는 탄현면 금산리 경기도 무형문화재 제33호 파주금산리민요가 있는데, 금산리가 만우리 바로 남쪽에 있기 때문에 한강하구 유산에 포함해야 한다.

경기도 김포시는 한강 하류와 임진강 하류가 만나 김포반도 북단을 거쳐 강화로 가는 물길을 품고 있다. 김포시에는 경기도 지정 이상의 문화유산이 모두 22건 있는데, 대부분 조선시대 유적이다. 유형문화유산 중 보물은 김포시 풍무동에 소재한 중앙승가대학교에서 소장하고 있는 제1225호 묘법연화경 권7(언해)(妙法蓮華經 卷七(諺解)) 1건이 있고, 사적은 제139호 김포 문수산성(金浦 文殊山城) 등 3건, 경기도 유형문화재가 제10호 우저서원(牛渚書院) 등 7건, 경기도 기념물이 제47호 한재당(寒齋堂) 등 4건, 경기도 문화재자료가 제29호 김포향교(金浦鄕校) 등 4건이 있다. 무형문화유산은 국가무형문화재 제86-1호 문배주와 경기도 무형문화재 제23호 김포통진두레놀이 등 2건이고, 한강 하류 재두루미 도래지가 천연기념물 제250호로 지정되어 있다.

한강하구의 범위에 포함할 수 있는 유산은 사적 제139호 김포 문수산성과 경기도 기념물 제108호인 갑곶나루 선착장 석축로를 들 수 있다. 갑곶나루 선착장 석축로가 문수산성의 서벽과 맞닿아 있고 강화 갑곶나루로 연결되는 뱃길의 출발 장소였음을 감안하면 사실상 한 유산이라 할 수 있다.

미지정 문화유산 중 동성산성(童城山城)은 김포반도 동북쪽 끝자락에서 대안의 파주 오두산성을 마주보고 있어 지정 여부와 무관하게 한강하구 물길과 연계해 다뤄야 할 유적이다.

인천광역시 강화군에는 인천광역시 지정 이상의 문화유산이 모두 114건으로 매우 많다. 선사 시대 고인돌과 고려시대 분묘 및 성곽, 조선시대 돈대 등이 높은 비중을 차지한다. 유형문화유산은 모두 102건으로 보물이 고려시대 탑인 제10호 강화 장정리 오층석탑(江華 長井里 五層石塔) 등 12건, 사적이 제130호 강화 삼랑성(江華 三郎城) 등 16건, 인천광역시 유형문화재가 제20호 용흥궁(龍興宮) 등 26건, 인천광역시 기념물이 제15호 이규보 묘(李奎報 墓) 등 36건, 인천광역시 문화재자료가 제7호 전등사 대조루(傳燈寺 對潮樓) 등 12건이 있다. 무형문화유산은 국가무형문화재 제103호 완초장(莞草匠)과 인천광역시 무형문화재 제1호 삼현육각(三絃六角), 제8호 강화 외포리 곶창굿 등 5건이고, 인천광역시 민속문화재 제1호 보문사맷돌도 있다. 천연기념물은 모두 5건으로 제78호 강화 갑곶리 탱자나무, 제79호 강화 사기리 탱자나무, 제304호 강화 볼음도 은행나무, 제502호 강화 참성단 소사나무 등 수목류가 4건이고 제419호 강화 갯벌 및 저어새 번식지가 있다.

강화도는 1232년부터 1270년까지 고려왕조의 수도였기 때문에 남측의 다른 어떤 지역보다 고려시대 유적이 많고, 역사적으로 의미가 큰 유적이 분포하고 있다. 조선 숙종때부터 정묘호란과 병자호란을 거치며 얻은 교훈을 바탕으로 쌓은 54곳의 돈대는 많은 곳이 문화유산으로 지정되어 있을 만큼 가치를 인정받고 있다.

　다만 한강하구와 마주 닿는 강화도 북단의 민간인 통제선 내 돈대는 월곶진을 제외하고는 문화유산으로 지정되어 있지 않아 역설적인 상황이기도 하다. 이 글의 목적에 부합하는 돈대는 한강과 임진강이 만나 강화도 북쪽으로 흐르는 조강에 면해 있는 강화도 북단의 돈대이므로 빼놓을 수 없다.

　무형문화유산 중에서 인천광역시 무형문화재 제1호 삼현육각, 제8호 강화 외포리 곶창굿, 제12호 강화 용두레질소리, 제19호 갑비고차농악(甲比古次農樂), 제27호 강화 교동 진오기굿 등과 황해도 지역의 비슷한 무형문화유산이 어떤 관계인지 살펴볼 필요가 있다.

　한강하구의 북측에 해당하는 곳 중에서 개성특별시 개풍구역은 개성의 행정구역 개편 과정에서 변화가 심하여 정확한 소속 읍리를 파악하기 어렵다. 파주시와 김포시 맞은 편에 있는 림한리의 경우 과거 황해북도 개풍군에 속했으나 개성특별시 승격에 따라 설치된 판문구역으로 변경되었다.[4] 따라서 황해북도 개풍군과 개성특별시 개풍구역의 관할 구역은 대동소이(大同小異)한 것으로 판단되며, 이 글에서는 이런 점을 전제로 판문구역을 별도로 설정하지 않고 개풍구역으로 묶어서 서술하겠다.

　개풍구역에는 국보급 문화재는 없다. 정확히 말하면 과거 개풍군에 속했던 해선리가 개성시로 편입됨에 따라 해선리의 왕건왕릉, 공민왕릉, 광통보제선사비, 영통사가 개성시의 국보급 유적이 된 것이다.[5]

　준국보라고 하는 보존급 유적은 모두 18개소로 고려 수도 개경의 주변 지역답게 왕릉과 개경 방어 목적으로 축성한 성곽이 상당히 많은 편이다. 보존 상태를 정확히 알 수 없지만 봉수 유적이 남측에 비해 높게 평가받는 경향이 있는데, 개풍구역에도 수암산봉수가 보존급 유적으로 등록되어 있다.

　황해남도 배천군은 남쪽으로 흐르는 예성강을 경계로 개성특별시 개풍구역과 접하며 남쪽으로는 바다를 사이에 두고 인천광역시 강화군 교동면과 마주하고 있다. 남측에서는 일제강점기 조선총독부의 행정구역 개편에 따라 연안군과 합

지정 번호	유적 명칭	소재지	지정 번호	유적 명칭	소재지
550	총릉	유릉리	579	려현진성	려현리
551	후릉	령정리	580	배남산토성	조강리
554	창릉	남포리	1531	제릉	대룡리
573	정릉	화곡리	1532	림한리토성	림한리
574	영안성	남포리	1533	피리산토성	림한리
575	관산성	개풍읍	1534	어아산성	삼성리
576	신성리토성	신성리	1535	후강토성	개풍읍
577	구읍리토성	신성리	1537	수암산봉수	연강리
578	승천부옛성	해평리	1546	두문동표적비	연풍리

쳐 연백군이 된 까닭에 배천보다는 연백으로 통칭되는 경우가 많고, 북측에서도 연안군과 배천군의 너른 농경지를 일러 '연백벌'이라 부르고 있다.

배천군에는 국보문화유물로 제77호 강서사와 제165호에서 168호까지 순서대로 지정된 원산리청자기가마터 제1호, 제2호, 제3호, 제4호 가마가 있다. 보존급 유적으로 룡동리고인돌떼를 비롯한 고인돌, 치악산성(雉岳山城) 등의 성곽, 강서사의 구성 요소라 할 수 있는 탑비 등 모두 9개소가 있다.

배천군의 고인돌은 지리적 위치상 강화군과 물길로 가깝게 연결된 곳이므로 강화도 북부에 집중적으로 분포하는 고인돌과 관련성이 주목을 받고 있으며, 작지 않은 규모의 산성들도 서해에서 고려왕조와 조선왕조의 수도인 개경과 한성으로 들어가는 길목에 자리 잡아 축성 목적과 기능에 관심이 쏠린다.

황해남도 연안군은 배천군의 서쪽에 있으며 남쪽으로 반도 형태를 띤 지역으로 동남쪽으로 교동도와 매우 가까운 거리에 있다. 교동도와 연안 사이의 좁은 수로는 예성강과 한강으로 진입하는 길목이므로 물길 흐름에서 매우 중요하며, 유적의 종류 및 성격은 배천군과 비슷해 일제강점기부터 알려진 고인돌과 성곽, 주변을 감시하고 연락하기 위한 봉수가 다수 있는 것이 특징이다. 연안군의 국보는 조선시대 연안군의 치소인 연안읍성 하나이고, 보존급 유적은 화양리봉수

지정 번호	종목	소재지	지정 번호	종목	소재지
국보 77	강서사	강호리	국보 167	원산리청자기 가마터 3호	원산리
국보 165	원산리청자기 가마터 1호	원산리	국보 168	원산리청자기 가마터 4호	원산리
국보 166	원산리청자기 가마터 2호	원산리			
215	룡동리고인돌떼	룡동리	917	등암산성	정흥리
216	창포리고인돌	창포리	918	털미산성	은상리
217	대아리고인돌	대아리	985	강서사7층탑	강호리
236	강서사5층탑	강호리	993	강서사기적비	강호리
253	치악산성	배천읍			

〈표 10-3〉 황해남도 연안군 국보·보존급(준국보) 유적 목록

지정 번호	종목	소재지	지정 번호	종목	소재지
국보 86	연안읍성	연안읍			
220	천태리고인돌	천태리	975	화양리봉수	화양리
254	연안산성	연안읍	976	봉화대봉수	발산리
913	라진포리산성	라진포리	977	해남리봉수	해남리
914	해남리토성	해남리	978	한정리봉수	한정리
937	장곡리무덤	장곡리	990	연성대첩비	연안읍
938	도남무덤	도남리	1684	오현리고인돌	오현리
939	화양리무덤	화양리			

를 비롯해 모두 13개소이다.

3. 한강하구 유형문화유산의 특징

한강하구는 임진강 하류와 한강 하류가 만나 서해로 흘러드는 구간에 해당한다. 이 지역은 조강이라는 명칭에서 보듯 바다라고는 하지만 물길의 모습이 육

지 사이를 흐르는 강과 닮았다. 고려시대와 조선시대에는 이 좁은 물길을 조운로로 활용했다.

한강하구 유형문화유산의 특징을 형성하는 데 중요한 역할을 한 요소는 자연지리적 조건과 역사지리적 조건으로 나눌 수 있다. 자연지리적 조건의 핵심은 강처럼 보이는 바다 가장자리에 넓은 갯벌이 있고 배후에는 너른 육지가 펼쳐져 있다는 점이다.

〈그림 10-1〉에서 보면 교동도와 강화도가 하나의 섬으로 되어 있지만 고려시대 이래 간척의 영향으로 형성된 것이므로 그 이전에 갯벌이 매우 넓게 펼쳐져 있었으며, 연안군과 배천군, 개풍구역의 해안가 역시 밀물과 썰물의 흐름에 따라 바닷물에 잠기고 드러나기를 반복하는 곳이다.

따라서 이 지역은 해산물이 풍부하며 쉽게 얻을 수 있는 곳으로 선사 시대부터 사람이 살기에 적합한 곳이었다. 이런 측면을 가장 잘 보여 주는 것이 이 일대에 밀집해 분포한 고인돌이다.

남한에서 가장 큰 규모를 자랑하는 사적 제137호 강화 부근리 지석묘는 전체 높이 2.6m, 덮개돌 길이 6.5m, 너비 5.2m, 두께 1.2m의 화강암이다. 인근에 있는 인천광역시 기념물 제44호 부근리고인돌군에는 해발 50m 내외의 낮은 구릉

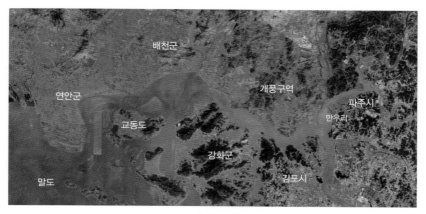

〈그림 10-1〉 한강하구 위치도

과 평지에 모두 16기의 고인돌이 밀집해 있다. 갯벌과 구릉이 펼쳐진 곳으로 상당한 세력을 이룬 집단이 거주했음을 보여 주는 증거라고 할 수 있다.

이런 점은 바다 건너 배천과 연안도 마찬가지이다. 배천군 룡동리 고인돌떼와 연안군 창포리고인돌떼는 북쪽의 해발 363m 룡각산을 등지고 두 개천 사이에 놓여 있는데 이곳에 모두 80여 기의 고인돌이 분포한다고 한다.[6] 이 중에서 배천군 룡동리 1호 고인돌은 화강편마암으로 만든 덮개돌의 최대길이가 6.9m이고, 너비가 5.3m, 남쪽 아래부분 두께는 50cm, 그 윗부분은 1m 규모로 남한 최대 규모인 강화 부근리 지석묘와 크기가 비슷하다.[7]

강화도의 고인돌이 대부분 산지 골짜기에서 시작하는 소하천이 발달한 지점에 분포하는데,[8] 연안, 배천의 고인돌도 동일한 조건을 갖춘 곳에 나타난다. 이는 임진강 주변에 분포한 파주의 고인돌도 마찬가지다. 파주 다율리·당하리유적에서는 100여 기가 넘는 고인돌이 보고되어 경기도에서 고인돌 밀집도가 가장 높다.[9]

결국 강과 바다 및 갯벌에서 손쉽게 어패류를 잡을 수 있고 배후의 구릉을 이용해 주거지 조성이 용이한 한강하구의 자연지리적 조건 때문에 선사 시대 사람들이 이 지역에 집단 거주해 많은 고인돌 유적을 남긴 것으로 볼 수 있다.

〈그림 10-2〉 사적 137호 강화 부근리 지석묘

출처: 문화재청 국가문화유산포털

한강하구-평화. 생명. 공영의 물길

〈그림 10-3〉 사적 제148호 파주 덕은리 주거지와 지석묘군, 제1호분
출처: 문화재청 국가문화유산포털

한강하구의 역사지리적 조건은 고려왕조와 조선왕조의 도읍인 개경과 한성으로 통하는 길목으로서 통행과 차단이라는 양면성이 유적으로 남았다는 점을 우선 들 수 있다. 다음으로는 4~5세기 고구려와 백제의 충돌, 6세기 중반 이후 신라의 진출에 따른 삼국 간 치열한 충돌의 공간이었다는 점이다. 이 과정에서 한강하구 곳곳에 다양한 규모와 목적의 성곽이 만들어졌고, 대대로 활용되었다.

황해남도 배천군은 고구려와 백제가 한강하구 및 주변 지역의 영유권을 두고 여러 차례 전투를 벌인 치양성(雉壤城)이 있던 곳으로 추정되고 있다. 치양성으로 가장 유력하게 거론되는 곳은 치악산성이다. 이 산성은 북한의 보존급 제253호로 배천읍 북서쪽 치악산에 자리 잡고 있는 고구려 산성이다.

배천은 예성강 및 지천 수로를 통해 서쪽과 남쪽으로 통하며, 육로로도 연안-해주, 개성-서울과 연결되는 교통의 요지이다. 배천은 고구려와 백제가 한때 쟁탈전을 벌였던 곳으로 고구려 때 도랍현(刀臘縣)이라 불리다 신라의 영역이 되면서 구택현(雊澤縣)으로 불렸다. 고려 때는 지명이 백주(白州)였고, 조선 초 지명 변경 시 배천으로 바뀌었다.

치악산은 해발 360m 높이로 북쪽의 봉우리를 정점으로 남쪽으로 내려오면서 연백평야에 이른다. 주변에 높은 산이 거의 없고 남쪽으로 평지와 서해가 펼쳐져 있어 주변을 감시하는 데 유리한 곳이다. 치악산성은 모두 돌을 이용해 쌓았는 데 다듬어 만든 쐐기꼴 석재와 막돌을 섞어 성벽을 쌓아 올렸다. 축성 방식은 바깥 벽은 쐐기꼴 석재의 머리 쪽을 밖을 향하게 만들고 그 안쪽 공간을 막돌로 채워 넣는 편축식이었다. 이때 쐐기꼴 성돌의 크기는 35~40cm, 두께는 15~20cm, 너비 30~35cm 내외이다.

성벽은 지세에 따라 높은 곳은 편축식으로 쌓았고, 고도가 낮은 곳은 협축식(夾築式)으로 쌓아 올렸다. 치악산성의 둘레는 약 3,600m이며 성벽이 가장 잘 남아 있는 곳은 기단 폭 8m, 성벽 상부 폭 3.5m, 성벽 높이 3.5m로 정도이다.

성문은 서문, 남문, 북문 등 3곳이 남아 있는데 모두 심하게 무너져 있어 규모와 축조 방식을 정확히 알 수는 없다. 다만, 서문, 남문, 북문 주변에서 다수의 기와가 발견되는 것으로 보아 3곳 모두 문루가 있었던 것으로 보인다. 한편, 성문의 시설이 확인되는 문지는 남문으로 무너져 내린 흔적을 토대로 볼 때 옹성이 있었던 것으로 추정되며, 바깥쪽으로 10m 지점에는 수구가 1개소 확인되었다.

치성은 동벽과 서벽에 각 4개, 북벽에 3개 등 총 11곳이 설치되었는데, 각 모서리와 성문 주변의 치는 각대(角臺)와 적대(敵臺)로 사용되었을 것으로 판단된다. 그밖에도 북쪽에 위치한 능선 꼭대기에는 평평한 대지를 만들어 장대(將臺)를 만들었으며 성안에서는 건물 터가 총 7개 확인되었다.

치악산성은 앞서 언급했듯이 삼국시대 치양성(雉壤城)으로 추정되는데 『삼국사기(三國史記)』에 따르면 369년과 495년에 각각 고구려가 백제의 치양과 치양성을 공격했다는 기록이 남아 있다. 그런데 현재 치악산성은 전형적인 고구려 산성의 모습을 갖추고 있으며, 390년대부터 495년 사이 백제 영향력이 한강 이남으로 축소되었다는 점에 비추어 볼 때 495년 고구려의 백제 치양 공격은 다소 의구심이 든다. 이에 대해 북한 학계에서는 치악산성이 394년 광개토대왕이 쌓은 국남(國南) 7성의 하나로 보거나 기록을 그대로 받아들여 495년 이후 고구려의 성이 되었다는 다른 견해를 제시하기도 한다.[10]

북한의 보존급 문화재 제575호로서 개풍구역 연강리에 위치한 둘레 1,300m 의 토성인 관산성(關山城) 역시 원래 백제의 돈발성(敦拔城)이었다가 고구려가 차지해 동비홀(冬比忽)로 바뀌었다는 추정이 있어 예성강 양쪽에서 백제와 고구 려가 충돌한 공간으로 볼 수 있다.

북한의 보존급 문화재 제254호인 연안 봉세산성(연안산성) 역시 성내에서 장수 산성을 비롯한 다른 고구려 성에서 발견되는 것과 비슷한 붉은색 계열의 격자문 기와가 다수 나오고 있어 백제와 고구려의 한강하구 영유권을 둘러싼 갈등이 축 성 배경인 것으로 볼 수 있다. 이 산성은 연안군 연안읍의 북쪽에 솟아 있는 봉세 산(비봉산)에 자리 잡고 있다. 봉세산은 정점인 해발 281.6m 고지를 주봉으로 하 여 그 주위에 있는 여러 개의 산봉우리와 능선들로 이루어졌다. 산성은 주봉에 서 남쪽으로 뻗어내린 능선을 사이에 두고 동서로 나 있는 2개 골짜기를 빙 둘러 싼 산봉우리와 능선을 따라 쌓은 고로봉식 산성으로 둘레는 2,260m이다.[11]

확인된 유물로는 성벽 위와 성문지, 건물지, 장대지 같은 곳에서 발견된 기와 와 토기류가 있다. 그중 기와는 붉은색의 격자문이 있는 것으로 이는 장수산성 을 비롯한 다른 고구려 성에서 발견되는 것과 비슷하다.

연안 지역은 본래 고구려의 동음홀(冬音忽)로 시염성(豉鹽城)이라고도 부르다 가, 신라 때 해고군(海皋郡)으로 고쳐졌으며, 고려시대 초에는 염주(鹽州)라고 부 른 곳이다. 교통이 아주 편리한 곳이어서 바다를 통해 서해 어디든 갈 수 있고, 육로로는 서쪽을 거쳐 평양으로 통하며, 동쪽으로는 배천, 평산을 거쳐 개성과 서울로 갈 수 있다. 특히 4세기 중엽부터 예성강을 경계로 백제와 본격적인 공방 전을 벌인 고구려의 입장에서는 이러한 전략적 중요성 때문에 이곳에 봉세산성 을 쌓고 산성 아래에는 평지성인 연안읍성을 쌓았던 것으로 판단된다.[12]

성벽은 외면 쌓기와 양면 쌓기 방법을 결합하여 축조하였다. 성벽 축조에 쓰인 돌은 현지에 흔한 규암질의 다듬은 돌과 진흙, 막돌이다. 성돌의 크기는 조금씩 차이가 있으나 형태는 방추형이며 다듬은 수법은 대체로 비슷하다. 성문은 동남 문, 서남문, 북문, 동문 등 모두 4개인데 교통조건과 방어조건이 유사한 곳에 설치되었다. 현재는 모두 허물어져 본래의 구조 형식과 규모를 자세히 알 수 없다. 동남문터가 이 성의 정문이다. 치는 남벽과 서벽, 동벽에 각각 2개, 북벽에 1개로 모두 7개가 있는데 성벽이 꺾이는 모퉁이와 직선으로 된 곳에 설치되었다.[13]

　연안산성과 짝을 이루어 기능을 분담한다고 생각되는 것이 북한의 국보급 제 86호인 연안읍성이다. 『연안읍지(延安邑誌)』에 따르면, 연안읍에는 연안읍성과 연안산성이 있는데, 연안읍성은 성벽의 한 가닥이 연안 읍내 앞산인 남산 남쪽 기슭을 따라 연성리를 지나 모정리에 이르러 설봉산에 잇닿았고, 다른 한 가닥은 남산 가운데 등을 넘어 연안 읍내 도로를 지나 관천리를 거쳐 설봉산으로 올라갔다. 이 읍성은 석성으로 1555년(명종 10) 부사 박응종(朴應宗)이 쌓았는데 둘레는 1,389척, 높이 15.7척이다. 반면, 연안산성은 고려 공민왕 11년(1362)에 쌓은 돌성으로 봉세산(鳳勢山)의 자연지세를 이용하여 쌓았는데, 둘레가 5,400척으로 일명 봉세산성이라고도 한다. 연안읍성에는 옹성(甕城)이 2개, 성가퀴[城墤]가 693개 있었는데, 활과 총을 쓰는 구멍이 있었다고 한다. 성문은 동서남북 네 곳에 있었는데 지금은 문 자리만 남아 있다. 성안에는 서풍천정(西豊泉井)과

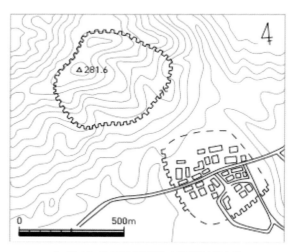

〈그림 10-4〉 연안산성(위)과 연안읍성(아래)
출처: 동북아역사재단, 2015

군자정(君子井)이라는 우물이 있었고, 성벽 바깥으로는 해자(垓字)를 넓게 파고 북쪽의 봉세산에서 흘러내리는 물을 채웠다. 이처럼 연안읍성은 규모는 작으나 성을 튼튼히 지킬 수 있는 방어시설들을 잘 갖춘 견고한 성이었다.[14]

사적 제351호인 파주 오두산성 역시 백제와 고구려가 충돌한 핵심 지역이라는 점에서 개풍, 배천의 성곽과 연계하여 이해할 필요가 있다. 왜냐하면 391년에 광개토왕이 20일간에 걸친 치열한 공략 끝에 함락시킨 백제의 요충지 관미성(關彌城)이 오두산성일 가능성이 높기 때문이다.[15] 이 성은 "우리 북변의 요해지(要害地)인데 지금은 고구려의 소유가 되었으니 이는 과인의 통석(痛惜)하는 바이다." 라는 아신왕의 말처럼 백제로서는 매우 중요한 북방의 요충지였다.[16]

오두산성은 경기도 파주시 탄현면 성동리 산86번지 일원의 해발 119m인 오두산(烏頭山)에 위치한다. 이곳은 한강과 임진강이 합류하는 지점에 있어 서해에서 한강 혹은 임진강을 따라 내륙으로 들어가는 관문이다. 북쪽으로는 임진강 너머 개풍군 장단면 일대가 바로 눈앞에 보인다. 서쪽은 한강 너머로 김포 일대가 한눈에 들어오며, 한강과 임진강이 합류해 서해로 흘러가는 모습을 볼 수 있다. 남쪽으로는 멀리 한강하구의 갯벌 및 교하읍 일대 마을들을 조망할 수 있다. 다만 동쪽은 검단산(해발 151m)과 산록(山麓)이 가로막고 있어 시계가 좋지 않다. 오두산성과 검단산 사이에는 자유로가 남북으로 개설되었다.[17]

오두산성과 한강을 사이에 두고 자리 잡은 김포시 하성면의 동성산성은 동성산(해발 113m) 정상부와 9부 능선(해발 100m 내외)을 이용하여 축조된 테뫼식 석축산성이다. 남쪽을 제외한 삼면이 서해와 한강으로 둘러싸여 있으며 주변 하천로를 통하여 쉽게 한강으로 진출할 수 있는 이점을 갖고 있다. 산성의 둘레는 441m이며 평면 형태는 북동~남서 방향을 장축으로 하는 장방형이다. 성 안에는 넓은 평탄지가 조성되어 있으며 현재 군부대가 주둔하고 있어 훼손이 심한 상태이다. 문헌을 통해 김포 지역 5개 현 중의 하나인 동성현의 현성으로 치성이 있던 곳으로 추정되며 삼국~고려시대에 이르는 기와와 토기류가 다량으로 수습되었다.[18]

이렇게 보면 남진하는 고구려가 임진강을 건너 한강으로 진출하는 과정과 고구려의 남하에 맞서 백제가 서북방의 주요 방어기지로 삼아 일진일퇴를 거듭한 지역이 바로 황해남도 연안군, 배천군, 개성특별시 개풍구역 및 경기도 파주시, 김포시 일대로 볼 수 있다. 인천광역시 강화군은 고구려의 수군이 한강으로 진입하는 길목의 한쪽이라는 점에서 역시 충돌의 장소였을 가능성이 높다.

고려시대에 들어와 도읍 개경으로 통하는 길목이 된 한강하구의 진출입을 감시, 통제하기 위한 목적으로 여러 성들이 축성되었다. 고고학적 조사 결과 초축 연대가 고려시대로 추정되는 성은 개풍구역의 구읍리토성과 신성리토성이 대표적이다.

구읍리토성은 개풍구역 신성리[옛 대성리(大聖里)]의 남산에 위치한 토성으로 북한의 보존급 문화재 제577호이다. 성곽의 전체 둘레가 약 700m이며 평면 형태는 남북을 장축으로 하는 장방형이다. 성벽의 높이는 1m 안팎이고 토축이지만 일부 구간에서는 토석혼축도 확인된다. 이 성은 개성으로 들어오는 교통의 요충지에 수도의 방위를 위해 축조하였다.[19] 이 성의 위치는 승천포, 월포, 흥천포, 영정포 등에서 개성으로 가는 교통로가 교차하는 곳에 가깝다.

신성리토성은 북한의 보존급 문화재 제576호로 개풍구역 신성리 봉황산 정상에 위치한 것으로 전해진다. 테뫼식 산성으로 성벽 길이는 약 800m이며, 평면 형태는 동서 길이가 긴 장방형이다. 현재 성벽의 잔존 높이는 약 1m이다. 성문은 동·서·남·북벽에 각 1개소씩 확인된다. 한강과 서해로 침입하는 적들이 육로를 통해 개성으로 들어가지 못하도록 동서로 길게 도로를 따라 축조하였다.[20]

신성리토성이 자리한 봉황산 남쪽은 옛 풍덕군 읍치이며 승천포, 월포 등에서 옛 풍덕 지역으로 들어오는 도로가 만나는 곳이다. 신성리토성에서 동남쪽으로 구읍리토성이 자리 잡고 있다. 이를 통해 볼 때 신성리토성과 구읍리토성은 개풍의 조강 연안 주요 포구로 상륙한 적들을 막기 위해 도로를 가운데 두고 유기적 방어 체제를 구축한 것으로 추정된다.

북한의 보존급 문화재 제1534호인 어아산성(魚牙山城)은 개풍구역 삼성리(구

한강하구—평화, 생명, 공영의 물길

개풍읍) 어아산 정상(해발 170m)에 있다. 전체 둘레가 약 600~700m이며 평면 형태는 삼각형이다. 성벽은 무너져 확인되지 않으나 성 안팎으로 성돌이 발견된다. 축조 연대는 불확실하며 고려 후기 왜구의 침입으로부터 개성을 방위하기 위해 개성 북쪽의 란산성, 서쪽의 영안성(永安城), 후강토성(後江土城)과 함께 쌓은 것으로 추측된다.[21]

개풍구역 신서리의 후강토성은 예성강과 지천인 후강이 만나는 합수부에 위치한 성이다. 후강토성 북쪽 2km 지점에는 벽란도(碧瀾渡)가 있고 남쪽 3km 지점에는 영안성이, 동쪽으로는 어아산성이 있다. 또 후강토성 남쪽으로는 동방포(東方浦)가 위치하고 있는 점 등을 종합하면 관산성, 어아산성, 영안성 등과 함께 예성강 주요 상륙 포구에 대한 감제 역할을 담당한 것을 보인다.[22]

배천군의 등암산성(燈庵山城)과 털미산성, 미륵산고성, 강서사성 역시 물길을 감시, 차단이 주요 축성목적으로 추정된다는 점에서 개풍구역의 고려시대 성들과 같은 성격으로 볼 수 있다. 등암산성은 배천군 정촌리 등암산에 있는 석성으로 북한 보존급 문화재 제917호인데, 성문 터가 남아 있다. 북한 보존급 문화재 제918호인 털미산성은 배천 벽란도로 이어지는 교통로를 끼고 예성강 안에 위치한다.

미륵산고성은 『대동지지』 배천군 성지조(城池條)에 나타나는 배천의 성곽으로 고지도나 기타 자료에는 보이지 않는다. 기록도 소략하여 현재 그 터만 남아 있다고 전한다. 그런데 「동여도」에서 배천 미라산(彌羅山) 아래에 성곽 터가 표시되어 있는 점에 주목할 필요가 있다. 대체로 미륵(彌勒)은 미라(彌羅)라고도 불렸는데, 이런 점을 감안한다면 「동여도」에서 미라산봉수 아래 표시한 성곽은 미륵산고성과 관련이 있을 수 있다. 아울러 미라산 북동쪽 아래 예성강안에는 배천 벽란도가 위치한다. 황해도 해주-연안-배천에서 개성을 잇는 주요 포구인 벽란도 일대를 감제하기 위해 미륵산고성을 쌓았을 가능성도 충분하다.[23]

강서사성은 『대동지지』에 폐성(廢城)으로 터만 남아 있다고 기록되어 있다. 그런데 「동여도」에 배천의 예성강 연안인 백마산(白馬山) 아래 강서사(江西寺)가 표시되어 있고 그 위로 성곽 표시가 있다. 강서사성은 예성강하구를 통해 올라오거나 개성 지방에서 전포를 통해 들어오는 적을 감제하는 역할을 수행한 것으로 볼 수도 있다.[24]

감시, 통제, 차단 등의 행위는 개별 성곽에 부여된 임무이기도 하지만 국가 통치 차원에서는 성곽과 성곽의 역할을 연계했을 때 이중, 삼중의 감시와 통제, 차단이 가능했기 때문에 상호 연락망을 구성하는 문제가 매우 중요했다. 이런 점에서 배천과 연안 일대에 다수 분포한 봉수는 개별 성곽이 부여받은 임무 수행을 위한 필수적인 구성 요소라고 볼 수 있다. 개풍구역을 포함한 개성 일대에는 신당봉수, 수갑산봉수, 송악 성황당봉수, 송악 국사당봉수가, 배천군에는 봉재산봉수와 미라산봉수가, 연안군에는 각산봉수, 백석산봉수, 간월산봉수, 정산봉수, 주지곶봉수가 인근 성곽과 연계된 봉수로 들 수 있다.

"그 배가 물을 거슬러 올라가 나아가고 물러나는 것이 마치 비바람처럼 빠르게 움직이니, 그곳에서 대비하는 방책은 조금도 긴장을 늦추지 말고 대비하여야 한다. 우리 부(강화부)와 귀부(개성부)는 강을 두고 서로 마주보고 있는 관계인데, 그들의 배가 물에 닻을 내려 그 사이에 이미 자리 잡게 되었으니, 마땅히 이 땅 저 땅 구별하지 않고 서로 기각지세를 이루며 방어해야 한다."[25]는 언급이 이런 추정을 뒷받침한다. 이는 흥선대원군의 아버지인 남연군의 묘를 도굴한 사건으로 유명한 오페르트(Ernst Jakob Oppert)가 강화 송정포에 정박한 상황에서 강화부가 개성부에 보낸 공문 내용인데, 건너편 개풍 영정포에서도 이양선의 정박을 확인했다는 기록도 있다.[26] "강을 두고 서로 마주보고 있는 관계"라는 표현은 한강으로 연결되어 조선왕조의 수도 한양으로 연결되는 한강하구가 방어와 차단에서 차지하는 중요성과 양 지역에 부과된 군사적 임무를 명확하게 드러낸다.

강화도 전체를 둘러싼 54개의 돈대는 그런 군사적 임무의 최일선 현장이었고, 특히 강화 북쪽의 조강을 향해 선 돈대 18개소(그림 10-5)[27]는 황해도 방면에서 교동도를 거쳐 한강으로 향하는 물길을 차단하는 역할을 염두에 두고 설치한 것이다. 1679년에 설치하기 시작한 강화도의 돈대는 시간이 흐름에 따라 퇴락하여, 설치 당시의 목적을 달성하기 어려워졌다. 오페르트는 그런 상황을 "여기서 부터는 요새의 숫자가 계속 늘어나 우리는 거의 10분마다 요새를 하나씩 지나쳤다. 이 요새들은 사각형의 돌로 상당히 강고하게 축성되었지만 다소 파손된 상태로 이끼와 잡목으로 덮여 있었다. 포대(砲臺)도 비어 있었고 성벽에 파수병도 없는 것으로 보아 상당히 오랫동안 방어 진지로 사용되지 않은 것 같았다."[28]라고 묘사하였다.

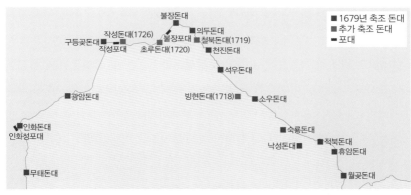

〈그림 10-5〉 강화 북부의 돈대 위치도

출처: 정민섭, 2020

〈그림 10-6〉 구등곶돈대 성벽 위 해병대 병사의 군화

하지만 한국전쟁 이후 한강하구가 남북 대치의 최전선이 되면서 강화 북부의 돈대는 현재까지도 군사적 기능을 여전히 유지한 살아 있는 유산(Living Heritage)로서 가치가 매우 높다.[29] 구등곶돈대 안에 막사가 있던 불과 수년 전 해병대 병사가 성벽 위에서 군화를 말리는 〈그림 10-6〉의 모습은 살아 있는 유산으로서 강화도의 돈대가 갖는 가치를 상징적으로 보여 준다.

4. 한강하구 무형문화유산의 특징

한강하구 남측의 경기도에서 지정된 무형문화유산은 도 무형문화재 제33호 파주금산리민요와 도 무형문화재 제23호 김포통진두레놀이가 있다. 이 중 파주금산리민요는 전승되는 논농사소리 8종과 장례의식요 3종을 묶은 통칭으로, 이 지역은 경기도 서북 지역으로서 인접한 황해도 문화의 영향을 받아 독특한 문화를 형성하고 있다.[30]

이는 인천광역시에서 시 무형문화재로 지정한 제8호 강화 외포리 곶창굿과 제12호 강화 용두레질소리도 마찬가지다. 외포리 곶창굿은 임경업 장군을 모시는 대표적인 서해안 풍어제로 황해도와 공유하는 문화이며, 강화 용두레질 소리는 내륙 지방과 비교하여 일부분이 황해도 연백 지방(연안, 배천) 농요의 영향을 받았다는 것이 공식적인 설명이다. 인천광역시에서 전승되는 국가무형문화재 제82-2호 서해안배연신굿 및 대동굿 역시 마을의 평안과 풍어를 기원하는 굿으로 황해도 해주와 옹진, 연평도 지방의 마을에서 해마다 행해진다고 한다.

문화재청은 이북 5도 무형문화재 중 황해도의 제1호로 옹진, 해주, 연백, 재령, 안악 등을 중심으로 황해도 전 지역에서 널리 행해져 온 큰 굿이라는 만구대탁굿을, 제5호로 최영장군 당굿, 제6호로 황해도 대동굿, 제7호로 황해도 배뱅이굿 등을 지정해 두었는데, 이 무형유산 역시 강화의 비슷한 유산과 깊은 관련이 있다고 추정된다.

한편 북한은 2012년 「문화유산보호법」에서 남한의 무형문화재에 해당하는 유산을 비물질문화유산이라 정의한 이후 2015년 「민족유산보호법」 제정에 반영하였고, 2019년에 일부 조문을 수정, 보완하였다.[31]

2018년까지 등록된 비물질 문화유산 중 제7호 연백농악무가 개풍, 배천, 연안과 관련이 있는 유일한 유산이다.[32] 연백농악무에 대해 북한은 "오늘의 황해남도 연안, 배천, 청단군 등의 벌방 지대 농민들 속에서 일찍이 발생하여 향토적인 음악과 무용이 하나로 결합되어 오면서 현재까지 진한 민족적 색채를 유지하고 있는 전통적인 민속 무용"으로서, "씨뿌리기로부터 풍년 낟가리를 쌓아 올리는 농업로동생활의 전 과정을 구체적으로 형상하고 있다. 꽹과리, 징, 장고, 북과 같은 각종 민족 타악기들과 새납, 퉁소와 같은 관악기들은 농악무에서 없어서는 안 될 필수적인 수단이다. 여기에는 씨붙임춤, 모내기춤, 김매기춤, 벼베기춤, 탈곡춤 등이 있는가 하면 장고춤, 북춤, 꽹과리춤, 징춤과 같이 민족 타악기들을 소도구로 리용하여 추는 춤도 있는데 그가운데서도 제일 이채로운 것은 상모춤이다. 휘몰이장단에 맞추어 열두발 상모가 회오리치며 돌아가면서 농악무의 절정을 이루는 모습은 참으로 장관이다."[33]라고 설명한다.

배천에는 새몰이춤이라는 전통 무용이 전해지고 있는데, 이 춤은 처녀들이 논벌에서 낟알을 축내는 참새떼를 몰아내는 것을 바탕으로 만든 것이다. 이 춤은 세 개의 단락으로 이루어졌는데, 첫 단락은 주로 제자리에서 새를 쫓는 동작을 보여 주며, 둘째 단락은 자리를 바삐 옮겨 가면서 새쫓는 모양을, 셋째 단락은 둘째 단락보다 더 큰 소리와 동작으로 참새들을 쫓고 때려잡는 모양을 형상했다고 한다.[34] 꽹과리를 치면서 동작들을 수행하기 때문에 율동성이 매우 강하며 배천지방에서는 얼마 전까지도 가을걷이때 이따금 새몰이춤을 추었다고 한다.

연안과 배천에 국한한 것은 아니지만 두 지역을 포함한 황해도 지방에서 널리 불린 놀이 〈봉죽놀이〉와 민요 〈닐리리타령〉이 있다. 〈봉죽놀이〉는 황해도 어촌 지역에서 배와 선창가에서 하는 놀이로 만선을 축하하는 어부들과 가족들의 기쁨을 노래와 춤으로 표현한 것이다.[35] 봉죽은 옛날 고깃배에서 쓰던 표식물인데,

긴 함대 끝에 볏짚을 엮어서 만들었으며, 오늘날 만선기와 같은 역할을 했다. 〈그림 10-7〉[36]에서 보는 것처럼 강화 외포리 곳창굿에서도 중요한 매개체이다. 바다를 끼고 있는 두 지역의 문화적 연관성과 유사성을 보여 주는 하나의 사례이다.

〈닐니리타령〉은 "타령 장단에 맞추어 부르는 이 노래의 음악 형상은 율동적이면서도 흥취 있다. 선률은 동도 또는 2도 진행으로 잔잔하게 흐르다가도 4도 상승과 하강 진행으로 굴곡을 조성하고 있으며 여기에 율동성이 강한 리듬형들이 배합되어 물결치듯 건

〈그림 10-7〉 인천 강화 외포리 곳창굿의 봉죽
출처: 국립민속박물관

드러지고 흥취 있게 흐르고 있다. 특히 이 노래의 선률은 평조에 기초하고 있으나 다른 지방의 평조와는 달리 구성음에 '화'가 더 첨가됨으로써 서도민요의 독특한 정서적 색채를 잘 살려 주고 있다."[37]고 하는데 〈봉죽놀이〉와 마찬가지로 인천과 경기도에서 전해지는 민요와 유사성을 살펴볼 수 있는 무형문화유산이다.

연안, 배천의 무형유산 중 문화유산으로 지정되지는 않았지만 일찍부터 널리 알려진 것이 떡이다. "찰떡은 『해동죽지』에 의하면 연백 지방의 것이 유명하였다. 연백(연안, 배천)지방의 찰떡은 떡에 콩고물을 묻히는 것이 팥고물을 위주로 하는 다른 지방과 달랐다. 찰떡은 주로 귀한 손님이 오거나 대사 때 만들었다. 잔칫상의 찰떡은 놋동이에 담아 놓았으며 사돈집으로 보낼 때는 '안반(떡치는 판)만

하다'고 표현한 것처럼 크게 잘라서 큰 고리짝에 담아 보냈다. 이것을 '혼인인절미', '연안인절미'라고 불렀다."[38]거나 "인절미는 朝鮮의 여러가지 떡 중에 제일 만히 먹고 제일 맛잇는 떡이다. 봄의 쑥인절미 端午의 취인절미 여름의 깨인절미 가을에 돔부팟인절미 대추인절미 겨울의 콩인절미 그 어느 것이 만나지 안은 것이 업다. 그러나 철 중에도 쟁쟁이라고 朝鮮에서 인절미로 제일 유명한 것은 黃海道 延白것일 것이다. 그 곳의 인절미는 원래에 原料되는 찹쌀이 품질이 매우 조흔 것 때문이어니와 떡을 처서 맨드는 방법이 또한 묘한 것이다."[39]라는 설명처럼 연백벌에서 나는 좋은 쌀로 만든 떡이 이 지역을 대표하는 음식으로 전국에 알려졌다.

바다를 품은 지역답게 "음료에서 특색있는 것은 연안식혜였다. 『규합총서』에 연안식혜 조리법이 써 있는 것으로 보아 오래전부터 일러오는 음료이다. 연안식혜는 날조갯살을 소금에 절여 물기를 빼고 밥에 엿길금가루를 섞고 버무려 밤, 대추, 잣, 참기름, 소금을 넣어 늦은가을에 항아리에 담그어 꼭 봉하여 두었다가 삭으면 먹었다."[40]는 설명을 참고할 수 있다.

한강하구의 무형문화유산은 남측과 북측이 서로 밀접하게 영향을 주고 받았음을 알 수 있다. 더 많은 사례의 조사와 연구를 통해 양측의 문화적 관계를 적극적으로 규명해야 할 필요성을 보여 주는 좋은 사례라 할 수 있다.

5. 맺음말

이상에서 한강하구에 포함되는 지역의 지정 유형문화유산과 무형문화유산을 정리하고, 유형문화유산 특징을 자연지리적 조건과 역사지리적 조건이라는 관점에서 살펴보았다. 또 무형문화유산의 경우는 한강하구를 낀 남북 양측 지역의 상호관계성에 초점을 두어야 한다는 점을 재확인했다.

지정 유산의 대부분을 차지하는 유형문화유산 중에서 고인돌 입지와 규모 등에서 일정한 유사성이 발견되고, 삼국시대의 치열한 각축 과정에서 쌓은 성곽과 고려시대에 도읍인 개성 진출입을 효과적으로 관리하기 위해 쌓은 성곽, 조선시대로 이어진 이 성곽과 하나의 구성으로 기능한 봉수 등이 남북 양쪽에서 짝을 이루듯 대응하고 있다는 점을 강조했다. 이런 점은 무형유산의 상호관련성을 감안할 때 한강하구의 남북 양측 지역은 분리해서 생각할 수 없는 하나의 문화권이며, 이 문화권의 온전한 복원은 정전협정에서 규정한 한강하구 중립수역의 자유로운 항행이 보장될 때 비로소 첫발을 뗄 수 있다고 생각한다.

경기도 파주시, 김포시와 개성특별시 판문구역 및 개풍구역, 인천광역시 강화군과 개풍구역 및 황해남도 배천군과 연안군을 중심으로 주변 지역에 넓게 퍼진 분단 이전의 일상 생활권 또는 심리적 동질성으로 묶을 수 있는 문화권은 한강하구가 역사적으로 쌓아온 인적·물적 토대가 굳건하다는 것을 상징적으로 보여준다. 이 지역의 역사와 유산에 대한 효율적 조사와 연구를 통해 이 토대를 더욱 강화하는 것이 현시대의 과제라고 할 수 있다.

주

1. 김동성 외, 2017, '한강하구 평화적 활용을 위한 경기도 주요과제 연구', 경기연구원, 9쪽 참조.

2. 이 글에서 다루는 대한민국 및 경기도와 인천광역시 지정문화재의 개요는 문화재청 국가문화유산 포털(http://www.heritage.go.kr/heri/idx/index.do)의 설명을 요약한 것으로 매 유적마다 출처를 밝히지 않음.

3. 북한 매체 『로동신문』은 2020년 8월 16일 "농경지와 농작물피해복구에 력량을 집중"이라는 제목의 기사에서 개풍구역 려현협동농장에서 매몰된 농경지를 복구했고, 판문구역에서는 선적협동농장의 하천제방 수백미터 구간을 보수했다고 했다. 같은 신문 2021년 5월 19일 "당일군의 수준이자 당 적지도의 심도"라는 제목의 기사에서는 "개성시 판문구역당위원회의 사업이 주목된다."며 "갓 생겨난 구역이라고 방관시할 문제가 아니었다."는 표현을 썼다.

4. 『로동신문』은 2020년 4월 1일 "두벌농사면적 확대"라는 제목의 기사에서 "지력을 높이는 데 다수확의 열쇠가 있다는것을 명심한 판문점, 평화, 림한, 조강협동농장을 비롯한 판문구역 여러 농장의 일군들과 농장원들은 적지선정을 잘하고 포전별, 필지별토양분석자료에 기초하여 질 좋은 유기질비료, 소석회 등을 충분히 냄으로써 두벌농사에 유리한 조건을 마련하였다."고 했으며, 같은 신문 2020년 12월 12일에는 "개성시에서 70여 세대의 농촌살림집 새로 건설, 새집들이 진행"이라는 제목의 기사에서 "개성시에서 판문구역 림한리에 70여 세대의 농촌문화주택을 새로 일떠세웠다."고 하여 옛 개풍군 림한리가 신설된 판문구역으로 편제되었음을 보여 준다.

5. 『로동신문』은 2013년 6월 24일, 조선중앙통신을 인용해 개성시에 있는 역사 유적들이 세계유산에 등록되었다고 전하며 "칠릉떼는 해선리 만수산 기슭에 떼를 지어 자리 잡고 있는 7개 무덤을 말한다."고 했으며, 같은 신문 2016년 6월 28일자 "고려 시기의 왕릉들을 새로 발굴"이라는 제목의 기사에서는 "이 왕릉들은 왕건왕릉이 자리 잡고 있는 개성시 해선리 소재지에서 북동쪽으로 4km 정도 떨어진 매봉 남쪽 경사면에 250m간격을 두고 동서로 나란히 놓여 있다."고 하여 해선리가 개풍군이 아닌 개성시에 속했음을 보여 준다.

6. 석광준, 2002, 『각지고인돌무덤조사 발굴보고』, 사회과학출판사, 340쪽 참조.

7. 석광준, 2002, 『각지고인돌무덤조사 발굴보고』, 사회과학출판사, 341쪽 참조.

8. 곽귀철, 2020, 황해남도와 인천·경기일원의 고인돌 현황(제3회 임진예성포럼 발표자료집), 28쪽.

9. 경기도박물관, 2007, 『경기도고인돌』, 149쪽.

10. 한국해양수산개발연구원, 2020, 『한강하구 해양문화자원 기초조사』, 161-163쪽.

11. 동북아역사재단, 2015, 『황해도지역 고구려산성』, 100쪽 참조.

12. 국립문화재연구소, 2011, 『韓國考古學專門事典-城郭·烽燧篇』, 529쪽.

13. 한국학중앙연구원, 『한국민족문화대백과사전』, '연안산성(延安山城)'.

14. 한국학중앙연구원, 『한국민족문화대백과사전』, '연안읍성(延安邑城)'.

15. 尹日寧, 1990, 「關彌城位置考」, 『北岳史論』2(국민대 국사학과); 경희대학교 고고미술사연구소·경기도, 1992, 「Ⅳ. 오두산성과 관미성」, 『오두산성 I』 참조.

16. 『三國史記』百濟本紀, 阿莘王 2年(393) 8月, "王謂武曰'關彌城者, 我北鄙之襟要也. 今爲高句麗所有. 此寡人之所痛惜, 而卿之所宜用心而雪恥也'遂謀將兵一萬, 伐高句麗南鄙. 武身先士卒, 以冒矢石, 意復石峴等五城, 先圍關彌城, 麗人嬰城固守. 武以糧道不繼, 引而歸".

17. 국립문화재연구소, 2011, 『韓國考古學專門事典-城郭·烽燧篇』, 889쪽.

18. 국립문화재연구소, 2011, 『韓國考古學專門事典-城郭·烽燧篇』, 375쪽.

19. 국립문화재연구소, 2011, 『韓國考古學專門事典-城郭·烽燧篇』, 160쪽.

20. 국립문화재연구소, 2011, 『韓國考古學專門事典-城郭·烽燧篇』, 790쪽.

21. 국립문화재연구소, 2011, 『韓國考古學專門事典-城郭·烽燧篇』, 847-848쪽.

22. 한국해양수산개발연구원, 2020, 『한강하구 해양문화자원 기초조사』, 158-159쪽.

23. 한국해양수산개발연구원, 2020, 『한강하구 해양문화자원 기초조사』, 166-167쪽.

24. 한국해양수산개발연구원, 2020, 『한강하구 해양문화자원 기초조사』, 168쪽.

25. 김인호·노혜경·윤훈표·임용한 역, 2015, 『개성부원록』, 혜안, 52쪽.

26. 김인호·노혜경·윤훈표·임용한 역, 2015, 『개성부원록』, 혜안, 43쪽.

27. 정민섭, 2020, 강화군 내 민통선 및 군사시설보호구역 소재 비지정 돈대 현황조사(인천문화재단 내부정책자료), 3쪽 〈지도 2〉.

28. E.J.오페르트 저, 신복룡·장우영 역, 2000, 『금단의 나라 조선』, 200쪽.

29. 정민섭, 2016, 「강화도 성곽의 현황과 가치-돈대를 중심으로-」, 『북한산성의 군사경관적 가치와 조선후기 도성방어체계연구』, 경기문화재단, 103-104쪽 참조.

30. 문화재청 국가문화유산포털 '파주금산리민요'

31. 북한의 비물질문화유산 관련 법령의 제·개정과 내용은 박영정, 2019, 「북한의 무형문화유산 정책 동향연구」, 『무형유산』 7(국립무형유산원, 2019) 참조.

32. 박영정, 2019, 「북한의 무형문화유산 정책 동향연구」, 『무형유산』 7(국립무형유산원, 2019) 17쪽 〈표 3〉 참조.

33. 조선중앙통신 2015. 7. 11. "조선민족의 락천적인 정서가 차넘치는 연백농악무"

34. 과학백과사전종합출판사, 1994, 『조선의 민속전통』 6, 283-284쪽.

35. 과학백과사전종합출판사, 1994, 『조선의 민속전통』 6, 288쪽 참조.

36. 국립민속박물관, 『한국민속대백과사전』, '강화도외포리고창굿'

37. 과학백과사전종합출판사, 1994, 『조선의 민속전통』 6, 108-109쪽.

38. 과학백과사전종합출판사, 1994, 『조선의 민속전통』 1, 120-121쪽.

39. 長壽山人, 1929, 「사랑의 떡, 운치의 떡 延白의 인절미, 珍品, 名品, 天下名食 八道名食物禮讚」 『별건곤』 24(국사편찬위원회 한국사데이터베이스).

40. 과학백과사전종합출판사, 1994, 『조선의 민속전통』 1, 123쪽.

제11장
한강을 베고 꿈꾸는 마을과 사람들 이야기

김순래

강화도시민연대 생태보전위원장

1. 들어가는 글

검은 용이 살고 있다는, 그 끝을 알 수 없는 곳에서 시작한 물이 굽이쳐 흐르며 느리다가 빨라지고 급하게 떨어지기를 반복하다가 강화를 만나는 한강. 모든 배를 '예로서 맞아드리고 바래다 주었다'는 예성강. 그리고 마식령산맥에서 출발한 더덜매(임진강)는 아무런 거리낌 없이 DMZ를 넘어 남쪽으로 향한다. 남과 북에서 시작된 한강과 임진강 그리고 예성강은 김포와 강화 북쪽에서 만나 석모수로와 강화해협으로 나뉘면서 강화 남단에 거대한 바다도 아닌 그렇다고 육지도 아닌 갯벌을 만들었다.

우리나라 중동부를 가로지르며 서해로 빠지는 물길은 사상과 이념과 관계없이 자유롭게 흐르건만 이곳에 둥지를 튼 사람들은 강을 사이에 두고 남북으로 갈라져 있다. 한강접경지역은 누구나 쉽게 갈 수 없는 곳이기에 조금은 낯설지만, 조금은 궁금하고, 조금은 불편한 공간이다. 그래서 있어도 그만 없어도 그만인 공간으로 우리에게 다가온다. 그러나 현실에서 한강접경지역과 더불어 살아가는 마을과 사람들이 있다. 이 글은 한강접경지역에 살고 있다는 이유로 많은 것을 포기할 수밖에 없었는데도 여전히 꿈을 꾸고 있는 마을과 사람들의 이야기이다.

2. 한강 어민들의 이야기

1) 임진강의 봄, 여름, 가을 그리고 겨울

임진강은 함경남도 덕원군 두류산 남쪽 계곡에서 발원하여 지금은 갈 수 없는 땅을 굽이굽이 흐르다 경기도 최북단 연천에서 우리와 만나 경기도 파주시를 지나 한강과 합류한 후 서해로 흘러드는 길이 254km의 강이다. 사계절 철새들이 몰려들고, 바람에 하늘거리는 갈대숲, 가을이면 빨간벽을 만드는 주상절리, 물속에 해를 남기고 강 건너 산등성이 너머로 해가 지는 풍경이 철조망과 함께 있다. 한반도의 허리를 동서로 가로지르고, 한강과 만나 서해로 흐르는 임진강의 풍경은 철조망으로 분단의 현실을 알려 주고 여전히 우리가 강 북쪽으로 갈 수 없다는 사실을 일깨워 준다. 그럼에도 불구하고 그 강에는 어부들이 살고 있다.

(1) 봄

아직 바람은 차고 물은 시리지만 강에는 봄이 찾아온다. 이른 새벽 굳게 닫혀 있던 철문이 열린다. 초병과 어부들 간에는 낯이 익은 데도 임진강 어부로 허가받은 출입증이 있어야 들어갈 수 있다. 강은 사리의 밀물을 타고 먼바다에서 짠물과 함께 물고기를 밀어 올린다. 강이지만 바다가 있어야 더욱 풍족한 임진강은 사리가 되면 바닷물은 강물을 거슬러 오르고 이른 봄을 알리는 전령인 실뱀장어가 그물 가득 찬다. 비싼 가격이라 어부들의 주머니를 채워 주는 고마운 손님이지만 고기가 매일 잡힌다는 보장도 할 수 없어 운에 맡기고 산다. 어부들은 많이 잡히면 좋고 덜 잡혀도 그만이다. 알을 품은 황복[1]도 봄이 되면 물길을 타고 임진강을 오른다. 도시락 반찬으로 싸가거나, 죽은 황복에 바람을 넣고 공처럼 차고 놀 정도로 지천이던 시절이 있었다. 매운탕거리로 가장 좋다는 두우쟁이는 곡우 무렵에만 잡히는 귀한 물고기이다. 임진강 어부들은 두우쟁이를 또 다른 이름인 미수개미라고 부른다. 조선시대 유학자인 미수 허목이 임진강에서 낚시하여 자주 먹은 고기가 두우쟁이였고, 임진강 어부들이 그의 호를 따서 '미수개미' 또는 '미수감미어'라고 부른 것이다. 임진강의 봄에는 임금님 수라상에 올랐던 웅어와 숭어[2]도 제철이다.

(2) 여름

주상절리는 초록으로 물들고 물안개는 초록을 감싸 안는다. 물안개가 가득한 강을 노 저어 가노라면 강 위를 걷는 것인지 하늘을 나는 것인지 모를 정도로 고요해지면서 자신도 모르게 어부는 마치 신선이 된 듯하다. 아득하게 상념에 잠겨 있다가 뱃머리를 툭 치는 페트병 소리에 놀라 꿈에서 깨어나면 미리 설치해 뒀던 그물 곁이다.

연천평야를 타고 흐르던 물이 절리를 만나 마지막으로 떨어져 폭포가 된다. 논흙탕물을 품은 임진강은 황토가 된다. 황토물을 먹고 자란 메기와 쏘가리, 먹숭어. 대농갱이,[3] 잉어, 망둥어, 빠가사리는 물에 내려놓은 그물 가득하다. 어부는 수많은 물고기 중에 욕심내지 않고 쓸 만큼 필요한 고기를 고른 뒤 나머지 고기들은 강에 풀어준다. 이렇게 해야 강도 살고 어부도 오래 살 수 있다는 것을 강을 통해 배웠을 것이다. 강준치가 걸렸다. 입이 커서 토종 물고기를 통째 먹어 치우는 생태계 교란종이다. 어부들에게 생물다양성이란 말은 낯설면서도 익숙한 말이지만 토종 생물에게는 유익하지 않은 고기인 것은 안다. 연촌어촌계는 해마다 강준치 등 10톤 정도 생태교란종 퇴치 작업을 한다.

(3) 가을

임진강의 가을은 주상절리가 빨갛게 물들면서 시작한다. 주상절리의 적벽은

<그림 11-1> 파주어촌계 참게잡이
출처: 이경구 전 파주 어촌계장 제공

북으로부터 귀한 손님이 내려오는 계절의 시작을 알린다. 봄에 강화에서 산란한 참게 유생들이 자라면서 강을 거슬러 이북으로 올라간다. 북녘의 강에서 살을 가득 채운 참게는 산란을 위해 강화로 긴 여정을 떠나는 길에 임진강 어부들을 만난다. 임진강의 가을은 껍질이 단단하고 장이 꽉 찬 참게의 계절이다. 어부들은 그물이나 통발을 놓아 참게를 잡는다. 야행성인 참게잡이는 낮에 통발을 놓고 적어도 하룻밤을 지난 후에 거둔다. 잡히는 양은 복불복이다. 참게는 떼를 지어 이동하기 때문에 참게 무리 앞에 통발이 놓여 있으면 한 번에 수십 킬로그램 정도 잡힐 때도 있다. 때로는 어부는 빈 통발에도 '허허' 웃으며 만족해야 한다. 참게는 강물을 타고 남한과 북한을 자유롭게 왕래하는데 과연 우리에게도 그런 시절이 올 수 있을까? 이런 생각에 아름다운 가을이지만 마음은 쓸쓸한 계절이 된다. 실향민 2세인 임진강 어부 장수득 씨의 "통일이란 놈이 물고기라면 당장이라도 잡아들이련만…"[4]이란 말에 가슴이 아리다.

(4) 겨울

겨울 임진강의 얼음은 30cm 이상 두께로 얼고, 그 위로 차가 다닐 정도로 단단하다. 그러나 임진강의 겨울은 어부에게 쉴 틈을 주지 않는다. 쨍쨍 하는 얼음이 자라는 소리를 뒤로 하고 눈 덮인 얼음 속을 뒤진다. 얼음 구멍을 내고 그물을 들어 올리면 여름 메기보다 좋다는 겨울 피라미가 가득하다. 달고 살이 가득한 눈치, 잉어, 참붕어는 덤으로 올라온다. 임진강 어부들의 삶은 고단하다. 고기만 잡아서는 살기 어렵다. 어부들 대다수가 매운탕집도 겸업하고 있다. 얼음장 밑에서 들어 올린 고기 중에 먹을 수 없거나 식당에 필요 없는 고기는 겨울 철새인 독수리, 참매와 나누는 몫으로 얼음판에 던져 놓는다. 임진강의 겨울은 사람의 발길이 거의 없어 평화롭고 한적하다. 쉴새 없이 흐르는 강물은 북에서 날아온 철새들에게 쉼터를 만들어 준다.

임진강의 겨울은 겉으로 보기에는 강, 얼음, 철새밖에 없어 적막해 보이지만 물속에는 봄을 기다리는 많은 생명이 있다. 파릇한 봄이 찾아오면 많은 생명이 임진강을 따라 꿈틀대기 시작한다.

아버지로부터 대를 물려 강을 낚는 사람, 도시로 나갔다가 고향으로 돌아와 어부가 된 사람, 군 생활 인연으로 노를 잡은 사람, 어려운 일을 겪고 어쩔 수 없이 임진강을 선택한 사람, 모두 임진강의 어부들이다. 임진강은 고기를 잡는 어부들의 사연과는 관계없이 사계절 내내 그들을 품어 주고 있다.

2) 싱싱한 새우를 즉석에서 맛볼 수 있는 외포항 젓갈수산시장

외포 젓갈시장은 인천 강화군 내가면 외포리에 있다. 시장에는 총 18개의 어판장이 자리하고 있고 주로 새우젓을 판다. 정식 명칭은 '외포항 젓갈수산시장'으로 내가어촌계 어민들이 운영하고 있다.

우리가 알고 있는 새우젓 중 오젓, 추젓이 가장 유명하다. 오젓은 겨우내 깊은 바다에서 월동을 마친 새끼 새우가 봄에 잠에서 깨어 성장하고 음력 5월에 잡히

한강하구-평화, 생명, 공영의 물길

〈그림 11-2〉 외포항 젓갈수산시장

는 새우로 담근 것이다. 추젓은 봄에 알에서 깨어난 새우들이 장마를 지나 부지런히 성장하고 가을에 잡히는 새우로 담근다.

젓새우를 잡는 어부들에게 한강과 장마는 매우 중요하다. 민물과 바닷물이 만나는 기수역에서 산란하고, 강한 비가 갯벌의 오염 물질을 걷어 내고 풍부한 유기물을 공급해 주면 새끼 새우들이 성장하기에 좋은 조건이 된다고 믿는다. 어부들은 큰 장마나 7월 이전에 태풍이 불면 그 해 가을 새우잡이가 풍어였던 것을 기억하기 때문이다. 겨우내 유빙이 흘러내리면 봄 새우가 많이 잡힌다는 것도 경험으로 알고 있다. 그러나 성체로 자랄 새끼 새우들을 먼 바다로 쓸어버리는 8월 이후 찾아오는 강한 비와 태풍은 추젓 어획량을 반토막 내고 있어 별로 반갑지 않은 손님이다.

1960년대 어로한계선[5] 설정은 강화 어부들에게 많은 변화를 가져왔다. 강화 북단의 어장이 폐쇄되고, 각종 연안 개발과 한강 오염으로 강화 지역 새우 어획량은 감소하였다. 결국 강화 어부들은 신안, 목포 등으로 출가어업에 나설 수밖에 없었다. 어부들은 정월 대보름이 지나면 어구를 챙겨 배를 남쪽으로 돌린다. 전라도 바다에서 오젓새우와 육젓새우를 잡아 중간 위탁업자에게 넘긴 후 민어잡이를 나서야 한다. 어부들은 민어잡이가 끝난 뒤 7~8월에 강화로 귀항하는 고된 활동을 하며 산다. 이후 가을에는 강화에서 추젓새우를 잡고, 겨울이 지나면 다시 남쪽으로 배를 돌린다. 다행히 전라도 어부들은 타지에서 온 강화 어부들을 배척하거나 홀대하지 않고 반겨 준다. 그때 사용하던 곳배[6] 건조 기술은 강화가 으뜸이었다. 또한 어구 제작과 고기 잡는 방법이 훌륭한 강화 어부들로부터 남쪽 사람들은 배울 것이 많았던 것이다.

1980년대까지 새우 어획량은 강화·옹진어장이 17.4%, 천수만어장이 9.9%, 신안어장이 67.2%를 차지할 정도로 남쪽 바다의 생산량이 절대적으로 많았다. 그러나 1990년대 들어 지역별 생산량에 변화가 생기기 시작하였다. 영산강, 금강, 만경강이 하굿둑으로 차례로 막히면서 기수역이 사라지고, 새우의 서식 환경을 만족하는 곳이 한강하구인 강화도밖에 남지 않았다. 또한 난지도 쓰레기 매립장 폐쇄 등으로 오염되었던 한강이 정화되기 시작한 때와 비슷한 시기에 강화 새우 생산량이 증가하였다. 요즘은 전라도에서 강화로 새우잡이를 위해 이동하는 역출가어업이 성행하고 있다.

현재 강화에는 은염어장, 선수어장, 수시도어장, 만도리어장 등 큰 새우 어장이 있다. 2019년 전국 새우 생산량은 12,844M/T이다. 이 중 인천 1,881M/T, 경기 385M/T, 전북 59M/T, 전남 9,802M/T으로 통계상 전남이 76.3%를 차지한다. 그러나 전남 생산량의 약 40%와 경기 어획량 100%는 강화에서 잡은 것으로 추정된다. 비계통 출하까지 고려하면 약 70% 이상이 강화도에서 생산되는 것이라고 추측하고 있다.

이 말은 강화에는 가장 큰 새우 어장이 있다고 자랑하는 것이 아니다. 새우가 서식할 수 있는 조건은 강하구와 깨끗한 갯벌 그리고 풍부한 유기물이다. 과거 새우 생산량이 많았던 울도어장(인천 옹진군 덕적면), 신안어장, 천수만어장 등이 새우 어장으로서 기능이 떨어진 데 대해 어민들이 걱정하는 이야기다. 과거 그 많았던 서·남해안 수산 자원의 복원을 위한 어민들의 충고로 이해할 수 있다.

강화에서 젓새우를 잡는 어선을 꽁당배라고도 한다. 젓새우는 촘촘한 그물을 사용해야 하기 때문에 자망7으로 잡는 것이 좋다. 그러나 강화 꽁당배는 전통적으로 안강망8을 이용하여 새우를 잡았다. 그래서 꽁당배를 젓새우 안강망이라고도 부른다. 꽁당배에서 쓰는 그물은 전통적인 어구로 다른 어구에 비해 장점이 많다. 그러나 현행 수산자원관리법에 의하면 자망, 안강망, 연안낭장망 어업만 세목망으로 젓새우를 잡을 수 있다. 관행적으로 사용하던 꽁당배, 일명 젓새우 안강망은 세목망을 사용하는 것이 금지되어 있다.

다행히 해양수산부는 2019년 경인북부수협과 서해안근해안강망연합회를 '총허용어획량(TAC) 기반 어업규제 완화 시범사업' 대상 단체로 선정했다. 이 사업은 자발적 수산자원 보호조치 강구 등 TAC를 엄격하게 준수하고, 관리·감독(모니터링) 체계를 갖춘 어업인 단체에 어업규제를 일부 완화하는 시범사업이라서 강화 어민들의 기대가 드높다. 정부에서는 강화 어민들의 고충 해결을 위해 강화 꽁당배에 9월에서 11월 사이에 3개월 동안 한시적으로 젓새우를 잡을 수 있는 세목망 사용을 허용하고 있다. 그래서 강화에서 생산되는 새우는 봄에는 중하 이상의 새우를 잡고, 가을에 추젓 새우와 돗대기새우를 잡을 수 있다. 강화에서는 아직 오젓새우와 육젓새우는 잡을 수 없다.

외포 젓갈시장을 운영하는 내가어촌계 어민들에게 수익구조를 물어보았다. 대답은 예상 밖이었다. 새우잡이배 어부 월급이 250~350만 원 정도라고 한다. 어부의 월급이 그 정도라면 선장의 수입은 더 많을 것이라 믿고, 새우잡이가 지역 어민의 주 소득원일 것이라고 생각했다. 그런데 어민들의 수입원은 젓새우 등 고기잡이가 20%였고, 어판장, 횟집 등 겸업에 의한 수입이 80%를 차지한다고 한다. 해양수산부 통계에 따르면 2019년 인천 지역 겸업 어가수가 81%로 대다수 어민이 겸업을 하고 있었다. 겸업을 하지 않으면 생활이 어렵다는 어민의 말이 안쓰럽다.

그러나 외포 젓갈시장의 겸업은 또 다른 변화를 가져오고 있다. 어가인구가 증가하고, 어민 연령층이 낮아지고 있다. 도시에서 어촌으로 돌아오는 가족들이 늘고 있는 것이다. 아들이 돌아오고, 삼촌 심지어 사위까지 귀어하는 집이 있다.

아직은 가족 중심의 이동이지만 귀어 환경이 조성되고 앞으로 더 많은 사람들이 어촌으로 돌아오는 그날이 기다려진다.

　외포 젓갈시장의 또 다른 자랑거리는 2004년 10월에 시작한 '강화도 새우젓 축제(이하 축제)'이다. 축제는 2018년까지 매년 개최하였으나, 2019년부터 2021년 현재까지 아프리카돼지열병, 코로나바이러스감염증-19로 인하여 잠깐 멈춘 상태이다. 축제추진위원의 말을 빌리면 '혼이 담긴 축제', '기관 개입을 배제한 축제', '내부 반대 세력을 끝까지 설득하여 동참시킨 축제', '투명한 회계를 통한 수익금 공동 분배', '이벤트 회사에 기대지 않는 자발적 계획과 운영' 그리고 '먹고살기 위한 몸부림'이 축제의 특징이다. 지역의 축제가 관 주도형, 이벤트 회사 연계 가수 초청 공연, 주민 참여가 아닌 보여 주기 등으로 제대로 성공하지 못하는 이유를 강화도 새우젓 축제에서 찾을 수 있을 것 같다.

　외포 젓갈시장 어민들은 2010년 초에 있었던 인천만조력발전 계획과 강화조력발전 계획을 막아 낸 주력이었다. 삶터를 지키기 위한 그들의 노력은 매우 힘든 싸움으로 점철된 나날이었지만, 그로 인해 결국 갯벌과 한강하구를 지킬 수 있었다.

　갯벌과 한강하구를 지킨 어민들은 '한강하구 공동이용 수역' 계획에 불안한 눈길을 보낸다. 남북평화와 공동이용이라는 대의적 명분을 가지고 진행되는 사업이 오히려 한강하구 모래 준설, 강변 개발, 생태관광 등으로 기수역이 훼손될 경우 강화 어족자원에 어떤 영향을 줄 것인지 관심이 많다. 어민 복지 증진과 지역경제 활성화, 어민 소득 증대 등의 명분을 걸고 항구 확장, 수상 스키장, 요트장 등 해안을 개발하려는 토목사업에도 민감한 반응을 보인다. 지역주민과 어민들에게 도움을 주지 않았던 토목사업에 대한 과거의 기억이 뚜렷하기 때문이다. 갯벌을 간척하고 이용하려는 유혹에서 벗어나기 위해 강화갯벌보호지역 지정 이야기를 20여 년째 지속하고 있다. 그러나 많은 이해관계자의 의견이 서로 달라 논의는 지지부진하다.

　외포 젓갈시장을 운영하는 내가어촌계에는 새우잡이 배가 3척뿐이다. 그러나 위판장, 젓갈시장, 축제 등으로 전국의 새우젓 중심지로 자리 잡고 있다. 어민들은 잡는 어업에서 잡은 새우를 수거하는 사업으로 바꿨다가 지금은 새우를 재가공해 판매하고 있다. 하지만 어민들의 생활이 나아지려면 판매 전략을 좀 더 효과적으로 수립하지 않으면 안 된다고 말한다. 이것이 어촌과 어민의 지속가능한 발전 전략이라고 한다. 어민들이 정부에 바라는 것은 단순하다. 어촌 활성화라는 명분을 내세운 직접적인 개입이나 주도적 역할이 아니다. 어민들은 자신들을 위해 '무엇을 도와줄까?'를 깊이 고민하는 조력자로서의 역할을 바라고 있다.

3) 사라진 어민들의 삶터, 강화 산이포

강화도는 우리나라 역사의 중심에 있었다. 고조선의 참성단과 단군왕검, 고려의 강화 천도와 고종, 조선의 정묘호란·병자호란, 병인양요와 양헌수, 신미양요와 어재연, 강화도 조약과 신헌, 양명학 강화학파와 정제두, 근대에 들어 농지개혁과 조봉암, 독립운동과 김동휘 등 굵직굵직한 사건과 영웅들의 이야기가 강화 곳곳에 살아 숨 쉬고 있다. 그러나 역사적 사건의 중심에서 영웅들을 도우며 중추적 역할을 하던 민초들의 숭고한 삶은 갈수록 잊히고 있다. 강화 민초들의 삶은 포구에서 시작된다. 포구에서 민초들을 만나 보자.

강화는 갯벌이 발달하고 수심이 얕아 플랑크톤, 새우 등 어류의 먹이가 서식하기 좋은 환경이다. 풍부한 플랑크톤과 새우 그리고 다양한 서식 환경은 반지, 장어, 황복, 숭어, 웅어, 깨나리, 꽃게 등 다양한 바다 생물을 불러들인다. 강화도는 남북분단 전까지 서울로 올라가는 수로 운송의 거점이었다. 강화도는 바다의 끝이며 한강이 시작되는 곳으로 세곡선, 상선, 시선(柴船)이 한양으로 향하는 관문의 역할을 하여 수로 운송이 활발히 이루어진 곳이었다. 경기·황해·충청의 수군을 총괄하던 삼도수군통어영이 교동도에 있었고, 동검도와 서검도에서 한양으로 들어가는 배를 검문[9]하고, 해안을 따라 강화외성과 함께 5보 7진 53개의 돈대가 수로를 지키는 등 강화는 군사적으로도 매우 중요한 곳이다. 이렇듯 강화의 포구는 어민들의 삶터이며, 수로 운송의 거점이고, 한양을 지키는 보장지처로서 한강과 서해를 잇는 중요한 역할을 했다.

강화도에는 수많은 포구가 있다. 강화 본섬의 강화해협[10](더리미포, 초지포, 황산도포), 석모수로(창후포, 황청포, 외포, 후포), 강화 남단(미루지포, 분오포, 선두포, 선두오리포, 동검포), 교동도(월선포, 남산포), 석모도(석포, 어류정항, 하리항), 서도(주문항, 아차항, 볼음항), 서검도(서검항) 등 21개의 항·포구가 있다.

강화도에는 현재 사용되고 있는 항·포구 외에도 승천포, 하포, 염재포, 대청포(강화본섬), 죽산포, 소심포, 북진포(교동도) 등 많은 포구가 간척과 남북 분단 등으로 사라졌다 생기기를 반복했다. 1900년대 초부터 지도에 등장한 산이포(山伊浦)도 그중 하나이다. 산이포는 고려 말부터 번성한 포구라고는 하나 실제 조선 중기까지 기록이 남아 있지 않고 조선토지조사국(朝鮮土地調査局) 측량 지도(1916~1927년)[11]에서부터 볼 수 있다.

여러 자료를 종합해 보면 산이포에서는 연평도에서 조기잡이 배들이 들어오는 날에는 파시가 열리고, 개풍군의 만신이 넘어와 뱃사람들의 만선과 안전을 위한 굿도 자주 볼 수 있었다. 민물과 바닷물이 섞이는 해역이라 어부들의 생활도 풍족했다. 각종 상선과 조기 운반선은 서울과 개성으로 가기 위해 물때를 기다렸다. 산이포에 사람이 모이면서 여관과 상점, 주막 그리고 색주가까지 들어섰다. 5일장과 우시장도 생겨나 산이포는 점차 마을이 커지고 좁은 토지에 미로 같은 길을 만들며 700여 가구가 모여 살았다.'고 한다.

이렇듯 천년을 살 것 같던 마을에 남북분단의 그림자가 드리우기 시작했다. 남북분단은 한국전쟁을 불러왔고 산이포는 한국전쟁과 더불어 쇠퇴하기 시작했다. 정전협정은 한강하구에서 민간 항행을 보장했지만 남북의 격렬한 대치는 산이포의 삶을 앗아가기 시작하였다. 한국전쟁이 끝난 후에도 강화도 북부는 간헐적으로 북한의 포격을 받았다. 1963년 어로한계선이 설정되고 1970년대 철책이 만들어졌다. 주민들은 정부의 이주 정책에 따라 인천으로, 이웃 마을로 이주하는 바람에 지금은 기억에서도 산이포는 사라지고 말았다. 포구와 집터는 논으로 변했고 해안 철책 바깥으로 포구의 희미한 흔적인 석축잔교만 남아 있다. 19세기 말에서 남북으로 분단되기 전까지 강화도에서 가장 크고, 한반도 전체에서도 손꼽히는 포구였다는 것이 믿기지 않는다.

'서해에서 산이포까지 들어온 큰 배는 더 이상 한강을 올라가기 힘들었다. 큰 배의 짐은 시선으로 옮겨지고 물길에 능한 강화의 어부들은 뱃노래를 부르며 밀물을 타고 행주나루를 지나 마포를 거처 양진까지 거침없이 달렸다. 일부는 예성강을 타고 개성에서 짐을 풀고 막걸리 한잔에 목을 축이고 썰물을 타고 다시 내려왔다.' 이런 상상이 실현될 날을 반드시 만들어내야 한다. 그 옛 모습을 되살리려면 남북 협력을 통해 '한강하구 공동 이용수역'이 평화를 되찾아야 한다. 그 중에서도 가장 먼저 산이포를 복원해야 할 것이다. 한강하구에서 민간 선박의 자유로운 항행과 어업활동이 가능하도록 남북이 조금씩 이해하고 양보하면서 공동 이용 조약을 맺으면 한강하구를 넘어 서해 접경지역의 평화를 가져오는 데 밑거름이 될 것이다.

남북 분단, 교통 수단 변화, 갯벌 환경 변화 등으로 옛날에 비해 강화 포구의 역할과 기능은 떨어졌으나, 강화 포구의 역사를 재조명하여 이를 바탕으로 강화 포구를 새로운 모습과 기능으로 되살려 한강하구 지역의 지속가능 발전 본보기로 삼을 필요가 있다. 70년의 분단을 끝내고 남북 화해와 평화를 지향하는 것은 남북 모두의 목표가 되었다. 가는 길은 험하지만 남북평화의 시대는 곧 올 것이라고 굳게 믿는다. 임진강부터 강화 북단과 북한의 황해남도가 마주하고 있는 해역을 '한강하구 공동이용 수역'으로 정하고 뱃길 복원과 선상 관광 그리고 공동어로 활동을 위한 남북 당국의 논의가 시작되었다.

남북 평화시대가 되면 강화 포구는 다시 활기찬 옛 모습을 찾을 것이다. 그리고 그때가 되면 한강하구 '공동이용 수역'에서 남북의 어선들이 만선의 노래를 함께 부를 것이며, 산이포에 머물러 있던 배는 밀물을 따라 마포나루로 향할 것이다. 또 창후포를 떠난 배는 고미포에서 한숨 쉰 뒤 예성강을 거슬러 올라갈 것이다. 이런 상상만으로도 마음이 흐뭇해진다.

이처럼 강화의 포구는 한강과 서해, 남북한평화의 징검다리이며, 동북아시아 뱃길의 중심이 될 수 있다. 또한 풍부한 해산물 공급처로 남북 어부들의 배를 부르게 할 수 있다. 남북평화를 염원하는 이 시대에 사라진 산이포를 비롯한 강화도의 포구는 과거와 현재를 살펴며, 미래를 꿈 꿀 수 있는 희망이 될 수 있다.

4) 북녘땅과 마주한 조강의 포구

김포는 한강을 따라 내려온 이야기와 서해 밀물을 밀고 올라온 이야기가 만나는 곳이다. 삼남(경상, 전라, 충청)과 양서(황해, 평안)에서 온 민초들의 이야기가 쌓이고 쌓여 포구를 가득 채웠고, 이야기는 다시 배를 타고 삼남과 양서로 흩어졌다. 조강의 포구는 바다와 강이 만나고, 물과 육지가 만나고, 삼남과 양서가 만나는 곳이다. 민초들의 삶의 애환이 가득한 포구는 삶의 든든한 뿌리이며 문화를 탄생시키는 토대이다.

포구는 자연퇴적, 인위적 간척 등 지형 변화와 정치적, 군사적 필요 등 정세 변화에 따라 크고 작은 포구들이 성쇠를 거듭하며 포구의 위치와 기능이 계속해서 변한다. 조선 말부터 남북분단 전까지 김포에는 30개 이상의 포구와 나루가 있었다. 『한국수산지』(1911년)[12]에는 걸포, 석탄포, 가작포, 마근포, 조강포, 강령포, 포내포, 마당포, 적암포, 안동포 등이 표시되어 있다. 그 가운데 김포 북단에 위치한 조강포, 강령포, 마근포는 조선시대 지도 및 문헌에 등장하는 것으로 보아 조강의 주요 포구였을 것이다. 그렇다면 지금은 사라졌지만 앞으로 복원해야 할 조강의 포구 이야기를 잠시 해 보자.

(1) 할아버지를 품고 있는 조강포

한강의 끝자락이 임진강과 합류하여 북한 개풍군과 김포반도를 감싸고 서해로 흐르는 강을 조강이라고 한다. 조강은 검룡소를 출발한 물이 500여 km를 달려 임진강과 만나는 곳에서 수명을 다했다고 해서 '祖江(할아버지 강)'이라고 불

한강하구-평화, 생명, 공영의 물길

리었다. 또 다른 해석은 '바다가 시작되는 원조(元祖)' 또는 서해와 만나는 최하류로서 한강의 모든 지류를 아우르는 '으뜸가는 강'이라는 의미에서 조강이라고 부르기도 한다. 조수가 물때에 맞추어 드나든다는 의미로 '潮(밀물 조)'자를 써 조강(潮江)으로도 불렀다.

조강포는 월곶면 '조강리(祖江里)'라는 지명으로 보아 위치를 가늠할 수 있다. 월곶면 조강리와 마주하고 있는 강 건너 북쪽 개풍군에도 조강이라는 지명이 있다.

「기언별집」[13]에서는 조강을 "두 강이 모여서 바다로 들어간다."는 뜻이라 하였으며, 한강, 임진강, 조강의 세 줄기가 만난다는 뜻에서 '삼기하(三岐河)'라고도 칭한다.'고 하고 있다.

『세종실록』「지리지」(1454)의 '경기도 부평도호부 통진현' 조에는 "조강은 현의 북쪽에 있다. 나룻배가 있다. 황대어(黃大漁)[14]가 나는데 이 고기는 다른 곳에는 없으므로 선덕(宣德)[15] 때 명나라 사신이 황제의 명으로 구해 갔다."는 기록[16]이 있다. 그러나 황대어가 어떤 어종인지는 알 길이 없다.

조강포의 모습은 17세기 초 신유한이 지은 시 「조강행(祖江行)」에서 짐작할 수 있다. 「조강행」은 주막에서 강촌 노인의 신세 한탄을 듣는 내용으로 "조강은 일명 삼기하라 하니 세 강이 바다로 함께 조회하기 때문이지요 / 남으로는 호남, 서쪽으로는 낙랑(평양)으로 통하여 잇닿은 배들이 베틀의 북과 같았고 / 고기, 소금, 과일, 베, 쌀이 산같이 쌓일 땐 하루에도 이천척이 오갔다오 / (중략) 달이 지고 조수 불어나면 배 위에 사람들 두런거리고 봄빛은 강가 버드나무에 물씬 일렁였구요 해마다 이 항구는 번화하여 북녘 길손도 평양 자랑을 못했다오"라고 적고 있다. 노인은 조강나루가 흥성하던 시절을 회상하고 있는데, 장관을 이루었던 조강의 풍경을 통해 조강이 당시 물류와 교통의 요충지였음을 짐작할 수 있다. 이규보의 「조강부(祖江賦)」[17]와 「축일조석시(逐日潮汐詩)」, 고려 시인 백원항의 「행도조강유작(行到祖江有作)」[18], 토정 이지함의 「조강물참(祖江潮汐)」[19] 등 여러 시인과 묵객들이 남긴 자료에서도 조강포의 옛 모습을 찾아볼 수 있다.

『한국수산지』(1908~1911)에 따르면 당시 90가구 390여 명이 살았으며, 어업 종사자는 8가구 30여 명, 어선 8척이 있었다고 한다.

(2) 남북의 연결 고리, 강령포

강령포는 조강포와 함께 오랜 시간 포구로 사용되었던 역사 깊은 포구이다. 강령포는 개성에서 가장 큰 포구이자 관문이었던 영정포를 오가는 나룻배가 정기적으로 운행되었던 곳으로 고려의 수도인 개성과 강한 연대를 형성하고 있던 포구였다. 강령포와 개성의 끈끈한 연결을 보여 주는 '이기울(이계월) 보러 간다.'[20]는 이야기가 있다. 또한 조강 연안 포구의 토지는 부재지주가 많았다. 『한국수산지』(1908~1911) 기록에는 조강포와 마근포의 경우 경성 소유주들이 많았고, 강령포는 개성 소유주가 많았다. 따라서 조강포와 마근포는 경성인이 상권을 주도했으며, 강령포는 개성과 강한 네트워크를 형성하고 있었음을 짐작할 수 있다.

강령포에는 당집이 있어서 제사 도구들을 보관하였으며, 정월 초순에 당제를 지냈다고 한다. 강녕포 앞에 '노구여'라 불리는 물속에 잠겨 보이지 않는 바위가 있는데 이 바위 때문에 배가 자주 좌초해 뱃사람들은 구리나 놋쇠로 만든 솥에 새로 밥을 지어 산천신에게 제사를 지냈는데 그 솥을 '노구솥', 밥을 '노구메'라고 하였다.

1900년대 초 강령포의 업종별 가구수 조사(『한국수산지』, 1908~1911)를 보면 전체 98호 중 어업에 종사하는 가구는 3호에 불과하다. 나머지 대부분의 가구는 비어업 종사자로 하역 인부, 격군, 선박 수리공, 하역 물품 유통에 관여한 중간 거래상 등 선박 관련 업종에 종사하는 사람들이었을 것으로 짐작된다.

강령포는 조강과 함께하였고, 이북과의 교류 중심지였을 뿐 아니라 수많은 사람들 삶터를 제공한 포구였다. 과거 기록들을 보면 강령포에서 고기를 잡고, 물건을 나르며, 호객을 하던 사람들의 삶의 현장이 눈 앞에 그려진다.

(3) 갯벌 간척으로 만들어진 마근포

마근포는 조강포 동쪽인 현재 하성면 마근포리에 있었다. 마근포는 조강 연안의 세 개 포구 가운데 가장 늦게 성장한 포구로 보인다. 마근포는 우리말 '막은 개'라는 뜻으로 '막은'의 음을 따서 '마근(麻近)'이라 하였다. 1789년의 『호구총수』에는 금포, 마조포가 포구로 기록되어 있으나 1919년 조선토지조사국 측량지도에는 금포리, 마조리가 농경지로 표시되어 있다. 이를 통해 포구 갯벌이 간척되었음을 알 수 있다. 지도에는 두 마을 사이에 신리라는 지명과 함께 마근포가 표기되어 있다. 지금은 마근포리 인근 금포와 마조포가 갯골이 막혀 더 이상 포구의 역할을 하지 못하고 있다. 마근포는 근해에서 이루어지는 연안 퇴적 또는 갯벌 간척으로 인해 새로운 마을(新里)과 마근포(麻斤浦, 막은 개)가 다시금 등장한 듯하다.

마근포는 한강을 거슬러 서울로 가거나 조강을 건너 개풍군 임한면 정곳리를 왕래하던 포구로 물자와 사람들로 항시 북적였을 것이다. 박형숙[21]이 조사했던

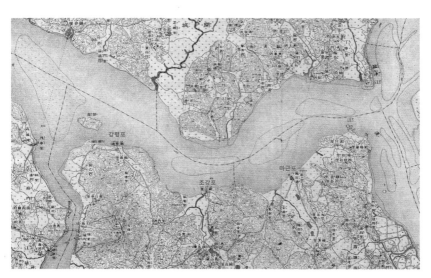

〈그림 11-3〉 조강의 포구
출처: 국사편찬위원회 한국사데이터베이스

고령의 주민들이 전하는 말에 따르면 포구 마을과 관련된 그들의 마지막 기억은 주막이 4개였고 시장도 열릴 정도였다고 한다. 주로 잡히는 어종은 웅어, 새우, 까나리 등이었으며 일제강점기에는 가마니 창고, 쌀 창고 등도 있었다고 한다. 서울로 가는 배들은 포구에 정박하는 것이 아니라 수심이 깊은 곳에서 대기하였고, 식수나 물품이 필요하면 '뗏마'를 타고 포구를 드나들었다고 한다. "6·25전쟁 이전 우리 마을엔 70여 가구가 옹기종기 모여 살았는데, 대부분 어업에 종사했고 어선을 많게는 두세 척이나 보유한 집도 있었다. 농사보다는 고기잡이로 제법 돈을 벌었다. 고기잡이 배가 한 번 나갔다 오면 뱃사람들이 곧장 주막으로 가다 보니 기생집이 4개나 될 만큼 당시 마근포 마을의 경제 규모가 제법되었다."는 마을 주민들의 증언이 새롭다.

연안 변화와 갯벌 간척으로 포구가 사라지고, 새로 생기듯이 조강에 있던 조강포, 창령포, 마근포 같은 중요한 포구도 남북 분단으로 모든 영광과 슬픔의 기억이 사라졌다. 그러나 과거나 지금이나 조강은 한반도의 중심부에 위치한 심장과도 같은 강이다. 다양한 역사적·지리적 자산과 문화적 잠재력을 품고 있으며, 남북평화를 열어 줄 조강은 우리가 되찾아야 할 과거이자, 우리가 살고 있는 현재이며, 후손들이 누려야 할 미래이다.

5) 한강 어부를 슬프게 하는 것들

한강에는 물고기를 잡아 생계를 유지하는 어부들이 있다. 한강은 임진강과 만나고, 예성강과 어울리며 강화 앞바다를 적신다. 한강의 어부들은 민물에 사는 고기, 바다에 사는 고기 그리고 바다와 민물을 오르내리는 고기를 잡는다. 한강은 자연스럽게 이동하고 영양분이 적당한 물이 흐를 때 물고기들이 살 수 있다. 그런데 한강 수중보, 하수 종말 처리장, 다리 건설, 골재 채취 등으로 물고기가 살 수 있는 환경을 훼손하고 있다. 그래서 한강의 어민들은 슬프다.

(1) 한강에 끈벌레가 나타났다

서울의 한강에서 아직도 물고기를 잡으면서 생업을 잇고 있는 33인의 어부들이 있다. 한강 신곡수중보를 사이에 두고 가양대교에서 일산대교까지는 행주어촌계 어민들의 고기잡이 터이다. 봄이면 치어인 실뱀장어를 포획하고, 여름에는 연승장어, 가을에는 참게를 그리고 겨울에는 숭어를 주로 잡는 이곳은 몇 년 전까지만 해도 전국의 약 80여 개 내수면 공동체 중에서 자연산 민물뱀장어와 간장게장용 참게의 어획량이 제일 많은 황금어장이었다. 실뱀장어와 함께 잡히는 반가운 진객 황복이 있고, 임금님 진상품인 황금색 위어(웅어)도 잡는다. 겸제 정선은 「행호관어도」[22]에 한강 어부들이 고기를 잡던 모습을 생생하게 묘사하고 있어서 우리의 지난 과거를 확연히 볼 수 있도록 준다.

지금도 행주어촌계 어민들은 인체에 유해한 '납추'가 아닌 다소 힘들고 어렵지만 전통 방식인 '돌멩이 추'를 사용하는 연승 낚시를 고집한다. 그러나 행주어촌계 어민들에게는 '돌멩이 추'에 대한 자부심도 '어획량이 제일 많은 황금어장'도 지금은 모두 철지난 얘기가 되고 말았다.

한강 상류는 상수원보호구역 특별대책권역으로 보호받고, 잠실수중보까지 서울시계 구역은 친수구역으로 수상스키 등 여러 가지 레저 활동이 허용되며, 다시 가양대교 아래부터는 어업면허구역, 습지보전지역으로 활동 규제가 이루어지고 있어 같은 한강임에도 규제와 허용이 구간마다 달라지는 이상한 한강이 되었다.

서울특별시 4개 물재생센터 중 난지물재생센터와 서남물재생센터 2곳의 최종 방류구가 행주공동면허 어장 내에 있다. 어민들은 신곡수중보와 2개의 물재생센터로 인한 오염으로 행주공동면허 어장의 물고기 떼죽음, 녹조, 끈벌레 발생 등 생태계 파괴가 가속화되고 있다고 주장한다. 특히 10여 년 전 행주에 처음 출현한 돌연변이성 붉은끈벌레는 뱀장어 치어인 실뱀장어의 80~90%를 폐사시킨 주 원인이며, 행주 어민들이 조업을 포기할 수밖에 없었던 이유이다.

어민들은 "한강 살리기는 민족의 자존심이고 도시 어부는 존재 자체만으로도 살아 숨쉬는 한강의 생태적 지표이며 세계적 자랑거리"일 것이라며, "골병 들어 신음하는 한강 하류를 살리는 일이 시급하고, 지금의 상태로라면 어민들이 언제까지 고기를 잡게 될지 장담할 수 없다."고 한다.

어민들은 신곡수중보와 물재생센터의 부실한 하수 처리로 인해 물고기 떼죽음, 녹조, 끈벌레 발생 원인을 제공하고 있다고 주장한다. 특히 '끈벌레 발생 이유가 바닷물이 혼합된 기수역이 원

〈그림 11-4〉 끈벌레 독성에 폐사한 실뱀장어

인'이라고 하는 고양시 용역 결과 발표[23]를 불신하며, 재조사를 주장하고 국가 하천인 한강의 괴생명체 끈벌레는 지자체만의 문제가 아니므로 정부 차원의 단기 및 중·장기대책을 요구하고 있다.

또한 어민들은 2021년 5월 람사르습지로 등록된 장항습지의 지형 변화와 관련하여 "균형잡힌 섬, 샛강만이 정답이다."라고 주장[24]하고 있다. 1990년 자유로 건설에 이용하기 위해 장항습지 위쪽 사미섬에서 골재 채취[25]가 있었다. 그러나 골재 채취 이후 남아 있던 돌무더기와 골재 반출용 자갈 길의 원상 회복이 이루어지지 않았다. 이로 인해 강폭 축소와 병목 사태를 유발하였고, 장항습지 지형 변화에 큰 영향을 끼쳤다고 주장하며 이의 원상 회복를 요구하고 있다.

(2) 한강 신곡수중보가 물길을 막았다

서울 사람들에게 한강은 산책로이고, 공원이며 주차장이다. 또한 신곡수중보는 한강 뱃놀이와 수상 레저를 위한 도구 정도로만 생각한다. 한강에는 강에 삶을 맡긴 사람과 생물이 있으며, 신곡수중보가 그들의 삶에 많은 영향을 주고 있다는 것을 상상조차 못하는 서울 사람들이 많다.

우리나라를 대표하는 돌고래는 두 종이 있다. 하나는 제주를 대표하는 제주 남방큰돌고래이고 다른 하나는 서해안과 남해안을 대표하는 상괭이이다. 상괭이

는 웃는 얼굴이 귀엽고, 머리가 둥글고, 등지느러미와 주둥이가 없으며, 몸집이 작은 것이 특징이다. 상괭이는 비교적 수심이 얕은 바다와 연안에 사는 돌고래인데, 염도가 낮은 강에서도 살 수 있다.

우리나라의 4대강은 한강을 제외하면 강과 바다가 만나는 곳에 하굿둑을 만들어 기수역을 자유롭게 오가는 해양 생물들의 통로가 차단되어 있다. 바다에서만 사는 생물과 강에서만 사는 생물 그리고 바다와 강을 오가는 생물들이 조화를 이루어야 생태계가 건강하게 유지되는데, 하굿둑이 생기면서 생태계가 단절되었다. 유일하게 하굿둑이 없는 한강만 기수역 생태계가 유지되고, 상괭이들이 자유롭게 이동할 수 있다.

그런데 한강에서 죽은 상괭이가 심심치 않게 발견된다.[26] 상괭이는 주로 흰베도라치, 청멸, 자주새우, 민새우, 주꾸미, 꼴뚜기, 낙지 그리고 숭어를 먹는다. 상괭이가 서해안 생태계와 기후 변화 등으로 한강으로 들어와 먹이 활동을 하는 것은 아닌가 추측[27]하고 있다. 양화대교 인근에서 상괭이 사체가 발견된 적이 있는데, 건강 상태가 안 좋아서 방향 감각을 잃고 한강으로 올라왔다가 바다로 미처 빠져 나가지 못하고 죽은 것[28]으로 보고 있다. 환경단체들은 "상괭이가 밀물 때 신곡수중보를 넘어 들어왔다가 썰물이 되자 수중보 안에 갇혀 폐사했다."며 "수중보를 터서 강물의 흐름이 자유로워지고 물 생태 환경이 복원된다면 상괭이가 충분히 살 수 있을 것"이라고 주장한다.

한강 중류까지 올라온 상괭이가 죽은 이유는 아직 알 수 없다. 하지만 2.4m의 신곡수중보가 상괭이의 이동을 방해했을 가능성은 매우 높다. 신곡수중보 유지와 철거는 생태적, 사회적, 정치적으로 매우 중요한 논의 및 논쟁의 대상이다. 상괭이를 살리고, 사람도 만족할 수 있는 묘안이 필요하다.

(3) 평화 시대가 온다는데 어부는 갈 곳이 없다

경기도 파주시 주민들은 문산~도라산 고속도로[29] 건설 중단을 촉구하는 기자회견을 가졌다. 국토교통부는 '현 정부 임기 내 착공'을 목표로 문산~도라산 고속도로 건설을 추진 중이다. 도로 예정지로 거론되는 경기도 파주시 장단반도 일대 농어민과 환경운동가 들은 고속도로의 건설이 장단반도의 생태계를 파괴할 뿐더러 지역민에게도, 남북 관계에도 도움이 안 된다고 주장하고 있다. 국토교통부는 주민들과 마찰을 불사하고 대안노선을 검토하라는 환경부의 '조건부 동의마저 받아들일 수 없다.'는 입장이다.

그러나 임진강에서 고기를 잡아 생계를 유지하는 어민들의 입장은 단호하다. 과거 어민들은 임진강에 전진교(1984년)와 통일대교(1998년)를 건설할 때도, 통일대교 주변의 조업 금지 조치에 대해 아무런 목소리를 내지 못했다. 군남댐(2011년)과 한탄강댐(2016년)을 만들 때도 정부는 어업 보상은커녕 주민설명회나 환경영향평가조차 제대로 하지 않았다. 정박 시설이 없어 장마 때 배와 어구들이 떠내려 가도 하소연조차 못했다. 어민들은 "정부는 임진강을 가로지르는 문산~도라산 고속도로를 추진하면서 어부들에게 주민설명회 개최조차 알리지 않았다."면서 지금도 정부의 인식은 다르지 않다고 한다. 어민들이 더는 참지 못하는 이유다. 이들은 파주시청에 이어 청와대 앞에서 기자회견을 열어 "임진강을 오염시키고 어민들을 쫓아내는 문산~도라산 고속도로를 결사 반대한다."고 목소리를 높였다.

어민들은 인위적으로 만들어진 교각은 유속을 바꾸고 퇴적물 쌓아 강폭이 좁아져 황복과 장어 치어의 회유에 심각한 영향을 줄 것이라고 주장한다. 특히 장어 치어는 공사와 차량 진동, 시멘트 독성에 예민할 것이라고 걱정하고 있다. 최근 2~3년간 황복과 장어 치어, 기수역 어종인 웅어도 줄고 있어 그 원인 조사가 시급한데도 어민들의 생존과 직결된 임진강 수생태계의 변화 원인을 조사하고 대책을 내놓기는커녕 다리부터 놓는 것에 동의하기 어렵다고 한다.

남북평화 시대를 대비하고, 유라시아 대륙으로 진출할 수 있는 '아시안하이웨이'의 꿈을 이루기 위한 국토교통부의 그림도 중요하고, 이 지역을 삶의 터전으로 삼고 있는 주민의 의견도 무시할 수 없다. 국토교통부의 그림 완성과 주민들의 삶의 질 유지를 위한 현명한 해결 방법이 나올 수 있기를 기대한다.

3. 물길을 열고 남북 평화,
생태 평화를 꿈꾸는 사람들

1) 한강하구 평화의 배 띄우기 조직위원회, 한강하구에 뱃길을 허하라

1945년 한반도가 분단된 이후 55년 만에 처음으로 2000년 6월 13일에 남북한 정상의 만남이 이루어졌다. 김대중 대통령과 북한 김정일 국방위원장이 평양에서 6월 13일부터 15일까지 정상회담을 갖고 한반도의 통일과 평화 정착, 민족의 화해와 단합, 남북 간 교류와 협력 등을 주요 내용으로 하는 6·15 남북공동선언을 발표했다.

임진강을 품은 한강이 북한의 예성강과 만나 장대한 물줄기를 이룬 뒤 서해로 나아가는 물길을 '한강하구 중립수역'이라고 부른다. 남북 「정전협정문」 제1조 5항[30]과 「한강하구에서의 민용 선박 항행에 관한 규칙 및 관계사항」 6항(이하 「부속합의서」)[31]은 한강하구에서의 민간 선박의 항행을 명시적으로 허용하고 있지만 남북 휴전 상황에서 한강하구는 '금단의 강'이 되어 버렸다.

평화운동가인 이시우는 2000년부터 한강하구 알리기 작업을 시작했다. 이후 한강하구 중립수역에서 민간 선박의 자유로운 항행에 관심을 갖게 되었고, 이것이 2000년 6월 25일 여의나루터에서 뗏목을 이용한 '한강에서 서해로 평화의 배 띄우기(이하 평화의 배)'로 이어졌다. 뗏목은 강물을 따라 이동하기에는 속도가 느려 결국 예인선의 도움을 받아 한강하구로 향했지만 물때를 놓쳐 자력으로 신곡 수중보를 넘기는 어려웠다. 사람들이 뗏목을 들어 올려 수중보를 넘기는 하였으나 이미 날이 저물기 시작하자 해병대에서 더 이상 운항이 불가능하다고 하였고, 뗏목은 UN사령부(이하 UN사)가 허가한 오두산 통일전망대 앞 곡릉천 어로 한계선까지 가지도 못하고 김포에서 길을 멈추고 말았다. 이렇게 한강의 뱃길을 찾고자 한 야심찬 계획은 허무하게 끝나는 듯했다. 그러나 한강하구의 평화를 위한 노력은 끝나지 않았고 2000년 이후 평화의 배는 잠시 쉼표를 찍고 있다가

2005년 '한강하구 평화의 배 띄우기 준비위원회' 주관으로 평화의 배가 다시 움직이기 시작하면서 현재[32]에 이르고 있다. 평화의 배는 매년 7월 27일[33]에 인천 강화군 외포리에서 출발하여 어로한계선까지 운항한다.

「정전협정문」에 첨부된 군사분계선에 관한 지도에 군사분계선은 동해안 고흥에서 시작하여 서쪽 끝은 파주시 장단이다. 한강하구와 서해에는 군사분계선이 없다. 한강하구는 「정전협정문」과 「부속합의서」에 근거하여 '민용선박의 항행에 이를 개방'하고 '민간인 출입'이 가능한 수역으로, 실제 1990년 자유로 건설을 위해 한진해운 소속 바지선이 분단 50년 만에 처음으로 한강하구를 통과하였다. 2005년 한강 거북선과 2018년 남북 공동으로 이루어진 한강하구수로 조사, 2020년 한강하구 생태조사를 위한 배가 한강하구 중립수역을 통과하거나 항행하기도 하였다.

2000년 평화의 배를 시작으로 한강하구에 선박과 민간인의 항행과 출입의 자유를 얻기 위해 꾸준히 노력하고 있으나, 「정전협정문」과 「부속합의서」에 관한 UN사의 해석과 평화의 배 주최측 주장 사이에 이견이 있다. 또한 UN사는 안전

〈그림 11-5〉 휴전 이후 최초 1990년 11월 민간 선박 한강하구 중립수역 항해 모습
출처: 연합뉴스

문제를 이유로 우리나라 합동참모본부로 허가권을 넘기면서 아직까지 한강하구 항행을 불허하고 있다. 한술 더 떠 우리 정부는「선박안전조업규칙」에 근거하여 어로한계선조차 넘지 못하게 하고 있다.

2000년 UN사는 "한강하구의 민간선박 항해는 가능하며 이 행사는 훌륭한 계획이다."라고 했다. 이는「정전협정문」에 대한 지극히 정상적이고 합리적인 해석임에도 불구하고 이후 "정전협정에 대한 해석은 오직 UN사만이 할 수 있으며 어느 누구도 임의로 할 수 없다."고 주장하고 있다.

그러나「정전협정문」과「부속합의서」의 해석 여부에 따라 남북이 정전협정을 위반하지 않고, UN사의 간섭 없이도 한강하구 항행을 통한 교류의 물꼬를 틀 수 있으며, 이는 남북 평화의 디딤돌이 될 수 있을 것이다. 평화협정이 체결되기 전이라도 한강하구에 남북의 민간인들이 먼저 평화와 통일의 꿈을 향해 한 발 앞서 나갈 수 있도록 해야 한다.

꿈을 이루기 위해서는 UN사의 결정과 허가를 기다리는 것이 아니라 '안전문제를 이유로 우리나라 합동참모본부로 허가권을 넘긴 것'처럼 남북의 결단이 필요한 시기이다. 정전협정을 위반하지 않으면서 UN사의 개입을 합법적으로 벗어날 수 있는 공간인 한강하구에서부터 평화의 물꼬를 열어야 할 것이다.

'한강하구 중립수역을 평화의 바다로'[34]라는 주제의 국회 정책 토론회에서 나온 "현 정부 들어 적극적 대북정책을 추진했지만 결국 한반도 평화의 당사자가 되지 못하고 '중재자 외교' 프레임에 갇혀 사사건건 미국과 UN사의 통제를 받게 됐다.", "한강하구 중립 수역을 평화의 바다로 조성하기 위해서는 정부가 더 자주적인 평화 외교정책을 펼쳐야 한다.", "국제적 간섭에서 벗어나 한강하구 문제를 남북이 독립적으로 해결하기 위한 '한강하구 남북 민간관리위원회' 설립이 필요하다."는 주장에 귀를 기울일 필요가 있다.

한강하구 평화의 배 조직위원회(이하 위원회)는 2000년 평화의 배 띄우기를 지속적으로 진행하기 위한 민주평통 강화군협의회(회장 김영애)의 적극적인 제안으로 2005년 한강하구 평화의 배 띄우기 행사가 재개됨으로써 위원회 활동이 활성화되었다. 이후 2008년까지 지속되던 평화의 배 띄우기 행사는 일시적으로 중단되고 2017년까지 간헐적으로 한강하구 평화적 이용에 관한 논의를 이어가게 되었다. 이후 2018년 평화의 배 띄우기 행사가 재개되었고 2019년부터는 인천광역시의 적극적인 지원으로 위원회 활동이 안정화되었고, 많은 시민단체의 참여로 한강하구 평화적 이용을 위한 활동이 체계적인 궤도에 오르게 되었다. 위원회는 평화의 배 띄우기 외에 한강하구 평화포럼, 어울림 한마당, DMZ 평화의 띠 잇기, 청소년 캠프 등의 활동을 하고 있다.

2) 개성관광 재개운동본부, 강 건너에 개성이 보여요

현재 파주시 장단면은 남북분단 전 경기도 장단군의 중심지였다. 1945년 미국과 소련이 38선을 경계로 삼으면서 장단군을 남북으로 갈라놓았다. 장남면, 진동면, 군내면과 함께 가장 남쪽에 위치한 장단면은 남한에 속했다. 하지만 1953년 6·25전쟁이 끝나면서 결정된 군사분계선은 장단면을 동서로 자르고 말았다. 장단면 10개 리 가운데 2개 리는 북한 땅이 되었다. 장단군은 38선이 갈랐고, 장단면은 군사분계선이 잘랐으니 분단 고통을 이중으로 겪은 비운의 땅이 되고 말았다.

파주는 아주 먼 옛날부터 남북분단 전까지는 혜음령을 넘어 임진강에 이르면 임진나루를 통해 개성으로 가거나, 반석나루를 통해 서해로 나가는 길목이었다. 개성으로 가는 길목 파주에는 남북 평화의 디딤돌을 놓기 위해 뱃길을 따라 개성까지 개성관광을 꿈꾸는 이들이 살고 있다. 민승준(개성관광 재개운동본부 조직위원장. 이후 개성관광 조직위)은 어릴 적부터 파주 철책선을 보고 자랐다. '철조망 너머에는 무엇이 있는지?', '철조망을 넘어 개성까지 갈 수는 없는지?' 늘 철조망 너머 마을과 사람이 궁금했다. 어릴 적 반농반어를 하시던 아버지를 따라 다니며 일찍부터 배 부리는 법을 배운 민승준은 철조망을 넘지 못하면 뱃길로 개성을 갈 수 있다는 막연한 희망을 품고 살았다. 2018년 남북정상회담에서 개성공단 정상화 발표는 그에게 희망을 실현할 수 있는 기회를 제공[35]하는 듯하였다. 2019년 4·27선언 1주년 기념 행사로 '비무장지대 파주 평화요트축제'를 진행하면서 고려 태조의 개경 천도 1,100주년 맞이 임진강, 예성강을 통해 개성까지 가는 계획을 세웠다. 그러나 정전협정문 등에 의한 항행 허가 문제로 파주 두지나루에서 연천 호로고루나루까지 축소된 행사로 마음을 달래야만 했다.

그럼에도 불구하고 개성관광 조직위는 개성관광의 꿈을 이루기 위한 작업을 차근차근 진행하고 있다. 400년 전 개성 매실로 전염병을 다스려 백성의 생명을 지킨 『동의보감』의 저자 허준 묘[36] 주변에 매화를 심고, 황진이 무덤이 있는 철조망 건너편까지 남북을 잇는 개성식물원을 조성하려고 한다. 고려 태조 왕건릉 벽화에는 「세한삼우도」로 전해지는 대나무 소나무와 함께 매화나무가 있다. 왕건의 꽃 매화를 평화의 꽃으로 알리기 위해 지뢰밭을 매년 매화나무 숲으로 조성하고 있다.

개성팔경[37] 중 남한에서 볼 수 있는 2경이 파주에 있다. 하나가 백악청운이며 또 다른 하나는 연천군과 공유하고 있는 장단석벽이다. 임진강에는 현존하는 화석정과 반구정을 비롯한 약 28개의 정자가 기록으로 남아 있다. 이토록 아름다운 강을 고려 태조를 비롯한 왕족과 귀족 그리고 조선의 선비들은 뱃놀이터로 이용하였다. 개성관광 조직위는 'DMZ 파주 평화요트 축제' 등을 통해 두지나루를 출발하여 임진강을 흘러내려 조강을 만나 벽란도에서 한숨 돌리고 개성으로 들어갈 준비도 하고 있다. 또한 개성관광 조직위는 '평화조종사' 행사를 통해 물길뿐 아니라 하늘의 평화길을 열기도 하고, 개성과 연천 유네스코 등재와 함께 파주까지 유네스코 트라이앵글을 이루기 위한 노력도 하고 있다.

개성관광 조직위는 임진강의 평화를 위해 작은 일부터 시작하고자 한다. 카약, 카누, 조정 종목이 이미 KOREA. 한반도기로 상징되는 남북단일팀 구성 경험이 있다. 임진강을 비롯한 한강하구 중립수역을 이들 종목의 훈련장으로 이용하며, 미래 꿈나무들인 청소년 해양스포츠 체험 훈련장으로 공동 사용하는 것을 제안하고 있다. 이 정도 제안은 남북의 의지로 충분히 해결 가능한 일이고, 이를 기반으로 한강하구 중립수역을 평화롭게 이용하며, 더 나아가 개성관광도 가능할 것이라 희망하고 있다.

임진강과 예성강 수변에 흉물스러운 철조망과 전쟁의 흔적을 없애고 매화꽃이 흐드러지게 피고, 나무 그늘 아래 원앙이 짝을 찾고, 하늘은 두루미가 날고 저어새가 남북을 오간다. 강에는 남북 청년들이 어울려 땀 흘리며 노를 젓는 풍경은 겸재 정선의 「임진적벽도」에 고요함과 평화로움에 또 다른 한 폭의 그림으로 상상해 본다.

3) 한강의 생태 평화를 꿈꾸는 사람들

한강하구는 남쪽에서는 마지막 남은 자연하구이며 한강 접경지역은 우리나라에서 원시 생태계를 간직하고 있는 마지막 공간이다.

한강하구에는 세계적인 멸종위기종인 저어새, 노랑부리백로, 두루미 등이 서식한다. 또한 EAAF(동아시아-대양주 철새 이동 경로)의 주요 중간 기착지이기도 하다.

남북은 한강하구 접경지역의 생태 서식 실태를 파악하고 지켜 나가기 위해서도 공동 관리와 보호를 위한 긴밀한 협력이 필요하다. 이를 위해 오늘도 한강의 철새와 서식지 생물을 조사하고 교육하고 이를 지키기 위해 홍보하는 사람들이 있다. 이들은 인간과 자연이 공존하면서 한강 접경지역 생태계 보존과 지속가능 발전 그리고 생태평화를 위해 노력하고 있다.

강화도시민연대는 1996년 석모도화력발전소 저지를 위한 지역시민단체 연합조직을 기반으로 1998년 설립하였고, 강화도의 역사·문화 보전, 자치력 함양을 통한 주민의 삶의 질 향상, 생태계 보전 및 회복을 위하여 환경 파괴적인 개발은 저지하고 지속 가능한 발전을 촉진, 시민사회의 성숙을 목적으로 한다. 강화도 시민연대의 주된 사업은 '역사, 문화, 자연이 살아 숨 쉬는 강화 만들기'로 요약할 수 있다. 이를 위해 국내외 심포지엄 개최(강화도 그린프로젝트 국제심포지엄, 저어새 보존 국제심포지엄, 갯벌의 현명한 이용 워크숍 등), 해설사 양성(갯벌 생태, 조류 생태, 역사문화, 찾아가는 생태교실 등), 무분별한 개발 저지(항산도 갯벌 매립, 48국도 저지, 조력발전소 건설 반대, 별립산 스키장 반대 등), 조사 활동(여름철새 모니터링, 두루미 모니터링, 여차리 갯벌 저서생물 모니터링, 동막 해수욕장 안식년제 조사 등), 청소년 활동(갯벌과 저어새 보호를 위한 청소년 연합동아리 생태광장 운영 등), 네트워크 활동(한강하구 전략회의, 인천시민사회단체, 한국 습지NGO네트워크, 한강하구 평화의 배 띄우기, 강화의제, EAAFP 인천경기생태지역 TF 등), 조사 보고서 발간, 기타 청소년과 주민 대상 인식 개선 활동 및 인천광역시와 강화군 등 지방정부와 인천광역시교육청, 강화교육지원청 등 교육기관과도 협력 사업을 진행하고 있다. 강화갯벌센터를 위탁 운영하면서 얻은 경험을 토대로 갯벌과 물새 보호 및 보전, 청소년 등 시민 대상 홍보 활동, 국내외 단체 연대 활동 및 활동 결과 공유 등도 활발하게 진행하고 있다.

생태계 보전 활동 외에 역사, 문화 사업을 함께하고 있으며, 황새, 두루미, 저어새 등을 매개로 하는 남북평화 방법 등을 모색하고 있다. 특히 강화도시민연대 등이 참여하는 한강하구 전략회의는 이정미 의원(정의당 국회의원)과 함께 2019년 한강하구 중립수역 남북 공동이용 방안 중 하나로 '람사르습지 남북한 공동등재 및 이용을 위한 토론회'를 개최[38]하는 등 남북 공동의 한강하구 생태적, 평화적 이용을 위해 노력하고 있다.

(사)에코코리아는 생태와 생물다양성을 사랑하는 사람들의 모임으로 생태교육과 생태보전, 생태관찰과 모니터링을 통해 생태과학의 대중화를 목적으로 설립된 비영리민간단체이다. 1998년 발족한 한국어린이식물연구회와 PGA습지생태연구소, 한일환경정보센터가 통합되어 (사)에코코리아로 현재에 이르고 있다. 흙·공기·햇볕·물과 같은 무기환경은 물론 모든 생명체가 다 함께 소중하다는 생태철학을 중심에 두고 활동하며, 생태계의 보전과 지속가능한 이용을 목표로

활동하고 있다.

(사)에코코리아는 생태 관련 자료의 수집·관리 및 조사·연구 활동, 생태교육 활동, 출판활동 및 연구회 개최, 생태과학교육 및 평생교육활동, 생태해설사 등 사회환경지도자 양성, 국내외 생태관련 단체와의 협력 등의 활동을 하고 있다. 특히 부설 전문연구기관인 PGA생태연구소를 운영하며, 서울대 식물생태학연구실, 공주대 보전 및 복원생태학연구실, 아주대 분자생태학연구실 등의 교수와 연구원들이 참여하는 생태계모니터링 및 종보전 연구를 비롯한 습지의 먹이사슬, 염생식물 및 습지식물의 분류 및 생태, 멸종위기종 보전 연구를 수행하고 있다. 그 외 생태교육센터, 한강하구시민생태모니터링단, 생태스케치 모임 운영하고 있다. CEPA활동은 생태교육센터를 중심으로 생태교육을 상설적으로 운영하고 있으며 습지생태교실, 풀벌레교실, 잠자리교실, 조류교실, 숲생태교실, 수생식물교실, 풀꽃생태교실, 자연공예교실 등 유아, 청소년, 성인을 대상으로 맞춤형 생태교육을 운영하고 있다. 특히 생태세밀화 작가들의 모임인 생태스케치는 자연의 동식물의 생태를 생태과학적 관찰을 통해 예술작품으로 표현하는 모임으로 다양한 작품 전시활동을 진행하고 있다. 연안, 하구 습지보전 정책, 접경지역 생태계 보전 정책, 하천생태보전 및 관리, 람사르협약 및 생물다양성협약 등의 실천을 위해 국내 단체 협력, 국제협력에 기여하고 있으며, 한강하구의 생태적·평화적 이용을 위해 장항버들장어전시관을 거점으로 장항습지의 중요성을 대중들에게 알리고 홍보하기 위한 노력을 하고 있다.

DMZ생태연구소는 DMZ독수리 생태학교를 개교하면서 모인 시민들은 지속적인 생태교육을 위한 고민을 공유하게 되었다. 이들은 DMZ 생태계 조사와 교육 등을 체계적으로 운영할 필요성에 공감하고 시민과학의 유형으로 2005년 5월에 DMZ생태연구소를 설립하였다. DMZ생태연구소는 DMZ 일원의 생태조사, 생태교육을 통하여 DMZ생태를 보존하려는 목적을 실천하기 위해 전쟁과 남북분단이라는 슬픔을 안고 있는 그래서 지구상에 특이하게 존재하는 DMZ생태를 우리 것을 넘어 인류에게 가치 있는 공간으로 만들기 위한 다양한 활동을 하고 있다.

DMZ생태연구소는 DMZ 일원의 생태환경조사 및 연구(주 1회 정기조사, 특별조사, 조사자료 관리), DMZ 생태환경 관련 정책 연구(환경부 등 중앙부처 대상 국토관리와 생태보전을 위한 정책 및 연구사업, 경기도, 파주시 등 지방정부 대상 DMZ환경관련 정책 집행 및 사업 자문 등), NGO 연대사업, 교육 사업(월 2회 일반인 대상, 회원 대상 회원의 날 운영, 월 1회 청소년 대상, 기타 교사 대상), 연구결과 공유 활동(DMZ의 생태 특성 평가 결과를 한국습지학회 등 국내저널 및 해외저널에 발표. 국경지대의 생태적 사고와 관련한 분트 독일 심포지엄 등 국제포럼, 국제학술회의), 언론 홍보 활동(DMZ 정보제공 및 잡지 등 각종 매체에 정기 기고활동, DMZ일원 생태자원 정보수집 및 분석 자료 제공 등), 지역주민 연대활동(접경지 지역주민들과 함께하는 주요생물 서식지 복원활동. 탄현 오금리 주민들이 함께하는 DMZ 겨울탐조여행 등), 보고서 발간(교육 결과 보고서, 연구 조사 보고서, 멸종위기동식물현황 자료집 등) 등의 활동을 하고 있다. DMZ 생태계는 평화의 도구가 되어야 한다는 신념을 갖고, 접경지 생물의 공유공간에 대한 공동연구를 제안하고 있으며, 람사르습지 남북한 공동 등재, 유네스코 생물 다양성활동에 참여하고 있다. 또한 문화재청 남북교협력사업의 자문위원으로 활동과 환경부 및 통일부를 통하여 교유협력 방안을 지속적으로 추진하고 있다.

4. 맺음말

경계의 사전적 의미는 '어떤 지역과 다른 지역 사이에 일정한 기준으로 구별되는 한계'다. 접경지역은 경계와 경계가 만나는 지역이다. 한강하구 접경지역은 서로 다른 성격의 공간이 만나는 지역으로 이질적 경계에는 통제가 존재한다. 이런 경계에서는 통제 기준을 충족하는 경우에만 이동이 가능하다. 경계가 단절인지 협력인지에 따라 경계를 넘는 교류 가능성과 수준이 달라진다. 경계는 단절의 공간이면서 소통의 공간이 될 수 있다. 이질적인 것을 상호 보완함으로써 접경지역에서는 경계를 넘어 역동적으로 상호 이동과 융합이 가능할 수 있다.

한강을 베고 꿈을 꾸고 있는 마을과 사람들은 과거에 사는 것이 아니라 미래를 살고자 한다. 지난 75년 동안 넘긴 계절만 300번이지만 한강의 어민들은 여전히 봄을 기다린다. 마을은 사라져 흔적만 남았어도 언젠가는 영광의 날이 올 거라고 믿고 있다. 저어새와 두루미가 경계없이 남북을 오가듯이 한강의 뱃길이 열리고, 남북의 어선이 서로 어울리며, 청소년이 손에 손을 잡고 춤을 추는 평화의 날이 올 거라고 믿는다.

한강하구 접경지역은 분단의 결과 민족이 양분되어 있는 남북의 경계이며 또 다른 분단을 초래할지도 모르는 아슬아슬한 공간이다. 하지만 극과 극이 아주 멀리 가면 원이 되어 그 끝이 만나듯이 경계는 만남이 될 수 있는 출발점일 수도 있다. 한강하구 접경지역에서 상호 이해와 협력을 통한 소통은 분단을 넘어 평화로 가는 길에 한강의 어민과 평화를 사랑하는 사람들이 있다.

주

1. 연천군은 매년 어민 소득 증대와 임진강−한탄강 자연 생태를 복원하기 위해 뱀장어를 비롯해 쏘가리, 참게, 다슬기, 황복 등 치어를 방류한다.

2. 가숭어는 눈이 노랗고 꼬리가 일자로 밋밋하다. 봄에 산란하고 가을까지 잡히며 자연산은 9월이 제철이다. 양식이 가능하다. 숭어보다 담수를 더 선호한다. 숭어는 눈이 하얗고, 꼬리가 제비꼬리처럼 갈라져 있다. 가을에 산란하고 봄까지 잡히며 봄에 주로 잡는다. 아직은 양식이 없어 자연산만 잡힌다. 개숭어, 참숭어, 보리숭어로 불리기도 한다. 지역에 따라 숭어와 가숭어를 혼동해 부르기도 한다.

3. 경기도 연천군 어촌계 자율관리공동체는 해마다 국내에서는 유일하게 대량 양식과 생산에 성공한 대농갱이 치어를 방류한다.

4. 『중앙일보』(2002.06.17) '임진강 따라 흐른 27년 어부의 삶' 인터뷰에서 인용

5. 1985년 선박안전조업규칙 제3조(어로한계선)에 명시되었으나 동 조항은 2020년 『어선안전조업법』이 제정되면서 시행령에서 '조업한계선'으로 명칭이 변경됨.

6. 조기와 새우 잡이용으로 쓰이던 중선을 말한다. 한강에서 땔감을 나르던 시선을 응용한 무동력선으로 젓중선, 젓배, 해선이라고도 한다. 지방에 따라 멍텅구리배(전라도), 실치잡이배(충청도)라고도 하며, 특히 강화에서는 꽁당배라고 한다.

7. 바다에서 물고기 떼가 지나다니는 길목에 쳐 놓아 고기를 잡는 데 쓰는 그물. 물고기가 지나다가 그물 또는 그물코에 걸리도록 하여 잡는다.

8. 긴 주머니 모양의 통그물. 조류가 빠른 곳에 큰 닻으로 고정하여 놓고 조류에 밀리는 물고기를 받아서 잡는다.

9. 동검도는 주로 삼남 지방에서 올라온 세곡선과 일본, 서양 배를 서검도는 중국 배를 검문했다.

10. 강화해협은 『고종실록』 프랑스 침입 내용에 기록되어 있다. 염하(鹽河)는 강화해협의 별칭으로 1873년 프랑스 잡지 『르 투르뒤몽드』에 기고한 「조선 원정기」에 강화해협을 'Riviere Salee'로 명명하게 된 경위가 기록되어 있다(1866년 9월 프랑스 해군이 강화 지역 해도 작성 과정에서 'Riviere Salee'로 부름). 1867년 일본 해군성 수로국은 프랑스 해도를 참고하여 「고려서안 염하지도(高麗西岸 鹽河之圖)」 발간하였다. 미해군사편찬협회가 발간한 「1871년 해병대의 한국 상륙작전」에 'Salee River'가 등장하며, 조선총독부에서 1918년에 제작한 지형도에 염하로 기록되었다. 2000년을 전후하여 『신편 강화사(강화군)』를 비롯한 각종 논문, 보고서, 탐방 기사, 칼럼, 여행기 등에 '염하' 사용 빈도가 급증하고 있으며, 현재 고착화되고 있다.

11. 국사편찬위원회. 한국사데이터베이스. 한국근대지도자료. The Archive of Korean Histoy 강화 도록

12. 김포시사편찬위촌회. 2011. 『김포사지 Ⅱ 생활』. 23쪽 재인용. 이근우(2010) 참고.

13. 『미수기언(眉叟記言)』은 조선시대 우의정을 지낸 허목(許穆, 1595~1682년)이 편찬한 책으로 현종 15년(1674년) 이전에 쓴 「원집」과 그 이후에 지은 속집이 67권이고, 따로 「기언별집」 26권이 있어서 총 93권 20책이다. 미수(眉叟)는 허목의 호이다. 눈썹이 길어 눈을 덮었으므로 스스로 호를 지어 '미수'라 하였다. 기언(記言)이란 말의 중요함과 위험함을 두렵게 여겨, 말하면 반드시 써서 지키기에 힘쓰는 한편 날마다 반성한다는 뜻이다. 조강 이야기는 「기언별집」 15권에 수록되어 있다.

14. 황대어와 표기가 유사한 황어는 '우리나라 사람들이 오래전부터 즐겨 먹었던 물고기로 『경상도지리지(慶尙道地理志)』에는 양산군의 토산공물에 은어와 함께 실려 있고, 『세종실록』 「지리지」에는 양산군의 토공과 영천군 · 거제군의 토산에 들어 있다. 『신증동국여지승람』에는 경상도 · 강원도 · 함경도의 여러 지방과 전라도 강진현의 토산으로 올라 있다.'에서 보듯이 조강의 특산품은 아니어서

황어와 황대어는 다른 어종으로 짐작된다.

15. 선덕(宣德)은 명나라 선종 선덕제의 연호로 1426년에서 1435년 사이에 쓰였다. 조선 세종 시기에 해당한다.

16. 국사편찬위원회 홈페이지. 자료 참고

17. 『동문선(東文選)』은 조선 전기 당시 대제학이던 서거정 등 23인이 중심이 되어 우리나라 역대 시문을 모아 1478년에 편찬한 시문선집이다. 신라의 최치원(崔致遠)부터 조선 초 정도전(鄭道傳)·권근(權近) 등 편찬 당시의 인물까지 약 500인에 달하는 작가의 작품 4,302편을 수록하였다. 본문 130권, 목록 3권, 합 133권 45책으로 목판활자본이다. 이규보의 「조강부(祖江賦)」는 동문선 제1권에 실려 있다. 김포시사편찬위췬회, 2011, 『김포사지II 생활』, 184쪽 재인용

18. 백원항의 「행도조강유작(行到祖江有作)」은 『동문선』 제20권에 실려 있다.

19. 토정은 조강에 수표를 세우고 하루 두 번 반복되는 조수간만의 차를 오랜 동안 측정하여 조강물참시각표(祖江潮汐時刻表)를 만들었다. 조강물참 시각을 사공들이 쉽게 외울 수 있도록 「축일조석시(逐日潮汐詩)」에 담아서 사공들이 즐겨 부르도록 했다. 조강물참시각표가 제정되고 난 후 사공들은 마음 놓고 배를 운행할 수 있었고 안전한 조운으로 개인은 물론 국익과 인류에 큰 도움을 주었다.

20. 고려 말 개성에서 강녕포로 내려와 활동하던 기생 이계월의 명성이 서울까지 알려져 많은 사람들이 마포나루에서 배로 타고 강녕포로 모여 들었다고 한다. 그때부터 강령포는 '이계월촌'으로 불리기 시작하여 '이계월(이기울) 보러간다' 하면 곧 '강녕포를 간다'는 뜻으로 해석되었다고 한다.(김포문화재단. 김포 옛 포구5 재인용)

21. 김포문화재단 홈페이지, 김포의 옛 포구 재인용

22. 정선의 33점의 『경교명승첩(京郊名勝帖)』 중 하나이다. 『경교 명승첩』은 겸재 정선이 이병연과 정선이 약속한 '시화환상간(詩畵換相看: 시와 그림을 맞바꾸며 감상함)'에 의해 양수리 근교에서 행주산성에 이르는 서울 주변의 풍경을 그린 대표적인 진경산수화첩이다.

23. 『한국일보』, 2019. 1. 17.

24. 고양시 행주어촌계 공문, 2021. 2. 14, 문서번호 09호

25. 1925년 을축년 대홍수로 고양시 한강 변 범람. 농경지 막대한 피해. 대보뚝 축조 시작(1935년 완성). 1990년 9월 대보둑 붕괴. 농경지 1,500만 평, 5만 명의 이재민 발생. 대보뚝 전면 보강공사를 위한 자유로 건설 조기 착공(행주대교~고양군 이산포 12km 구간). 사미섬 골재 채취를 위해 정전협정 이후 최초 한강하구 중립수역을 민간선박이 통과.

26. 『국민일보』(2006. 4. 23.), YTN(2015. 5. 4.), 연합뉴스(2019. 4. 17.) 참고

27. 뉴시스, 2015. 4. 24., https://www.news1.kr/articles/?2200692.

28. 연합뉴스, 2015. 4. 16., https://news.v.daum.net/v/20150416145246102?f=o.

29. '한반도 도로망 마스터플랜'에 따라 서울~문산~개성~평양 고속도로망 구축 차원에서 경기도 파주시 문산읍에서 남방한계선을 잇는 왕복 4차선, 연장 11.66km의 고속도로. 2024년 완공 예정

30. 정전협정문본. 제1조 군사분계선과 비무장지대.
    1항. 한 개의 군사분계선을 확정하고 쌍방이 이 선으로부터 각기 이(2)킬로미터씩 후퇴함으로써 적대군대간에 한 개의 비무장지대를 설정한다. 한 개의 비무장지대를 설정하여 이를 완충지대로 함으로써 적대행위의 재발을 초래할 수 있는 사건의 발생을 방지한다.
    5항. 한강하구 수역으로서 그 한쪽 강안이 일방의 통제하에 있고 그 다른 한쪽의 강안이 다른 일방의 통제하에 있는 곳은 쌍방의 민용선박의 항행에 이를 개방한다. 첨부한 지도(첨부한 지도 제2도를 보라.)에 표시한 부분의 한강하구의 항행 규칙은 군사정전위원회가 이를 규정한다. 각방 민용선박이 항행함에 있어서 자기측의 군사통제하에 있는 륙지에 배를 대는 것은 제한받지 않는

다.
31. 한강하구에서의 민용선박 항행에 관한 규칙 및 관계사항
   1. 정전협정 제1조 5항의 규정에 의하여 한강하구에서의 민용 선박항행에 대한 본 규칙을 제정한다.
   6. 민간에서 오랫동안 관습적으로 사용하여 온 한강하구 수역 내에 성문화되지 않은 항행 규칙과 습관은 정전협정의 각항 규정과 본 규칙에 저촉되는 것을 제외하고는 쌍방 선박이 이를 존중한다.
   9. 적대 쌍방 사령관은 자기측의 선박 등록에 적용할 규칙을 규정한다. 이미 등록된 모든 선박에 관한 보고는 군사정전위원회에 제출하여 비치케 한다.
32. 2019년부터 '한강하구 평화의 배 띄우기 조직위원회'로 명칭 변경
33. 1953년 7월 27일 휴전협정(정전협정) 조인을 기념하는 의미
34. '2020 한강하구 평화의 배 띄우기 조직위원회' 국회 토론회
35. 2018년 남북정상회담에서는 경제 분야는 비핵화 관련된 조건과 여건 마련되는 것에 따라, 올해 안 서해 및 동해선 철도와 도로 착공식을 하며, 서해 경제 특구 와 동해 관광 특구를 개설 한다. 그리고, 개성공단과 금강산 관광을 정상화한다.
36. 그동안 허준의 묘는 확인되지 않다가 1991년 9월 30일 재미 고문서 연구가 이양재 씨 등이 『양천허씨족보』에 기록된 "진동면 하포리 광암동 선좌 쌍분"이라는 내용을 바탕으로 군부대의 협조를 얻어 조사한 결과 발견되었다. 발굴 당시 두 쪽으로 갈라진 비문 가운데 '陽平君 扈聖功臣 許浚'이란 글자가 남아 있어 허준의 묘인 것이 확인되었다. 허준의 묘는 현재 경기도 파주시 진동면 구암로 205에 도 기념물로 지정되어 새로이 단장되었다.
37. 개성팔경은 전팔경과 후팔경으로 나눈다. 전팔경은 곡령춘정, 용산추만, 자동심승, 청교송객, 웅천계음, 용야심춘, 남포연사, 서강월정의 여덟 곳이다. 후팔경은 자동심승, 청교송객, 북산연우, 서강풍설, 백악청운, 황교만조, 장단석벽, 박연폭포로 구성된다.
38. 참여단체: 가톨릭환경연대, 강화도시민연대, 교동어촌계. 김포경실련, 녹색연합, 사랑누리교회. (사)에코코리아, (사)우리누리평화운동, 생태보전시민모임, 인천경기생태지역TF, 인천녹색연합, 한강하구교사모임. 한강하구를 사랑하는 김포시민모임, 한국습지NGO네트워크, DMZ생태연구소

참고 문헌

강화군, 2003, 강화옛지도.
국사편찬위원회 한국사데이터베이스, 한국근대지도자료, 충청·경성·옹진·백령도, 26편.
고양시 행주어촌계 공문, 2021. 2. 14, 문서번호 09호.
경기도, 2008, 경기도 물길이야기-나루터, 포구현황II.
경기만포럼, 2020, 경기만 해양문화 공동체 구현을 위한 김포지역 경기만 에코뮤지엄 정책 워크숍 자료집.
김포시, 2011, 김포사지 2권-생활편.
김창일, 2018, 강화의 포구, 국립민속박물관.
문인철 외 3인, 2019. 한강하구-남북협력의 새공간으로 부산 서울시도 평화적 공동이용참여 필요, 서울연구원.

박겸준 외, 2011, 한국 서해 상괭이의 먹이 습성과 섭식량, 한수지, 44(1), 78-84

앙리 쥐베르, 2010, 프랑스 군인 쥐베르가 기록한 병인양요, 살림출판사.

이근우, 2010, 한국수산지 1-1, 새미.

이근우, 2010, 한국수산지 1-2, 새미.

이문항, 2001, JSA-판문점, 소화.

이완옥 외, 2020, 한강하구 장항습지 갯물숲 물고기, (사)에코코리아.

인천광역시 수산자원연구소, 2019, 2018년 젓새우 자원량 정밀조사 연구어업 결과 보고서(등
    록번호 수산자원연구소-2202), 2019.

채석준, 2020, 신곡수중보 영향에 따른 한강하류 감조구간의 하천환경 특성변화 수치해석, 홍
    익대학교 대학원 박사학위 논문.

파주문화원, 2002, 역사 속의 임진강.

파주시, 2009, 파주시지 1권, 파주 이야기.

파주시, 2009, 파주시지 4권, 파주 사람.

한강하구 평화의 배 백서, 2020, 한강하구평화의 배띄우기 조직위원회.

황선도, 2010, 물고기를 찾아가는 강화여행, 강화군.

해양수산사업 시행지침서(어촌어업분야), 2020, 해양수산부, 발간등록번호 11-1192000-
    000123-10.

인터넷 사이트

국사편찬위원회, 세종실록 148권, 지리지 경기 부평 도호부 통진현, http://sillok.history.go.
    kr/id/kda_40004005_007.

근대문화 역사유산(홈페이지), https://ncms.nculture.org/legacy/story/2890

김포문화재단, https://www.gcf.or.kr/main/

남북역사문화교류협회, 한반도 최초의 통일국가 고려를 세운 왕건과 왕건릉, https://ahcoc.
    net/

위키백과, https://ko.wikipedia.org/wiki/, 미수기언

한국콘텐츠진흥원, https://www.kocca.kr/cop/main.do

참고 신문기사

강화뉴스, 강화섬 재발견 마을이야기-사라진 포구와 남아 있는 사람들, http://www.gang
    hwanews.com/news/articleView.html?idxno=7737. (2020.11.25.).

김포미래신문, 2008. 6. 20., 철책선에 의해 사라진 김포의 옛나루터. http://www.gimpo.
    com/news/articleView.html?idxno=15886.

중앙일보, 2002 .6. 17., 임진강 따라 흐른 27년 어부의 삶, https://news.joins.com/article/42
97117.

서울신문, 2019. 2. 12., 한강 물류의 중심… 포구의 낭만 품고, http://www.seoul.co.kr/ne
ws/newsView.php?id=20190213016005&wlog_tag3=daum. ().

오마이뉴스, 2005. 11. 17., 거북선, 한강 뱃길 열고 통영으로 가다, https://news.v.daum.
net/v/20051117101412093?f=o

인천일보, 2020. 7. 10., 2020 한강하구 평화의 배띄우기 조직위, 국회 평화간담회 개최, http:
//www.incheonilbo.com/news/articleView.html?idxno=1048451

인천일보, 2021. 2. 13., 김용구의 인천섬 이야기−석모도와 강화도 젓새우, https://www.
youtube.com/watch?v=vpAEL9ocXuM.

인천일보, 2021. 2. 18., DMZ 파괴하는 문산~도라산 고속도로 중단하라, http://www.
incheonilbo.com/news/articleView.html?idxno=1080376

연합뉴스, 2018. 11. 5., 남북 공동한강하구수로 조사, https://news.v.daum.net/v/201811
05160332337?f=o

통일뉴스, 2004. 6. 23., 이시우의 한강하구 ③, http://www.tongilnews.com/news/article
View.html?idxno=45002

파주에서, 2019. 9. 10., 문산−도라산 고속도로 반대, 파주어촌계 어민들 기자회견, https://
www.atpaju.com/news/cate/8/post/15881

한국농정신문. 2020. 9. 27. 누구를 위한 고속도로인가? http://www.ikpnews.net/news/
articleView.html?idxno=42053

한국일보, 2019. 1. 17., 5억짜리 한강 끈벌레 연구용역 못믿겠다, https://www.hankook
ilbo.com/News/Read/201901171518341955

현대해양, 2020. 2. 6., 경인북부수산업협동조합−최고 복지 수협 만든다, http://www.hdhy.
co.kr/news/articleView.html?idxno=11390.

EBS, 2020. 10. 17., 한강에 인생을 건 사람들, 한강에 어부가 산다−도시 어부, https://www.
youtube.com/watch?v=fGaoN0Gx79s.

JTBC, 2019. 8. 15., 창사기획, DMZ, 한강하구 중립 수역, https://www.youtube.com/
watch?v=qQnCNiUeBsk

KBS, 2020. 11. 1., 남북 공동조사 대비 내일부터 한강하구 생태조사 착수, https://news.v.
daum.net/v/20201101155150037?f=o

NEWS CAPE, 2020. 6. 8., 연천군 임진강−한탄강 뱀장어 치어 3만1497마리 방류, https://
www.sedaily.com/NewsVIew/1RY5YMPZO2.

OBS 경인TV, 2020. 11. 27., 임진강 어부열전−로드다큐 만남 시리즈, https://www.youtu

be.com/watch?v=MS7ogRKORgw.

OBS, 2021. 1. 14., 한강하구 다큐멘터리⑤ 700여 가구가 살던 마을이 하루아침에 사라졌다?, https://www.youtube.com/watch?v=IMXeu1C0fxw

제12장
한강하구 관련 법적 이슈 및 남북 협력

최지현 · 김주형

제주대학교 조교수 · 한국해양수산개발원 연구원

1. 들어가는 글

남과 북의 법률 관계는 기본적으로 정전협정이 규율하고 있다. 한강하구의 법적 지위도 마찬가지이다. 정전협정에서 비정하고 있는 한강하구는 공동으로 이용할 수 있는 수역이다. 하지만 정전협정은 민간 항행의 이용만 규정하고 있을 뿐이며, 다른 형태의 공동이용은 규정하지 않는다. 남북이 공동이용에 관한 기초적인 합의는 했지만 민간 항행 이외의 공동이용을 본격적으로 추진한 적은 없다. 이 글에서는 한강하구의 법적 지위를 확인하고 남북 간 협력을 추진할 경우 어떤 법적 문제가 있는지 검토한다.

2. 휴전협정상 한강하구의 범위

한강하구는 개념적으로 "그 한 쪽 강안이 일방의 통제하에 있고 그 다른 한 쪽 강안이 다른 일방의 통제하에 있는 곳"(정전협정 제1조 제5항)이다. 강의 한쪽 연안이 남한 땅이고, 그 반대쪽이 북한 땅인 수역은 한강하구로 정하여 특별한 지위를 부여하고 있다. 한강하구의 범위는 '첨부한 지도 제2도'를 통하여 확인할 수 있다. 협정(조약)에 첨부된 지도는 국제법상 협정(조약)의 일부로 간주한다.[1] 이 수역의 길이는 약 70km이며, 면적은 약 280km²이고, 강의 양폭은 좁은 곳은 1km 넓은 곳은 10km이다. 평균수심은 2~4m, 최대수심은 약 14m에 이른다.[2]

〈그림 12-1〉 지도에서 푸른색으로 빗금쳐진 부분이 한강하구이다. 〈그림

〈그림 12-1〉 정전협정 첨부한 지도
제2도의 한강하구 수역
출처: 서울역사박물관

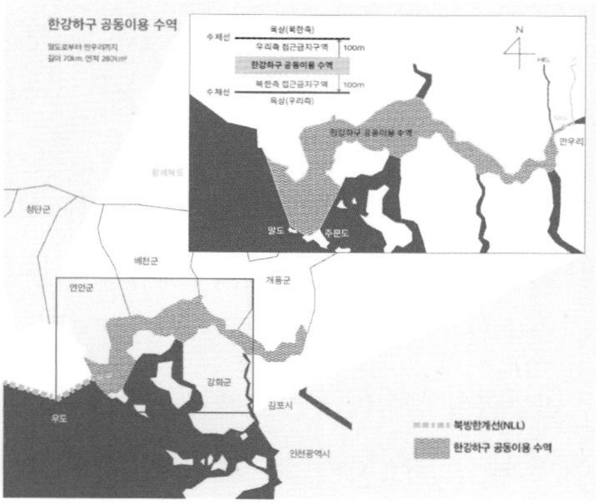

〈그림 12-2〉 한강하구 공동이용 수역
출처: 한국해양수산개발원

〈표 12-1〉 정전협정상 한강하구에 관한 규정

제1조
군사분계선과 비무장지대

1. …

5. 한강하구의 수역으로서 그 한쪽 강안이 일방의 통제하에 있고 그 다른 한 쪽 강안이 다른 일방의 통제하에 있는 곳은 쌍방의 민용선박의 항행에 이를 개방한다. 첨부한 지도(첨부한 지도 제2도를 보라.)에 표시한 부분의 한강하구의 항행 규칙은 군사정전위원회가 이를 규정한다. 각방 민용선박이 항행함에 있어서 자기측의 군사통제하에 있는 륙지에 배를 대는 것은 제한받지 않는다.

출처: 정전협정

12-2〉는 한강하구 공동이용 수역을 보다 확인하기 쉽게 그린 그림이다. 육상의 남북 군사분계선이 종료하는 곳에서부터 한강하구를 넘어 강화도 및 교동도 앞 바다와 근처 수역까지 포함한다. 이 수역은 한강과 임진강의 일부 및 한강과 임진강이 합류한 강 하구, 그리고 하구 너머 강화도 및 교동도 앞 수역을 포함한다. 즉 한강하구라고 표현하고 있지만 사실상 하천과 바다를 포함하는 수역이다.[3] 정전협정은 이 해역에 남북 간 군사분계선을 획정하지 않고 통항질서만 규율하고 있다.

3. 한강하구 법적 지위

1) 경계선

정전협정 한강하구 지역에는 군사분계선 혹은 경계선을 설정하지 않았다. 이는 앞서 설명한 바와 같이 정전협정 제1조 제5항과 첨부한 지도 제2도에서 확인할 수 있다. 첨부한 지도 제2도와 제3도를 자세히 보면 한강하구 지역에 실선 (가-나)[4]이 그려져 있다. 그러나 이는 황해도와 경기도의 도경계선이다. 협정문 내용은 이선의 도 경계선이라는 점을 분명히 하고 있지만 해상 경계선에 관한 내용은 담고 있지 않다.[5] 단지 관할섬의 통제를 확인하는 경계선이다.

그러나 정전협정과 별개로 유엔군사령관 마크 W. 클라크가 설정한 북방한계선은 그 시작점이 어디인지 분명하지 않다. 북방한계선의 명시적 좌표가 공개된 바 없으며, 2차 자료를 통해서 추정할 수밖에 없다. 2011 국방부 군사편찬위원회 출간물에 서해 북방한계선의 좌표가 표시되어 있다. 그 출처를 표시하지 않

〈표 12-2〉 첨부한 지도 제3도 주(1)

(주 1) 삼기계선 (가——나선) 의 목적은 다만 조선서부연해섬들의
통제를 표시하는것이다 이선은 아무런 다른 의의가 없으며 또한 이에
다른의의를 첨부하지도못한다

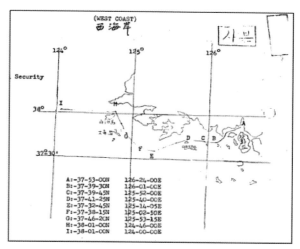

〈그림 12-3〉 국방부 군사편찬위원회 간행물 북방한계선 좌표
출처: 조성훈, 2011

은 2차 자료여서 신뢰도가 떨어지지만, 국방부 산하 군사편찬위원회 출간물이기 때문에 어느 정도 신빙성이 있는 자료이다. 이 자료에 따르면 북방한계선은 한강하구 수역 안쪽에서 시작한다. 이렇게 보면 정전협정상 한강하구 일부에도 북방한계선이 설정되어 있는 것으로 볼 수 있다. 다만 우리나라가 한강하구에서 북한에 북방한계선 준수를 요구한 사실은 확인되지 않는다. 따라서 한강하구에도 남북 간 경계선이 있다는 것이 우리나라의 공식 입장은 아니라고 할 수 있다.

2) 군사정전위원회

(1) 권한과 구성

정전협정에 따라 군사분계선이 설정되었고, 이를 기준으로 남북 양쪽으로 2km씩 총 4km의 폭으로 설정한 것이 비무장지대이다(제1조 제1항). 비무장지대를 출입하기 위해서는 군사정전위원회의 허가를 받아야 한다(제1조 제9항). 군사정전위원회는 정전협정의 실시를 감독하고, 쌍방 간의 정전협정 위반 사항이 있는 경우 관련 조치를 협의하여 처리하기 위해 설립되었다(제2조 제24항). 군사정전위원회는 10명의 고급장교로 구성된다. 유엔군사령관이 5명, 조선인민지원군사령관과 중국인민지원군 사령관이 공동으로 5명을 임명한다(제2조 제20항).[6] 군사정전위원회는 4명 내지 6명의 영관급 장교로 구성되는 감시소조를 두어 협조를 받을 수 있다(제2조 제23항).[7]

이렇게 구성된 군사정전위원회는 한강하구에 대해서도 일정한 관리 및 감독권을 가지고 있다. 정전협정에 따르면 한강하구 항행규칙을 군사정전위원회가 규정하고(제1조 제5항)[8] 그 집행을 감독한다(제2조 제25항 ㄹ호).[9] 또한 군사정전위원회는 공동감시소조를 두어 한강하구에 관한 각 규정의 집행을 감독하는 데 상호 협조할 수 있다(제2조 제26항).[10] 또는 어느 일방의 수석위원은 공동감시소조를 통하여 한강하구에서 발생한 정전협정 위반 사건을 조사할 수 있다.[11]

군사정전위원회는 사실상 육상의 비무장지대뿐만 아니라 한강하구에서도 정전협정 이행을 감독하는 기구이다. 그런데 비무장지대나 한강하구에서 발생하는 모든 문제 및 사항 중 정전협정에 포함되지 않은 사항을 군사정전위원회가 관할할 수 있는지 여부에 대해서는 정전협정이 명확하게 규정하고 있지 않다. 또한 군사정전위원회의 권한을 남측에서는 유엔사령관이 배타적으로 행사하는 것인지 여부도 분명하지 않다. 현재까지 정전협정의 이행 및 감독 상황을 보면 정전협정에 따른 비무장지대와 한강하구 수역에서 유엔사가 우리나라를 상대로 배타적 관할권을 가지는 것으로 받아들여졌다. 실제 유엔사의 배타적 관할권 행사가 관행으로 되어 있다. 비무장지대에서 발생하는 남북 간의 접촉은 반드시 유엔사의 승인을 얻도록 미국은 주장하고 있다.

(2) 군사정전위원회와 유엔사 비무장지대 관리권한

정전협정상 비무장지대의 "관리권한"이 군사정전위원회에 있다는 명시적 규정은 없다. 또한 군사정전위원회의 절반을 구성할 수 있는 유엔사가 비무장지대의 '관리권한'을 남측에서 행사할 수 있다는 관련 규정도 없다. 그러나 남측에서

〈표 12-3〉 비무장지대 일부구역 개방에 대한 국제연합군과 조선인민군간 합의서

---

1. 쌍방은 정전협정에 따라 서울–신의주 간 철도와 문산–개성 간 도로가 통과하는 군사분계선과 비무장지대 일부 구역을 개방하여 그 구역을 남과 북의 관리구역으로 한다.
2. 쌍방은 비무장지대안의 일부구역 개방과 관련된 기술 및 실무적인 문제들과 남과 북의 관리구역에서 제기되는 군사적인 문제들을 정전협정에 따라 남과 북의 군대들 사이에 협의처리 하도록 한다.
3. 본 합의서는 판문점 장성급 회담에서 비준한 날로부터 효력을 발생한다.

출처: 외교부 홈페이지, 한반도평화체제 관련 문서14

는 유엔사가 비무장지대 및 한강하구에 관한 관리권한을 가지고 있는 것으로 간주하고 있다.12

가. 2002년 비무장지대 철도연결 관련 문제

2000년 첫 번째 남북 정상회담에서 발표된 6·15 공동선언 이후 2000년 11월 17일 유엔군과 북한은 '비무장지대 일부구역 개방에 대한 국제연합군과 조선인민군 간 합의서'를 체결하였다.13

이 합의서에 따라 남과 북은 철도와 도로가 통과하는 비무장지대 일부 구역을 관리할 수 있는 권한을 가지게 되었다. 또한 그 관리구역에서 발생하는 기술 및 실무적인 문제, 군사적인 문제는 남한과 북한의 군대가 협의해서 처리할 수 있게 되었다. 이 합의에도 불구하고 2002년 유엔사는 남북한이 지뢰검증단을 교환하여 상대방의 지뢰 제거 작업을 검증하려면 군사정전위원회에 통보하여야 한다는 입장을 취하였다.15 북한은 이 합의서를 근거로 남한에 직접 통보해도 충분하다고 주장하였다. 결국 이러한 의견 차로 남과 북은 상대방 지역의 지뢰 제거 작업에 대한 검증을 포기할 수밖에 없었다.16 그러나 여기서 그치지 않고 2002년 유엔사 부참모장은 군사분계선을 통과하는 남북한 인사의 수와 차량에 대한 승인권을 주장하였다.17 현재까지 미국이 육상 군사분계선에 대해 유지하고 있는 태도를 보면, 한강하구에서도 미국은 유엔사의 우선적인 관리권한을 주장할

것으로 보인다.

나. 2016년 한강하구 중국 불법어업 퇴거 작전

2016년 6월 10일 한강하구에서 남한군, 해양경찰, 유엔사로 이루어진 민정경찰이 편성되어 불법조업하는 중국 어선을 차단 및 퇴거하는 작전을 수행했다.[18] 북한은 단속을 시행한지 9일이 지나서야 조선중앙통신을 통하여 군사 도발이라며 규탄하였다.[19] 우리나라는 정전협정과 후속합의서[20]에 따라서 민사행정경찰을 운영한 것이라고 했지만, 북한은 군이 참여했기 때문에 민사행정경찰이 아니라고 주장하였다.

다. 2020년 한강하구 중국 불법어업 퇴거 작전

2020년 5월 5일 유엔사는 한강하구 지역에 중국의 불법조업 어선을 단속하기 위하여 남한 해병대의 활동을 지원한다고 발표하였다.[21] 북측에는 이 사실을 통보하였다는 발표만 하였다. 2016년 민정경찰 사안과 달리 북한이 항의했다는 기록은 없다. 2016년 당시는 남북 간 관계가 개선되기 전이었기 때문에 북한이 항의한 것일 수 있고, 민정경찰의 불법조업 단속이 9일간이나 지속했기 때문에 항의했을 가능성도 있다.

(3) 군사정전위원회의 활동 정지 문제

군사정전위원회의 활동은 1991년 이후 정지 상태에 있고, 1994년에는 중국도 군사정전위원회에서 배제되었다. 군사정전위원회 활동이 정지된 이유는 미국이 유엔사 측 수석대표를 한국군으로 임명한 것 때문이었다. 미국이 1991년 3월 25일 한국군 황원탁 소장을 유엔군 수석대표로 임명하자, 북한은 군사정전위원회 참석을 거부하였다. 이후 군사정전위원회는 한 번도 열린 적이 없다. 1994년 4월 24일에는 군사정전위원회에서 북한군 대표들을 일방적으로 철수시켰다. 더나아가 5월 24일에는 한반도 평화체제 구축을 명목으로 '조선인민군 판문점대표부'를 설치하였다.[22] 같은 해 12월 5일에는 북한은 군사정전위원회에서 중국군 대표들도 철수시켰다.[23]

군사정전위원회 활동 정지는 다음과 같은 문제를 초래하였다. 먼저 정전협정 실시를 감시 및 감독하는 기구가 사라졌다는 것이다. 또한 군사정전위원회의 기능이 정지된 상태에서 유엔사가 군사정전위원회의 모든 권한을 행사할 수 있는지 여부가 분명하지 않다. 특히 남측에서 정전협정의 이행 및 감시, 그리고 한강하구를 포함한 비무장지대에 관한 모든 권한을 유엔사가 행사할 수 있는지 여부에 대한 논란이 있다.

3) 통항문제

정전협정 제1조 제5항에 따르면 한강하구에는 민용선박의 항행이 보장되어 있다. 민용선박은 한강하구를 통과하여 통항할 수도 있으며, 필요한 경우에는 자기 측 육지에 배를 선착시키는 것도 가능하다. 정전협정 당사자들은 한강하구에 경계선을 획정하지 않았지만, 민간 항행은 허용하였다. '한강하구에서의 민용선박 항행에 관한 규칙 및 관계사항'(이하 '한강하구 후속합의서')에 따르면 한강하구를 운행하는 선박은 자국 국기 또는 국적을 표시한 깃발을 설치하며, 타방의 통제 수역과 강안으로 들어가지 못한다. 타방의 통제수역과 강안이 뜻하는 바와 범위가 분명하지 않다. 가상 중간선을 기준으로 하는 것인지, 이와 관련하여 남북 간에 합의한 선이 있는 것인지, 아니면 자국 육지에 가까운 인접 수역을 의미하는 것인지조차 알 수 없다. 항해하는 양측의 선박은 상호 간에 교신할 수 없으며, 인원과 장비, 승객을 양도하거나 교환하지 못한다. 야간 항해도 불가능하다.

'한강하구 후속합의서'는 민간 항해에 관한 사항을 자세하게 규정하고 있지만, 이러한 상세한 규정은 활용되지 못하였다. 이 합의서에 따라서 항행이 이루어진 적이 없기 때문이다. 한국전쟁 이후 한강하구에서 민간이 항행한 사례가 있었지만 이 합의서에 따른 것이 아니라 필요할 경우에만 간헐적으로 항행을 허용한

경우였다.[24]

(사례 1) 1990년 11월부터 1991년 11월까지 자유로 건설용 골재채취선이 수해 시 유실된 제방을 쌓기 위하여 한강하구에 진입한 경우이다. 당시 채취선이 3회 좌초하였고, 예인선 1척이 침몰했기 때문에 한강하구에 진입 및 철수하는 기간이 연장되었고 이에 북한이 강력하게 항의한 바 있었다. 민용선박의 중립지역 출입 사실 및 관련 자료를 북한에 통보하였고, 군사정전위원회 특별조사반 요원이 승선하였었다.

(사례 2) 1997년 1월 17일 홍수로 유도에 떠내려 온 황소를 구출하기 위해 해병대 제2사단 병력이 한강하구 중립수역에 출입하였다. 군사정전위원회 비서장이 대북 통지문을 보내 출입 일시 및 인원, 장비를 북측에 알려주었다.

(사례 3) 1999년 2월 18일에는 알 수 없는 이유로 납섬에 유입한 서검도 주민이 소유 염소 10마리를 회수하기 위하여 해병대 제2사단이 투입된 적이 있다. 이때는 북한을 상대로 별다른 통지 등의 조치를 하지 않았다. 1997년 1월 황소 구출 작전이나, 1999년 2월 염소 구출 작전의 경우 해당 항해가 한강을 거슬러 올라간 것이 아니라 한강하구 우리 측 연안에서 고무보트를 출발시킨 경우라면 정전협정이 예정한 항행방식도 아닐 뿐더러, 군인원의 통항이기 때문에 민간항행도 아니다.

(사례 4) 1997년 8월 28부터 29일까지 홍수로 파주 파평면에서 한강하구 수역인 북측 관산포 일대에 표착한 준설선을 예인하기 위하여 예인선을 투입하였다. 군사정전위원회 인원 8명과 선원 및 작업원이 이 작업에 투입되었다. 장성급 회담 및 군사정전위원회 비서장급 회의에서 우리나라가 예인선 투입을 제의하고 북한이 이를 받아들여 성사되었다.

(사례 5) 2005년 11월 7일에서 11일까지 한강에 정박 전시 중이던 거북선을 경남 통영으로 옮기는 과정에서 한강하구를 통과하였다. 수로조사선 2척이 투입되어 사전에 수로를 조사한 뒤, 거북선 1척과 수로조사선이 함께 통항하였다. 항행을 위하여 군사정전위원회에 선박을 등록하고 북측에 수로조사 및 거북선 이

동 일정을 대북통지문을 보내 통보하였다. 수로조사선에는 해병대원이 탑승하였다.

이외에 앞에서 언급했던 바와 같이 2016년에 한강하구에서 중국의 불법어선을 단속하기 위하여 벌인 민정경찰의 작전(사례 5), 2021년 한강하구에서 이루어진 또 한 번의 중국 불법어선 검거 작전(사례 6) 역시 한강하구를 항해했던 사례라고 할 수 있다.

원칙적으로 정전협정 및 '한강하구 후속합의서'에 따르면 민간 항행의 경우 자유로운 통항을 보장하지만 위에 열거한 다섯 가지 사례 가운데 순수하게 민간인이 민간 선박을 끌고 항해한 것은 사례 1뿐이다. 나머지 사례에서는 군사정전위원회 위원 혹은 군인을 투입하였다. 승인 과정에서 군사정전위원회가 정식으로 회의를 열어 그 허가 여부를 결정한 사례는 없다.[25] 사례 1을 제외하고는 유엔사측 군사정전위원회 수석대표로 한국군 장성을 임명한 것에 대한 북한의 반발로 군사정전위원회 활동이 사실상 중단된 상태에서 이루어진 항행이었다. 따라서 군사정전위원회의 정식 활동을 기대하기 어려운 상황에서 남북 간 합의 또는 통보 및 통보 접수 조치를 통하여 한강하구 항행이 이루어졌다.

4) 비무장지대

한강하구 수역에서는 비무장지대에 적용하는 모든 규정이 적용되어 사실상 비무장지대로서 성격을 가진다. 군사정전위원회 허가를 받아야만 군용선박과 군사 인원 및 무기, 탄약을 실은 선박이 한강하구에 출입할 수 있다. 군사정전위원회의 비준을 얻어야만 수역 내에 부표, 부위물, 표관, 기타 항행 보조 장비 및 표식물을 설치할 수 있다. 민간 항행이 허용되지만 일방의 인원이 타방의 인원및 선박과 통신할 수 없다. 남북한 양측은 각각 한강하구 수역에 4척의 경비정, 24명이 넘지 않는 경비인력을 배치할 수 있는데, 각자 자기 측 인원과 선박에 한해 민사행정권을 행사할 수 있다.

앞에서 제시한 사례에서 보듯이 '한강하구 후속합의서'의 내용과는 별개로 남북 간 별도 합의 또는 통보 및 통보 접수 조치를 통하여 사안에 따라 군인이 한강하구에 출입하였다. 그러나 이는 상호 간 양해 아래 이루어진 조치이기 때문에 비무장지대라는 한강하구의 성격이 바뀐 것이라고 볼 수 없다.

4. 한강하구 관련 남북 간 합의

남북관계는 국제 환경, 국내 정치 환경, 북한의 대외 정책이 맞물려 영향을 받는다. 특히 한국과 북한이 맞닿아 있는 접경지역인 한강하구는 남북한의 직접적인 군사 대치 상황으로 정상적이고 안정적인 이용이 불가능했다. 군사분계선이 존재하지 않는 한강하구는 우발적 충돌 발생 우려 때문에 1953년 정전협정이후 65년 동안 민간선박의 자유항행이 제한받고 있다. 따라서 한강하구를 이용하기 위해서는 양측 간 합의 특히 군사 분야 합의가 선행해야 하기 때문에 다른 경제 분야 합의보다 어렵다.

1990년 11월 우리 정부는 자유로 건설에 필요한 골재를 채취하기 위해 북한과 협의하여 한강하구를 이용한 바 있다. 당시 민간 선박(준설선 2척, 바지선 1척, 예인선 3척, 양묘선 2척)과 민간인 28명 등이 최초로 한강하구 수역에 진입했다. 골재채취사업은 약 1년간 진행되다가 남북 갈등으로 중단되었다.

2000년 6월 15일은 분단된 지 반세기만에 남북한 정상이 최초로 평양에서 회담을 개최했으며 공동선언(6·15 남북공동선언)을 발표했다. 주요 내용 중 하나로 남북 간 경제협력을 통해 민족경제를 균형적으로 발전시키고 제반 분야의 협력과 교류를 활성화하여 상호 간 신뢰를 구축하기로 합의했다.

2007년 10월 2~4일 평양에서 제2차 남북정상회담이 개최되었으며 노무현 대통령과 김정일 국방위원장은 「남북관계 발전과 평화번영을 위한 선언」(10·4 선언)에 합의했다. 10·4 선언은 6·15 남북공동선언 이후 진전한 남북관계를 바탕으로 교류 및 협력을 확대하고 평화체제를 위해 군사적 적대관계를 종식하는 조치들에 합의했다. 10·4 선언에서는 한강하구에서 남북경협 사업을 다양하게 진행하는 경제협력을 모색하고 서해안 지역에서 군사적 충돌을 방지하기 위한 내용에 합의했다. 8개 합의 내용 중 서해에서 우발적 충돌방지를 위해 공동어로수역을 지정하고 평화수역으로 만들기 위한 방안과 협력사업에 대한 군사적 보장조치 등 군사적 신뢰구축조치 협의를 위해 남북국방장관회담을 재개하기로 했다.[26]

2007년 11월 27~29일 개최된 남북국방장관회담에서 양측은 서해평화협력특별지대 구상의 하나로 한강하구 공동이용을 강조했으며, 한강하구와 임진강 하구에서 공동 골재채취구역을 설정하기로 합의했다.[27] 이어 2007년 1월 28~29일에는 서해평화협력특별지대추진위원회 제1차 회의를 개성에서 개최하였다.[28] 이 회의에서 남북은 한강하구를 단계적으로 개발하고 공동으로 이용해 나가기 위해 공동 현지조사, 골재채취 사업계획 협의 후 착수, 골재 공동이용 사업을 위한 상설 공동이행기구 설치, 환경영향평가 등에 대해 합의했다.

해당 합의들은 북핵 문제로 북한의 국제 입지가 악화하고 천안함 사건, 연평도 포격 사건 등으로 남북 관계가 경색되면서 실현되지는 못했지만 기존의 경제·사회·문화·인적 교류 등을 중심으로 진행된 남북관계를 더 실천적으로 발전시키기 위해 서해평화협력특별지대 설치를 제안하고 이를 뒷받침할 군사관계 협력을 논의하기로 했다는 점에서 의의가 작지 않다.

2018년부터 한강하구 공동이용 문제가 다시금 대두하였다. 2018년에는 이례적으로 세 차례의 정상회담이 성사되었다. 2018년 4월 27일 판문점 '평화의 집'에서 3차 남북정상회담이 개최되었고 「한반도의 평화와 번영, 통일을 위한 판문점 선언」이 발표되었다. 이 선언은 남북관계 개선과 발전, 군사적 긴장상태 완화, 한반도 평화체제 구축 등의 주요 내용에 비무장지대와 북방한계선 평화 지역 조성, 연내 종전선언 추진 등의 조항으로 구성되었다.

2018년 9월 18~20일 평양에서 열린 2018 남북정상회담에서는 판문점선언 이행에 대해 평가하고 양측 관계의 지속적인 발전을 위한 「9월 평양공동선언」에 합의했다. 아울러 우리측 국방부 장관과 북측 조선인민군 대장은 「역사적인 '판문점선언' 이행을 위한 군사 분야 합의서」(9.19 군사분야 합의서)도 발표했다.[29] 9.19 남북군사합의서에서는 한강(임진강) 하구에서 민간선박의 자유항행을 보장하기 위해 공동 수로조사를 진행하기로 했다. 합의서는 남측 김포반도 동북쪽 끝점부터 교동도 서남쪽 끝점까지, 북측 개성시 판문군 임한리부터 황해남도 연안국 해남리까지 70㎞ 수역을 공동이용 수역으로 설정하였다. 공동이용 수역에 대한 현장조사는 2018년 12월 말까지 공동으로 진행하되 남북공동조사단은 군, 해운당국 관계자, 수로조사 전문가가 포함된 각 10명으로 구성한다는 내용을 포함하였다.[30]

이어 10월 26일 통일각에서는 9.19 남북군사합의서 이행을 위한 제10차 남북장성급회담이 개최되었다. 이에 따라 2018년 11월 5일부터 12월 9일까지 강화도 말도~파주시 만우리 구역(길이 약 70㎞, 면적 약 280㎢)에 대한 남북 공동수로조사를 정전협정 이후 65년 만에 처음 실시하였다.[31] 조사결과 수심 2m 이상으로 항로로 적합한 지역은 말도~교동도 서측, 강화도 인화리~월곶이 앞인 것으로 확인되었다. 이렇게 실시한 한강하구 공동이용 수역 남북 공동수로조사 결과를 토대로 2019년 1월 해도 제작을 완료했으며 1월 30일 판문점에서 열린 남북군사실무접촉을 통해 북측에 전달했다. 이번 해도 제작은 한강하구에서 민간선박의 더 안전하고 자유로운 항행을 보장하기 위한 첫걸음이자 향후 더 열린 공간으로서 한강하구를 평화적으로 이용하기 위해 북한과 협력을 확대하는 기초가 될 것이다.

5. 한강하구 협력 문제

남북 간의 한강하구 협력의 시작은 일단 정전협정이 규정한 방식에 따라 민간 항행을 위하여 개방하는 것이다. 2018년 10월 26일 제10차 장성급군사회담에서 한강·임진강 하구의 수로 조사를 시행하기로 합의한 뒤 실제 수로조사가 완료되었으므로 남북 간 민간 항행 개방을 위해서 국방 당국 간 신뢰 구축 조치가 필요하다. 이 수역은 북한이 남한에 대한 군사적 침투 및 교란을 위하여 사용할 수 있는 수역이기 때문에 안보적으로 아주 민감한 해역이다. 실제 2020년에는 2017년 개풍군에서 한강하구를 헤엄쳐 귀순했던 탈북자가 다시 7월 18일에 연미정 인근의 배수로를 통해서 북으로 월북한 사건이 발생하여 남한 내부적으로 경비체제에 의문을 제기하는 목소리가 높았다. 이러한 점을 고려한다면 항행의 개방을 위해서는 신뢰 구축 조치가 반드시 선행해야 한다. 이러한 신뢰 구축 조치가 완료되고 나면 남북 사이 민간 항행이 가능해질 것이다.

2018년 군사 분야 합의서에서 한강하구를 공동이용 수역으로 설정하는 것에 합의하였으므로 한강하구를 공동으로 이용할 수 있는 방안을 검토할 수 있게 되었다.

여러 가지 한강하구 이용방안이 논의되고 있으나, 일단 가장 먼저 논의될 수 있는 방안은 서해 공동어로 행위에 관한 것이다. 한강하구를 민간 항행이 개방하면 서해 공동어로를 통하여 잡은 물고기를 남한과 북한이 각각의 소비시장으로 운송할 수 있는 운송로로 한강하구를 이용할 수 있을 것이다. 필연적으로 한강하구에 대한 협력 논의는 서해에 대한 남북 간 협력 논의와 연계될 수밖에 없으며, 한강하구에서 민간 항행을 허용할 정도도 남북한 당국자 간 신뢰가 형성된다면 서해에서의 공동 조업에 관한 문제도 잘 풀어 갈 수 있을 것으로 기대된다. 서해 공동조업이 이루어지면 이는 다시 필연적으로 한강하구를 통한 운송 및 소비시장 접근을 가능하게 하자는 논의를 촉발할 것이다.

이 정도까지 논의가 진전된다면 이후에는 이북 5도 일원의 서해 전 해역과 한강하구를 아우르는 다각적 협력에 관한 논의를 시작할 수 있을 것이다.

6. 유엔사 문제

북한은 활동은 1994년 4월 군사정전위원회에서 일방적인 북한군 대표 철수와 12월 중국군 대표 철수를 단행하였다. 같은 해에 북한측 군사정전위원회를 대표하는 '조선인민군 판문점대표부'를 신설하였다. 이후 1998년부터 유엔사−북한군 간 장성급 회담(UNC-KPA 장성급 회담)을 개최하고 있다. 당초 1995년에 북측이 먼저 미군−북한군 간 장성급 회담을 제의하였고, 우리나라와 미국은 군사정전위원회를 정상적으로 가동해야 한다는 입장을 고수하며 이를 반대하였었다.[32] 양측 간 이견은 유엔사와 한국 국방부가 군사정전위원회 틀 내에서 장성급 회담을 개최하여야 한다는 최종안을 1998년 2월 북한에 통보하고, 양측이 정전협정 틀 내에서 유엔사−북한군 간 장성급 회담을 개최한다는 입장을 확인하면서 해소되었다.[33] 결국 군사정전위원회 활동은 유엔사−북한군 간 장성급 회담으로 대체되고 있으며, 정전협정의 이행 감독도 장성급 회담을 통하여 이루어지고 있다고 볼 수 있다.

군사정전위원회의 기능이 유엔사−북한군 간 장성급 회담으로 대체되고 있다. 그렇지만 유엔사는 여전히 비무장지대와 한강하구에 대한 '관리권한'을 행사하고 있다. 2002년 비무장지대 철도 연결 문제에 있어서 군사분계선 통과에 관한 승인권 주장 2016년 한강하구 불법어업 단속 시 유엔사 개입과 같은 사례는 유엔사가 비무장지대와 한강하구에 대해 우선적인 관리권한을 행사하고 있다는 것을 보여 준다. 이러한 관리권한과 관련하여 다음과 같은 의문점을 제기할 수 있다. 첫째, 유엔사의 관리권한은 정전협정에 근거하고 있는가? 둘째, 유엔사의 관리권한은 남한의 주권에 우선하는가? 셋째, 유엔사 관리권한의 핵심 내용은 무엇인가? 비무장지대와 한강하구에 대한 전반적인 관리권한인가? 넷째, 정전협정이 존속하는 동안 유엔사의 관리권한을 회수하는 것은 불가능한가?

1) 유엔사의 관리권한의 근거

정전협정의 이행 및 감독과 관련한 유엔사의 권한이 정전협정에 명확히 규정되어 있지는 않다. 유엔사 사령관의 권한은 군사정전위원회가 가지고 있던 관할권이 쌍방의 사령관에게 위임되었다는 견해가 있다.[34] 군사정전위원회가 정전협정 이행을 감독하고 있다면, 상호 간에 협의가 필요하지 않은 사항 및 합의가 완료된 사항의 이행은 남측에서는 유엔사가 담당한다고 보는 것이 합리적이다. '한강하구 후속합의서'에서 통항과 관련하여 유엔사가 남측의 인원 및 선박에 대한 민사행정 및 구제사업을 책임진다고 기술하고 있는 것이 여기에 해당한다. 그러나 이 관리권한이 전반적이고 일반적이며, 항상 남한의 주권에 우선하는 것인지는 의문이다.

2) 유엔사 관리권한의 내용

비무장지대와 한강하구에 대해서 유엔사가 전반적이며 일반적인 관리권한을 가지고 있다고 보기는 어렵다. 일단 유엔사의 권한은 기본적으로 정전협정 이행 및 그 감독에 한정한다고 보아야 한다. 현재까지 유엔사의 입장은 비무장지대-추측컨대 한강하구까지도-에 대해 한국에 우선하는 관리권한을 가진다는 입장인 것으로 보이며, 우리나라 역시 이를 인정하고 있다.

정전협정이 규정하지 않은 사항에 대해서 항상 유엔사의 관리권한이 남한의 권한에 우선하는 것인지 의문이 제기될 수 있다. 그러나 남한과 북한 사이에 한강하구 협력에 관한 논의가 진행되더라도 사실상 현재의 정전협정 체제에서는 한계가 있다. 한반도 평화체제 수립을 위한 당사자 간 평화협정 체결 및 이에 준하는 절차가 이루어진 이후에 한강하구에서 본격적인 협력 절차가 가능할 것이다. 평화협정 및 이에 준하는 절차가 정전협정을 대체할 것이므로 유엔사의 권한 문제는 자연적으로 정리될 것이다.

문제는 정전협정 체제에서 한강하구에서 남북 간 경제 협력 조치가 이루어지는 경우일 것이다. 2002년 경우처럼 유엔사의 승인권을 언제든 인정해 주어야 할 것인지에 관한 문제가 제기될 수 있을 것이다.

3) 유엔사의 권한과 우리나라의 주권 문제

유엔사의 관리권한을 남한이 인정하고 있더라도 법적으로 우리나라의 주권을 뛰어넘는 유엔사의 관리권한이 존재하는 것으로 보기는 어렵다. 우리나라의 정치적 이익 및 한반도 긴장의 합리적 관리를 위하여 우리나라가 유엔사의 입장을 수용하는 것과는 별개로 법적으로 남한과 유엔사(혹은 미국) 사이에 조약을 통해서 비무장지대에 대한 유엔사의 관리 권한을 인정하고 있는 것이 아니라면, 남한의 주권에 우선하는 유엔사의 권리를 국제법 질서에서 상정하는 것은 어렵다. 주권은 국제사회에서도 국가의 자발적 동의에 의하지 않는 이상 제한할 수 없는 시원적 권리일 뿐만 아니라 절대적 성격을 가지는 권리이기 때문이다.

7. 맺음말

현재 정전협정 체제에서 한강하구 문제는 군사정전위원회와 유엔사의 관할 하에 이루어질 수밖에 없다. 유엔사의 입장을 존중하는 가운데 남과 북이 한강하구에서 협력을 추구할 수밖에 없다. 현재의 정전협정 질서에서는 한강하구를 민간항행에 이용하는 것만 상정할 수 있다. 남북 간 협력 진전 또는 경제 관계 구축은 정전체제를 평화체제로 전환된 뒤에나 가능할 것이다. 평화체제가 수립되면 유엔사의 권한 문제는 해결될 수 있을 것이다. 그러나 평화체제가 한반도에

한강하구─평화, 생명, 공영의 물길

정착하기 이전에 먼저 남북 간에 한강하구를 활용한 협력 절차를 진행할 경우 상당한 진통이 예상된다. 이 경우 결국 남측에서는 유엔사(미국)와 협력을 통하여 가능한 방안을 찾는 것이 가장 현실적인 대안일 것이다.

1. 정전협정의 서명국은 북한과 중국(중화인민공화국), 미국(유엔)이라고 할 수 있다. 남한은 서명국은 아니지만 이 협정의 법적효력을 인정하고 있다. 정전협정에 따라서 형성된 법질서는 한국전쟁 이후 한반도 분단 체제의 근간을 형성하고 있다.

2. 국방부 대북정책관실, 2018, 「판문점선언 이행을 위한 군사분야 합의서」 해설자료, 23-20.

3. 유엔해양법협약 제9조는 하구에 있어서 해양과 내수(육지)를 구분하는 기준인 기선을 양쪽 강둑의 저조선상의 지점 각각을 연결하는 하구를 가로지르는 연결선으로 하고 있다. 원문은 다음과 같다. "제9조 하구강이 직접 바다로 유입하는 경우, 기선은 양쪽 강둑의 저조선상의 지점을 하구를 가로질러 연결한 직선으로 한다".

4. 정전협정은 중국어본, 한국어본, 영어본 3개의 언어가 정본이다. 한국어본에는 '가-나선'으로 중국어본에는 '甲-乙선'으로, 영어본에는 'A-B선'으로 표현하고 있다.

5. 이 선을 기준으로 왼쪽 위로는 북한이 도서를 관할하고, 오른쪽 아래로는 남한이 도서를 관할한다. 그러나 그 예외에 해당하는 것이 이북5도(백령도, 대청도, 소청도, 연평도, 우도)이다.

6. 정전협정 제2조 제20항 20. 군사정전위원회는 10명의 고급장교로 구성하되 그중의 5명은 국제연합군 총사령관이 이를 임명하며 그중의 5명은 조선인민군 최고사령관과 중국인민지원군사령관이 공동으로 이를 임명한다
위원 10명 중 에서 각방의 3명은 장급에 속하여야 하며 각방의 나머지 2명은 소장 준장 대령 혹은 그와 동급인 자로 할 수 있다.

7. 정전협정 제2조 제23항 23. ㄱ. 군사정전위원회는 처음엔 10개의 공동감시소조를 두어 그 협조를 받는다. 소조의 수는 군사정전위원회의 쌍방 수석위원회의 합의를 거쳐 감소할 수 있다. ㄴ. 每個의 공동감시소조는 4명 내지 6명의 영관급장교로 구성하되 그중의 半數는 국제연합군 총사령관이 이를 임명하며 그중의 반수 는 조선인민군 최고사령관과 중국인민지원군 사령관이 공동으로 이를 임명한다. 공동감시소조의 사업상 필요한 운전수, 서기, 통역 등의 부속인원은 쌍방이 이를 제공한다.

8. 정전협정 제1조 제5항.
한강하구의 수역으로서 그 한쪽 강안이 일방의 통제하에 있고 그 다른 한쪽 강안이 다른 일방의 통제하에 있는 곳은 쌍방의 민용선박의 항행에 이를 개방한다. 첨부한 지도에 표시한 부분의 한강하구의 항행규칙은 군사정전위원회가 이를 규정한다. 각방 민용선박이 항행함에 있어서 자기측의 군사통제하에 있는 유지에 배를 대는 것을 제한받지 않는다.

9. 정전협정 제2조 제25항 ㄹ호. ㄹ. 군사정전위원회는 본 정전협정 중 비무장지대와 한강하구에 관한 각 규정의 집행을 감독한다.

10. 정전협정 제2조 제26항.
공동감시소조의 임무는 군사정전위원회가 본 정전협정 중의 비무장지대 및 한강하구에 관한 각 규정의 집행을 감독함을 협조하는 것이다.

11. 정전협정 제2조 제27항.
군사정전위원회 또는 그중 어느 일방의 수석위원은 공동감시소조를 파견하여 비무장지대나 한강하구에서 발생하였다고 보고된 본 정전협정 위반사건을 조사할 권한을 가진다. 단 동 위원회 중의 어느 일방의 수석위원이든지 언제나 군사정전위원회가 아직 파견하지 않은 공동 감시소조의 반수 이상을 파견할 수 없다.

12. 국민일보, 2014. 12. 27.; 통일부 남북회담본부, 「정전협정」, '군사정전위원회 기구표'(검색일: 2021. 3. 16).

13. 박종철, 2007, 「남북한 철도연결의 군사적 영향: 긴장완화 효과와 과제」, 『평화연구』 15(1), 서울: 고려대학교 평화와민주주의연구소, 156쪽; 외교부 홈페이지 https://www.mofa.go.kr/www/brd/ m_3984/view.do?seq=341008&srchFr=&srchTo=&srchWord=&srchTp=&multi_itm_seq =0&itm_seq_1=0&itm_seq_2=0&company_cd=&company_nm=&page=3(검색일: 2021년 4 월 1일).

14. Ibid.

15. 박종철, 2007, 「남북한 철도연결의 군사적 영향: 긴장완화 효과와 과제」, 『평화연구』 15(1), 서울: 고려대학교 평화와민주주의연구소, 157쪽.

16. Ibid., 158쪽.

17. Ibid.

18. 연합뉴스, 2016. 6.10., "한강하구까지 들어온 中 어선 몰아낸다…어민 '기대'" https://www.yna. co.kr/view/AKR20160610102200065(검색일: 2021. 4. 2.).

19. 한겨레, 2016. 6.20., "군 한강하구 中 어선 단속 9일 만에…북 "군사 도발" 반발" http://www. hani.co.kr/arti/politics/defense/748903.html#csidxa42649ca649bf1fb3dca8fce7de7a7c(검색 일: 2021. 4. 2.).

20. '한강하구에서의 민용 선박 항행에 관한 규칙 및 관계사항'(이하 '한강하구 후속합의서')

21. 한국경제, 2020. 5. 5., "유엔사·해병대, 한강하구 중국 어선 불법조업 단속" https://www. hankyu ng.com/politics/article/202005056524Y(검색일: 2021. 4. 2.).

22. 이상철, 2012, 『한반도 정전체제』, 서울: 한국국방연구원, 38쪽 참조.

23. Ibid., 38쪽.

24. 이하의 내용은 합동정보본부 군사정전위원회 편람 제7권을 토대로 정태욱 교수(인하대)가 정리 한 것을 기본으로 정리하였다. 정태욱, 2008, 「나들섬 구상과 한강하구의 법적 지위」, 『통일연구』 12(2), 서울: 연세대학교 통일연구원, 11-13 참조.

25. 정태욱, 2008, 「나들섬 구상과 통일한국의 법적 지위」, 『통일한국』 12(2), 서울: 연세대학교 통일 연구원, 11쪽.

26. 통일부 남북회담본부, 2007, 남북정상회담.

27. 통일부 남북회담본부, 제2차 남북국방장관회담.

28. 대한민국 정책브리핑, 서해평화협력특별지대추진위원회 제1차 회의 합의서 https://www.korea. kr/archive/expDocView.do?docId=22147.

29. 통일부 남북회담본부, 2018, 남북정상회담.

30. 통일부 남북회담본부, 2018, 남북정상회담.

31. 해양수산부 보도자료, 2019. 1. 30., 남북 공동이용 수역 뱃길 안내할 '해도' 만들어졌다. https:// www.mof.go.kr/iframe/article/view.do?articleKey=24615&boardKey=10&menuKey=376&c urrentPageNo=1(검색일: 2021. 4. 6.).

32. 이상철, 2012, 『한반도 정전체제』, 서울: 한국국방연구원, 47쪽 참조.

33. Ibid.

34. 정태욱, 2020, 「한강하구의 공동이용: 정전협정과 유엔사의 관할권」, 『민주법학』 74, 서울: 민주 주의법학연구회, 61쪽

참고문헌

국민일보, 2014. 12. 27., 통일부 남북회담본부, 「정전협정」, '군사정전위원회 기구표'(검색일: 2021. 3. 16.).

국방부 대북정책관실, 2018, 「판문점선언 이행을 위한 군사분야 합의서」 해설자료.

남정호·이정삼·김찬호·이동림, 2019, 『서해평화수역 조성을 위한 정책방향 연구』 부산: 한국해양수산개발원.

박종철, 2007, "남북한 철도연결의 군사적 영향: 긴장완화 효과와 과제", 『평화연구』 15(1) 서울: 고려대학교 평화와민주주의연구소

연합뉴스, 2016. 6. 10., "한강하구까지 들어온 中 어선 몰아낸다… 어민 '기대'" https://www.yna.co.kr/view/AKR20160610102200065(검색일: 2021. 4. 2.).

외교부 홈페이지 https://www.mofa.go.kr/www/brd/m_3984/view.do?seq=341008&srchFr=&srchTo=&srchWord=&srchTp=&multi_itm_seq=0&itm_seq_1=0&itm_seq_2=0&company_cd=&company_nm=&page=3(검색일: 2021. 4. 1.).

이상철, 2012, 『한반도 정전체제』, 서울: 한국국방연구원.

이장희·유하영·문규석, 2007, '정전협정', 『남북 합의 문서의 법적 쟁점과 정책 과제』, 서울: 아시아사회과학연구원.

정태욱, 2008, 「나들섬 구상과 한강하구의 법적 지위」, 『통일연구』 12(2), 서울: 연세대학교 통일연구원.

정태욱, 2020, 「한강하구의 공동이용: 정전협정과 유엔사의 관할권」, 『민주법학』 74, 서울: 민주주의법학연구회.

조성훈, 2011, 『군사분계선과 남북한 갈등』 서울: 국방부 군산편찬연구소.

통일부 남북회담본부, 2018 1차 남북정상회담 결과 설명자료(검색일: 2019. 7. 12).

통일부 남북회담본부, 남북회담정보

판문점 선언 이행을 위한 군사분야 합의서(2018 군사분야 합의서)

한국해양수산개발원, 2020, 살필수록 큰 가치 서해 접경해역 & 한강하구 공동이용 수역.

'한강하구에서의 민용 선박 항행에 관한 규칙 및 관계사항'

한겨레, 2016. 6. 20., "군 한강하구 중 어선 단속 9일 만에…북 "군사 도발" 반발" http://www.hani.co.kr/arti/politics/defense/748903.html#csidxa42649ca649bf1fb3dca8fce7de7a7c(검색일: 2021. 4. 2.).

한국경제, 2020. 5. 5., "유엔사·해병대, 한강하구 중국 어선 불법조업 단속" https://www.hankyung.com/politics/article/202005056524Y(검색일: 2021. 4.).

한강하구

평화, 생명, 공영의 물길

초판 1쇄 발행 2021년 10월 27일

지은이 남정호·전우용·최중기·김주형 외

펴낸이 김선기
펴낸곳 (주)푸른길
출판등록 1996년 4월 12일 제16-1292호
주소 (08377) 서울시 구로구 디지털로 33길 48 대륭포스트타워 7차 1008호
전화 02-523-2907, 6942-9570-2
팩스 02-523-2951
이메일 purungilbook@naver.com
홈페이지 www.purungil.co.kr

ISBN 978-89-6291-935-6   93980